国家卓越工程师教育培养计划——装甲车辆工程专业系列教材

Fundamentals of
Fluid Power
Transmission

流体传动

基础

荆崇波　魏　巍　周俊杰　编著

北京理工大学出版社
BEIJING INSTITUTE OF TECHNOLOGY PRESS

图书在版编目（CIP）数据

流体传动基础 / 荆崇波，魏巍，周俊杰编著. —北京：北京理工大学出版社，2021.4

ISBN 978 - 7 - 5682 - 8683 - 1

Ⅰ. ①流…　Ⅱ. ①荆…②魏…③周…　Ⅲ. ①液压传动 - 控制系统 - 高等学校 - 教材　Ⅳ. ①TH137

中国版本图书馆 CIP 数据核字（2020）第 123862 号

出版发行 / 北京理工大学出版社有限责任公司

社　　址 / 北京市海淀区中关村南大街 5 号

邮　　编 / 100081

电　　话 / （010）68914775（总编室）

　　　　　（010）82562903（教材售后服务热线）

　　　　　（010）68948351（其他图书服务热线）

网　　址 / http：//www. bitpress. com. cn

经　　销 / 全国各地新华书店

印　　刷 / 三河市华骏印务包装有限公司

开　　本 / 787 毫米 × 1092 毫米　1/16

印　　张 / 23.75

字　　数 / 558 千字

版　　次 / 2021 年 4 月第 1 版　2021 年 4 月第 1 次印刷

定　　价 / 98.00 元

责任编辑 / 孙　澍

文案编辑 / 孙　澍

责任校对 / 周瑞红

责任印制 / 李志强

　　一部完整的机器通常由原动机、传动装置、工作机三部分组成。原动机包括电动机、内燃机、蒸汽机等，其作用是把其他形式的能量转换为机械能。工作机的功能是利用输入的机械能对外做功，完成工作任务。由于原动机输出的转矩和转速变化范围有限，而工作机所受负载和所需速度变化范围较宽，为了满足工作机的要求，在原动机和工作机之间设置了传动装置，起传递动力和控制调节的作用。

　　传动装置通常分为机械传动、电传动和流体传动等形式。流体传动是以流体为工作介质进行能量转换、传递和控制的传动形式，包括液压传动、气压传动和液力传动。

　　液压传动是以液体作为工作介质，利用液体的压力进行能量的转换和传递；气压传动简称气动，是指以压缩空气为工作介质来传递动力和控制信号，控制和驱动各种机械及设备，以实现生产过程机械化、自动化的一门技术；液力传动是利用液体的动能进行能量的转换和传递的技术。

　　液压、气压与液力传动被广泛应用于工程机械、交通运输、矿山机械、石油化工、冶金等各个领域，成为机械行业中发展速度较快的技术之一，在实现生产过程自动化、提高劳动生产率、改善劳动条件以及减轻劳动强度等方面具有重要作用。

　　液压、气压与液力传动是高等院校装甲车辆工程专业、车辆工程专业、工程机械专业、矿业机械专业、机械设计与制造以及相关专业的一门技术基础课。对于机械工程技术人员来说，掌握液压、气压与液力传动的基本知识也是十分必要的。

　　作者在总结多年液压、气压与液力传动方面的教学经验和科研成果的基础上，编写了本书，希望对教学、科研和生产有所帮助。

　　本书主要介绍了液压、气压与液力传动的基本概念，各种液压元件的结构、工作原理和选用，常用液压回路和液压系统设计计算，各种气动元件的结构及工作原理，液力耦合器、液力减速器和液力变矩器的结构及工作原理，并介绍了流体传动技术在车辆领域的应用实例。其中，第1、2、3、6、7、8章由荆崇波编写，第4、5、9、10、11章由周俊杰编写，第12～16章由魏巍编写，全书由荆崇波统稿。

　　由于水平有限，书中疏漏之处在所难免，敬请读者批评指正。

编　者

2021 年 4 月 1 日

目　录
CONTENTS

第二篇　气压传动

第三篇　液　力　传　动

第一篇
液压传动

第1章

液压传动基础知识

本章的内容主要包括液压传动的基本原理、工作介质和液压流体力学基础。通过本章的学习，要求深入掌握以下内容：

（1）液压传动的概念及工作原理；

（2）液压传动的工作特性及其主要参数；

（3）液压传动系统的组成部分；

（4）液压流体力学的基本方程；

（5）液压传动工作介质的种类及液压油的物理特性。

1.1　液压传动的工作原理及工作特性

1.1.1　液压传动的工作原理

液压传动相对于机械传动是一种新的传动形式，其理论基础是帕斯卡原理，或称静压传递原理，即"封闭容器中静止液体的某一部分发生的压强变化，将大小不变地向各个方向传递"。液压传动就是以液体为工作介质，基于帕斯卡原理，利用液体的压力能来传递运动和动力的一种传动形式。

液压千斤顶就是一个简单而又比较完整的液压传动系统，分析它的工作过程，可以清楚地了解液压传动的基本原理。

图1.1.1所示为液压千斤顶的工作原理。大缸筒9和大活塞8组成举升液压缸。手柄1、小缸筒2、小活塞3、单向阀4和7组成手动液压泵。如抬起手柄1使小活塞向上移动，小活塞下端容腔容积增大，形成局部真空，这时单向阀4打开，油箱12中的液压油在大气压的作用下，通过吸油管5进入手动液压泵活塞腔；用力压下手柄1，单向阀4关闭，小活塞下移，小活塞下腔的油液压力升高，单向阀7打开，下腔的油液经管道6进入大缸筒9的下腔，迫使大活塞8向上移动，顶起重物。再次提起手柄1吸油时，单向阀7自动关闭，使油液不能倒流，从而保证了重物不会自行下落。不断地往复扳动手柄1，就能不断地把油液压入举升缸下腔，使重物逐渐升起。如果打开截止阀11，举升缸下腔的油液通过管道10、截止阀11流回油箱12，重物就向下移动，这就是液压千斤顶的工作原理。

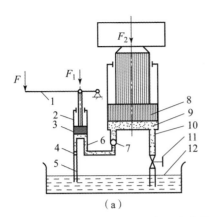

图 1.1.1 液压千斤顶的工作原理及实物图

（a）工作原理图；（b）实物图

1—手柄；2—小缸筒；3—小活塞；4，7—单向阀；5—吸油管；
6，10—管道；8—大活塞；9—大缸筒；11—截止阀；12—油箱

通过对液压千斤顶的工作过程分析，可以初步了解液压传动的基本工作原理。压下手柄1时，手动液压泵输出压力油，将机械能转换成油液的压力能；压力油经过管道6及单向阀7，推动大活塞8举起重物，将油液的压力能又转换成机械能。大活塞8举升的速度取决于单位时间内流入举升缸的油液体积大小。由此可见，液压传动是一个不同能量形式转换和传递的过程。

下面对大、小活塞进行运动学、动力学分析和功率分析，暂不考虑该系统的摩擦损失、泄漏以及液压缸、油管等的弹性变形，并假定油液不可压缩。

1. 运动学分析

当外力 F_1 加于小活塞上时，由于大活塞上作用有负载 F_2，因而在 F_1 的作用下，小活塞向下移动时，大活塞推动负载向上移动。设小活塞的位移为 h_1，面积为 A_1；大活塞的位移为 h_2，面积为 A_2。基于以上假设，从手动液压泵中被挤出的液体体积必然等于流进举升缸的液体体积，即

$$A_1 h_1 = A_2 h_2$$

所以
$$\frac{h_1}{h_2} = \frac{A_2}{A_1} \tag{1.1.1}$$

设两活塞移动的时间为 t，则活塞1、2的平均移动速度 v_1 和 v_2 分别为

$$v_1 = \frac{h_1}{t}, \qquad v_2 = \frac{h_2}{t}$$

将它们代入式（1.1.1），可得

$$\frac{v_1}{v_2} = \frac{A_2}{A_1} \tag{1.1.2}$$

由式（1.1.1）、式（1.1.2）可知，大、小活塞移动的位移和速度均与活塞的面积成反比。

2. 动力学分析

根据帕斯卡原理，在两个活塞的作用下，两个液压缸的工作腔和油管中的油液具有相等的压强 p，即

$$\frac{F_1}{A_1} = \frac{F_2}{A_2} = p \tag{1.1.3}$$

则有
$$\frac{F_1}{F_2} = \frac{A_1}{A_2} \tag{1.1.4}$$

由式（1.1.3）可知，大、小活塞上所作用的力与活塞的面积成正比。

3. 功率分析

活塞 1 的功率用液压参数表示为

$$P_1 = F_1 v_1 = pA_1 \frac{h_1}{t} = pq$$

活塞 2 的功率用液压参数表示为

$$P_2 = F_2 v_2 = pA_2 \frac{h_2}{t} = pq$$

即
$$P = P_1 = P_2 = pq \tag{1.1.5}$$

式中，P——功率；

　　　p——油液压强；

　　　q——油液流量。

1.1.2　液压传动的工作参数

通过上面的介绍，我们发现，液压传动系统的压力、流量和功率是其重要工作参数。

1. 压力

液压传动中的压力就是物理学中的压强，即单位面积上的作用力，用字母 p 表示，其国际单位是帕斯卡（Pa），$1\ Pa = 1\ N/m^2$。由于帕斯卡这个单位很小，在工程中，常用兆帕（MPa）或巴（bar）这两个单位，$1\ MPa = 10^6\ Pa$，$1\ bar = 10^5\ Pa \approx 1\ kgf/cm^2$。另外，在欧美国家常用的英制单位制中，用 psi 作为压力单位，即磅/平方英寸（pounds per square inch），$1\ bar \approx 14.5\ psi$。

2. 流量

流量分为体积流量和质量流量，即单位时间内流体流过某通流截面的体积或质量，用字母 q 表示。液压传动中主要用体积流量，其国际单位是 m^3/s，在工程中常用 L/min。

3. 功率

液压功率是压力与流量的乘积，用 P 表示。如果压力和流量都用国际单位，则功率的单位也是国际单位瓦特（W）。工程中常用的单位是千瓦（kW）。

1.1.3　液压传动的工作特性

液压传动具有以下两个工作特性。

1. 系统的工作压力取决于负载

由式（1.1.3）可以看出，液体的压力 p 是由于有了负载才建立起来的。在系统正常工作的条件下，负载的大小决定了系统中液体压力的高低，若没有负载就不可能在系统中建立起压力，即系统不能建压。通俗地讲，液压系统的压力是靠负载"憋"起来的。压力 p 只随负载的变化而变化，与流量 q 无关。这说明液压系统中的压力是由外界负载决定的，这是液压传动的一个基本特性，简称为**"压力取决于负载"**。在工程实际中，负载还包括液体在管路和元件中流动时所受的沿程阻力和局部阻力等。值得注意的是，液压元件的刚度、强度及密封件的密封能力等因素决定了系统压力不能随负载的增大而无限升高。

2. 执行元件的运动速度取决于进入执行元件的流量

如图 1.1.1 所示，假设进入举升缸的流量为 q ，即

$$q = \frac{A_2 h_2}{t} = A_2 v_2$$

则
$$v_2 = \frac{q}{A_2} \tag{1.1.6}$$

由式（1.1.6）可知，在稳态工况下，大活塞 2 推动负载的运动速度随进入大液压缸的流量 q 的变化而变化，与油液压力无关，这是液压传动的另一个基本特性，简称为**"速度取决于流量"**。只要能连续调节进入执行元件的流量，就能无级调节执行元件的运动速度。因此，液压传动可以很容易地实现无级变速。

1.1.4 液压传动与电传动及机械传动的比较

液压传动与电传动、机械传动在工作原理及工作参数方面有可类比的地方，尤其在控制领域，液压系统与电气系统具有明显的"电液相似性"。在电传动技术中有电阻、电感和电容等物理量，在液压传动技术中同样有液阻、液感和液容等相对应的物理量。通过与电传动及机械传动的比较，有利于加深读者对液压传动的理解。表 1.1.1 列出了机、电、液技术常用物理量的相似关系。

表 1.1.1　机、电、液技术常用物理量的相似关系

序号	机械传动		电传动	液压传动
	直线运动	旋转运动		
1	力　F	转矩　T	电压　u	压力　p
2	速度　v	转速　ω	电流　i	流量　q
3	质量　m	转动惯量 j	电感　L	液感　L
4	摩擦系数 f	阻尼系数 c	电阻　R	液阻　R
5	刚度 k	刚度 k	电容 $1/C$	液容 $1/C$
6	位移 s	角位移 θ	电量　q	油液体积 V
7	功率 $P = Fv$	功率 $P = T\omega$	功率 $P = ui$	功率 $P = pq$

1.2　液压传动系统的基本组成及图形符号

1.2.1　液压传动系统的基本组成

一个完整的液压传动系统，就是按照工作要求，选择或设计不同的液压元件，用管路将它们连接在一起，使之完成一定工作循环的整体。前面提到的液压千斤顶就是一种简单的液压传动系统。下面再以自卸货车车厢举倾机构为例，说明液压传动系统的组成。

如图 1.2.1（b）所示，液压缸 6 为推动车厢倾斜的执行元件，其活塞杆与货车车厢铰接在一起，液压泵 8 为产生高压油液的动力元件，换向阀 5 为控制元件。当液压泵 8 工作，换向阀 5 中的阀芯 4 处于图中所示位置时，车厢举倾机构不工作，即液压泵输出的压力油经单向阀 7、换向阀 5 中的油道 a 及回油管直接返回油箱。由于液压缸 6 的活塞上、下腔均与油箱相通，此时液压缸不工作。

（a）

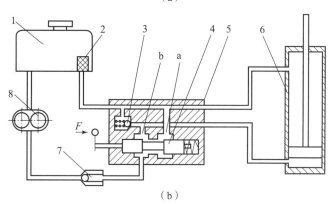

（b）

图 1.2.1　自卸货车车厢举倾机构工作原理及实物图

（a）自卸货车车厢举倾机构实物图；（b）工作原理图

1—油箱；2—滤油器；3—限压阀；4—换向阀阀芯；5—换向阀；

6—液压缸；7—单向阀；8—液压泵；a，b—油道

在外力 F 的作用下，换向阀阀芯 4 右移，换向阀的油道 a 与液压泵供油路隔断。从液压泵输出的压力油经换向阀的油道 b 进入液压缸 6 的活塞下腔，推动液压缸活塞上移，通过活塞杆实现车厢的举倾，活塞上腔的油液经过管路回到油箱。

为了防止液压系统过载，在液压缸 6 进油路上装有限压阀 3。当系统油压超过限定值时，限压阀 3 开启，一部分压力油通过限压阀返回油箱，系统油压则不再升高。

当外力 F 去除后，换向阀阀芯 4 在右侧弹簧力的作用下回到初始位置。此时，液压缸活塞下腔通过换向阀与回油路相通。液压缸活塞下腔油液返回油箱，车厢在自重作用下下降。

从自卸货车车厢举倾机构的工作过程可以看出，一个完整的液压系统，通常由以下五个部分组成。

1. 动力元件

动力元件是将原动机（电机、内燃机等）输出的机械能转换成工作介质的压力能的机械装置，主要指各种类型的液压泵。

2. 执行元件

执行元件是将工作介质的压力能转换成机械能，驱动工作机构做功的元件，包括做直线运动或摆动的液压缸和做连续回转运动的液压马达。

3. 控制元件

控制元件是对系统中工作介质的压力、流量或流动方向进行控制和调节的元件，主要指各种阀，如溢流阀、节流阀、换向阀等。

4. 辅助元件

辅助元件是指系统中除上述三类元件之外，对系统的正常工作起辅助作用的其他元件，如油箱、过滤器、油管等。

5. 工作介质

工作介质是传递能量和信号的流体，主要指各种液压油、液压液等。

1.2.2 液压传动系统的图形符号

仍然以自卸货车车厢举倾机构液压系统为例，介绍液压系统图及其图形符号。

图 1.2.1（b）所示的液压系统图是用各液压元件和管路的结构简图表示的一种半结构式的工作原理图。它直观性强、容易理解，当液压系统发生故障时，根据原理图检查十分方便，但其图形复杂，绘制比较麻烦。我国已经制定了一种用规定的图形符号来表示液压系统图中各元件和连接管路的国家标准，即 GB/T 786.1—2009《流体传动系统及元件图形符号和回路图　第 1 部分：用于常规用途和数据处理的图形符号》。使用图形符号既便于绘制，又可使液压系统示意图简单明了。标准中对于这些图形符号有以下几条基本规定：

（1）符号只表示元件的职能，连接系统的通路，不表示元件的具体结构和参数，也不表示元件在机械设备中的实际安装位置；

（2）元件符号内的箭头表示在这一位置上管路处于接通状态，但箭头方向并不一定表示工作介质的实际流向；

（3）符号均以元件的静止位置或中间位置表示，当系统的动作另有说明时，可作例外。

图 1.2.2 就是利用国标 GB/T 786.1—2009《流体传动系统及元件图形符号和回路图　第 1 部分：用于常规用途和数据处理的图形符号》中的图形符号绘制的自卸货车车厢举倾机构液压系统图。

1.3 液压传动的优缺点

液压传动的优、缺点是相对于机械传动和电传动而言的，了解液压传动的优、缺点有利于在设计中合理选择传动形式，扬长避短。

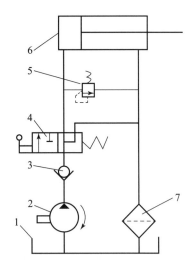

图 1.2.2　自卸货车车厢举倾机构液压系统图

1—油箱；2—液压泵；3—单向阀；
4—换向阀；5—限压阀；
6—液压缸；7—过滤器

1. 液压传动的优点

（1）功率密度大。功率密度是指单位体积或单位质量设备所能发出或传递的功率大小。在同等功率情况下，液压传动装置的体积小、质量轻、结构紧凑。例如，液压马达的质量约为同等功率电动机的 1/7 左右。

（2）布置灵活。液压传动的各种元件，可根据需要，方便、灵活地进行空间布置。

（3）响应快。由于液压元件质量轻、惯性小、反应快，因此液压传动易于实现快速起动、制动和频繁的换向。

（4）易于实现无级变速。由于流量易于连续调节，所以液压传动可方便地实现无级调速且调速范围大（可达 2 000∶1），还可以在运行的过程中进行调速。

（5）易于实现过载保护。通过设置安全阀可以实现液压系统的过载保护。

（6）便于实现标准化、系列化、通用化。液压元件大多已成为标准件，便于设计、制造和选用。

2. 液压传动的缺点

（1）不能保证严格的传动比。这是由于工作介质的可压缩性、泄漏及管路的弹性变形造成的。

（2）工作性能易受温度变化的影响。由于工作介质的黏度受温度影响较大，因此不宜在很高或很低的温度条件下工作。

（3）传动效率比机械传动低。液压传动中能量需经过两次变换，特别是在节流调速系统中，其压力和流量损失较大，故系统效率较低。

（4）液压元件制造精度要求高。液压元件都是精密元件，加工精度要求高，造价高，对加工制造企业的要求较高。

（5）出现故障时不易排查。液压系统出现工作介质内泄漏、液压阀卡滞等故障时，不容易快速定位故障点。

液压传动还有其他的优、缺点，在此就不一一列举了，读者可以在学习工作中进一步了解。

综上所述，液压传动有优点也有缺点，随着科技的发展，它的一些缺点现已大为改善，有的将随着科学技术的发展而进一步得到克服。因此，液压传动在现代化生产中有着广阔的应用前景。

1.4　液压传动的发展历史及其在各领域的应用

液压传动相对于机械传动来说是一门新技术。从 17 世纪中叶帕斯卡提出静压传递原理，1795 年英国人约瑟夫·布拉曼（Joseph Braman，1749—1814 年）制成世界上第一台水压机算起，液压传动已有二三百年的历史，只是由于早期技术水平和生产需求的不足，液压传动技术没有得到普遍应用。随着科学技术的不断发展，对传动技术的要求越来越高，液压传动技术自身也在不断发展。

第一次世界大战后，液压传动开始得到广泛应用，特别是 1920 年以后，发展更为迅速。液压元件大约在 19 世纪末 20 世纪初的 20 年间才开始进入正规的工业生产阶段。1925 年，维克斯（F. Vikers）发明了压力平衡式叶片泵，为近代液压传动工业的逐步建立奠定了基础。

第二次世界大战期间，由于军事及建设需求的刺激，在武器上采用了功率大、反应快、动作准的液压传动和控制装置，如舰艇炮塔的液压转向器等，大大提高了武器的性能，同时促进了液压技术的发展。第二次世界大战后，液压技术迅速转向民用，并随着各种标准的不断制定和完善及各类元件的标准化、系列化而在机械制造、工程机械、农业机械、汽车制造等行业中推广开来。

近70年来，由于原子能技术、航空航天技术、控制技术、材料科学、微电子技术等学科的发展，再次将液压技术推向前进，使它发展成为包括传动、控制、检测在内的一门完整的自动化技术，在国民经济的各个领域都得到了广泛的应用。例如，一般工业用的塑料加工机械、压力机、机床，行走机械中的工程机械、建筑机械、农业机械、汽车，钢铁工业用的冶金机械、提升装置、轧辊调整装置，土木水利工程用的防洪闸门及堤坝装置、河床升降装置、桥梁操纵机构，发电厂涡轮机调速装置，船舶用的甲板起重机械、船头门、舱壁阀、船尾推进器，特殊技术用的巨型天线控制装置、测量浮标、升降旋转舞台，军事工业用的火炮操纵装置、船舶减摇装置、飞行器仿真、飞机起落架的收放装置和方向舵控制装置等（表1.4.1）。

表 1.4.1　液压技术的应用领域

行业名称	应用场所举例
工程机械	挖掘机、装载机、推土机、压路机、铲运机等
起重运输机械	汽车吊、港口龙门吊、叉车、装卸机械、皮带运输机等
矿山机械	凿岩机、开掘机、开采机、破碎机、提升机、液压支架等
建筑机械	打桩机、液压千斤顶、平地机等
农业机械	联合收割机、拖拉机、农具悬挂系统等
冶金机械	电炉炉顶及电极升降机、轧钢机、压力机等
轻工机械	打包机、注塑机、校直机、橡胶硫化机、造纸机等
汽车工业	自卸式汽车、平板车、高空作业车、汽车中的转向器、减振器等
智能机械	折臂式小汽车装卸器、数字式体育锻炼机、模拟驾驶舱、机器人等

当前液压技术正向高速、高压、大功率、高效、低噪声、长寿命、高度集成化及智能化的方向发展。同时，新型液压元件和液压系统的计算机辅助设计（CAD）、计算机辅助测试（CAT）、计算机直接控制（CDC）、机电一体化技术、可靠性技术等方面也是当前液压传动及控制技术发展和研究的热门方向。

1.5　液压传动的工作介质

工作介质作为液压传动系统的组成部分之一，除了起传递能量和信号的作用外，同时还起到润滑、散热、防腐、减少摩擦和磨损、分离沉淀物和不可溶污染物等作用。液压传动系统能否有效、可靠地工作，在很大程度上取决于所使用的工作介质的性能。

1.5.1　工作介质的种类

在液压传动发展初期，其工作介质是水。随着石油工业的兴起和发展，矿物油成为液压传动的主要工作介质。同时，为适应不同工作场合的需要，又出现了其他种类的工作介质。

目前液压工作介质分类的国际标准是 ISO 6743/4—1999《润滑剂、工业润滑油和有关产品分类》。我国等效采用这一分类方法，制定了国家标准 GB/T 7631.2—2003《润滑剂、工业用油和相关产品（L 类）的分类》，其中第 2 部分 H 组（液压系统）将常用的液压工作介质进行了分类，见表 1.5.1。

表 1.5.1　液压工作介质的分类与产品符号

组别符号	应用范围	特殊应用	更具体应用	组成和特性	产品符号 ISO - L
H	液压系统	流体静压系统	使用环境可接受液压液的场合	无抑制剂的精制矿物油	HH
				精制矿物油，改善防锈和抗氧性	HL
				HL 油，改善抗磨性	HM
				HL 油，改善黏温性	HR
				HM 油，改善黏温性	HV
				无特定难燃性的合成	HS
				甘油三酸酯	HETG
				聚乙二醇	HEPG
				合成酯	HEES
				聚 α 烯烃和相关烃类产品	HEPR
		液压导轨系统	HM 油，并具有抗黏 - 滑性		HG
			用于使用难燃液压液的场合	水包油型乳化液	HFAE
				化学水溶液	HFAS
				油包水乳化液	HFB
				含聚合物水溶液 *	HFC
				磷酸酯无水合成液	HFDR
				其他成分的无水合成液	HFDU

* 这类液体也可以满足 HE 品种规定的生物降解性和毒性要求。

液压传动的工作介质可以用统一的形式表示，如 ISO - L - HM32（可缩写成 L - HM32）。该符号中，L 表示类别（润滑剂、工业用油和相关产品），HM 表示介质的品种（具有抗磨、防锈和抗氧化的精制矿物油），32 是黏度等级代号（GB/T 3141—1994 中规定的黏度等级）。

1.5.2　液压油的物理性质

目前90%以上的液压设备采用的工作介质是液压油，故本节仅介绍液压油的物理性质。

1. 密度

单位体积液压油的质量称为该液压油的密度。我国采用 20 ℃时液压油的密度作为标准密度，用 ρ_{20} 表示。常用液压油 20 ℃ 时的密度为 850 ～ 900 kg/m³，计算中可近似取870 kg/m³。

2. 可压缩性

液体受压力作用时体积减小、密度增大的特性称为液体的可压缩性，其大小可用体积压缩系数 κ（m²/N）来表示，κ 表示增加单位压力时液体体积的相对缩小量，即

$$\kappa = -\frac{1}{\Delta p}\frac{\Delta V}{V} \tag{1.5.1}$$

式中，V、ΔV——被压缩液体的原体积及其增量（m³）；

Δp——压力的增量（N/m²）。

由于压力增大时，液体的体积减小，因此在上式等号右边需加"–"号，以便使 κ 保持正值。

κ 的倒数 K（N/m²）则称为液压油的体积弹性模量，简称体积模量，即 $K = \frac{1}{\kappa}$。K 表示液压油抵抗压缩的能力。常见液压油的体积模量 K =（1.4 ~ 1.9）× 10⁹ Pa，是钢的体积弹性模量的 0.67% ~ 1%。液压油抵抗压缩的能力很强，因而通常情况下可认为液压油是不可压缩的。只有在受压体积较大、超高压系统（超过 40 MPa）或研究液压系统的动态特性时，才需要考虑液压油的可压缩性。

需要说明的是，液压油中通常会混有一定量的空气，并以直径为 0.25 ~ 0.5 mm 的气泡状态悬浮在油液中，使油液的体积弹性模量及黏度下降，从而影响液压系统的工作性能。因此，在液压系统的使用与维护过程中应予以充分重视。

3. 黏性

液压油受外力作用而流动或有流动的趋势时，分子间的内聚力会阻碍其分子间的相对运动而产生一种内摩擦力，液压油的这种特性称为黏性。黏性是液体的固有特性，它只在液体流动（或有流动趋势）时才表现出来，静止的液体不呈现黏性。黏性是液压油的重要物理性质，也是选择液压油的主要依据。度量黏性大小的物理量称为黏度。目前常用的黏度表示方法有 3 种：动力黏度、运动黏度和相对黏度。

1）动力黏度

如图 1.5.1 所示，两平行平板间充满液体，下板不动，上板以速度 u_0 运动。由于黏性的作用，液体内部各液层间的速度不等。紧贴下板的液层速度为 0，紧贴上板的液层速度为 u_0，中间各液层的速度按线性分布。

根据牛顿内摩擦定律，液体流动时产生的内摩擦力 F 与液层间的速度梯度 $\frac{du}{dy}$、接触面积 A 成正比，即

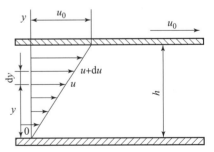

图 1.5.1　液体的黏性示意图

$$F = \mu A \frac{\mathrm{d}u}{\mathrm{d}y} \qquad (1.5.2)$$

式中，μ——液体黏度系数，称为动力黏度（或绝对黏度），其单位为 N·s/m²，即 Pa·s，1 Pa·s ≈ 1 kg/(m·s)；

　　　　A——液层间的接触面积；

　　　　$\dfrac{\mathrm{d}u}{\mathrm{d}y}$——速度梯度，即液层间相对速度对液层距离的变化率。

动力黏度的物理意义是液体在以单位速度梯度流动时，液层间单位面积上的摩擦力。

如果某液体的动力黏度只与其种类有关而与速度梯度无关，即其黏度系数 μ 为常数，则称这种液体为牛顿流体，否则为非牛顿流体。除高黏度或含有特殊添加剂的油液外，一般液压油均可视为牛顿流体。

2）运动黏度

液体的动力黏度与其密度的比值，称为运动黏度，用 ν 表示，即

$$\nu = \frac{\mu}{\rho} \qquad (1.5.3)$$

运动黏度的单位是 m²/s。由于单位 m²/s 太大，工程中常用 mm²/s 作为运动黏度的单位，称为厘斯（cSt），1 m²/s = 10⁶ mm²/s。

ISO 规定统一采用运动黏度来表示液压油的黏度。我国生产的液压油采用 40 ℃时运动黏度（mm²/s）的平均值为其标号（例如 L – HL32 中，数字 32 表示 40 ℃时液压油的平均运动黏度为 32 mm²/s）。

3）相对黏度

在工程实际中，有时候还会用到相对黏度，它是采用特定黏度计在规定条件下测定的，又称条件黏度。目前，各国采用的相对黏度有恩氏度（°E，俄罗斯、欧洲国家）、赛氏秒（SUS，英国、美国）、雷氏秒（RS，英国、美国）和巴氏度（°B，法国）等，它们和运动黏度间有确定的换算关系，其测定方法可参见相关材料。我国主要采用恩氏度。

4）黏温特性

温度对液压油黏度的影响很大。当温度升高时，液压油黏度显著下降，这可用温度升高使液体分子内聚力减小来解释。液压油的黏度随温度变化的特性称为黏温特性。

常用液压油的黏度随温度的变化曲线如图 1.5.2 所示。

由于液压油黏度的大小直接影响液压系统的性能和泄漏量，因此希望液压油的黏度随温度的变化越小越好，即黏温特性曲线越平缓越好。

液压油黏度与温度的关系可以用式（1.5.4）表示

$$\mu_t = \mu_0 \mathrm{e}^{\lambda(t-t_0)} \approx \mu_0 (1 - \lambda \Delta t) \qquad (1.5.4)$$

液压油的黏温特性也可以用黏度指数 VI 来表示。VI 值越大，表示液压油黏度随温度的变化率越小，即黏温特性越好。一般液压油要求 VI 值在 90 以上，精制的液压油及加有添加剂的液压油，其 VI 值可大于 100。

5）黏压特性

压力对液压油的黏度也有一定的影响。当压力升高时，液压油分子间的距离减小，内摩擦力增大，黏度也随之变大。一般情况下，特别是压力较低时（＜20 MPa），可以不予考虑，但当压力较高或压力变化较大时，黏度的变化不容忽视。石油型液压油的黏度与压力的

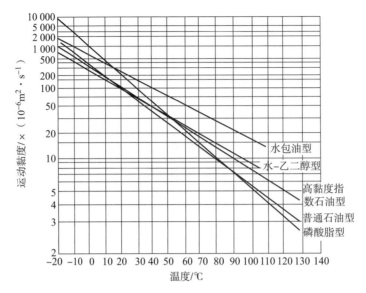

图 1.5.2　常用液压油的黏温特性曲线

关系可以用式（1.5.5）表示为

$$\nu_p = \nu_0 \ (1 + 0.003p) \tag{1.5.5}$$

式中，ν_p，ν_0——液压油在相对压力为 p 和 0 时的运动黏度。

4. 比热容

矿物油型液压油的比热容为 $c_p = $（0.4 ~ 0.5）$\times 4\ 187\ \text{J/}$（$\text{kg} \cdot \text{K}$），约为水的 1/2。

5. 饱和蒸汽压和空气分离压

液压油中会含有一定量的空气，一部分溶解在液压油中，另一部分以气泡的形式悬浮在液压油中。一般来说，空气在液压油中的溶解量与液压油的压力成正比。在一定温度下，当液压油压力低于某值时，溶解在液压油中的过饱和空气将会迅速分离出来，产生大量气泡，这个压力称为液压油在该温度下的空气分离压。一般液压油的空气分离压为 1 300 ~ 6 700 Pa。

当液压油在某温度下的压力低于一定值时，液压油本身迅速汽化，产生大量蒸汽气泡，这时的压力称为液压油在该温度下的饱和蒸汽压。

矿物油型液压油的饱和蒸汽压在 20 ℃时约为 2 000 Pa。乳化液的饱和蒸汽压与水相近，20 ℃时约为 2 400 Pa。

由此可见，要使液压油不产生大量气泡，它的最低压力不得低于液压油所在温度下的空气分离压和饱和蒸汽压。

6. 其他性质

除黏度、黏温特性等重要指标外，液压油的稳定性（抗氧化、抗乳化、抗剪切、抗高低温及抗辐射等稳定性）、润滑性、防锈性、抗磨性、相容性（对各种接触它的金属、塑料、涂料及橡胶等相互不应有破坏作用的特性）、防火性及抗泡沫性等也是影响系统性能的重要指标。

1.5.3　液压油的选用

液压油的质量优劣直接影响液压系统的工作性能。液压系统对工作介质的基本要求如下：

（1）适宜的黏度和良好的黏温特性。在使用温度范围内，液压油黏度随温度的变化越小越好。

（2）具有良好的润滑性。在使用温度范围内，液压油要有足够的油膜强度，以免摩擦副产生干摩擦。

（3）具有良好的化学稳定性。对热、氧化、水解、相容都具有良好的稳定性，液压油不易氧化、不易变质。

（4）液压油应纯净，不含或含有极少量的杂质，有良好的抗泡沫性。

（5）对金属材料具有防锈性和防腐性。

（6）比热、热传导率大，热膨胀系数小。

（7）流动点和凝固点低，闪点（明火能使油面上油蒸汽闪燃，但油本身不燃烧的温度）和燃点高。

此外，对液压油的无毒性、价格等，也应根据不同的情况有所要求。

选用液压油时，可根据液压元件生产厂家产品样本和说明书所推荐的品种来选用，或者根据液压系统的工作压力、工作温度、液压元件种类及经济性等因素全面考虑。一般是先确定适用的黏度范围，再选择合适的液压油品种，同时还要考虑液压系统工作条件的特殊要求。如在寒冷地区工作的系统则要求液压油的黏度指数高、低温流动性好、凝固点低；伺服系统则要求液压油质地纯、可压缩性小；高压系统则要求液压油抗磨性好。

在确定液压油黏度时，一般可按下列几条原则考虑。

（1）环境温度在 40 ℃ 以下，应根据系统工作压力不同，选用不同黏度大小的液压油：

低压（ $0 < p \leqslant 2.5$ MPa ）， $\nu_{40} = 15 \sim 46$ mm^2/s；

中压（ $2.5 < p \leqslant 8$ MPa ）， $\nu_{40} = 30 \sim 68$ mm^2/s；

中高压（ $8 < p \leqslant 16$ MPa ）， $\nu_{40} = 46 \sim 85$ mm^2/s；

高压（ $16 < p \leqslant 32$ MPa ）， $\nu_{40} = 68 \sim 100$ mm^2/s；

超高压系统（ $p > 32$ MPa ），需综合实际工况，合理选取工作介质。

环境温度超过 40 ℃ 以上，应适当提高所用液压油的黏度。

（2）具有高速运动的液压系统，应选用黏度较低的液压油。

（3）对于一些高精度、有特殊要求的液压系统，应采用专用液压油。

另外，在选择液压油时，要注意液压油与发动机机油、机械传动用齿轮油等润滑油的相同点和不同点。润滑油与液压油都具有防磨、冷却、防锈、清洁等作用，但润滑油的主要作用是降低摩擦副表面因接触而发生的摩擦磨损，因此更加注重减小摩擦、减缓磨损和防止金属烧结的功能，而液压油在液压系统中主要起动力和信号的传递作用，更注重液压油的黏温特性。由于对液压油特性的要求不同，二者在多数场合不能相互代替，但在某些特殊领域，如军用车辆动力传动领域，为了减少油品的种类，通常采用动力传动通用润滑油作为发动机润滑油、液压传动工作介质及机械传动润滑油。

1.6　液压流体力学基础

液压流体力学属于黏性流体力学的范畴，其基本概念和方程是学习液压传动的必备基础知识。鉴于本书的前序课程是"流体力学",故在此只介绍这些方程的结论,而略去推导过程。

1.6.1 流动流体的连续性方程

反映流体流动过程中的质量守恒规律的方程称为连续性方程。流体可视为不可压缩(某些场合则要考虑流体的可压缩性),因而在此只列举不可压缩流体的连续性方程。

1. 一维流动的连续性方程

如图 1.6.1 所示,流体在管道内单向流动,任意两个通流截面的面积分别为 A_1、A_2,流体在截面处的平均流速分别为 v_1、v_2,流体的密度为 ρ,如果流动为定常流,根据质量守恒定律有:

$$\rho v_1 A_1 = \rho v_2 A_2 \tag{1.6.1}$$

即
$$q = v_1 A_1 = v_2 A_2 = \text{const} \tag{1.6.2}$$

式(1.6.2)是不可压缩流体作定常流动的连续性方程。该式表明,通过流管内任一通流截面的流量相等。当流量一定时,任一通流截面上的流速与通流面积成反比。

2. 三维流动的连续性方程

对于如图 1.6.2 所示的空间流动,即流速具有在 x、y、z 三个坐标轴方向的分量 v_x、v_y、v_z,则其连续性方程具有偏微分方程的形式:

$$\frac{\partial v_x}{\partial_x} + \frac{\partial v_y}{\partial y} + \frac{\partial v_z}{\partial z} = 0 \tag{1.6.3}$$

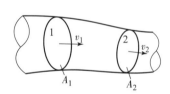

图 1.6.1　管道中的液流

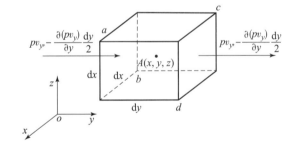

图 1.6.2　流体空间流动示意图

1.6.2 流动流体的伯努利方程

1. 理想流体微小流束的伯努利方程

伯努利方程是流体力学的基本方程之一,在不考虑流体黏性的条件下,其一般形式是

$$\frac{p_1}{\rho g} + Z_1 + \frac{v_1^2}{2g} = \frac{p_2}{\rho g} + Z_2 + \frac{v_2^2}{2g} \tag{1.6.4}$$

伯努利方程的物理意义:在质量力只有重力作用的条件下,密封管道内做定常流动的理想流体在任意一个通流断面上,其压力能、势能和动能三种能量的总和是一个恒定的常量,而且三种能量之间是可以相互转换的,即在不同的通流截面上,同一种能量的值可能不同,但各截面上的总能量都是相同的,即能量守恒。

2. 实际流体微小流束的伯努利方程

由于液体流动时,存在黏性力的作用,并表现为对流体流动的阻力,流体的流动要克服

这些阻力，于是便产生了能量的损失，液流的总能量或总比能减少。因此，实际流体微小流束的伯努利方程为

$$\frac{p_1}{\rho g}+Z_1+\alpha_1\frac{v_1^2}{2g}=\frac{p_2}{\rho g}+Z_2+\alpha_2\frac{v_2^2}{2g}+h_w \tag{1.6.5}$$

式中，h_w——流体流动时的能量损失；

α_1，α_2——因流速不均匀引入的动能修正系数，需经理论推导和实验测定，对圆管来说，$\alpha=1\sim2$，紊流时取 $\alpha=1.1$，层流时取 $\alpha=2$。

伯努利方程是流体力学的重要方程，在液压传动中常与连续性方程一起应用来求解系统中的压力和速度问题。

伯努利方程的适用条件为：

（1）稳定流动的不可压缩流体，即密度为常数。

（2）流体所受质量力只有重力，忽略惯性力的影响。

（3）所选择的两个通流截面必须在同一个连续流动的流场中是渐变流（即流线近于平行线，有效截面近于平面），而不考虑两截面间的流动状况。

在液压传动系统中，管路中的压力常为几兆帕到几十兆帕，而多数情况下管路中油液流速及管路安装高度变化不大。因此，系统中油液流速变化引起的动能变化和管路安装高度变化引起的位能变化相对于压力能来说可略去不计，式（1.6.6）可简化为

$$p_1-p_2=\Delta p=\rho g h_w \tag{1.6.6}$$

由式（1.6.7）可以看出，液压系统中的能量损失主要为压力能损失。

1.6.3　流动流体的动量方程

流动流体的动量方程是流体力学的基本方程之一，是动量定理在流体力学中的具体应用，它研究流体流动时作用在流体上的外力与其动量的变化之间的关系。

如图 1.6.3 所示，在管路中取一流束，设其流量为 q，A_1 和 A_2 截面的液流速度分别为 v_1、v_2，经理论推导可知，由截面 A_1、A_2 及周围边界构成的液流控制体所受的外力为

$$F=\rho q(\beta_2 v_2-\beta_1 v_1) \tag{1.6.7}$$

式中，β_1，β_2——截面 A_1 和 A_2 的动量修正系数，其值为液流流过某截面的实际动量与采用平均流速计算得到的动量之比。对圆管来说，$\beta=1\sim1.33$，紊流时 $\beta=1$，层流时 $\beta=1.33$。

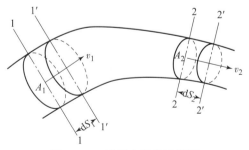

图 1.6.3　动量方程推导简图

式（1.6.8）为恒定流动流体的动量方程，是一个矢量表达式。若要计算外力在某一方向的分量，需要将该力向给定方向进行投影计算。

1.6.4 流动流体在孔口或缝隙的流动

在液压传动系统中经常遇到油液流经小孔或缝隙的情况，如节流调速中的节流小孔、液压元件相对运动表面间的各种间隙。研究流体流经这些小孔和缝隙的流量压力特性，对于研究节流调速性能、计算泄漏量都是很重要的。在此仅介绍液压系统中的孔口流动，便于理解后续章节中液压阀的工作原理。

流体流经小孔的情况可以根据孔长 l 与孔径 d 的比值分为 3 种情况：$l/d \leq 0.5$ 时，称为薄壁小孔；$0.5 < l/d \leq 4$ 时，称为短孔；$l/d > 4$ 时，称为细长孔。

1. 流体流经薄壁小孔的流量

根据伯努利方程、连续性方程及实验修正，可推导出流经小孔的流量为

$$q = C_d A \sqrt{\frac{2}{\rho} \Delta p} \qquad (1.6.8)$$

式中，A——小孔通流面积；

C_d——小孔流量系数；

Δp——小孔前后压差。

流量系数 C_d 一般由实验确定。当雷诺数 $Re > 10^5$ 时，C_d 可视为常数，取值为 $C_d = 0.60 \sim 0.62$。

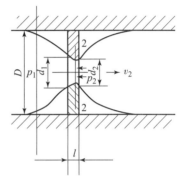

图 1.6.4 流体在薄壁小孔中的流动

由式（1.6.9）可知，薄壁小孔的流量与小孔前后压差的开方成正比其压差—流量特性如图 1.6.4 所示。由于薄壁小孔的沿程阻力损失非常小，流量受液体黏度影响小，对油温变化不敏感，且不易堵塞，故常用作液压系统的可变节流器。

2. 流体流经细长孔和短孔的流量

由于油液流经细长小孔时，一般都是层流状态，所以可直接应用液流流经直管的流量公式来计算。当孔口直径为 d，截面积为 $A = \frac{\pi d^2}{4}$ 时，流量可写成：

$$q = \frac{\pi d^4 \Delta p}{128 \mu l} \qquad (1.6.9)$$

由式（1.6.10）可以看出，油液流经细长小孔的流量与小孔前后的压差 Δp 成正比，同时由于公式中包含油液的黏度 μ，因此流量受油温变化的影响较大。

流体流经短孔的流量仍可用薄壁小孔的流量计算式：$q = C_d A \sqrt{\frac{2}{\rho} \Delta p}$，其中的流量系数 C_d 可在有关液压设计手册中查得，一般取 $C_d = 0.82$。短孔的加工比薄壁小孔容易，故也常用作固定的节流器使用。

1.6.5 流体流动的压力损失

实际黏性流体在流动时，为了克服阻力会消耗一部分能量。在液压传动中，能量损失主要表现为压力损失，这就是实际流体流动的伯努利方程中的 h_w 项的含义。液压系统中的压力损失分为两类：一类是油液沿等直径直管流动时所产生的压力损失，称为沿程压力损失，这类压力损失是由流体流动时的内、外摩擦力所引起的；另一类是油液流经局部障碍（如

弯头、接头、管道截面突然扩大或收缩）时，由于液流方向和速度的突然变化，在局部形成旋涡引起油液质点间以及质点与固体壁面间相互碰撞和剧烈摩擦而产生的压力损失，称为局部压力损失。

1. 沿程压力损失

沿程压力损失主要取决于管路的长度、内径、液体的流速和黏度等。通过理论推导，流体流经等径直管时，长度 l 段上的压力损失计算公式为

$$\Delta p_x = \lambda \frac{l}{d} \cdot \frac{\rho v^2}{2} \tag{1.6.10}$$

式中，v——液流平均流速；

ρ——流体密度；

λ——沿程阻力系数。对于层流条件，理论值 $\lambda = \dfrac{64}{Re}$，实际计算时，金属管应取 $\lambda = \dfrac{75}{Re}$，橡胶管取 $\lambda = \dfrac{80}{Re}$。紊流时，当 $2.3 \times 10^3 < Re < 10^5$ 时，可取 $\lambda \approx 0.3164 Re^{-0.25}$。

2. 局部压力损失

局部压力损失的计算公式为

$$\Delta p_\zeta = \zeta \frac{\rho v^2}{2} \tag{1.6.11}$$

式中，ξ——局部阻力系数，其值仅在液流流经突然扩大的截面时可以用理论推导方法求得，其他情况均须通过实验来确定；

v——流体的平均流速，一般情况下指局部压力损失之后的流速。

3. 减小压力损失的措施

管路系统的总压力损失等于所有沿程压力损失和所有局部压力损失之和。在设计管路时应尽量减小压力损失，一般从以下几点考虑。

（1）在不加大结构尺寸的情况下限制流速。在中高压系统中：

压力管路：$v = 3 \sim 6$ m/s，　　　　　　　　阀口：$v = 5 \sim 8$ m/s

回油管路：$v \leqslant 3$ m/s，　　　　　　　　吸油口：$v = 0.5 \sim 1.5$ m/s

（2）减小液阻，如提高管壁的表面粗糙度等级，尽可能缩短管路长度、加大管路直径，减少弯头、接头，采用等直径管路，选用压降小的阀件，提高配管质量。

1.6.6　液压冲击和空穴现象

1. 液压冲击

在液压系统中，由于某种原因，流体压力在某一瞬间突然急剧升高，产生很高的压力峰值，这种现象称为液压冲击。液压冲击的压力峰值往往比正常工作压力高很多倍，且常伴有巨大的振动和噪声，有时会使一些液压元件或管件损坏，并使某些液压元件（如压力继电器、顺序阀等）产生误动作，影响系统正常工作。

液压冲击产生的原因在于流体及管路存在弹性，从而造成流体的压力能与动能之间相互转换而形成振荡。在阀门突然关闭或运动部件快速制动等情况下，流体在系统中的流动会突然受阻。这时，由于惯性作用，流体就从受阻端开始，迅速将动能逐层转换为压力能，这使得流体又反向流动。然后，在另一端又再次将动能转化为压力能，如此反复地进行能量转

换，直至振荡能量耗尽，系统趋于稳定。

为了减小液压冲击，通常采用如下措施：

（1）尽可能延长阀门关闭和运动部件制动换向的时间。

（2）在液压元件上设计缓冲结构或缓冲装置，使运动部件制动时速度变化比较均匀。

（3）尽量缩短管路长度，减小管路弯曲或采用橡胶软管。

（4）在容易产生液压冲击的地方，设置蓄能器。

2. 空穴现象

在流动的流体中，由于某处的压力低于空气分离压，原本溶解在流体中的空气分离出来而产生气泡，这种现象被称为空穴现象。如果流体中的压力进一步降低到饱和蒸汽压时，液体将迅速汽化，产生大量蒸汽泡，使空穴现象加剧。

流体在低压部分产生空穴后，气泡到高压部分会破裂，产生局部的液压冲击，发出噪声并引起振动。当附着在金属表面上的气泡被压溃时，所产生的局部高温和高压会使金属剥落，金属表面变粗糙或出现海绵状的小洞穴，这种现象称为"气蚀"。

为了减少空穴现象和气蚀，通常采用如下措施：

（1）减小流经节流小孔或缝隙前后的压差，一般希望小孔或缝隙前后的压力比 <3.5。

（2）降低泵的吸油高度，适当加大吸油管内径。

（3）管路要有良好的密封，防止空气进入。

（4）提高零件的抗气蚀能力，采用抗腐蚀能力强的金属材料，提高零件表面的加工质量。

思考与习题

1-1. 何谓液压传动？液压传动有哪些工作特性？

1-2. 液压传动系统由哪几部分组成？试说明各组成部分的作用。

1-3. 液压传动有哪些优缺点？

1-4. 试列举 3 种液压技术的应用场合，分别说明这 3 种场合主要利用液压技术的什么优点。

1-5. 什么是流体的黏性？常用的黏度表示方法有哪几种？说明黏度的单位。

1-6. 某液压油的运动黏度为 68 mm^2/s，密度为 900 kg/m^2，计算其动力黏度。

1-7. 液压系统对液压油有什么要求？液压油有哪些主要品种？如何选用液压油？

1-8. 简述伯努利方程的物理意义。

1-9. 液压冲击产生的原因及其危害是什么？如何降低液压冲击造成的危害？

1-10. 什么是空穴现象？其危害是什么？如何避免出现空穴现象？

第 2 章

液压动力元件

液压动力元件是液压系统中的能量转换装置，主要指各种类型的液压泵。它将原动机（电机或内燃机等）输出的机械能（转矩和转速）转换为工作油液的压力能，以压力和流量的形式输送到液压系统中，驱动液压执行元件对外做功。

本章主要介绍几种典型的容积式液压泵的结构、工作原理、特性参数及选用等方面的知识。通过本章的学习，要求掌握以下内容：

(1) 参照帕斯卡原理，掌握容积式液压元件正常工作的条件；

(2) 掌握不同类型液压泵的结构、工作原理及主要特性参数；

(3) 掌握液压泵的选用原则。

2.1 概述

液压泵是液压系统中不可缺少的核心元件，是液压系统的动力源。液压系统中常用的液压泵有齿轮泵、叶片泵、柱塞泵和螺杆泵等类型。下面以单柱塞泵为例来说明液压泵的工作原理。

2.1.1 液压泵的工作原理

图 2.1.1 为单柱塞液压泵的工作原理图。柱塞 2 装在缸体 3 中，与单向阀 5 和 6 共同形成一个密闭容腔 a，柱塞 2 在弹簧 4 的作用下始终压紧在偏心轮 1 上。当原动机驱动偏心轮 1 旋转使柱塞 2 做往复运动时，密闭容腔 a 的大小发生周期性的交替变化。当 a 由小变大时，其内部就形成一定的真空度，油箱中的油液在大气压作用下，经吸油管顶开单向阀 6 进入容腔 a，此为吸油过程。当密闭容腔 a 由大变小时，其中的油液受压缩而压力升高，顶开单向阀 5 排入系统，此为排油过程。原动机驱动偏心轮 1 不断旋转，液压泵就不断地实现吸油和排油。

由此可见，这种液压泵是依靠工作部件的运动造成密闭工作容腔周期性地增大和减小实现吸油和排油，并靠工作部件的挤压而使液体的压力

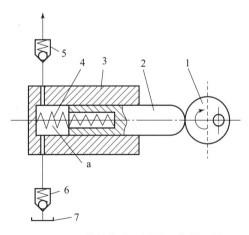

图 2.1.1 单柱塞液压泵的工作原理图

1—偏心轮；2—柱塞；3—缸体；4—弹簧；
5—压油单向阀；6—吸油单向阀；7—油箱；
a—密闭容腔

能增加来工作的，故又称其为容积式液压泵。其与常见的离心式泵的工作原理不同，应注意区分。

2.1.2　容积式液压泵正常工作的条件

由单柱塞液压泵的工作原理可知，容积式液压泵要正常工作，必须满足以下三个条件：

（1）能够形成周期性变化的密闭容腔。形成密闭容腔才有可能建立起压力，这与帕斯卡原理的应用条件一致。密闭容腔周期性变化，液压泵才有可能实现连续不断地吸油和排油。

（2）具有相应的配流机构。配流机构将吸油腔和排油腔隔开，并保证在密闭容腔由小变大时与吸油口相通，由大变小时与排油口相通，使液压泵能够实现连续地吸、排油。液压泵的结构不同，其配流机构也不相同。图 2.1.1 中的单向阀 5 和 6 就是一种配流机构，这种配流方式称为阀配流。在后续章节中还会介绍其他配流方式。

（3）满足一定的吸、排油外部条件。吸油条件，要求泵吸油口的压力不能过低，过低的吸油压力会导致吸油口出现气泡，产生空穴和气蚀现象，影响泵的正常工作。排油条件，要求泵排油口的负载阻力不能超过泵的最高工作压力。

2.1.3　液压泵的主要特性参数

在后续章节中要介绍的齿轮泵等不同类型的液压泵都属于容积式液压泵，其主要特性参数都相同，在此集中进行介绍。

1. 压力

1）工作压力 p

液压泵工作时排油口的实际压力称为工作压力，用字母 p 表示。液压泵在原动机的驱动下正常工作时，工作压力的大小取决于外负载的大小和管路上的压力损失。如果把泵的排油口直接接回油箱，由于管路阻力通常很小，排油口压力很低，可以认为泵处于卸荷状态。如果将泵的排油口堵塞，泵输出的油液无法排出，压力会迅速升高，在没有保护措施的条件下会导致电机烧毁或液压泵损坏。

2）额定压力 p_n

液压泵在正常工作条件下，按试验标准规定连续运转的最高压力称为额定压力或公称压力。液压泵铭牌上所标的压力就是额定压力。额定压力受泵本身的结构强度、泄漏等因素的制约，超过此值就是过载，泵的效率下降，寿命缩短，而且容易损坏。常见泵的额定压力从几兆帕到 50～60 MPa。某些特殊用途的液压泵，其额定压力甚至可以达到 200 MPa以上。

额定压力是液压泵的重要参数，反映了泵的工作能力。对于同种结构类型的液压泵，其额定压力越高，功率密度越大，相应地要求其零部件的刚度和强度也越大，其加工难度也越大。

由于液压系统的用途不同，所需要的液压泵的额定压力也不相同。为了便于液压元件的设计、生产和使用，GB/T 2346—2003 规定了流体传动系统及元件公称压力系列（表 2.1.1），将压力分为以下几个等级。

表 2.1.1 流体传动系统及元件的压力分级

压力等级	低压	中压	中高压	高压	超高压
压力范围/MPa	≤2.5	2.5~8	8~16	16~32	>32

3）最高允许压力 p_{max}

根据试验标准规定，在超过额定压力的条件下允许液压泵短暂运行的最高压力称为最高允许压力。最高允许压力主要取决于泵零部件的刚、强度及摩擦副的最高允许 pv 值（压力和速度的乘积）。

4）压力差 Δp

泵的排油口压力与吸油口压力之差称为液压泵的压力差。通常自然吸油的泵进口压力为大气压或比大气压略低，其相对压力近似为零，故在多数情况下可以用泵的出口工作压力 p 代替压力差 Δp。

2. 排量 V

液压泵的排量是指泵主轴旋转一周，由其密闭容腔几何尺寸变化计算而得到的排出液体的体积，也就是在无泄漏和不考虑油液可压缩性的情况下，泵轴旋转一周所能排出的液体的体积。排量是个理论计算值，取决于泵的结构参数，而与其工况无关。

图 2.1.1 中单柱塞泵的排量就是柱塞在单个行程中，柱塞扫过的密闭容腔的体积。排量大小可以改变的液压泵称为变排量液压泵，简称变量泵；排量不能改变的液压泵称为定量泵。

在工程实际中，一般是通过试验来测定液压泵的排量，即在液压泵的进、排油口压力都近似为大气压时，测出单位时间内液压泵排出油液的体积及主轴旋转的转数，用体积除以转数，就得到泵的排量。实际测得的排量通常要比理论值略小。

排量的单位是 m^3/r，工程实际中的常用单位是 cm^3/r 或 mL/r。常见液压泵的排量从小于 1 mL/r 到数千 mL/r 的都有。为了实现泵排量的系列化，便于工厂的生产及选用，GB/T 2347—1980《液压泵及马达公称排量系列》中规定了液压泵的公称排量系列，见表 2.1.2。

表 2.1.2 液压泵及马达公称排量系列（GB/T 2347—1980）　　单位：mL/r

0.1	1.0	10	100	1 000		3.15	31.5	315	3 150
			(112)	(1 120)			(35.5)	(355)	(3 550)
	1.25	12.5	125	1 250	0.4	4.0	40	400	4 000
		(14)	(140)	(1 400)			(45)	(450)	(4 500)
0.16	1.6	16	160	1 600		5.0	50	500	5 000
		(18)	(180)	(1 800)			(56)	(560)	(5 600)
	2.0	20	200	2 000	0.63	6.3	63	630	6 300
		(22.4)	(224)	(2 240)			(71)	(710)	(7 100)
0.25	2.5	25	250	2 500		8.0	80	800	8 000
		(28)	(280)	(2 800)			(90)	(900)	(9 000)

注：1. 括号内公称排量值为非优先选用者；

2. 超出本系列 9 000 mL/r 的公称排量应按《优先数及优先数系》（GB/T 321—2005）中的 R10 数系选用。

排量是泵的另一个重要参数，它直接反映了泵的体积大小。对于同种结构类型的液压泵，泵的排量越大，其体积也越大，在转速相同的条件下，其输出高压油的能力也越大。

3. 转速 n

1）额定转速

在额定压力下，液压泵能长时间连续运转的最高转速称为额定转速，常用单位是 $r/\min$。

2）最高转速

在额定压力下，为保证使用性能和使用寿命所允许的液压泵短暂运行的最高转速，称为泵的最高转速。泵的最高转速受吸油条件、摩擦副最高允许 pv 值及离心力等多种因素的限制。

3）最低转速

为保证液压泵使用性能所允许的正常运转的最低转速，称为泵的最低转速。最低转速的规定，一方面是因为转速过低，泵的自吸能力变差，会导致吸油困难；另一方面是为了使液压泵在有外载荷的情况下，其内部各摩擦副表面间能够形成良好的润滑油膜，避免早期磨损。

4. 流量 q

流量是指单位时间内液压泵排出的液体的体积，即体积流量。流量又可分为理论流量、实际流量和额定流量。

1）理论流量 q_t

理论流量是指在没有泄漏的情况下，液压泵在单位时间内所排出的液体体积。显然，液压泵的理论流量等于排量和转速的乘积。

理论流量仅与泵的结构参数及转速有关，而与工作压力无本质上的联系。因此，从理论上讲，容积式液压泵能在不同工作压力下以固定不变的流量保证液压执行元件稳定地工作，这也是液压传动中采用容积式液压泵的原因。

由于多数液压泵在工作过程中的瞬时流量是变化的，所以用排量和转速相乘计算出来的流量实际上是个平均值，但这在大多数工业应用中已经足够了。

2）实际流量 q

考虑到液压泵在实际工作过程中存在泄漏，其在某一具体工况下单位时间内所排出的液体体积称为实际流量，它等于理论流量减去泄漏流量。

由于泵的工作压力及油液温度都会影响泵的泄漏量，同时由于工作介质存在可压缩性，所以液压泵的实际流量会随着工作压力的升高和温度升高而减小。

3）额定流量 q_n

液压泵在额定转速和额定压力下运转时，按试验标准规定必须保证输出的流量，称为额定流量。

5. 功率 P

液压泵的输入功率是指作用在液压泵主轴上的机械功率，其理论值等于输入转矩 T 和输入转速 n（或角速度 ω）的乘积。液压泵的输出功率是指液压泵输出的液压功率，其理论值等于泵的进出口压差 Δp 和流量 q 的乘积。

1）理论功率 P_t

在不考虑液压泵在能量转换过程中各种损失的情况下，液压泵理论上输入的机械功率称

为理论功率，理论上产生的液压功率称为理论输出功率。根据能量守恒定律，输入、输出功率相等，即

$$\begin{cases} P_t = T_t \omega = T_t \dfrac{2\pi n}{60} & (\text{W}) \\ P_t = \Delta p q_t = \dfrac{\Delta p V n}{60} \times 10^{-6} & (\text{W}) \end{cases} \qquad (2.1.1)$$

式中，T_t——液压泵的理论输入转矩，N·m；

　　　ω——液压泵的旋转角速度，rad/s；

　　　n——液压泵的转速，r/min；

　　　Δp——液压泵的进出口压差，Pa；

　　　q_t——液压泵的理论流量，m^3/s；

　　　V——液压泵的排量，mL/r。

由此可以得到液压泵理论输入转矩与其进出口压差及排量之间的关系，即

$$T_t = \frac{\Delta p V}{2\pi} \times 10^{-6} \qquad (2.1.2)$$

2）实际功率

泵在工作时，实际输入的转矩大于理论转矩，其差值用来克服泵各摩擦副之间的摩擦以及旋转部件搅油的转矩损失。泵的实际输入机械功率为

$$P_i = T\omega = T \frac{2\pi n}{60} \qquad (\text{W}) \qquad (2.1.3)$$

由于存在高压油的泄漏，泵的实际输出流量要小于理论流量，则泵的实际输出液压功率为

$$P_o = \Delta p q \qquad (\text{W}) \qquad (2.1.4)$$

式中，Δp——液压泵进出油口间的压力差；

　　　q——液压泵的实际输出流量。

6. 效率 η

液压泵的功率损失分为容积损失和液压机械损失两部分。

1）容积效率 η_V

由于液压泵的内泄漏和外泄漏以及油液的可压缩性等因素的影响，液压泵的实际输出流量总是小于其理论流量，它们之间的差值称为容积损失。液压泵的容积效率等于液压泵的实际流量 q 与其理论流量 q_t 之比，即

$$\eta_V = \frac{q}{q_t} \qquad (2.1.5)$$

容积效率反映了液压泵抵抗泄漏的能力，与液压泵的工作压力、摩擦副间的间隙大小、转速及工作介质的黏度有关。在正常工作范围内，液压泵的容积效率随工作压力的升高而降低，随工作介质黏度的减小而降低，随转速的升高而升高，且与液压泵的结构类型有很大关系。

2）机械效率 η_m

液压泵在工作过程中，其相对运动部件之间存在机械摩擦损失，同时还存在油膜剪切损失、搅油损失等由于油液的黏性导致的损失，这两种损失统称为液压机械损失。液压机械损失导致泵的实际输入转矩 T 总是大于理论转矩 T_t。液压泵的机械效率实际指的是液压机械

效率，其值等于理论转矩 T_t 与实际输入转矩 T 之比，其表达式如下

$$\eta_m = \frac{T_t}{T} \tag{2.1.6}$$

在正常工作范围内，液压泵的液压机械效率随工作压力的升高而升高，随着工作介质黏度的减小而升高，随转速的升高而降低。

液压泵的总效率是指液压泵的实际输出功率与其输入功率的比值，即

$$\eta = \frac{P_o}{P_i} = \eta_V \eta_m \tag{2.1.7}$$

由式（2.1.7）可知，液压泵的总效率等于其容积效率与机械效率的乘积。

为了清楚地表达液压泵功率损失与效率的关系，将液压泵运行中的能量转换流程用图 2.1.2 表示。

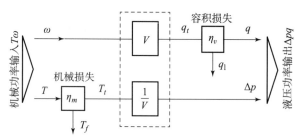

图 2.1.2　液压泵运行中的能量转换示意图

由图 2.1.2 可以看出，液压泵的实际输出流量只与容积损失有关，而与机械损失无关；同样，液压泵的进、排油口压差只与机械损失有关，而与容积损失无关。在进行设计计算的时候要注意分清。

按照 GB/T 7935—2005《液压元件通用技术条件》的规定，在液压泵的产品铭牌上，除了应标出泵的名称、型号及图形符号外，通常还应标出液压泵的额定压力、排量、额定转速、容积效率、驱动功率（输入功率）等主要技术参数。

为了便于液压泵的选择、使用与维护，表 2.1.3 给出了工程上常用的液压泵计算公式。

表 2.1.3　工程常用的液压泵计算公式

项目		计算公式	符号意义
名称	单位		
理论流量 q_t	L/min	$q_t = Vn/1\,000$	
实际流量 q		$q = q_t \eta_v = Vn\eta_v/1\,000$	
输出功率 P_o	kW	$P_o = \Delta pq/60$	
输入功率 P_i		$P_i = \Delta pq/(60\eta)$	V——液压泵的排量，mL/r；n——液压泵的转速，r/min；Δp——液压泵的进出口压力差，MPa
理论转矩 T_t	N·m	$T_t = \Delta pV/(2\pi)$	
实际转矩 T		$T = \Delta pV/(2\pi\eta_m)$	
容积效率 η_V		$\eta_V = q/q_t$	
机械效率 η_m	%	$\eta_m = T_t/T$	
总效率 η		$\eta = \eta_V \eta_m$	

2.1.4　液压泵的特性曲线

液压泵的特性曲线包括一般特性曲线、全特性曲线和无因次特性曲线。

1. 一般特性曲线

图 2.1.3 所示为液压泵的一般特性曲线。它反映了液压泵的容积效率 η_V、机械效率 η_m、总效率 η、输入功率 P_i 与工作压力 p 的关系，是液压泵对应某种工作介质，在某个转速和某一温度下通过实验得出的。由图可知，在不同的工作压力下，液压泵的这些参数都是不相同的。泵的容积效率随工作压力的升高而下降，机械效率随压力的升高而上升，其总效率有一个高效区。在泵的选择与使用中，应尽量使其工作在高效区附近。

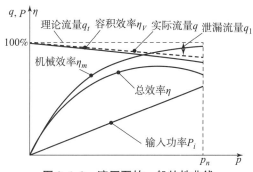

图 2.1.3　液压泵的一般特性曲线

2. 全特性曲线

某种液压泵在整个允许工作的转速范围内的全特性，通常用泵的全特性（通用特性）曲线来表示，如图 2.1.4 所示。曲线的横坐标为压力，一侧纵坐标为流量，另一侧为转速。图中绘出了等效率曲线 η_i、等功率曲线 P_{ii} 等。

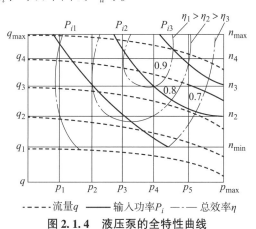

------流量 q　——输入功率 P_i　—·—总效率 η

图 2.1.4　液压泵的全特性曲线

通用特性的绘制方法是：分别在 i 个不同工作转速 n_i 下，做出 i 个如图 2.1.3 所示的特性曲线，然后找出每张图中的等功率点和等效率点，绘入图 2.1.4 中即得。由全特性曲线可以看出，液压泵运行的高效区在最高压力和最高转速的 60% ~ 80% 范围内，在此区域内工作，液压泵工作平稳，故障率低，寿命长。

3. 无因次特性曲线

流量与容积效率、转矩与机械效率、功率与总效率等这些液压泵的基本特性参数与泵的进出口压差、油液黏度及转速等运行工况参数有关，如果其中的任何一个发生变化，都将引起泵的流量、转矩、功率和效率等特性参数的变化。

为了便于利用流体动力学相似理论进行液压泵的系列化设计，有时会用到泵的无因次特性曲线，如图 2.1.5 所示。这种特性曲线表示了泵的基本特性参数与无因次变量 $\frac{\mu n}{\Delta p}$ 之间的关系，反映了该系列泵的共同特性。由图 2.1.5 可知，液压泵的容积效率随泵的压力差的增大而降低，随油液黏度的增大及转速的升高而升高。液压泵的机械效率随压力差的增大而升高，随油液黏度的增大及转速的升高而降低。

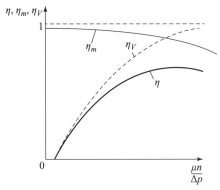

图 2.1.5　液压泵的无因次特性曲线

2.1.5　液压泵的分类及图形符号

如前所述，液压泵按照结构及工作原理不同可分为齿轮泵、叶片泵、柱塞泵、螺杆泵等类型，按照其排量是否可以改变可分为定量泵和变量泵，按照其进排油口是否可以改变可分为单向泵和双向泵，按照其额定工作压力的高低可分为低压泵、中压泵和高压泵。

根据 GB/T 786.1—2009 中的规定，常用液压泵的图形符号见表 2.1.4。

表 2.1.4　常用液压泵的图形符号（GB/T 786.1—2009）

名　称	图形符号	描　述
单向定量泵		单向旋转，单向输出，排量固定
单向变量泵		单向旋转，单向输出，排量可变
双向定量泵		双向旋转，双向输出，排量固定
双向变量泵		单向旋转，双向输出，排量可变

2.2　齿轮泵

齿轮泵结构简单、制造容易、价格低廉、自吸性能好、对油液污染不敏感，因此在液压系统中被广泛应用。齿轮泵又可以分很多类，通常按啮合形式的不同分为外啮合齿轮泵和内啮合齿轮泵，而以外啮合齿轮泵应用最为广泛。齿轮泵的分类方法见图 2.2.1。下面简单介绍各种齿轮泵的结构及工作原理。

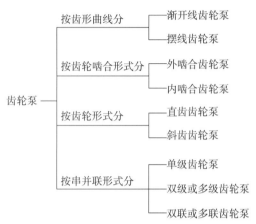

图 2.2.1　齿轮泵的分类方法

2.2.1　外啮合齿轮泵

1. 外啮合齿轮泵的结构及工作原理

外啮合齿轮泵的主体工作部件是一对参数相同的外啮合齿轮。图 2.2.2 所示为我国自行研制的 CB－B 型外啮合齿轮泵的结构图，它是分离三片式结构。三片是指泵盖 4、8 和泵体 7，泵体 7 内装有一对齿数相同、宽度和泵体接近而又相互啮合的齿轮 6，两对相互啮合的轮齿与两侧的端盖及中间的泵体形成密封工作腔，齿轮的齿顶和啮合线把整个泵腔划分为两部分，即吸油腔和压油腔。两齿轮分别用键固定在由滚针轴承支承的主动轴 12 和从动轴 15 上，主动轴由原动机带动旋转。

齿轮泵的壳体通常是铸铁或铝合金材料。齿轮通常是合金钢，某些低压小排量泵的齿轮也可以用粉末冶金或工程塑料。为了结构紧凑，有时将齿轮和轴加工成一体成为齿轮轴，其轴承通常为滚针轴承或滑动轴承。

图 2.2.3 是外啮合齿轮泵的工作原理图。当泵的齿轮按图示箭头方向旋转时，齿轮泵右侧轮齿脱开啮合，齿轮的轮齿退出齿槽，使右侧密封容腔增大，形成局部真空，油箱中的油液在外界大气压的作用下，经吸油管、吸油腔进入齿槽，实现吸油过程。随着齿轮的继续旋转，吸入齿槽的油液被带到左侧，进入压油腔，这时轮齿进入啮合，使密封容腔逐渐减小，齿槽部分的油液被挤出，实现压油过程。当齿轮泵由原动机带动持续旋转时，油液就不断地被从油箱中吸入泵内，经过加压后从压油口排出，进入液压系统，这就是外啮合齿轮泵的工作原理。

齿轮啮合时齿向啮合线及前后两个泵盖把吸油腔和压油腔分开，起配流作用，因此齿轮泵不需要专门的配流机构。

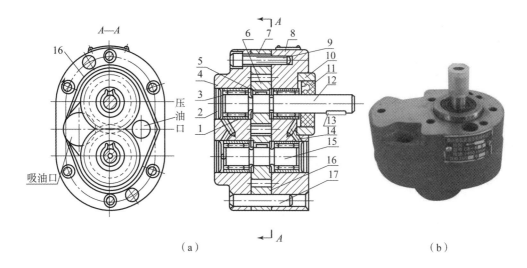

图 2.2.2　外啮合齿轮泵

（a）结构图；（b）实物图

1—轴承外环；2—堵头；3—滚子；4—后泵盖；5、13—键；6—齿轮；7—泵体；8—前泵盖；9—螺钉；
10—压环；11—密封环；12—主动轴；14—泄油孔；15—从动轴；16—泄油槽；17—定位销

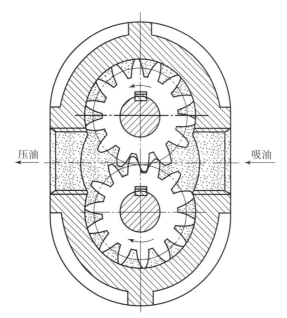

图 2.2.3　外啮合齿轮泵工作原理

外啮合齿轮泵的进出油口可以布置在端面（图 2.2.2），也可以布置在侧面（图 2.2.3）。

2. 外啮合齿轮泵的排量和流量

1）排量

如果不考虑齿顶间隙，齿轮泵的排量 V 相当于一对齿轮所有齿槽容积之和。假设齿槽容积大致等于轮齿的体积，那么齿轮泵的排量近似等于一个齿轮的齿槽容积和轮齿体积的总和，即相当于以有效齿高和齿宽构成的平面所扫过的环形体积，即

$$V = \frac{\pi}{4}\left[(D+h)^2 - (D-h)^2\right]B = \pi DhB = 2\pi zm^2 B \tag{2.2.1}$$

式中，D——齿轮分度圆直径，$D = mz$；

　　　　h——有效齿高，$h = 2m$；

　　　　B——齿宽；

　　　　m——模数；

　　　　z——齿数。

实际上齿轮齿槽的容积要比轮齿的体积稍大，故上式中的 π 常以 3.33 代替，则可得到外啮合齿轮泵排量计算的近似公式

$$V_P = 6.66zm^2 B \tag{2.2.2}$$

由此可见，齿轮泵的排量与齿数、模数及齿轮宽度有关。一台齿轮泵，一旦加工制造完成，其排量将不再变化，因此现有齿轮泵都是定量泵。

2）流量

齿轮泵的流量 q 为

$$q = 6.66zm^2 Bn\eta_V \times 10^{-3}\,(\mathrm{L/min}) \tag{2.2.3}$$

式中，n——齿轮泵转速，$\mathrm{r/min}$；

　　　　η_V——齿轮泵的容积效率。

实际上，由于齿轮泵在工作过程中，随着齿轮啮合点位置的不断变化，其密闭容积的变化率不是均匀的，而是随主轴的转动周期性变化，这就导致齿轮泵的瞬时流量是变化的，故式（2.2.3）所表示的只是泵的平均流量。为了评价液压泵瞬时流量的品质，即液压泵的流量脉动，引入流量脉动系数的概念。假设泵的瞬时最大流量和最小流量分别为 q_{max} 和 q_{min}，则定义流量脉动系数 σ 为

$$\sigma = \frac{q_{max} - q_{min}}{q} \times 100\% \tag{2.2.4}$$

表 2.2.1 为对某系列齿轮泵不同齿数的流量脉动系数的理论分析结果，可以看出流量脉动系数随齿轮齿数的变化规律。当然，实际齿轮泵的流量脉动系数还会受其他因素的影响。

表 2.2.1　齿轮泵流量脉动系数与齿数的关系

齿数	6	8	10	12	14	16	20
$\sigma/\%$	34.7	26.3	21.2	17.8	15.2	13.4	10.7

液压泵的流量脉动对液压系统有较大影响，它会引起液压系统的压力脉动，从而使管路、阀等液压元件产生振动和噪声。同时，流量脉动也会影响工作部件的运动平稳性，特别是对精密机床的液压传动系统更为不利。

由式（2.2.3）可以看出，泵的流量与齿轮模数 m 的平方成正比。因此，在泵的体积一定时，减少齿数，增大模数，可以使泵的排量和流量明显增大，但同时流量脉动也会变大。因此，用于机床上的低压齿轮泵，要求流量均匀，齿数多取为 $z = 13 \sim 20$；中高压齿轮泵，要求有较高的齿根强度，泵的齿数较少，通常取为 $z = 6 \sim 14$，而且为了防止根切，要求进行齿形修正。另外，泵的流量和齿宽 B、转速 n 成正比。一般对于高压齿轮泵，$B =$

$(3 \sim 6)$ m；对于低压齿轮泵，$B = (6 \sim 10)$ m。

3. 外啮合齿轮泵存在的几个问题及解决措施

1）齿轮泵的困油现象

齿轮要平稳工作，就要求齿轮啮合的重叠系数 $\varepsilon > 1$，也就是当一对轮齿尚未脱开啮合时，另一对轮齿已进入啮合。这就出现了某段时间内同时有两对轮齿处于啮合状态，在两对轮齿的齿向啮合线之间形成了一个密闭容腔，一部分油液也就被困在这一密闭容腔中〔图 2.2.4（a）〕。当齿轮继续旋转时，这一密闭容腔便逐渐减小，到两啮合点处于节点两侧的对称位置时〔图 2.2.4（b）〕，密闭容腔为最小。随着齿轮的继续转动，密闭容腔又逐渐增大，直到图 2.2.4（c）所示位置时，密闭容腔又变为最大。在密闭容腔减小时，被困油液受到挤压，压力急剧上升，使轴承上突然受到很大的冲击载荷，使泵剧烈振动。这时高压油从一切可能泄漏的缝隙中挤出，造成功率损失，并使油液发热。当密闭容腔增大时，由于没有油液补充，因此形成局部真空，使原来溶解在油液中的空气分离出来，形成气泡，造成空穴和气蚀等一系列后果。以上就是齿轮泵的困油现象。这种现象严重影响泵的工作平稳性和使用寿命。

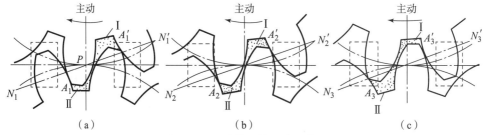

图 2.2.4　齿轮泵的困油现象

为了消除困油现象，通常在齿轮泵的泵盖上铣出两个卸荷槽，其几何关系如图 2.2.4 中虚线所示。卸荷槽的位置应该使困油腔由大变小时，能与压油腔相通，而当困油腔由小变大时，能与吸油腔相通。开卸荷槽必须保证在任何时候都不能使压油腔和吸油腔互通。

卸荷槽的形式有圆形、斜切形及细条形等多种结构形式，如图 2.2.5 所示。

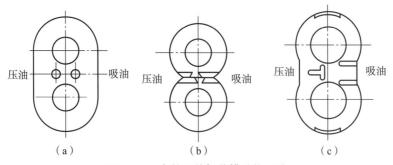

图 2.2.5　齿轮泵的卸荷槽结构形式

（a）对称布置的双圆形；（b）对称布置的双斜切形；（c）非对称布置的细条形

2）齿轮泵的径向不平衡力问题

齿轮泵工作时，在齿轮和轴承上有径向液压力的作用。如图 2.2.6 所示为主动齿轮所受径向液压力的情况，泵的右侧为吸油腔，左侧为压油腔。在压油腔内有液压力作用于齿轮上，且压力沿齿顶圆周方向逐渐减小，从而使齿轮和轴承受到径向不平衡力的作用。工作压力越高，这个不平衡力就越大。其结果不仅加速了轴承的磨损，降低了轴承的寿命，甚至使轴变形，造成齿顶和泵体内壁的摩擦等。被动齿轮的受力情况与此类似。

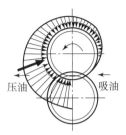

图 2.2.6　齿轮泵的径向不平衡力

为了解决径向不平衡力问题，在有些齿轮泵上，采用开压力平衡槽的办法来减小径向不平衡力（图 2.2.7），但这将使泄漏量增大，容积效率降低。CB - B 型齿轮泵则采用缩小压油口，以减少高压油液对齿顶部分的作用面积来减小径向不平衡力。常见齿轮泵的排油口孔径比吸油口孔径要小，也是采取的这种措施。

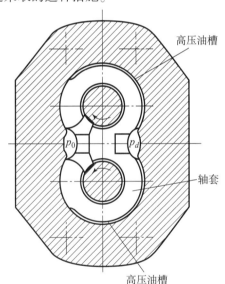

图 2.2.7　采用平衡槽减小齿轮泵径向不平衡力

3）齿轮泵的泄漏问题

外啮合齿轮泵高压腔的压力油可通过以下三条途径泄漏到低压腔中去：

（1）通过齿轮啮合处的间隙，占总泄漏量的 4% ~ 5%；

（2）通过泵体内孔和齿顶圆间的径向间隙，占总泄漏量的 15% ~ 20%；

（3）通过齿轮两侧面和两侧盖板间的端面间隙，此处泄漏面积大而且泄漏路径短，对泄漏影响最大，通过此处的泄漏量占总泄漏量的 75% ~ 80%。

如果轴向间隙过大，则泄漏量增大，容积效率降低，但过小的轴向间隙又会导致齿轮端面和端盖之间的机械摩擦损失增加，使泵的机械效率降低。因此，在齿轮泵的设计和制造中，必须综合考虑各种因素，严格控制齿轮泵的轴向间隙。

4. 提高齿轮泵额定工作压力的措施

要提高齿轮泵的额定工作压力，必须首先解决轴向间隙泄漏问题，可以采取减小端面间隙、加强密封等措施。在中、高压齿轮泵设计中，注意尽量减小径向不平衡力和提高轴的刚度与轴承的承载能力，并采用增加端面间隙自动补偿装置等措施。下面对端面间隙的自动补偿装置做简单介绍。

1）浮动轴套式

图 2.2.8（a）是浮动轴套式的间隙补偿装置。它将泵排油口的压力油引入浮动轴套 1 的外侧（A 腔），高压油产生的液压力使轴套紧贴齿轮 3 的侧面，因而可以消除间隙并可补偿齿轮侧面和轴套间的磨损量。泵起动时，靠弹簧 4 来产生预紧力，保证了轴向的密封。

2）浮动侧板式

浮动侧板式补偿装置的工作原理与浮动轴套式相似，也是将泵排油口的压力油引到浮动侧板 1 的背面〔图 2.2.8（b）〕，使侧板紧贴于齿轮 3 的端面来补偿间隙。泵起动时，浮动侧板靠安装在侧板背面的橡胶密封圈来产生预紧力。

浮动侧板一般采用钢铜双金属烧结的工艺制造，使侧板上的铜与钢质齿轮侧面形成摩擦副，以改善其摩擦性能。

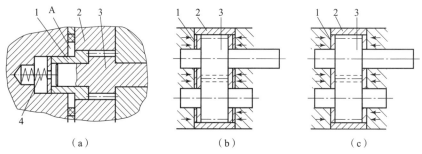

图 2.2.8　端面间隙补偿装置示意图

（a）浮动轴套式间隙补偿装置；（b）浮动侧板式补偿装置；（c）挠性侧板间隙补偿装置
1—浮动轴套/浮动侧板/挠性侧板；2—泵体；3—齿轮；4—弹簧

3）挠性侧板式

图 2.2.8（c）是挠性侧板式间隙补偿装置。它将泵排油口的压力油引到侧板的背面，靠侧板自身的变形来补偿端面间隙。侧板的厚度较薄，内侧面要耐磨（如烧结有 0.5 ~ 0.7 mm 的磷青铜等）。这种结构，易使侧板外侧面的压力分布大体上和齿轮侧面的压力分布相适应。

5. 斜齿轮泵

常见外啮合齿轮泵的齿轮多为直齿渐开线齿轮。实际上，正如机械传动有斜齿轮传动一样，液压传动中也有斜齿轮泵。

斜齿轮泵是采用两个模数和压力角相同，螺旋角大小相等旋向相反的斜齿轮所构成的齿轮泵，如图 2.2.9 所示。斜齿轮泵的工作原理与直齿轮泵类似，也是靠齿轮的进入啮合和脱开啮合实现吸、排油的。由于斜齿轮每对齿的进入啮合和脱开啮合是逐渐进行的，因此斜齿轮泵比直齿轮泵具有更小的流量脉动系数。

斜齿轮泵具有高压大流量的特点，容积效率可达 98%，对油液污染不敏感，在保持直齿轮泵优点的基础上改善了流量脉动，减小了压力脉动和噪声。

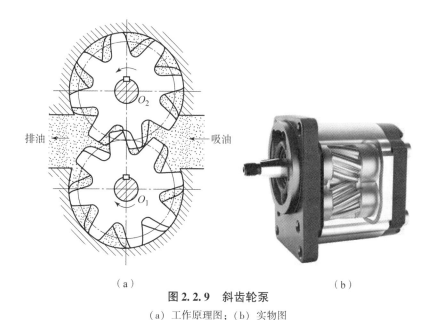

（a）　　　　　　　　　　　　（b）

图 2.2.9　斜齿轮泵

（a）工作原理图；（b）实物图

2.2.2　内啮合齿轮泵

内啮合齿轮泵也是利用轮齿间密闭容积的变化来实现吸油和压油的，其根据齿形不同可分为渐开线内啮合齿轮泵、直线共轭内啮合齿轮泵和摆线转子泵等。

1. 渐开线内啮合齿轮泵

渐开线内啮合齿轮泵由泵体、主动外齿轮、从动齿圈、月牙板、侧板（配流盘）、端盖、轴及轴承等组成。图 2.2.10 为渐开线内啮合齿轮泵的工作原理图及实物图。图中外齿轮和齿圈啮合，二者之间有一个偏心距，月牙板将泵的吸油腔和压油腔隔开。当原动机带动外齿轮旋转时，被动齿圈也同向旋转。按图中所示旋转方向，左半部分轮齿脱开啮合，齿间容腔逐渐增大，从侧板上的吸油窗口 A 吸油；右半部分轮齿进入啮合，齿间容腔逐渐减小，将油液从排油窗口 B 排出。

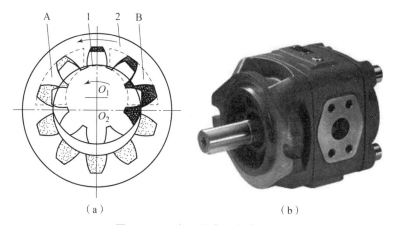

（a）　　　　　　　　　　　　（b）

图 2.2.10　渐开线内啮合齿轮泵

（a）工作原理图；（b）实物图

1—外齿轮；2—齿圈；A—吸油窗口；B—排油窗口

由于齿圈的存在，内啮合齿轮泵的进出油口只能布置在端面，即在侧板上开进出油口，如图中 A、B 所示。侧板是内啮合齿轮泵的配流机构，这种配流机构位于工作元件端面的配流形式称为端面配流。某些低压内啮合齿轮泵没有侧板，而是直接用泵体或端盖上的油槽实现配流。

内啮合齿轮泵外齿轮的齿数通常为 6~14 个，齿圈的齿数一般比外齿轮多 3~5 个。

内啮合齿轮泵的优点是结构紧凑、质量轻、困油现象不明显，并且由于齿轮转向相同，相对滑动速度小，磨损小，使用寿命长。另外，内啮合齿轮泵流量脉动小，仅为外啮合齿轮泵的 1/10~1/20，流量脉动系数一般为 1%~3%，因此其压力脉动和噪声都较小。内啮合齿轮泵允许使用的转速高，高转速下离心力能使油液更好地进入密闭工作腔，容积效率较高。

内啮合齿轮泵的不足之处是齿形复杂，加工精度要求高，需要专门的高精度加工设备。

2. 直线共轭内啮合齿轮泵

图 2.2.11 所示为一种直线共轭内啮合齿轮泵，其结构形式及工作原理与渐开线内啮合齿轮泵相同，只不过其外齿轮的齿廓为直线形，而与其相匹配的内齿圈的齿廓为直线共轭线，故称为直线共轭内啮合齿轮泵。

直线共轭内啮合齿轮泵具有低噪声、低脉动率、长寿命等卓越性能，主要用于高、精、尖液压系统。

3. 摆线转子泵

摆线转子泵是一种齿形为摆线的内啮合齿轮泵，通常由泵体、内转子、外转子、侧板（配流盘）、端盖、轴及轴承等组成，图 2.2.12 为摆线转子泵的工作原理图。内转子和外转子的摆线形齿相啮合，二者之间有偏心距。一般内转子的齿数为 4~10，外转子比内转子多 1 颗齿。由于在高低压区分界处，内转子和外转子的齿顶正好相切，起到隔开高、低压区的作用，因此不需要月牙板。摆线转子泵的工作原理与渐开线内啮合齿轮泵相似，在此不再赘述。

图 2.2.11 直线共轭内啮合齿轮泵

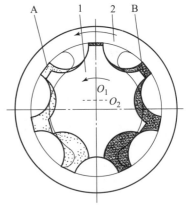

图 2.2.12 摆线转子泵的工作原理图

1—内转子；2—外转子；
A—吸油窗口；B—排油窗口

摆线转子泵的结构简单、传动平稳、噪声低、自吸能力强，但其在高压低速时容积效率较低，因此此泵工作压力一般为 2.5~7 MPa，通常作为润滑、补油等辅助泵用。

摆线转子泵也同样存在齿形复杂、加工精度要求高的缺点。

2.2.3　齿轮泵的特点及应用

齿轮泵的种类很多，按工作压力大致可分为低压齿轮泵（$p \leqslant 2.5$ MPa）、中压齿轮泵（$p = 2.5 \sim 8$ MPa）、中高压齿轮泵（$p = 8 \sim 16$ MPa）和高压齿轮泵（$p = 16 \sim 32$ MPa）4 种。目前国内生产和应用较多的是低压、中压和中高压齿轮泵，高压齿轮泵正处在发展和研制阶段。

外啮合齿轮泵的主要优点是结构简单、工艺性好、价格便宜、自吸能力强、对油液污染不敏感、转速范围大、维护方便、工作可靠。它的缺点是径向不平衡力大、泄漏量大、流量脉动大、噪声大，不能作变量泵使用。

内啮合齿轮泵的优点：结构紧凑、尺寸小、质量轻。由于内外齿轮转向相同，相对滑移速度小，因而磨损小、寿命长，其流量脉动和噪声都比外啮合齿轮泵要小。内啮合齿轮泵的缺点：齿形复杂、加工精度要求高，因而造价高。

低压齿轮泵已广泛应用在低压（2.5 MPa 以下）系统中，如发动机的燃油泵、机油泵以及各种补油、润滑和冷却装置等。齿轮泵在结构上采取一定措施后，可以达到较高的工作压力。中压齿轮泵主要用于机床、轧钢设备的液压系统。中高压和高压齿轮泵主要用于农林机械、工程机械、船舶机械和航空技术中。

表 2.2.2 列出了部分齿轮泵典型产品概览。

表 2.2.2　部分齿轮泵典型产品概览

类别	系列型号	额定排量/(mL·r⁻¹)	压力/MPa		转速/(r·min⁻¹)		容积效率/%	结构特点及主要适用场合
			额定	最高	额定	最高		
外啮合齿轮泵	CB	32、50、100	10	12.5	1 500		≥90	铝合金壳体，自动补偿轴向间隙。适用于工程、装卸、农业及运输等机械的液压系统
	CB–B	2.5~125	2.5		1 450		≥70~95	典型的壳体、前盖、后盖三片式结构，无径向力平衡装置，轴向间隙固定。适用于机床、塑料机械和矿山机械的液压系统中
	CBL	80~200	16	20	2 000	2 500	≥90	高强度铸铁壳体，大直径滚子轴承，浮动侧板和二次密封；可组成串联泵。适用于工程、矿山、农业等机械的液压系统

类别	系列型号	额定排量/(mL·r^{-1})	压力/MPa		转速/(r·min^{-1})		容积效率/%	结构特点及主要适用场合
			额定	最高	额定	最高		
外啮合齿轮泵	CBK	27~44	20、25	25、30	2 500	3 000	≥92	高强度铝合金壳体，自润滑复合轴承、轴向间隙浮动补偿、径向平衡。适用于叉车、工程、矿山及轻工、环卫、农业等机械的液压系统
	GP	40~540	2.5	3.8	1 350~3 000		≥90	三片式结构，高强度铸铝合金壳体，铝合金高承载浮动轴套，小排量泵带溢流阀，大排量泵装有单列向心球轴承，适用于皮带或齿轮传动承受径向力的情况。适用于机床、工程、船舶、内燃机和矿山机械液压系统
内啮合齿轮泵	NBT	10~500	6.3~25	8~32	1 000、1 500	—	—	直线共轭线齿形设计，流量脉动小、自吸性能好、噪声低。适用于锻压机床、叉车、压钻机、注塑机、船舶、摩天轮、石油采集及航空航天等行业
	NB-E	53	10	16	1 250	1 600	≥94	支承块径向间隙补偿和侧板轴向间隙补偿；挠性轴承，无困油。适用于船舶、塑机和皮革机械等

续表

类别	系列型号	额定排量/(mL·r⁻¹)	压力/MPa		转速/(r·min⁻¹)		容积效率/%	结构特点及主要适用场合
			额定	最高	额定	最高		
内啮合齿轮泵	IGP	3.5~250	21~31.5	25~33	—	1 800~3 000	—	内啮合齿轮副，滑动轴承，轴向和径向间隙自动补偿，低脉动、低噪声。适用于橡胶机械、压力机及舵机、甲板起重机及公用车辆装卸、提升等起重机械
	NCB	56	1.9	—	2 000	—	—	低压、大流量泵。噪声低，寿命长。适用于工程机械动力换挡变速系统

2.3　螺杆泵

螺杆泵实质上是一种外啮合的摆线齿轮泵。常见的为双螺杆泵和三螺杆泵，即泵内的螺杆数目为2根或3根，螺杆多于3根的泵比较罕见。双螺杆泵的排量可以做得很大，主要用于石油、化工等行业，作为介质输送泵，很少作为液压泵使用。液压传动中应用的主要是三螺杆泵。

图2.3.1所示为三螺杆泵的结构及工作原理。在泵的壳体内有3根相互啮合的双头螺杆，主动螺杆3为凸螺杆，从动螺杆4是凹螺杆，3根螺杆的外圆与壳体的对应弧面保持着良好的配合。在横截面内，它们的齿廓由几对摆线共轭曲线组成。螺杆的啮合线把主动螺杆和从动螺杆的螺旋槽分割成若干密闭工作腔。当主动螺杆带动从动螺杆旋转时，这些密闭工作腔沿着轴向从左向右移动。主动螺杆每旋转一周，每个密闭工作腔移动一个工作导程。左端的密闭工作腔容积逐渐增大，进行吸油；右端的工作腔容积逐渐缩小，将油排出。螺杆泵的主动螺杆3直径越大，螺旋槽越深，泵的排量也越大。螺杆越长，吸油口和排油口之间的密封层次越多，密封性越好，泵的额定压力就越高。

螺杆泵与其他容积式泵相比，具有结构简单、自吸能力强、运转平稳、无流量脉动、噪声低、对油液污染不敏感等优点，其容积效率可达90%~95%，在一些精密机床的液压系统及要求低噪声、低流量脉动的系统中应用较为广泛。螺杆泵的主要缺点是螺杆形状复杂，加工较困难，不易保证精度。

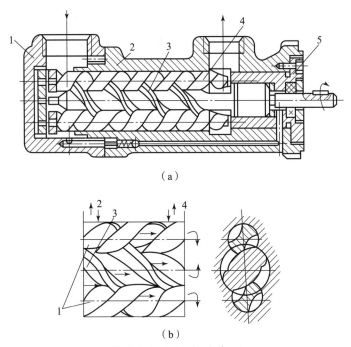

图 2.3.1　LB 型三螺杆泵

(a) 结构图；(b) 工作原理图

1—后盖；2—壳体（或衬套）；3—主动螺杆（凸螺杆）；4—从动螺杆（凹螺杆）；5—前盖

2.4　叶片泵

叶片泵是以其主要工作部件"叶片"命名的一种液压泵，具有流量均匀、运转平稳、噪声低、易变量等优点，在机床、汽车、工程机械、船舶和冶金设备中得到广泛应用。中低压叶片泵的额定压力一般为 7 MPa，高压叶片泵的额定压力可达 25~31.5 MPa。叶片泵的缺点是结构较复杂，对油液污染比较敏感，主要用于平稳性要求较高的中低压系统。

叶片泵按每转吸排油次数可分为单作用式和双作用式两大类。

2.4.1　单作用叶片泵

1. 结构及工作原理

单作用叶片泵的结构如图 2.4.1 所示，由驱动轴 1、转子 2、定子 3、叶片 4、壳体 5 和配流盘 6 等组成。转子 2 的外表面和定子 3 的内表面均为圆柱面，定子和转子中心之间有偏心距 e。转子上开有均布的向后倾斜的径向滑槽，矩形叶片 4 安装在转子滑槽内并可灵活伸缩。由于转子和定子间存在偏心距 e，当转子旋转时，离心力及叶片底部压力油的液压力会使叶片紧靠在定子内壁，这样在定子、转子、叶片和两侧配流盘及端盖间就形成若干个密闭的工作容腔（通常为奇数个）。当转子旋转方向为逆时针时，在图中右部的各工作容腔逐渐增大，并通过配流盘上的吸油窗口吸油，所以右侧是吸油腔。在图中的左部，叶片被定子内壁逐渐压进槽内，工作容腔逐渐缩小，将油液从配流盘的排油口压出并输送到液压系统中，所以左侧是排油腔。在吸油腔和排油腔之间，有一段封油区，把吸油腔和排油腔隔开。这种叶片泵，转子每转一周，每个工作容腔完成一次吸油和一次排油，因此称为单作用叶片泵。转子不停地旋转，泵就连续不断地完成吸油和排油。

单作用叶片泵是通过位于转子两端的配流盘实现配流的，所以属于端面配流。图 2.4.2 为单作用叶片泵配流盘的实物图。

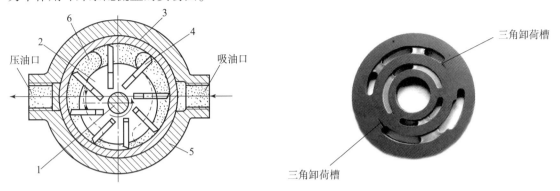

图 2.4.1　单作用叶片泵结构图

1—驱动轴；2—转子；3—定子；
4—叶片；5—壳体；6—配流盘

图 2.4.2　单作用叶片泵配流盘实物图

与外啮合齿轮泵类似，这种泵的主轴及轴承受较大的不平衡径向力的作用，所以又称为非平衡式（或非卸荷式）液压泵。

2. 排量

单作用叶片泵的排量可以用图解法近似求出。图 2.4.3 为单作用叶片泵排量计算示意图。假定两叶片正好位于过渡区 ab 位置，此时两叶片间的空间容积最大，为 V_1。当转子沿图示方向旋转 π 弧度，转到定子 cd 位置时，此时两叶片间的空间容积最小，为 V_2，则两叶片间排出体积为 ΔV 的油液。当两叶片从 cd 位置沿图示方向再旋转 π 弧度回到 ab 位置时，两叶片间又吸满了体积为 ΔV 的油液。由此可见，转子旋转一周，两叶片间排出油液的体积为 ΔV。当泵有 z 个叶片时，就排出 z 个 ΔV 体积的油液。若将各体积相加，就得到近似为圆柱形的体积，圆柱的大半径为 $R + e$，小半径为 $R - e$。因此，单作用叶片油泵的排量为

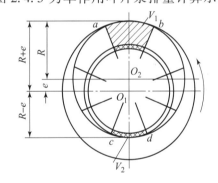

图 2.4.3　单作用叶片泵
排量计算示意图

$$V = \pi\left[\,(R + e)^2 - (R - e)^2\,\right]B = 4\pi ReB \tag{2.4.1}$$

式中，R——定子的内径；

e——转子与定子之间的偏心距；

B——定子的宽度。

上述计算中并未考虑叶片的厚度以及叶片的倾角对排量的影响。实际上，单作用叶片泵的叶片底部小油室和工作油腔相通。当叶片处于吸油腔时，它和吸油腔相通，也参与吸油。当叶片处于压油腔时，它和压油腔相通，也向外压油。叶片底部的吸油和排油作用，正好补偿了工作油腔中叶片所占的体积，因此叶片对容积的影响可不考虑。

由式（2.4.1）可知，改变定子和转子之间的偏心距 e 便可改变泵的排量，所以单作用叶片泵可以做成变量泵。如果使偏心距 e 的方向改变，在泵轴旋转方向不变的情况下，泵的吸、排油方向互换，所以单作用叶片泵可以做成双向变量泵。

3. 限压式变量叶片泵

单作用叶片泵排量的变化，需要依靠外力推动定子移动，改变偏心距 e 的大小来实现。限压式变量叶片泵就是利用泵的高压油产生的推力来改变偏心距 e 的大小，实现排量变化和限压的。根据高压油产生推力的方式不同，限压式变量叶片泵可以分为内反馈式和外反馈式两种。下面仅介绍外反馈限压式变量叶片泵。图 2.4.4 为其结构图。

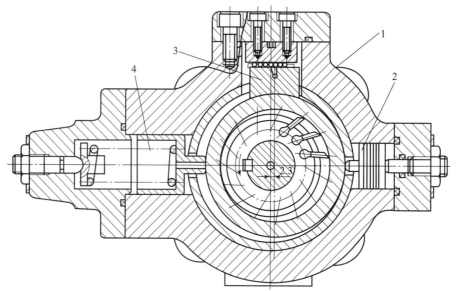

图 2.4.4　外反馈限压式变量叶片泵

1—泵体；2—活塞；3—滑块；4—弹簧

图 2.4.5（a）为外反馈限压式变量叶片泵的变量原理图，它能根据出口压力的大小自动调节泵的排量。图中转子 1 的中心是固定不动的，定子 3 可沿滑块滚针轴承 4 左右移动。定子右边有反馈柱塞 5，它的油腔与泵的压油腔相通。设反馈柱塞的受压面积为 A_x，则当作用在定子上的反馈力 pA_x 小于作用在定子上的弹簧力 F_x 时，弹簧 2 把定子推向最右边，此时偏心距为初始偏心矩 e_0，泵的排量最大。流量调节螺钉 6 用以调节泵的初始偏心距 e_0，从而确定泵的初始排量。当泵的出口油压升高，使 $pA_x > F_x$ 时，反馈活塞的液压作用力克服弹簧预紧力，推动定子左移距离 x，使偏心距减小，泵的排量减小，继而输出流量随之减小。压力越高，偏心距越小，输出流量也越小。当压力达到使泵的输出流量全部用于补偿自身泄漏时，泵的对外输出流量为零，泵的输出压力不会再升高，所以这种泵被称为外反馈限压式变量叶片泵。

外反馈限压式变量叶片泵的静态特性曲线见图 2.4.5（b）。在泵的排量不发生变化的 AB 段，随着压力的升高，实际输出流量因泄漏而减少。在变量 BC 段，泵的实际流量随着压力升高而迅速减小。B 点为曲线的拐点，此处的压力主要由弹簧预紧力确定。

限压式变量叶片泵对既要实现快速行程，又要实现保压和工作进给的执行元件来说是一种合适的油源。快速行程需要大的流量，负载压力较低，正好使用其 AB 段直线部分。保压和工作进给时负载压力升高，需要流量小，正好使用其 BC 段曲线部分。

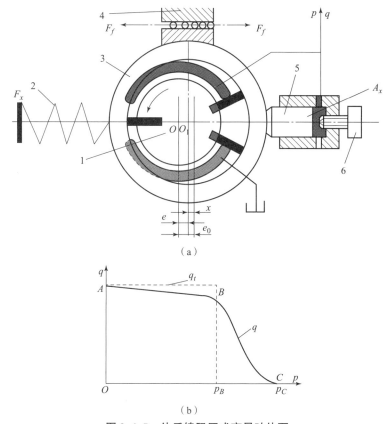

图 2.4.5　外反馈限压式变量叶片泵

（a）变量原理图；（b）静态特性曲线

1—转子；2—弹簧；3—定子；4—滑块滚针轴承；5—反馈柱塞；6—流量调节螺钉

限压式变量叶片泵与定量叶片泵相比，结构复杂，轮廓尺寸大，做相对运动的部件较多，轴上承受不平衡的径向液压力较大，噪声大，容积效率、机械效率较低，但它能根据负载的大小自动调节排量及流量，在功率使用上较合理，可减少系统发热。对于有快速行程和工作行程要求的液压系统，采用限压式变量叶片泵（与采用双泵供油相比）可以简化系统。

4. 单作用叶片泵的相关问题

1）流量脉动问题

单作用叶片泵也存在流量脉动问题。理论分析表明，叶片数越多，流量脉动系数越小。此外，奇数叶片泵的脉动系数比偶数叶片泵的脉动系数小，因此单作用叶片泵的叶片数均为奇数，一般为 13 片或 15 片。

2）困油现象及其解决措施

为了保证泵高、低压腔之间的密封，配流盘吸、排油窗口间的密封角略大于两相邻叶片间的夹角，而单作用叶片泵的定子不存在与转子同心的圆弧段，因此当上述被密闭的容腔发生变化时，会产生与齿轮泵相类似的困油现象。通常，通过在配流盘吸、排油窗口边缘开三角卸荷槽的方法来减轻困油现象（如图 2.4.2 配流盘上的三角槽结构）。

3）叶片沿旋转方向向后倾斜

叶片靠离心力紧贴定子表面，考虑到叶片上还受哥氏力和摩擦力的作用，为了使叶片所受的合力与叶片的滑动方向一致，保证叶片更容易地从叶片槽中滑出，叶片槽常加工成沿旋转方向向后倾斜一定的角度，一般为20°～30°。

4）转子承受径向液压力

单作用叶片泵转子上的径向液压力不平衡，是非卸荷式泵，驱动轴及轴承负荷较大，使泵的工作压力和排量的提高均受到限制。

2.4.2 双作用叶片泵

1. 结构和工作原理

双作用叶片泵的结构如图2.4.6所示，也是由壳体、配流盘、泵盖、驱动轴、定子、转子、叶片等组成。它的工作原理和单作用叶片泵相似，不同之处在于定子内表面是由2段长半径圆弧、2段短半径圆弧和4段过渡曲线组成，且定子和转子是同心的。由叶片、定子的内表面、转子的外表面和两侧配流盘形成若干个密闭容腔。

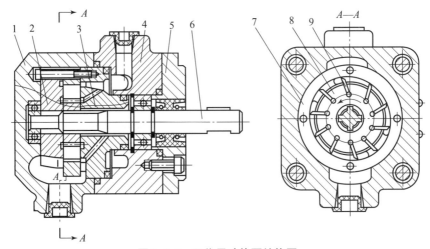

图 2.4.6 双作用叶片泵结构图

1—左壳体；2—左配流盘；3—右配流盘；4—右壳体；5—泵盖；6—驱动轴；7—定子；8—转子；9—叶片

如图2.4.7所示，当转子顺时针旋转时，密闭容腔的容积在左上角和右下角处逐渐增大，为吸油区；在左下角和右上角处逐渐减小，为排油区。吸油区和排油区之间有一段封油区，将吸、排油隔开。这种泵的转子每转一转，每个密封工作腔完成吸油和排油动作各两次，所以称为双作用叶片泵。

为了要使径向力完全平衡，密封容腔数（即叶片数）应当是偶数，泵的两个吸油区和两个排油区是径向对称布置的，作用在转子上的压力径向平衡，所以又称为平衡式（或卸荷式）叶片泵。

双作用叶片泵的排量不可调，是定量泵。

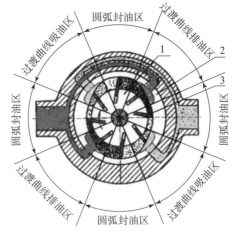

图 2.4.7 双作用叶片泵的工作原理

1—定子；2—转子；3—叶片

2. 排量

图 2.4.8 为双作用叶片泵排量计算示意图。当两叶片从 a、b 位置逆时针转到 c、d 位置时，排出油液的体积为 $\Delta V = V_1 - V_2$；从 c、d 转到 e、f 时，吸进油液的体积为 ΔV；从 e、f 转到 g、h 时，又排出了体积为 ΔV 的油液；再从 g、h 转回到 a、b 时又吸进了体积为 ΔV 的油液。这样转子转一周，两叶片间的密闭容腔完成两次吸、排油，每次的体积都为 ΔV。当叶片数为 Z 时，转子转一周，所排出油液的体积为 $2 \times Z$ 个 ΔV。若不计叶片的厚度，此值正好为以 r 和 R 为内、外半径，厚度与转子相同的圆环体积的 2 倍。因此，双作用叶片泵的排量为

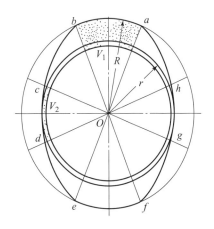

图 2.4.8　双作用叶片泵排量计算示意图

$$V = 2\pi (R^2 - r^2) B \tag{2.4.2}$$

式中，R——定子长半径；

　　　r——定子短半径；

　　　B——转子厚度。

3. 双作用叶片泵的相关问题

1）定子过渡曲线

定子曲线是由 4 段圆弧和 4 段过渡曲线组成的。定子所采用的过渡曲线要保证叶片在转子槽中滑动时的速度和加速度均匀变化，以减小叶片对定子内表面的冲击。目前双作用叶片泵的定子曲线多采用性能良好的等加速等减速曲线。

2）叶片安放角

在传统设计中，为了保证叶片顺利地从叶片槽滑出，减小叶片的压力角，减少压油区的叶片沿槽道向槽里运动时的摩擦力和因此造成的磨损，通常将叶片相对转子半径朝旋转方向前倾一个角度 θ（$10° \sim 14°$），称为叶片安放角，有叶片安放角的叶片泵不允许反转。

但近年的研究表明，叶片安放角并非完全必要，某些高压双作用式叶片泵的转子槽是径向的，但并没有因此而引起明显的不良后果。

3）端面间隙的自动补偿

为了提高泵的额定压力，减少端面泄漏，可以采取端面间隙自动补偿措施，将配流盘的外侧与压油腔连通，使配流盘在液压力的作用下压向转子。泵的工作压力越高，配流盘就会越加贴紧转子，对转子端面间隙进行自动补偿。

由于双作用叶片泵转子上的径向力是平衡的，因此不像齿轮泵和单作用叶片泵那样，工作压力的提高会受到径向承载能力的限制，其最高工作压力可以达到 20 ~ 30 MPa。

2.4.3　叶片泵的特点及应用

叶片泵可以是定量泵，也可以是变量泵。近年来研制或生产的新产品，具有技术先进、结构多样、压力高、排量大、转速高、容积效率高等特点，主要用于金属切削机械、轻工机械、橡胶机械、压力加工机械、冶金机械等工业生产设备及部分行走机械的液压系统中。

表 2.4.1 为部分叶片泵典型产品概览。

表 2.4.1　部分叶片泵典型产品概览

类别	系列型号	公称排量/(mL·r⁻¹)	压力/MPa 额定	压力/MPa 最高	转速/(r·min⁻¹) 额定	转速/(r·min⁻¹) 最高	容积效率/%	结构特点及主要适用场合
单作用变量叶片泵	YBP	10~63	6.3、10	—	1 500	—	—	恒压式变量叶片泵。变量机能由泵内的压力反馈伺服装置控制，能自动适应负载流量的需要并维持恒定的工作压力。工作中，还可根据要求调节其恒定压力值。故在使用该泵的系统中，实际工况相当于定量泵加溢流阀，且无多余的油液从系统中流过，降低了能耗和温升。适用于要求噪声、压力脉动和温升较低的液压系统，特别适用于静压轴承、静压导轨、精密磨床、注塑机、压力机等设备
	YBX	16~63	6.3	—	1 500		≥85	外反馈限压式变量叶片泵。工作时，根据系统负载的变化通过分别位于定子两边的变量活塞和预紧弹簧的力平衡原理，改变定子与转子的偏心距，从而改变泵的排量。适用于组合机床、半自动或自动生产线以及静压轴承、静压导轨等
		16~30	—	10	1 500	1 800、2 000	—	
		16~40	6.3	—	—	1 800	≥90	
	YBN	20~40	7.0	—	—	1 800	≥90	内反馈限压式变量叶片泵。泵的输出流量可按负载变化自行调节。特别适用于作容积调速的液压系统中的动力源。系统工作效率高，发热少，能耗低，结构简单。适用于要求高压小流量、低压大流量的场合，如组合机床、数控机床及船舶机械等
		16~30	—	10	1 500	1 800、2 000	—	

类别	系列型号	公称排量/(mL·r^{-1})	压力/MPa		转速/(r·min^{-1})		容积效率/%	结构特点及主要适用场合
			额定	最高	额定	最高		
双作用定量叶片泵	YB$_1$	2.5 ~ 100, 2.5/2.5 ~ 100/100	6.3	—	960、1 450	—	80 ~ 92	根据需要,该泵可反转,任意两个不同排量的单泵可组成双联泵,单泵、双联泵共有 119 种不同规格。适用于各类机床的液压系统
	YB – A、B、C	6 ~ 194	7	—	1 000	1 200 ~ 2 000	—	我国第一代国产叶片泵第 5 次改型产品。结构简单,性能稳定,排量范围大,噪声低、寿命长。适用于机床设备和其他中低压液压传动系统
转向助力叶片泵	V10F/V10NF	3.2 ~ 22.1	—	14 ~ 17.5	—	2 800 ~ 4 800	—	汽车转向叶片泵,与发动机直接连接,当发动机由中速到高速变化时,泵的流量曲线呈下降趋势,使车辆在高速行驶时,方向盘不会发飘。体积小、质量轻。适用于采用康明斯发动机的汽车上,是载重汽车动力转向理想的动力源
	ZYB1 ~ ZYB5	8 ~ 23	—	10 ~ 15	—	700、3 200、3 400	—	通过泵内部特殊结构,实现了转速 – 流量特性的特殊要求,更加符合汽车实际工况。常流内回油结构,泄漏油从内部回到回油口;压力可经输出回路安全阀调节,可防止压力过载,起到安全保护作用。结构紧凑、噪声低、使用可靠、寿命长。适用于平头柴油汽车和采用康明斯 6BT 系列柴油机的车型

2.5　柱塞泵

柱塞泵是利用柱塞在缸体上的柱塞孔内做往复直线运动，使所形成的密闭工作腔的容积发生周期性变化来实现吸油和排油的。根据柱塞在缸体中是按照轴向布置还是径向布置，柱塞泵可分为轴向柱塞泵和径向柱塞泵两大类。

2.5.1　轴向柱塞泵

轴向柱塞泵是将多个柱塞配置在一个共同缸体上沿圆周均布的柱塞孔内，并使柱塞轴线和缸体轴线平行或接近平行的一种泵。根据其驱动轴轴线与缸体轴线的位置关系又可以分为直轴式和斜轴式两种。

1. 直轴式轴向柱塞泵

直轴式轴向柱塞泵的驱动轴轴线与缸体轴线同轴，它依靠倾斜的斜盘来实现柱塞的轴向往复运动，所以也叫斜盘式轴向柱塞泵。

1）结构及工作原理

如图 2.5.1 所示，斜盘式轴向柱塞泵主要由驱动轴、斜盘、缸体、柱塞、回程盘、中心弹簧、配流盘、壳体、后盖、轴承、密封件、球铰等零部件组成。斜盘支承在壳体内，斜盘工作面与驱动轴轴线的垂直面成一角度 γ，通常为 $12° \sim 20°$。缸体通过花键与驱动轴连接，缸体上有沿圆周方向均布的柱塞孔，柱塞孔内的柱塞与滑靴铰接在一起，在弹簧的作用下通过球铰和回程盘被压紧在斜盘工作面上，同时缸体在中心弹簧的作用下压紧在配流盘上。配流盘上开有两个腰形配流窗口，配流盘的正面与缸体底面紧密配合，并能相对滑动，配流盘的背面通过销钉固定并紧贴在泵的后盖上，两个腰形配流窗口分别与后盖上泵的吸油路和压油路相通。泵的驱动轴贯穿斜盘、缸体和配流盘，支承在壳体和后盖的轴承上。

当驱动轴驱动缸体旋转时，配流盘和斜盘不旋转。由于斜盘和回程盘的作用，迫使柱塞在柱塞孔内做往复直线运动，各柱塞与柱塞孔间的密闭容腔体积便发生增大或减小的变化，通过配流盘上的腰形吸油窗口和排油窗口实现吸、排油。假设泵的旋转方向如图中所示为左旋（面向轴头逆时针），则位于 $0 \sim \pi$ 范围内的柱塞被斜盘推入柱塞孔，使柱塞底部的密闭容腔减小，通过配流盘的排油窗口排油；位于 $\pi \sim 2\pi$ 范围内的柱塞向外伸出，底部的密闭容腔增大，通过配流盘的吸油窗口吸油。主轴每转一周，每个柱塞完成一次吸、排油。随着主轴的连续旋转，多个柱塞不断地往复运动进行吸、排油，形成连续的流量输出。

斜盘式轴向柱塞泵的配流方式为端面配流。

图 2.5.1 中的柱塞泵因其驱动轴贯穿斜盘，从输入端一直通到泵的后盖，且两端均由轴承支承，因此也称为通轴泵。

还有一种泵，其驱动轴不贯穿斜盘，驱动轴一端通过轴承支承在壳体上，另一端则通过花键与缸体连接，缸体通常是通过轴承支承在壳体上，称为非通轴泵，如图 2.5.2 所示 MCY14 - 1B 型定量轴向柱塞泵即为非通轴泵。

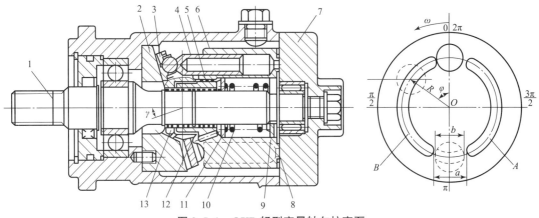

图 2.5.1　QXB 轻型定量轴向柱塞泵

1—驱动轴；2—斜盘；3—回程盘；4—柱塞；5—顶杆；6—缸体；7—后盖；
8—配流盘；9，11，12—垫片；10—中心弹簧；13—球铰

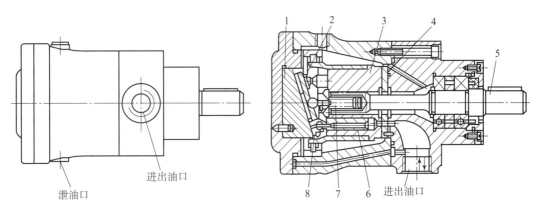

图 2.5.2　MCY14－1B 型定量轴向柱塞泵

1—斜盘；2—回程盘；3—缸体；4—配流盘；5—驱动轴；6—柱塞；7—弹簧；8—滑靴

通轴泵和非通轴泵的工作原理基本相同，其区别主要在于，通轴泵的缸体支承在驱动轴上，因此要求其驱动轴直径要大一点。另外，通轴泵可以做成串联泵，或者由驱动轴带动补油泵。非通轴泵由于其驱动轴只受扭矩作用，不受弯矩，因此其直径可以小一点。非通轴泵由于结构方面的原因，通常不带补油泵。

2）排量

在图 2.5.1 中，假设柱塞的直径为 d，柱塞分布圆直径为 D，斜盘倾角为 γ，则柱塞的行程为 $s = D\tan\gamma$。当柱塞数为 Z 时，轴向柱塞泵的排量为

$$V = \frac{\pi d^2}{4} D\tan\gamma Z \qquad (2.5.1)$$

由于柱塞在柱塞孔中的轴向运动速度不是恒定的，而且处在排油区的柱塞的数目也会周期性变化，因此轴向柱塞泵也存在流量脉动问题。根据理论推导，其流量脉动系数随柱塞数的增加而减小，而且奇数个柱塞比偶数个柱塞流量脉动小，故一般常见柱塞泵的柱塞个数为7、9 或 11 个。表 2.5.1 为柱塞奇、偶数对流量脉动影响的理论分析结果。不过，由于油液的可压缩性及泄漏等因素的影响，柱塞奇、偶数对流量脉动的影响并不像理论推导的那样大。

表 2.5.1 流量脉动系数与柱塞奇、偶数的关系

Z	5	6	7	8	9	10	11
$\sigma/\%$	4.98		2.53		1.53		1.02
		13.9		7.8		5.0	

3) 斜盘式轴向柱塞泵的变量

由式 (2.5.1) 可知，在柱塞泵其他结构尺寸都确定的情况下，改变斜盘倾角 γ，就可以改变柱塞的行程，从而改变液压泵的排量，所以斜盘式轴向柱塞泵可以做成变量泵。如果改变斜盘的倾斜方向，便可以使吸、排油口互换，即斜盘式轴向柱塞泵可以做成双向变量泵。

轴向柱塞泵的变量机构多种多样，主要可以分为两大类：第一类是由外力或外部信号对变量机构进行直接调节或控制，分为手动、机动、电动、液控和电液比例控制等；第二类是用泵本身的流量、压力、功率等工作参数作为信号，通过改变和控制泵的排量，实现对其流量、压力、功率的反馈控制，实现自动调节，有恒压力、恒流量、恒功率控制等形式。

（1）由外力或外部指令信号调节的变量机构。

①手动变量机构。对于中压小排量的泵，由于其变排量所需的力不大，可以通过机械结构实现手动直接变量。图 2.5.3 所示为采用拉臂结构的手动直接变量机构，拉动拉臂可以直接使斜盘产生偏转角，实现变量。图 2.5.4 所示的国产 SCY14 – 1B 型轴向柱塞泵采用的也是手动变量机构。转动手轮 1，使螺杆转动，带动活塞 3 做轴向移动（因导向键的作用，变量活塞只能做轴向移动，不能转动）。通过轴销 5 使斜盘 4 绕变量机构壳体上的圆弧导轨面的中心（即钢球中心）旋转，从而使斜盘倾角改变，达到变量的目的。当排量达到要求时，可用锁紧螺母锁紧。这种变量机构结构简单，但操纵不方便，且不易在工作过程中变量，也不易实现远程自动控制变量。

图 2.5.3 采用手动直接变量的斜盘式轴向柱塞泵

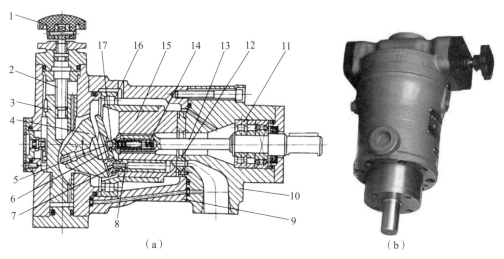

图 2.5.4　SCY14 - 1B 型斜盘式轴向柱塞泵

（a）结构图；（b）实物图

1—手轮；2—螺杆；3—活塞；4—斜盘；5—轴销；6—压盘；7—滑靴；8—柱塞；

9—中间泵体；10—前泵体；11—前轴承；12—配流盘；13—轴；

14—中心弹簧；15—缸体；16—大轴承；17—钢球

②机械伺服液压变量机构。对于多数高压大排量的斜盘式轴向柱塞泵，由于其改变排量所需的力或力矩较大，通常是采用液压伺服变量机构实现的。图 2.5.5 所示为轴向柱塞泵的液压伺服变量机构，以此机构代替图 2.5.4 中的手动变量机构，就变成了 CCY14 - 1B 型手动液压伺服变量泵，如图 2.5.6 所示。其变量原理为：操纵油由通道经单向阀 6 进入变量机构壳体的下腔 d，液压力作用在变量活塞 4 的下端。当与伺服阀阀芯 1 相连接的拉杆不动时（图示状态），变量活塞 4 的上腔 g 处于密闭状态，变量活塞不动，斜盘 3 停在某一位置上。当使拉杆向下移动，推动阀芯 1 一起向下移动时，d 腔的压力油经通道 e 进入上腔 g。由于变量活塞上端的有效作用面积大于下端的有效作用面积，向下的液压力大于向上的液压力，故变量活塞 4 也随之向下移动，直到将通道 e 的油口密闭为止。变量活塞的移动量等于拉杆的位移量。变量活塞向下移动，通过轴销带动斜盘 3 摆动，斜盘倾角增加，泵的排量随之增加。当拉杆带动伺服阀阀芯向上运动时，阀芯将通道 f 打开，上腔 g 通过卸压通道接通壳体而压力变小，变量活塞向上移动，直到阀芯将卸压通道关闭为止。它的移动量也等于拉杆的移动量。这时斜盘也被带动做相应的摆动，使斜盘倾角减小，泵的排量也随之减小。由上述可知，伺服变量机构是通过操作液压伺服阀动作，利用压力油推动变量活塞来实现变量的，故加在拉杆上的力很小，控制灵敏。

上述伺服变量机构实际上是机液位置控制系统，输入信号是控制滑阀的位移 y，而操纵阀芯上、下移动的力只需要几 N 到十几 N。工作中不仅实现了力的放大，而且通过位置反馈，能精确地控制排量的变化。这种调节排量的方法比较方便，控制灵敏度也比较高。

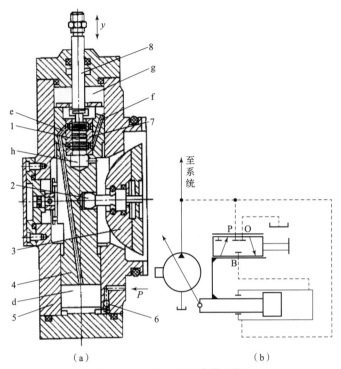

图 2.5.5　液压伺服变量机构

（a）结构图；（b）液压原理图

1—伺服阀芯；2—铰链；3—斜盘；4—变量活塞；5—壳体；6—单向阀；7—阀套；8—拉杆

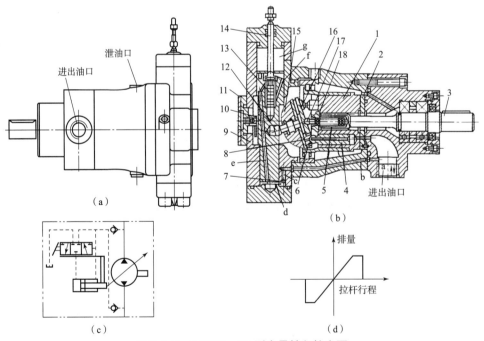

图 2.5.6　CCY14 - 1B 型变量轴向柱塞泵

（a）外观；（b）结构图；（c）原理图；（d）特性曲线

1—缸体；2—配流盘；3—驱动轴；4—柱塞；5—弹簧；6—滑靴；7—单向阀；8—止推板；9—变量壳体；
10—变量活塞；11—刻度盘；12—销轴；13—伺服活塞；14—拉杆；15—变量头；16—回程盘；17—定心球头；18—外套

③电液比例伺服变量机构。电液比例伺服变量机构主要由比例阀、变量活塞和变量反馈杆组成，使用带比例电磁铁的电子控制，泵的排量调节与输入电磁铁线圈的电流成比例。电液伺服变量轴向柱塞泵如图 2.5.7 所示。输入电流所产生的电磁力使比例阀产生一个与输入电流成正比的开度，这样就有操纵油通过打开的阀口进入变量活塞腔，变量活塞产生位移，使泵的排量改变，活塞位移通过反馈杆又作用在比例阀另一侧的阀芯弹簧上，使弹簧被压缩，所产生的弹力与比例电磁铁所产生的电磁力相平衡，这样阀芯在新的位置达到平衡，此位置对应泵的一个排量值。随着控制电流的增加，泵的排量增加。输入电流与泵的排量成比例，其输出特性曲线如图 2.5.7 （d）所示。

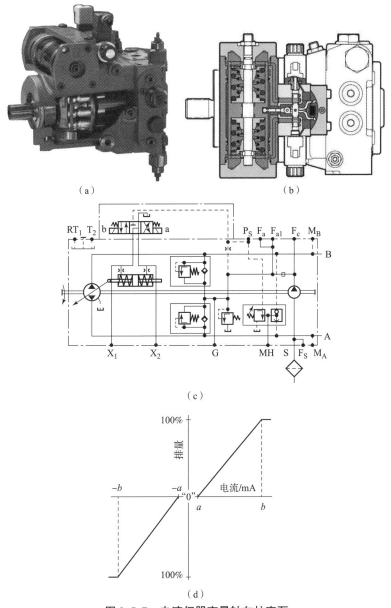

图 2.5.7 电液伺服变量轴向柱塞泵

（a）实物图；（b）变量机构图；（c）液压系统原理图；（d）特性曲线

这种变量机构可实现双向变量。

（2）自动控制变量机构。

自动控制变量机构即以泵的输出参数为指令实现自动调节的变量机构。前述利用外力或外部指令信号进行调节的变量泵，其调节完成之后的工作即和定量泵相同。如果把泵本身的输出参数（压力、流量、功率）作为变量控制的指令信号反馈到泵的变量调节机构中去，并在其中经检测且与给定信号比较之后，以其偏差量作为控制泵变量的输入信号对泵进行调节，则可以得到预期的压力、流量和功率等工作参数。最常见的是要求泵在工作中保持输出压力、流量或功率恒定不变，形成所谓恒压泵、恒流泵和恒功率。图 2.5.8 ~ 图 2.5.10 分别为恒压泵、恒流泵和恒功率泵的原理图及压力 – 流量特性曲线。

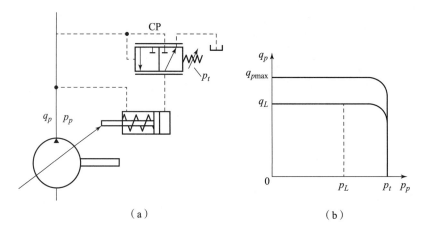

（a）　　　　　　　　　　　（b）

图 2.5.8　恒压泵控制原理图及其压力 – 流量特性曲线

（a）恒压控制原理图；（b）压力 – 流量特性曲线

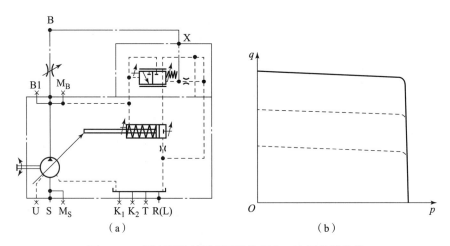

（a）　　　　　　　　　　　（b）

图 2.5.9　恒流泵控制原理图及其压力 – 流量特性曲线

（a）原理图；（b）压力 – 流量特性曲线

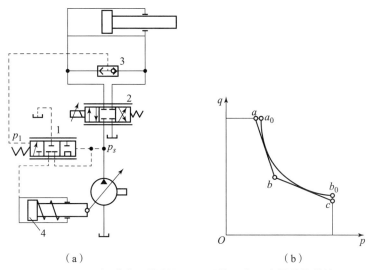

图 2.5.10 恒功率泵控制原理图及其压力 – 流量特性曲线

（a）原理图；（b）压力 – 流量特性曲线

1—功率匹配阀；2—电液比例阀；3—梭阀；4—变量控制活塞

4）斜盘式轴向柱塞泵的关键摩擦副

斜盘式轴向柱塞泵有三对关键摩擦副，如图 2.5.11 所示，分别为滑靴与斜盘工作面之间的滑靴副、柱塞与柱塞孔之间的柱塞副以及配流盘与缸体底面之间的配流副。由于组成这些摩擦副的关键零件均处于高相对运动速度、高接触比压的摩擦工况，它们的摩擦、磨损及密封状况直接影响泵的容积效率、机械效率、额定压力及使用寿命。

为了获得较好的摩擦副工作特性，通常从材料、结构设计、加工和热处理工艺等多方面采取措施予以保证。

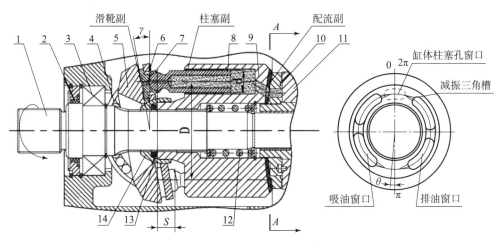

图 2.5.11 斜盘式轴向柱塞的摩擦副

1—驱动轴；2—轴头油封；3—滚子轴承；4—半轴承；5—斜盘；6—回程盘；7—滑靴；
8—柱塞；9—缸体；10—配流盘；11—后盖；12—缸体中心弹簧；13—碟形弹簧；14—球铰

（1）滑靴副

滑靴是为了减小柱塞端部与斜盘之间直接接触的高应力而增加的零件。滑靴的材料通常为铜合金，滑靴底面与斜盘表面之间形成滑靴副。滑靴上的球窝与柱塞上的球头通过滚压包球工艺铰接，以便两者之间能灵活转动。滑靴的底面有油室和密封带，根据其具体结构不同，通常分为静压支承式和剩余压紧力式两种，如图 2.5.12 所示为静压支承式滑靴。柱塞腔中的高压油液可经柱塞和滑靴中间的小油孔通至滑靴底部的油室，在滑靴与斜盘的接触平面间，形成液体静压推力支承，使柱塞和斜盘之间变为有润滑的面接触，从而减小滑靴与斜盘的摩擦及磨损，使泵的工作压力大幅提高。图 2.5.13 所示为剩余压紧力式滑靴，滑靴底面增加了内外辅助支承带和泄油槽、通油槽等结构。

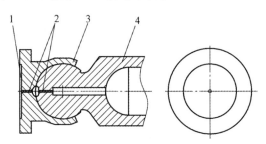

图 2.5.12　静压支承式滑靴结构

1—静压支承油室；2—固定阻尼孔；3—滑靴；4—柱塞

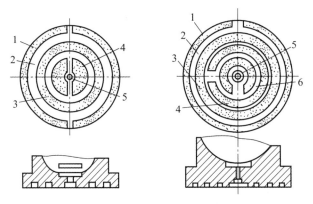

图 2.5.13　剩余压紧力式滑靴结构

1—外辅助支承；2—泄油槽；3—密封带；4—内辅助支承；5—通油孔；6—通油槽

对于高压柱塞泵，为了提高滑靴的强度，滑靴有时也采用合金钢材料，其连接的方式如图 2.5.14 所示。

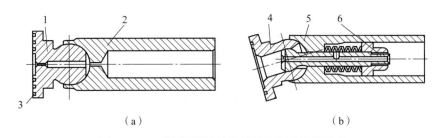

（a）　　　　　　　　　　　　　　　（b）

图 2.5.14　采用钢滑靴的滑靴柱塞组件连接形式

（a）球头做在滑靴上；（b）带预紧装置的滑靴柱塞组件

1，4—滑靴；2，5—柱塞；3—油槽；6—预紧装置

（2）柱塞副

如图 2.5.15 所示，柱塞圆柱面与缸体上的柱塞孔壁面之间形成柱塞副，二者之间有较高的挤压应力和高速相对滑动。柱塞和缸体的材料通常都为合金钢，为了改善其摩擦特性，通常在柱塞孔内嵌入铜合金衬套，或浇铸一层铜合金。对于小排量中低压的柱塞泵，有时也用铜合金材料做缸体。为了减小柱塞的质量以减小惯性力，柱塞通常为空芯结构（图 2.5.16）。对于某些高压泵，为了减小闭死容积，在柱塞芯部填充低密度材料，如图 2.5.16（b）所示。

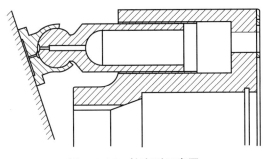

图 2.5.15　柱塞副示意图

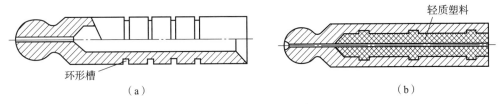

图 2.5.16　柱塞结构示意图

（a）开设环形槽的空芯柱塞；（b）填充轻质塑料的空芯柱塞

（3）配流副

缸体底面和配流盘工作面形成配流副。常见的配流副的结构形式有两种，即球面配流副和平面配流副，如图 2.5.17 所示。球面配流副具有很好的自回位功能，但加工需要专用设备，精度要求高，维修不方便。

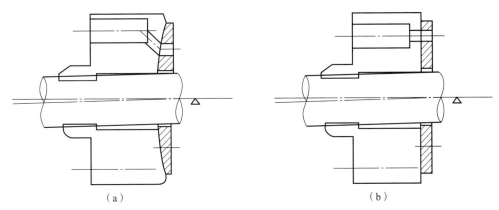

图 2.5.17　配流副示意图

（a）球面配流副；（b）平面配流副

配流盘的材料通常为合金钢，缸体底部烧结或浇铸铜合金，形成双金属摩擦副。为了改善缸体与配流盘之间由于高低压区偏载导致的缸体倾覆情况，通常采取缸体浮动式结构，即缸体在弹簧及液压力的作用下悬浮在配流盘上，与配流盘保持适当的剩余压紧力。

5）斜盘式轴向柱塞泵的困油现象

为了保证配流盘吸油窗口和排油窗口之间的可靠隔离，缸体柱塞孔窗口所对应的中心角应比吸油窗口和排油窗口之间的过渡区所对应的中心角小。这样就会出现在过渡区域密闭容腔变大或变小时与两边油口都不沟通的情况，即困油现象。其解决措施与叶片泵类似，也是在配流盘上开减振三角槽或类似减振结构，如图 2.5.18 中的配流盘所示。由图 2.5.18（b）可以看出，设置减振槽后，困油现象大为改善。

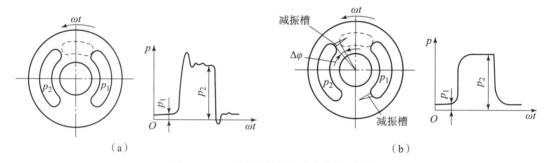

图 2.5.18 困油现象及配流盘上的减振槽
(a) 无减振槽的配流盘；(b) 有减振槽的配流盘

6）斜盘式轴向柱塞泵的特点

与齿轮泵和叶片泵相比，斜盘式轴向柱塞泵有许多优点：

（1）构成密封容积的零件为圆柱形的柱塞和柱塞孔，加工方便，可得到较高的配合精度，密封性能好，在高压条件下工作仍有较高的容积效率；

（2）结构紧凑，径向尺寸小，质量轻，转动惯量小，只需改变斜盘倾角就能改变排量，易于实现变量；

（3）主要零件均受压应力作用，材料强度性能可得到充分利用。

由于柱塞泵压力高，结构紧凑，效率高，流量调节方便，故在需要高压、大流量、大功率的系统中和流量需要调节的机械设备中应用广泛。

2. 斜轴式轴向柱塞泵

缸体轴线与驱动轴轴线成一定夹角的轴向柱塞泵称为斜轴式轴向柱塞泵。从泵的外形看，轴是斜的或是弯的，因此也叫弯轴泵。

1）结构和工作原理

图 2.5.19 为斜轴式轴向柱塞泵的结构图。该泵由主轴、轴承组、连杆柱塞组件、缸体、壳体、配流盘、后盖、中心轴、弹簧等组成。缸体轴线与主轴轴线成一夹角 γ，主轴端部的驱动盘用万向铰链、连杆与缸体中的每个柱塞相连接。

当主轴转动时，通过万向铰链、连杆使柱塞和缸体一起转动，并迫使柱塞在柱塞孔中做往复运动，使柱塞孔底部的密闭容腔不断发生增大和减小的变化，通过配流盘上的窗口实现吸油和排油。

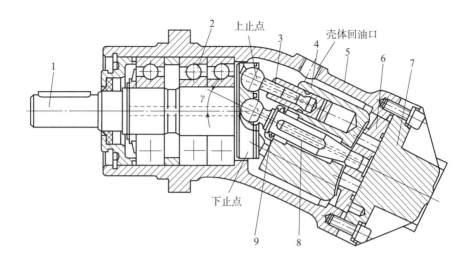

图 2.5.19　A2F 型斜轴式定量轴向柱塞泵

1—主轴；2—轴承组；3—连杆柱塞组件；4—缸体；5—壳体；6—配流盘；7—后盖；8—中心轴；9—弹簧

2）排量

在图 2.5.19 中，当柱塞数为 Z，柱塞直径为 d，柱塞孔分布圆直径为 D 时，泵的排量为

$$V = \frac{\pi d^2}{4} \cdot Z \cdot s = \frac{\pi d^2}{4} \cdot Z \cdot D\tan\gamma \tag{2.5.2}$$

图中所示为定量泵，其主轴和缸体间的夹角通常在 25°～45°。与斜盘式轴向柱塞泵相比，这种泵具有更高的功率密度。

由式（2.5.2）可知，通过改变夹角 γ 可以改变泵的排量，所以斜轴泵也可以做成变量泵。由于主轴与原动机连接，无法改变角度，所以斜轴式变量泵是通过以中心轴球铰为球心，使缸体摆动来实现夹角 γ 改变的，所以又称为摆缸泵，如图 2.5.20 所示。缸体摆动的角度范围为 0°～25°。由于结构方面的限制，这种泵很少做成双向变量泵。

3）斜轴式轴向柱塞泵的特点

与斜盘式柱塞泵类似，斜轴式柱塞泵也存在缸体与柱塞、缸体与配流盘等重要的摩擦副。另外，由于由液压力产生的轴向和径向力大部分被主轴及轴承组承受，斜轴式定量泵缸体所受的不平衡径向力较小，故结构强度较高，可以有较高的设计参数。斜轴式变量泵主轴和缸体轴线的夹角 γ 较大，变量范围较大，但同时需要较大的内部空间使缸体摆动，所以其外形尺寸和质量均较大，变量系统的响应也较斜盘式变量泵慢。

2.5.2　径向柱塞泵

1. 径向柱塞泵的工作原理

径向柱塞泵的工作原理如图 2.5.21 所示，缸体 2 上径向均匀排列着柱塞孔，柱塞 1 安装在柱塞孔内，并可在柱塞孔内径向往复运动。由原动机带动缸体 2 连同柱塞 1 一起旋转，因此缸体 2 一般称为转子。衬套 3 压紧在转子 2 内，并和转子 2 一起旋转，配流轴 5 固定不动。当转子 2 按图示方向旋转时，柱塞 1 在离心力（或液压力）的作用下始终紧贴定子 4 的内表面。由于定子和转子之间有偏心距 e，柱塞 1 经过上半周时向外伸出，柱

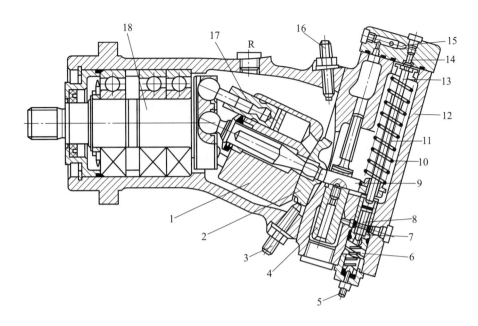

图 2.5.20 A7V 系列斜轴式变量柱塞泵

1—缸体；2—配流盘；3—最大摆角限位螺钉；4—变量活塞；5—调节螺钉；6—调节弹簧；7—阀套；
8—控制阀芯；9—拨销；10—大弹簧；11—小弹簧；12—后盖；13—导杆；14—先导活塞；
15—喷嘴；16—最小排量限位螺钉；17—连杆柱塞组件；18—主轴

塞底部的容腔逐渐增大，油箱里的油液在大气压作用下经过配流轴上的 a 孔进入吸油口 b，并从衬套上的油孔进入柱塞底部，完成吸油过程。当柱塞 1 转到下半周时，定子内表面将柱塞 1 向里推，柱塞底部的容腔逐渐减小，向配流轴的排油口 c 排油，油液从回油口 d 排出。转子旋转一周，每个柱塞底部的密封工作腔完成一次吸、排油过程。转子连续运转，泵就不断输出压力油。为了进行配油，在配流轴 5 和衬套 3 相接触的一段加工出上下两个缺口，形成吸油口 b 和排油口 c，留下的部分形成封油区。封油区的宽度应能封住衬套上的吸排油孔，以防吸油口 b 和排油口 c 相连通，但尺寸也不能过大，以免产生严重的困油现象。

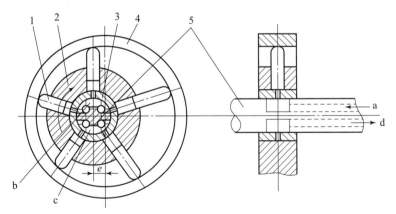

图 2.5.21 径向柱塞泵的工作原理

1—柱塞；2—缸体；3—衬套；4—定子；5—配流轴；
a—进油孔；b—吸油口；c—排油口；d—回油孔

径向柱塞泵是通过加工在轴上的进出油孔和吸排油窗口实现配流的，这种配流方式称为轴配流，固定不动的中心轴称为配流轴。

由于径向柱塞泵的径向尺寸大，结构较复杂，自吸能力差，配流轴受径向不平衡液压力的作用，易磨损。同时配流轴与衬套之间磨损后的间隙不能自动补偿，泄漏较大，从而限制了轴配流式径向柱塞泵转速和压力的提高。

图 2.5.22 所示为有 7 个柱塞的径向柱塞泵结构图。

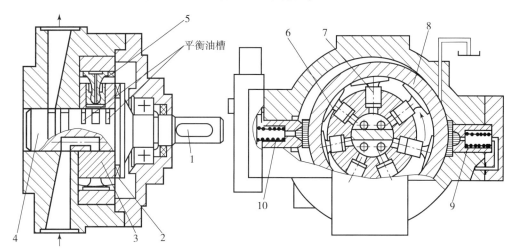

图 2.5.22　配流轴式径向柱塞泵结构图

1—传动轴；2—十字联轴器；3—缸体（转子）；4—配流轴；5—压环；6—滑靴；
7—柱塞；8—定子；9，10—控制活塞

2. 径向柱塞泵的排量和流量计算

当径向柱塞泵转子和定子之间的偏心距为 e 时，柱塞在柱塞孔中的行程为 $2e$。当柱塞个数为 Z，直径为 d 时，泵的排量为

$$V = \frac{\pi}{4}d^2 \cdot 2eZ = \frac{\pi}{2}d^2 eZ \tag{2.5.3}$$

由式（2.5.3）可知，通过改变偏心距 e 的大小（可以使定子水平移动或绕某一支点摆动），可以改变泵的排量；改变偏心的方向，泵的吸、排油口互换。因此径向柱塞泵可以实现双向变量。

设泵的转速为 n，容积效率为 η_V，则泵的实际输出流量为

$$q = V \cdot n \cdot \eta_V = \frac{\pi}{2}d^2 eZn\eta_V \tag{2.5.4}$$

由于同一瞬间每个柱塞在缸体中径向运动的速度是变化的，所以径向柱塞泵也存在流量脉动问题。当柱塞数较多且为奇数时，流量脉动较小。

2.6　液压泵的选用

液压泵是为液压系统提供一定流量和压力油液的动力元件，合理地选择液压泵对于提高液压系统效率、降低噪声、改善工作性能和保证系统的可靠工作都十分重要。

在液压系统的设计和使用中，选择液压泵时要考虑的因素有结构类型、工作压力、流

量、转速、效率、定量或变量、变量方式、寿命、原动机的种类、噪声、压力脉动率、自吸能力等，还要考虑与液压油的相容性、尺寸、质量、经济性、维修性、货源等因素。

1. 选择原则

根据主机工况、功率大小和系统对工作性能的要求，首先确定液压泵的类型，然后按系统所要求的压力、流量大小确定其规格型号。

液压传动的主机类型可分为固定设备和行走机械两类。这两类机械的工作条件不同，其液压系统的主要特性参数以及液压泵的选择也有所不同。两类主机液压传动的主要区别见表 2.6.1。

表 2.6.1　两类主机液压传动的主要区别

项目	固定设备	行走机械
转速	转速固定，中速（1 000 ~ 1 800 r/min）	转速变化，高速（2 000 ~ 3 000 r/min 或更高），最低仅 500 ~ 600 r/min
压力	机床一般低于 7 MPa，其他多数低于 14 MPa	一般高于 14 MPa，许多场合高于 21 MPa
工作温度	中等（< 70 ℃）	高（70 ~ 93 ℃，最高 105 ℃）
环境温度	中等，变化不大	变化很大
环境清洁度	较清洁	较脏，有尘埃
噪声	要求低噪声，一般 70 dB，不超过 80 dB	一般不太强调，但应低于 90 dB
尺寸及质量	空间宽裕，对尺寸和质量要求松	空间有限制，尺寸应小，质量应轻

2. 液压泵类型选择

液压泵类型的选择首先从工作压力、流量和是否需要变排量来考虑，其次再考虑自吸能力、抗污染能力、工作效率和价格等方面的因素。

在工作压力方面，对于 2.5 MPa 以下的低压系统，宜采用普通齿轮泵；对于 2.5 ~ 8 MPa 的中压系统，可以选用叶片泵或中压齿轮泵；对于 8 ~ 16 MPa 的中高压系统，可以选用叶片泵或高压齿轮泵；对于 16 ~ 32 MPa 的高压系统以及高于 32 MPa 的高压系统，则应该采用柱塞泵。

对于有流量变化要求的系统，可以有两种选择方案：一种是采用原动机和变量泵的组合，另一种采用定量泵和可调转速原动机的组合，可根据使用场合合理确定。

从负载特性考虑，负载小、功率小的液压设备，可用齿轮泵、双作用叶片泵。负载大、功率大的液压设备，如龙门刨床、液压机、工程机械和轧钢机械等，可采用柱塞泵。对有些平稳性、脉动性及噪声要求不高的场合，可采用中高压、高压齿轮泵。机械辅助装置如送料、夹紧、润滑等可采用价格低的齿轮泵。

从结构复杂程度、自吸能力、抗污染能力和价格方面比较，齿轮泵最好，柱塞泵最差。因此，应综合考虑，确定液压泵的类型。

常用的液压泵性能比较见表 2.6.2。

表 2.6.2　液压系统中常用液压泵的性能比较

性能参数		齿轮泵 内啮合 渐开线式	齿轮泵 内啮合 摆线式	齿轮泵 外啮合	叶片泵 单作用	叶片泵 双作用	螺杆泵	柱塞泵 轴向 斜盘式	柱塞泵 轴向 斜轴式	柱塞泵 径向 轴配流式	柱塞泵 径向 阀配流式
额定压力/MPa	低压型	2.5	1.6	2.5	≤6.3	21	2.5	≤50	≤50	35	≤70
	中、高压型	≤30	16	≤30	21	≤32	10				
排量/(mL·r⁻¹)		0.3~300	2.5~150	0.3~650	1~320	0.5~480	1~9200	0.2~560	0.2~3600	16~2500	<4200
转速/(r·min⁻¹)		300~4000	1000~4500	3000~7000	500~2000	500~4000	1000~18000	600~6000	600~6000	700~4000	≤1800
容积效率/%		≤96	80~90	70~95	58~92	80~94	70~95	88~93	88~93	80~90	90~95
总效率/%		≤90	65~80	63~87	54~81	65~82	70~85	81~88	81~88	81~83	83~86
流量脉动		小	小	大	中等	小	很小	中等	中等	中等	中等
功率质量比/(kW·kg⁻¹)		大	中	中	小	中	小	大	中~大	小	小
噪声		小	小	大	较大	中等	很小	大	大	大	大
对油液污染的敏感性		不敏感	不敏感	不敏感	敏感	敏感	不敏感	敏感	敏感	敏感	敏感
排量调节		不能	不能	不能	能	不能	不能	能	能	能	能
自吸能力		好	好	好	中	中	好	差	差	差	差
价格		较低	低	最低	中	中低	高	高	高	高	高
应用范围		机床、农用机械、工程机械、车辆、航空、船舶、一般机械			机床、注塑机、工程机械、压力机、飞机等		精密机床及机械、食品化工、石油、纺织机械等	工程机械、运输机械、锻压机械、机床和飞机、船舶等			

用定量泵还是用变量泵，需要仔细论证。变量方式的选择要适应系统的要求，实际使用中要弄清这些变量方式的静、动态特性和使用方法。定量泵与变量泵的适用场合见表 2.6.3。

表 2.6.3　定量泵与变量泵的适用场合

定量泵	变量泵
（1）液压功率小于 10 kW，而且能源成本不是重要因素； （2）工作循环为开关式，而且泵在不工作时可完全卸载； （3）尽管负载变化很大，但在多数工况下需要泵输出全部流量； （4）工作不繁重，温升不成问题	（1）液压功率大于 10 kW，流量需求变化很大； （2）要求大负载下小而精密的运动和变负载下的快速运动； （3）泵服务于可任意组合的多个负载； （4）要求很大的承载能力； （5）一个原动机驱动多个泵，而泵的装机容量大于原动机功率

2.7　液压泵的安装使用注意事项

要想使液压泵获得满意的使用效果，单靠产品本身的高质量是不能完全保证的，还必须正确地安装、使用和维护，其注意事项如下。

1. 液压泵安装中的注意事项

（1）对于不能承受径向力的泵，不得将带轮和齿轮等传动件直接装在输出轴上；

（2）禁止液压泵轴与原动机轴装配后同轴度超差；

（3）柱塞泵安装位置应低于油箱液面；

（4）应避免液压泵泵体上泄油口所接油管的最高部分低于泵的轴线；

（5）系统主溢流阀的出口以及液压泵的外泄油管均不应与液压泵的吸油管直接相连；

（6）应避免用较软的胶管或塑料管做泵的吸油管；

（7）配管时应注意避免造成液压泵吸油阻力过大；

（8）应避免几台泵的泄油管并成一根等直径管后再通往油箱；

（9）应避免将液压泵的泄油管与系统的总回油管相连。

2. 液压泵使用维护中的注意事项

（1）尽量避免液压泵带负载起动；

（2）液压泵内装溢流阀不宜作系统调压用，只宜用作安全阀；

（3）停机时间较长的泵，不应满载起动，待空转一段时间后再进行正常使用；

（4）检查过滤器的情况，了解堵塞附着物的质、量与大小等情况，并定期清除；

（5）定期检查油液的黏度、污染度及变色的程度，并定期更换液压油或补油；

（6）一般情况下，工作温度不超过 50 ℃，最高不要超过 65 ℃，短时间内最高油温不要超过 90 ℃，某些极端工况下的许用温度应根据产品及主机要求综合确定；

（7）若泵有旋向要求时，不得反向旋转；

（8）泵的使用转速和压力都不能超过规定值；

（9）若泵的入口有规定供油压力时，应当给予保证。

思考与习题

2-1. 什么是容积式液压泵？容积式液压泵要正常工作必须满足什么条件？

2-2. 什么是泵的工作压力、额定压力？

2-3. 什么是泵的排量、流量？

2-4. 什么是泵的容积效率、机械效率？

2-5. 齿轮泵的径向不平衡力如何消除？

2-6. 什么是齿轮泵的困油现象？如何解决？

2-7. 采取什么措施可以提高齿轮泵的额定工作压力？

2-8. 何为变量泵，何为定量泵？

2-9. 柱塞泵为什么可以输出较高的压力？

2-10. 某液压泵输出油压 10 MPa，电机转速 1 470 r/min，排量 200 mL/r，容积效率 0.95，总效率 0.9，泵的入口油压为大气压。求：液压泵的输出液压功率和驱动电机的输出功率。

2-11. 外啮合齿轮泵的齿轮分度圆直径 56 mm，齿宽 25 mm，齿数 14，泵的转速 1 450 r/min，容积效率 0.9。求：泵的理论流量和实际流量。

2-12. 外啮合齿轮泵的齿轮模数 3 mm，齿数 15，齿宽 25 mm，转速 1 450 r/min，额定压力下实际输出流量 25 L/min。求：泵的容积效率。

2-13. 斜盘式轴向柱塞变量泵的柱塞直径 22 mm，柱塞数 9，柱塞分布圆直径 98 mm，若泵的转速为 2 750 r/min ，其输出理论流量为 343 L/min。求：泵的斜盘倾角。

第 3 章

液压执行元件

在液压系统中，将液压能转变为机械能并驱动工作机构做功的元件称为液压执行元件。常见的液压执行元件是液压马达和液压缸。

通过本章的学习，应掌握以下内容：

（1）掌握液压马达和液压缸的类型、结构特点及工作原理；

（2）掌握液压马达和液压缸的重要参数。

3.1 液压马达

液压马达是将液压能转换为机械能，实现连续旋转运动的能量转换装置。液压马达的输出参数是转速和转矩。

3.1.1 液压马达的分类

液压马达按其额定转速分为高速和低速两大类。额定转速高于 500 r/min 的属于高速液压马达，额定转速低于 500 r/min 的属于低速液压马达。

高速液压马达的基本形式有齿轮式、叶片式、轴向柱塞式和螺杆式等。它们的主要特点是转速较高、转动惯量小、便于起动和制动、调速和换向灵敏度高。通常高速液压马达的输出转矩不大（几十到几百牛·米），所以又称为高速小转矩马达。

低速液压马达的基本形式是径向柱塞式，具体结构有单作用曲轴连杆式、液压平衡式和多作用内曲线式等。低速液压马达的特点是排量大、体积大、转速低（有时可达每分钟几转甚至零点几转），因此可直接与工作机构连接，不需要减速装置，使传动机构大为简化。通常低速液压马达输出转矩较大，可达几千到几万牛·米，所以又称为低速大转矩马达。

3.1.2 液压马达的工作原理

图 3.1.1 所示为斜盘式轴向柱塞马达的工作原理，它与斜盘式轴向柱塞泵的结构类似，也是由缸体、主轴、柱塞、滑靴、斜盘、配流盘、轴承、壳体等元件组成。

马达斜盘相对于缸体轴线的倾角为 γ，配流盘上有高压区和低压区两个配流窗口。当配流盘高压区窗口的进油压力为 p 时，处在高压区的柱塞受到的液压力为油液压力与柱塞作用面积的乘积，这个力将柱塞滑靴组件压紧在斜盘上。斜盘对滑靴产生一个法向反力 F_N，F_N 可分解成两个分力，一个是沿柱塞轴向的分力 F_x，与柱塞底部所受液压力平衡；另一个是切

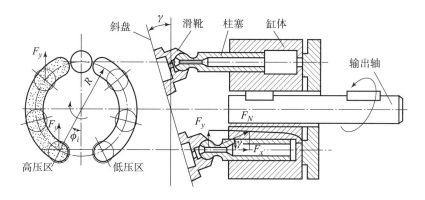

图 3.1.1　斜盘式轴向柱塞马达的工作原理图

向分力F_y，此力对缸体轴线产生驱动马达旋转的转矩，转矩的大小与柱塞在高压区所处的位置有关。假设处在高压区的第 i 个柱塞与缸体的垂直中心线成 φ_i 角，则该柱塞对缸体轴线产生的转矩T_i大小为

$$T_i = \frac{\pi}{4}d^2 pR\tan\gamma\sin\varphi_i \tag{3.1.1}$$

式中，γ——斜盘的倾斜角度；

　　　φ_i——处在高压区的第 i 个柱塞与缸体高低压区之间的垂直中心线间的夹角；

　　　R——柱塞在缸体中的分布圆半径；

　　　d——柱塞直径。

由式（3.1.1）可知，由于φ_i角的不断变化，每个柱塞产生的转矩也随时变化，马达的输出转矩等于处在高压区内所有柱塞瞬时转矩之和（忽略低压区柱塞产生的反向转矩）。因此，液压马达的输出转矩也是脉动的。由理论分析知，当柱塞的数目较多且为奇数时，转矩脉动较小。

当液压马达的进出油口互换时，马达反向旋转。当改变马达斜盘倾角时，马达的排量随之改变，由此可以调节马达的输出转速和转矩。

轴向柱塞马达的主要优点是结构紧凑、功率密度大、工作压力高、容易实现变量、变量方式丰富、效率高等。缺点是结构比较复杂、价格昂贵、抗污染能力差、使用维护要求较高。

3.1.3　液压马达的特性参数

1. 排量 V

马达排量的概念与泵的排量类似，也是马达轴旋转一周，根据几何尺寸计算所排出液体的体积。根据排量是否可变，马达也分为定量马达和变量马达。

2. 输出转矩和机械效率

通常根据能量守恒定律，可以推导出马达的输出转矩计算公式，即

$$T = \frac{\Delta pV}{2\pi} \times 10^{-6}$$

式中，Δp——液压马达进出口油液压力差，Pa；

　　　V——马达排量，mL/r。

当然，这是马达的理论输出转矩。由于马达在工作时，还要克服机械摩擦及回转体搅油等损失，所以其实际输出转矩要小于理论转矩。实际输出转矩与理论转矩的比值就是马达的机械效率，即

$$\eta_m = \frac{T}{T_t}$$

3. 输出转速和容积效率

马达的输出转速是理论流量和其排量的比值，即

$$n = \frac{q_t}{V}$$

由于马达在实际工作过程中也存在高压油液的泄漏，所以马达的实际流量比理论流量大，马达的容积效率就是某给定转速条件下，理论流量 q_t 与实际流量 q 的比值，即

$$\eta_V = \frac{q_t}{q}$$

为了更清晰地表达液压马达在工作过程中的能量转换关系，将其过程绘制成能量转换图，如图 3.1.2 所示。

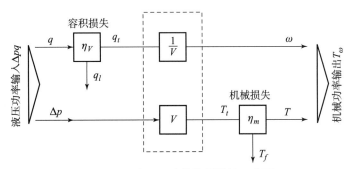

图 3.1.2　液压马达的能量转换示意图

由图 3.1.2 可以看出，马达的实际输出转矩只与机械损失有关，而与容积损失无关；同样，马达的实际输出转速只与容积损失有关，而与机械损失无关，在进行分析计算时要注意分清。

为了便于液压马达的选择、使用与维护，表 3.1.1 给出了工程上常用的液压马达计算公式。

4. 马达的最低稳定转速

在外负载一定的情况下，当液压马达的转速低于某一临界值时，会出现抖动或时转时停的现象，俗称爬行现象。最低稳定转速是指液压马达在额定压力下，不出现爬行现象的最低转速。液压马达在低速时产生爬行的原因有以下几方面：摩擦力的大小不稳定；液压马达理论转矩的不均匀性；泄漏量大小不稳定；系统中有空气。

在工程实际中，一般希望马达的最低稳定转速越低越好，这样就可以扩大马达的变速范围。

另外，马达的额定压力、额定转速、最高转速等概念与液压泵的类似，在此不再赘述。

表 3.1.1　工程常用的液压马达计算公式

项目		计算公式	符号意义
名称	单位		
理论流量 q_t	L/min	$q_t = V \cdot n / 1\,000$	
实际流量 q		$q = q_t / \eta_v = V \cdot n / (1\,000\eta_v)$	
输出功率 P_o	kW	$P_o = \Delta p q \eta / 60$	V——液压马达的排量，mL/r；
输入功率 P_i		$P_i = \Delta p q / 60$	n——液压马达的转速，r/min；
理论转矩 T_t	N·m	$T_t = \Delta p V / (2\pi)$	Δp——液压马达的进出口压力
实际转矩 T		$T = \Delta p V \eta_m / (2\pi)$	差，MPa
容积效率 η_V	%	$\eta_V = q_t / q$	
机械效率 η_m		$\eta_m = T / T_t$	
总效率 η		$\eta = \eta_V \eta_m$	

3.1.4　液压马达的图形符号

液压马达的图形符号见图 3.1.3。

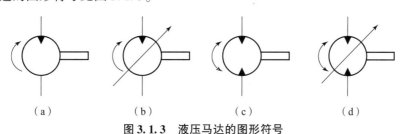

（a）　　　　　　（b）　　　　　　（c）　　　　　　（d）

图 3.1.3　液压马达的图形符号

（a）单向定量马达；（b）单向变量马达；（c）双向定量马达；（d）双向变量马达

3.1.5　齿轮马达

齿轮马达分为外啮合和内啮合两类。图 3.1.4 所示为外啮合齿轮马达的工作原理。

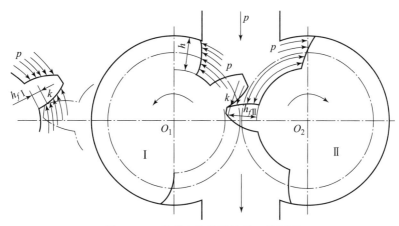

图 3.1.4　外啮合齿轮马达的工作原理

k 为 Ⅰ 、Ⅱ 两齿轮的啮合点，设齿轮的全齿高为 h ，从啮合点 k 到两个齿轮齿根的距离分别为 $h_{fⅠ}$ 和 $h_{fⅡ}$ ，齿宽为 b 。当压力为 p 的高压油进入马达上部的高压腔时，处在高压腔的所有齿轮均受到压力油的作用，其中相互啮合的两个齿的齿面只有一部分齿面受高压油的作用。由于 $h_{fⅠ}$ 和 $h_{fⅡ}$ 均小于 h ，所以在齿轮 Ⅰ 、Ⅱ 上分别产生作用力 $pb(h-h_{fⅠ})$ 和 $pb(h-h_{fⅡ})$ 。这两个力对两个齿轮产生输出力矩，两个齿轮在力矩的作用下，沿箭头方向旋转，并将油液带到低压腔排出。同时，两个齿轮产生的力矩合成在一起，通过输出轴输出，带动工作机构做功。

齿轮马达的结构与齿轮泵相似。但因为马达需要正反转，所以其进、出油通道是对称布置的，油口大小相同。

齿轮马达具有体积小、质量轻、结构简单、工艺性好、对污染不敏感、耐冲击、惯性小等优点，在矿山、工程机械及农业机械上被广泛使用。但由于其泄漏部位多和密封性差，容积效率较低，故其额定压力不高，不能产生较大的转矩，并且其转速和转矩都随着轮齿啮合情况的变化而变化，存在输出转矩脉动。因此，齿轮马达一般多用于高转速、低转矩的场合。

3.1.6 叶片马达

常用的叶片式液压马达几乎都是双作用的，其工作原理见图 3.1.5。双作用叶片马达有两个高压油腔（左上和右下）和两个低压油腔（左下和右上）。以左上高压油腔为例，当压力油从进油口（图中右端油口）进入叶片马达后，位于左上高压油腔中间的叶片 2 两侧面受力相等，不产生转矩。但位于封油区的叶片 1 和 3 各有一个侧面受压力油作用，而另一个侧面则为回油箱的低压油，叶片两侧的油液作用力不相等，故能产生转矩。

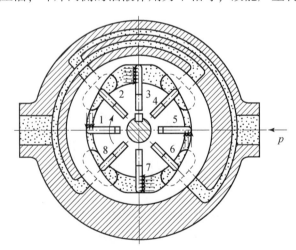

图 3.1.5 双作用叶片马达的工作原理示意图

由图可见，油液在叶片 1 和 3 上产生的转矩方向相反，前者为顺时针方向，后者为逆时针方向。由于叶片 3 的受压面积大（伸出长），而叶片 1 的受压面积小（伸出短），因此其合力矩的方向为顺时针方向，转子将按顺时针方向转动并输出转矩，其转矩大小为两叶片转矩之差。显然，叶片 5 和 7 上的情况与此相同，不再赘述。可见，定子的长短径差值越大、转子的直径越大以及输入的油压越高时，马达的输出转矩也越大。改变高压油的进油方向，则马达反转。

叶片马达的体积小、转动惯量小、动作灵敏，能适应较高的换向频率，但泄漏较大，不能在很低的转速下工作，因此一般适用于较高转速、低转矩和要求转矩响应灵敏的场合。

3.1.7　径向柱塞马达

1. 单作用连杆式径向柱塞马达

单作用连杆式径向柱塞马达应用较早，国外称为斯达发（Staffa）液压马达。我国的同类型号为 JMZ 型，其额定压力16 MPa，最高压力 21 MPa。

图 3.1.6 是这种马达的工作原理图。进入马达的液压油作用在活塞顶端，产生液压力 F。该力再通过球铰作用在连杆上，连杆下端是一个圆弧面，与偏心圆紧贴。因此，通过连杆中心的力，必然作用在偏心圆圆心 O_1 上。由于 O_1 与传动轴中心 O 之间有偏心距 e，使通过连杆作用在曲轴上的力 F_c 对中心 O 产生一个力矩，迫使传动轴沿此力矩的作用方向转动（图上为逆时针方向），直至 O_1 转到 O 的正下方。这时，活塞到达下止点。然后在惯性力或其他活塞作用力矩的推动下曲轴继续转动，活塞向上运动，将油液从排油口排出。当 O_1 转到 O 的正上方时，活塞到达上止点，排油结束，高压油再次进入活塞顶端产生液压力，开始进入第二个循环。由于对每个活塞来说，其上端每进一次油和每排一次油，传动轴转一圈，因而称其为单作用式。

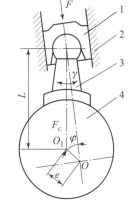

图 3.1.6　连杆式低速大转矩液压马达的工作原理
1—活塞；2—缸体；
3—连杆；4—曲轴

图 3.1.7 是一种比较典型的曲柄连杆液压马达的结构。该马达的壳体上有径向布置的活塞缸孔（一般为 5～7 个），活塞通过连杆连接在曲轴（这里是偏心轮）上，曲轴由两个滚动轴承支撑在壳体上，并由左端的十字形联轴器带动配流轴同步旋转。配流轴安装在集流器内，并由一对滚针轴承支撑。连杆的球头部分由压力油强制润滑，连杆与偏心轮接触的支承面为液体静压支承，压力油由活塞缸经阻尼小孔进入。集流器上有两个油口，分别与进入的高压油管和低压回油管接通。当高压油经集流器和配流轴进入活塞缸后，在活塞顶部形成液压力，推动活塞下移，并通过连杆作用在偏心轴上使其转动，输出转矩和转速。

2. 多作用内曲线径向柱塞液压马达

多作用内曲线径向柱塞液压马达有多个柱塞径向均布于缸体中，在每一转中，每个柱塞沿曲线导轨往复多次运动。其特点是功率密度大、效率高、起动特性好、转矩脉动小、低速运转平稳，是目前国内外应用较多的一种低速大转矩液压马达。

图 3.1.8 是这种马达的工作原理图。该马达由内曲线体 1、钢球 2、耐磨套 3、转子 4 和配流轴 5 等主要零件组成。当压力油从配流轴进入钢球下端油腔时，压力油形成的液压力 F 将钢球向上推，使它与内曲线体的曲线接触。在接触点处，由力 F 形成的分量 F_c 将钢球紧压向内曲线体，如果固定不动，它将给钢球一个大小相等、方向相反的力 F_c。该力作用在钢球上可以分成两个力：一个分力 F_N 与液压力 F 相平衡；另一个分力 F_T 通过钢球作用在

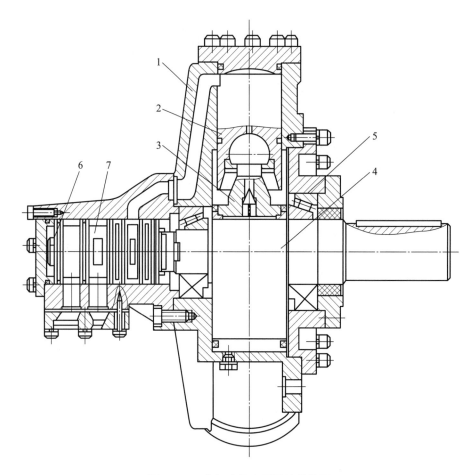

图 3.1.7　曲柄连杆液压马达结构图

1—壳体；2—活塞；3—连杆；4—曲轴；5—滚动轴承；6—配流轴；7—集流器

转子 4 的切线方向，迫使转子 4 沿逆时针方向转动。由于转子 4 与传动轴直接相连（一般是通过花键），因而使传动轴转动。

当转子 4 到达内曲线体 1 上的最高点 A 时，钢球 2 即到达上止点位置。然后，在惯性力或其他钢球产生的力矩的推动下，转子 4 继续转动，钢球向下缩回，通过配流轴 5 上的回油口将油排出。钢球 2 到达下止点 B 时，排油结束，继续转动时开始进入第二个循环。由于内曲线体 1 上有许多曲线（通常为 6~8 个），所以转子 4 每转一圈将进行多次进油和排油，故而称其为多作用式。

此外，在转子 4 上通常也径向布置多个钢球（8~10 个），因而此类马达排量较大。

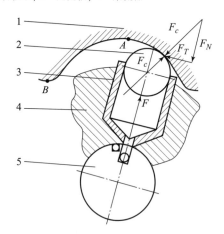

图 3.1.8　多作用内曲线径向柱塞液压马达的工作原理图

1—内曲线体；2—钢球；3—耐磨套；
4—转子；5—配流轴

图 3.1.9 是一种比较典型的多作用内曲线式径向柱塞马达的结构。其特点是用钢球和球托代替了一般径向柱塞马达上的柱塞或活塞与横梁、滚轮等零件，因而使结构简化，并使生产成本降低。

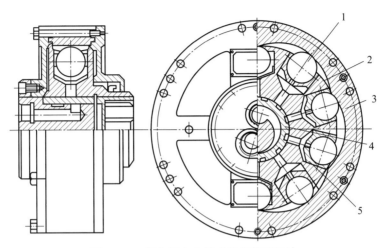

图 3.1.9　多作用内曲线式径向柱塞马达

除了上述两种典型的低速大转矩马达外，还有静力平衡式液压马达、摆线马达等类型，应用也较为广泛。

3.1.8　液压马达与液压泵的比较

从原理上讲，液压泵和液压马达可以互用。但事实上，同类型的液压泵和液压马达虽然在结构上相似，但由于两者的工作情况不同，使两者在结构上也有某些差异，例如：

（1）液压马达一般需要正反转，因此在内部结构上应具有对称性；液压泵的转向一般都有明确的规定，通常只能单方向旋转，不能随意改变旋转方向。

（2）为了减小吸油阻力，一般液压泵的吸油口比出油口的尺寸大。液压马达低压腔的压力稍高于大气压力，所以没有上述要求，且液压马达需要正反转，进、出油口相同。

（3）液压马达要求能在很宽的转速范围内正常工作，因此应采用滚动轴承或静压轴承。因为当马达速度很低时，若采用动压轴承，就不易形成润滑油膜。

（4）叶片泵依靠叶片跟转子一起高速旋转而产生的离心力使叶片始终贴紧定子的内表面，起密封作用，形成工作容腔。叶片马达必须在叶片根部装上弹簧，以保证叶片始终贴紧定子内表面，以便马达能正常起动。

（5）液压泵在结构上需保证具有自吸能力，而液压马达就没有这一要求。

（6）液压马达必须具有较大的起动转矩。所谓起动转矩，就是马达由静止状态起动时，马达轴上所能输出的转矩。

正是由于液压马达与液压泵具有上述不同的特点，使得很多类型的液压马达和液压泵不能互逆使用。

3.1.9 马达的选用

每种液压马达都有自己的特点和最佳使用范围，使用时应根据具体工况，结合各类液压马达的性能、特点及适用场合，合理选择。

高速液压马达的主要性能特点基本与同类泵类似。一般来讲，齿轮马达结构简单，价格便宜，常用于高转速、低转矩和运动平稳性要求不高的场合，如驱动研磨机、风扇等。叶片马达转动惯量小，动作灵敏，但容积效率不高，机械特性软，适用于中速以上，转矩不大，要求起动、换向频繁的场合，如磨床工作台的驱动、机床操纵系统等。轴向柱塞马达容积效率高，调速范围大，且低速稳定性好，但耐冲击性能稍差，常用于要求较高的高压系统，如内燃机车和军用车辆等的主传动，起重机械、工程机械、采掘机械和船舶等的起重、回转液压系统中。

低速大转矩液压马达的主要性能特点是输出转矩大，低速（20 r/min 以下）性能好，运转平稳。因此，它可直接与工作机构连接而不需要减速装置，这样就简化了传动，提高了效率。

当然，具体选用何种液压马达，主要取决于主机的设计。表 3.1.2 列出了常用液压马达的应用范围及选用。

表 3.1.2　常用液压马达的应用范围及选用

类型			适用工况	应用实例
高速小转矩马达	齿轮马达	外啮合式	适合于负载转矩不大、高速小转矩、速度平稳性要求不高、噪声限制不大的场合	钻床、风扇转动
		内啮合式	适合于高速小转矩，噪声要求较高的场合	适用于工程机械、农业机械、林业机械的回转机构液压系统中
	叶片马达		适合于负载转矩不大、噪声要求小、调速范围宽的场合。转动叶片马达主要用于低速平稳性好的场合，可作伺服马达	磨床回转工作台、机床操纵机构、自动线及随动系统中
	轴向柱塞马达		适合于负载速度大、有变速要求、负载转矩较小、低速平稳性要求高，即中高速小转矩场合	起重机、绞车、铲车、内燃机车、军用车辆、数控机床等
低速大转矩马达	径向马达	曲轴连杆式	适合大转矩低速工况，起动性较差	塑料机械、行走机械、挖掘机、拖拉机、起重机、采煤机牵引部件等
		内曲线式	适合于负载转矩大、速度范围宽、起动性好、转速低的场合。当转矩比较大、系统压力较高（如大于 16 MPa），且输出轴承受径向力时，宜选用横梁式内曲线马达	

3.2　液压缸

液压缸是将液压能转换为机械能，实现直线往复运动或往复摆动的能量转换装置。液压缸具有结构简单、工作可靠、运动平稳、制造容易等优点，在液压系统中应用较为广泛。

液压缸的种类繁多，通常按其结构形式分为活塞缸、柱塞缸、组合缸和摆动缸等类型。

3.2.1　活塞缸

活塞缸按出杆形式可分为单活塞杆和双活塞杆两种。

1. 单活塞杆液压缸

单活塞杆液压缸的活塞仅一端有活塞杆。这种液压缸一般分为缸体组件、活塞组件、密封防尘装置、缓冲装置和排气装置 5 部分，但并不是所有的液压缸都有缓冲和排气装置。图 3.2.1 所示是一种较常用的单活塞杆液压缸，主体主要由缸底 20、缸筒 10、缸盖兼导向套 9、活塞 11 和活塞杆 18 组成。缸筒一端与缸底焊接，另一端与缸盖（导向套）用卡环 6、套 5 和弹簧挡圈 4 固定，以便拆装检修。另外，在活塞与缸筒之间以及活塞杆和缸盖之间还设有密封、导向装置。缸筒两端设有油口 A 和 B，通压力油或回油，可以实现往复运动。这种两个方向的运动均由压力油驱动完成的液压缸又称为双作用液压缸。

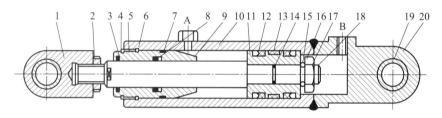

图 3.2.1　单活塞杆液压缸结构图

1—耳环；2—螺母；3—防尘圈；4，17—弹簧挡圈；5—套；6，15—卡环；7，14—O 形密封圈；8，12—Y 形密封圈；9—缸盖兼导向套；10—缸筒；11—活塞；13—耐磨环；16—挡圈；18—活塞杆；19—衬套；20—缸底

将单活塞杆液压缸简化为图 3.2.2 所示的计算简图。当供给液压缸的油液流量 q 一定时，由于液压缸两腔的有效工作面积不相等，它在两个方向上输出的力和速度也不相等，其值分别为

$$F_1 = p_1 A_1 - p_2 A_2 = \frac{\pi}{4}\left[D^2 p_1 - (D^2 - d^2)p_2\right] \tag{3.2.1}$$

$$F_2 = p_1 A_2 - p_2 A_1 = \frac{\pi}{4}\left[(D^2 - d^2)p_1 - D^2 p_2\right] \tag{3.2.2}$$

$$v_1 = \frac{q}{A_1} = \frac{4q}{\pi D^2} \tag{3.2.3}$$

$$v_2 = \frac{q}{A_2} = \frac{4q}{\pi(D^2 - d^2)} \tag{3.2.4}$$

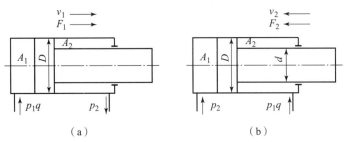

图 3.2.2　单活塞杆液压缸

由式（3.2.1）~式（3.2.4）可知，由于 $A_1 > A_2$，所以 $F_1 > F_2$，$v_1 < v_2$。如把两个方向上的输出速度 v_2 和 v_1 的比值称为速度比，记作 λ_v，则 $\lambda_v = v_2/v_1 = 1/[1-(d/D)^2]$。因此，$d = D\sqrt{(\lambda_v - 1)/\lambda_v}$。在已知 D 和 λ_v 时，可确定 d 值。

上述力和速度的计算均为理论值，实际上液压缸在工作过程中也存在从高压到低压的泄漏以及各种摩擦损失，因此在液压缸的工程计算中也要考虑机械效率和容积效率问题。

如图 3.2.3 所示，当单活塞杆液压缸两腔同时通入高压油时，由于无杆腔的有效作用面积大于有杆腔的有效作用面积，使得活塞向右的作用力大于向左的作用力，故活塞向右运动，活塞杆伸出。有杆腔中排出的油液（流量为 q'）经过管路又进入无杆腔，加大了流入无杆腔的油液流量（$q+q'$），从而也加快了活塞移动的速度，这种单活塞杆液压缸的连接方式称为"差动连接"，采用这种连接方式的液压缸也叫差动缸。

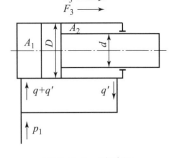

图 3.2.3　差动缸

活塞在运动过程中，由于管路中有压力损失，所以右腔中油液的压力稍大于左腔油液的压力，而这个差值一般都较小，可以忽略不计。差动缸的活塞推力 F_3 为

$$F_3 = p_1(A_1 - A_2) = \frac{\pi d^2}{4} p_1 \qquad (3.2.5)$$

进入无杆腔的流量

$$q_1 = \frac{\pi D^2}{4} v_3 = q + \frac{\pi(D^2 - d^2)}{4} v_3$$

则差动缸的运动速度 v_3 为

$$v_3 = \frac{4q}{\pi d^2} \qquad (3.2.6)$$

由式（3.2.5）、式（3.2.6）可知，差动连接时液压缸的推力比非差动连接时小，速度比非差动连接时高。利用这一特点，可在不增加流量的情况下得到较快的运动速度。差动连接常用于在供油压力和流量不变的情况下，需要改变液压缸的输出力或其运动速度的场合。

单活塞杆液压缸有缸体固定和活塞杆固定两种安装形式，它们的运动所占空间范围都大约是活塞有效行程的 2 倍，如图 3.2.4 所示。

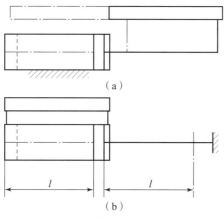

图 3.2.4　单活塞杆液压缸工作所占长度

（a）缸体固定；（b）活塞杆固定

2. 双活塞杆液压缸

活塞两端都有活塞杆伸出的液压缸称为双活塞杆液压缸，它同样由缸体、缸盖、活塞、活塞杆和密封件等构成。根据安装方式不同可分为缸筒固定式和活塞杆固定式两种。

图 3.2.5 所示为一驱动机床工作台用空心双活塞杆式液压缸的结构图。液压缸的左右两腔通过油口 b 和 d 经活塞杆 1 和 15 的中心孔与左右径向孔 a 和 c 相通。由于活塞杆固定在机床身上，缸筒 10 固定在工作台上，工作台在径向孔 c 接通压力油，径向孔 a 接通回油时向右移动，反之则向左移动。缸筒相对于活塞运动由左右两个导向套 6 和 19 导向，活塞与缸筒之间、缸盖与活塞杆之间以及缸盖与缸筒之间分别用 O 形密封圈 7、V 形密封圈 4、17 和纸垫 13、23 进行密封，以防止油液的内、外泄漏。缸筒在接近行程的左右终端时，径向孔 a 和 c 的开口逐渐减小，对移动部件起制动缓冲作用。为了排除液压缸中的空气，缸盖上设置有排气孔 5 和 14，经导向套环槽的侧面孔道（图中未画出）引出与排气阀相连。

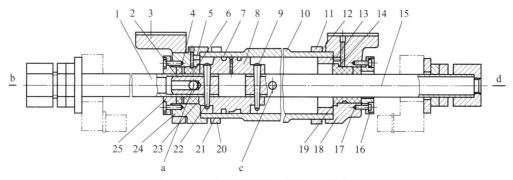

图 3.2.5　空心双活塞杆式液压缸结构图

1—活塞杆；2—堵头；3—托架；4，17—V 形密封圈；5，14—排气孔；6，19—导向套；7—O 形密封圈；8—活塞；9，22—锥销；10—缸筒；11，20—压板；12，21—钢丝环；13，23—纸垫；15—活塞杆；16，25—压盖；18，24—缸盖

由于双活塞杆液压缸两端的活塞杆直径通常是相等的，因此其左、右两腔的有效作用面积也相等。当分别向左、右腔输入相同压力和流量的油液时，液压缸左、右两个方向的推力和速度相等。当活塞的直径为 D，活塞杆的直径为 d，液压缸进、出油腔的压力为 p_1 和 p_2，输入流量为 q 时，双杆活塞缸的推力 F 和速度 v 为

$$F = A(p_1 - p_2) = \frac{\pi(D^2 - d^2)}{4}(p_1 - p_2) \qquad (3.2.7)$$

$$v = \frac{q}{A} = \frac{4q}{\pi(D^2 - d^2)} \qquad (3.2.8)$$

式中，A——活塞的有效工作面积。

双活塞杆液压缸在工作时，通常设计成活塞杆受拉力作用，因此活塞杆直径可以做得细些。

3.2.2 柱塞缸

图 3.2.6 所示为柱塞缸，它靠液压力只能实现一个方向运动，它的反向运动要靠外力推动，属于单作用液压缸。若需要实现双向运动，则必须成对使用，如图 3.2.6（b）所示。这种液压缸中的柱塞和缸筒不接触，运动时由缸盖上的导向套来导向，因此缸筒的内壁不需要精加工。它特别适用于行程较长的场合。图 3.2.7 为其结构图。

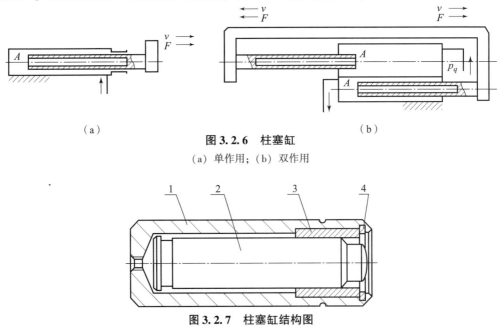

（a）

图 3.2.6 柱塞缸

（a）单作用；（b）双作用

图 3.2.7 柱塞缸结构图

1—缸筒；2—柱塞；3—套；4—弹簧圈

柱塞缸输出的推力和速度为

$$F = pA = \frac{\pi d^2}{4}p \qquad (3.2.9)$$

$$v = \frac{q}{A} = \frac{4q}{\pi d^2} \qquad (3.2.10)$$

3.2.3 组合缸

1. 伸缩缸

伸缩缸由两个或多个活塞缸套装而成，前一级活塞缸的活塞杆内孔是后一级活塞缸的缸筒，伸出时可获得很长的工作行程，缩回时可保持很小的结构尺寸。伸缩缸被广泛用于起重运输车辆上。图 3.2.8 所示为二级伸缩式液压缸的结构图。

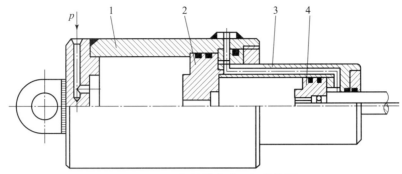

图 3.2.8　二级伸缩式液压缸结构图

1——一级缸筒；2——一级活塞；3—二级缸筒；4—二级活塞

伸缩缸可以是如图 3.2.9（a）所示的单作用式，也可以是如图 3.2.9（b）所示的双作用式。前者靠外力回程，后者靠液压回程。

（a）　　　　　　　　　　　　　　　　　　（b）

图 3.2.9　伸缩式液压缸

（a）单作用式；（b）双作用式

伸缩式液压缸的外伸动作是逐级进行的。首先是最大直径的缸筒以最低的油液压力开始外伸，当到达行程终点后，稍小直径的缸筒开始外伸，直径最小的末级最后伸出。随着工作级数变大，外伸缸筒直径越来越小，工作油液压力随之升高，工作速度变快。其值为

$$F_i = p_1 \frac{\pi}{4} D_i^2 \tag{3.2.11}$$

$$v_i = \frac{4q}{\pi D_i^2} \tag{3.2.12}$$

式中，i——第 i 级活塞缸。

2. 增压缸

增压缸也叫增压器，它利用两个有效面积不同的活塞使液压系统中的局部区域获得高压，有单作用和双作用两种形式。单作用增压缸的工作原理如图 3.2.10（a）所示，当输入活塞缸的液体压力为 p_1、活塞直径为 D、柱塞直径为 d 时，柱塞缸输出的液体压力为高压，其值为

$$p_2 = p_1 (D/d)^2 = Kp_1 \tag{3.2.13}$$

式中，$K = (D/d)^2$，称为增压比，它代表增压缸的增压程度。

显然，增压缸是在增大输出压力的同时，降低了有效流量。

单作用增压缸在柱塞运动到终点时，不能再输出高压液体，需要将活塞退回到左端位置，再次向右运动时才能继续输出高压液体。为了克服这一缺点，可采用双作用增压缸，如图 3.2.10（b）所示，由两个高压端连续向系统提供增压后的压力油。

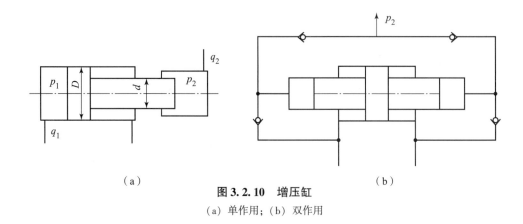

（a） 图 3.2.10 增压缸 （b）

（a）单作用；（b）双作用

3.2.4 摆动缸

摆动缸能实现往复摆动，由于它可直接输出转矩，故又称为摆动马达。主要有叶片式和活塞式两类，在此仅介绍叶片摆动缸。

叶片摆动缸又分为单叶片、双叶片和多叶片等结构形式。图 3.2.11（a）所示为单叶片摆动缸。若从油口 Ⅰ 通入高压油，叶片做逆时针摆动，低压油从油口 Ⅱ 排出。因叶片与输出轴连在一起，输出轴摆动的同时输出转矩。

此类摆动缸的工作压力一般小于 10 MPa，摆动角度小于 280°。由于输出轴所受径向力不平衡，叶片和壳体、叶片和挡块之间密封困难，限制了其工作压力和输出转矩的进一步提高。

图 3.2.11（b）所示为双叶片摆动缸。在径向尺寸和工作压力相同的条件下，其输出转矩是单叶片摆动缸的 2 倍，但回转角度要相应减小，一般小于 120°。

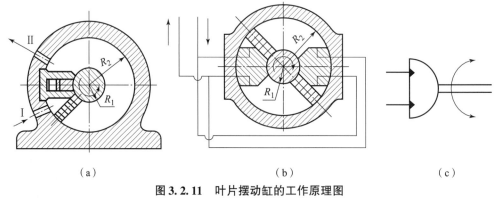

（a） （b） （c）

图 3.2.11 叶片摆动缸的工作原理图

（a）单叶片；（b）双叶片；（c）图形符号

叶片摆动缸结构紧凑，输出转矩大，但密封困难，一般用于中、低压系统中。

3.2.5 液压缸的组成

从上面所述的液压缸典型结构可以看到，液压缸的结构基本上可以分为缸筒和缸盖、活塞和活塞杆、密封装置、缓冲装置和排气装置五个部分，分述如下。

1. 缸筒和缸盖

一般来说，缸筒和缸盖的结构形式和其使用的材料有关。工作压力 $p < 10$ MPa 时，使用

铸铁；$p < 20$ MPa 时，使用无缝钢管；$p > 20$ MPa 时，使用铸钢或锻钢。

图 3.2.12 所示为缸筒和缸盖的常见结构形式。图 3.2.12（a）所示为法兰连接式，结构简单，容易加工，也容易装拆，但外形尺寸和质量都较大，常用于铸铁制的缸筒上。图 3.2.12（b）所示为半环连接式，它的缸筒壁部因开了环形槽而削弱了强度，为此有时要加厚缸壁。它容易加工和装拆，质量较轻，常用于无缝钢管或锻钢制的缸筒上。图 3.2.12（c）所示为螺纹连接式，它的缸筒端部结构复杂，外径加工时要求保证内外径同心，装拆要使用专用工具。它的外形尺寸和质量都较小，常用于无缝钢管或铸钢制的缸筒上。图 3.2.12（d）所示为拉杆连接式，其结构的通用性大，容易加工和装拆，但外形尺寸较大，且较重。图 3.2.12（e）所示为焊接连接式，结构简单，尺寸小，但缸底处内径不易加工，且可能引起变形。

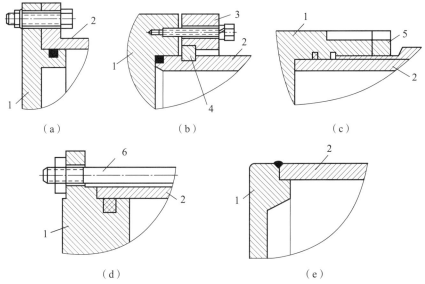

图 3.2.12 缸筒和缸盖结构
（a）法兰连接式；（b）半环连接式；（c）螺纹连接式；（d）拉杆连接式；（e）焊接连接式
1—缸盖；2—缸筒；3—压板；4—半环；5—防松螺母；6—拉杆

2. 活塞与活塞杆

对于短行程液压缸，可以把活塞杆与活塞做成一体。对于行程较长的液压缸，常把活塞与活塞杆分开制造，然后再连接成一体。图 3.2.13 所示为几种常见的活塞与活塞杆的连接形式。

图 3.2.13（a）所示为活塞与活塞杆之间采用螺母连接，它适用于负载较小、受力无冲击的液压缸。螺纹连接虽然结构简单，安装方便可靠，但在活塞杆上车螺纹将削弱其强度。图 3.2.13（b）和图 3.2.13（c）所示为卡环式连接方式。图 3.2.13（b）中活塞杆 8 上开有一个环形槽，槽内装有两个半环 6 以夹紧活塞 7，半环 6 由轴套 5 套住，而轴套 5 的轴向位置用弹簧卡圈 4 来固定。图 3.2.13（c）中的活塞杆，使用了两个半环 12，它们分别由两个密封圈座 10 套住，半圆形的活塞 11 安放在密封圈座的中间。图 3.2.13（d）所示是一种径向销式连接结构，用锥销 13 把活塞 14 固连在活塞杆 15 上。这种连接方式特别适用于双出杆式活塞。

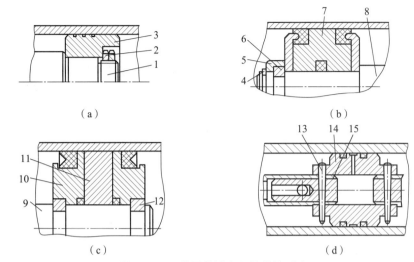

（a）

（b）

（c）

（d）

图 3.2.13　常见的活塞组件结构形式

（a）螺母连接；（b）卡环式连接（一）；（c）卡环式连接（二）；（d）径向销式连接

1，7，11，14—活塞；2—螺母；3，8，9，15—活塞杆；4—弹簧卡圈；

5—轴套；6，12—半环；10—密封圈座；13—锥销

3. 密封装置

液压缸中常见的密封装置如图 3.2.14 所示。图 3.2.14（a）所示为间隙密封，它依靠运动副间的微小间隙来防止泄漏。为了提高这种装置的密封能力，常在活塞的表面上制出几条细小的环形槽，以增大油液通过间隙时的阻力。它结构简单、摩擦阻力小、耐高温，但泄漏大，加工要求高，磨损后无法恢复原有能力，只有在尺寸较小、压力较低、相对运动速度较高的缸筒和活塞间使用。图 3.2.14（b）所示为摩擦环密封，它依靠套在活塞上的摩擦环（尼龙或其他高分子材料制成）在 O 形密封圈弹力作用下贴紧缸壁而防止泄漏。这种材料效果较好，摩擦阻力较小且稳定，可耐高温，磨损后有自动补偿能力，但加工要求高，装拆较不便，适用于缸筒和活塞之间的密封。图 3.2.14（c）和图 3.2.14（d）所示为 O 形密封圈密封和 V 形密封圈密封，它利用橡胶或塑料的弹性使各种截面的环形圈贴紧在静、动配合面之间来防止泄漏。它结构简单，制造方便，磨损后有自动补偿能力，性能可靠，在缸筒和活塞之间、缸盖和活塞杆之间、活塞和活塞杆之间、缸筒和缸盖之间都能使用。

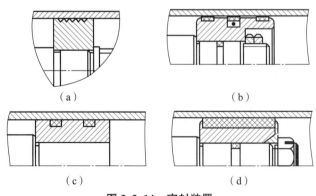

（a）

（b）

（c）

（d）

图 3.2.14　密封装置

（a）间隙密封；（b）摩擦环密封；（c）O 形密封圈密封；（d）V 形密封圈密封

对于活塞杆外伸部分来说，由于它很容易把污染物带入液压缸，因此常需在活塞杆密封处增加防尘圈，并放在向着活塞杆外伸的一端。

4. 缓冲装置

液压缸一般都设置缓冲装置，特别是对大型、高速或高精度液压缸，为了防止活塞在行程终点时和缸盖相互撞击，引起噪声、冲击，则必须设置缓冲装置。

缓冲装置的工作原理是利用活塞或缸筒在其行程终点时封住活塞和缸盖之间的部分油液，强迫它从小孔或细缝中挤出，以产生很大的阻力，使工作部件受到制动，逐渐减慢运动速度，达到避免活塞和缸盖相互撞击的目的。

图 3.2.15（a）所示为固定间隙缓冲装置，当缓冲柱塞进入与其相配的缸盖上的内孔时，孔中的液压油只能通过间隙 δ 排出，使活塞速度降低。这种缓冲装置结构简单，但缓冲压力不可调节，且实现减速所需行程较长，适用于移动部件惯性不大、移动速度不高的场合。如图 3.2.15（b）所示为可变节流缓冲装置，在缓冲柱塞上开有三角槽，随着柱塞逐渐进入配合孔中，其节流面积越来越小，解决了在行程最后阶段缓冲作用过弱的问题。在图 3.2.15（c）中为可调节流缓冲装置，当缓冲柱塞进入配合孔之后，油腔中的油只能经节流阀排出。由于节流阀是可调的，因此缓冲作用也可调节，但存在速度降低后缓冲作用减弱的缺点。

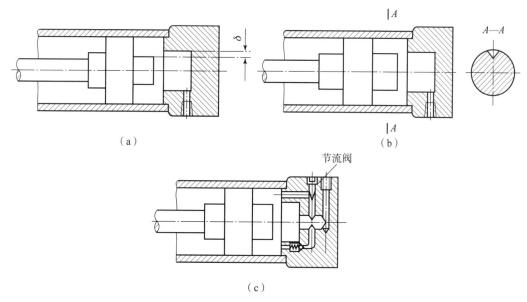

图 3.2.15　液压缸的缓冲装置
（a）固定间隙缓冲装置；（b）可变节流缓冲装置；（c）可调节流缓冲装置

5. 排气装置

液压缸在安装过程中或长时间停放后重新工作时，液压缸里和管道系统中会渗入空气，为了防止执行元件出现爬行、噪声和发热等不正常现象，需把缸中和管道系统中的空气排出。一般可把液压缸的进、出油口设置在最高处以便把气体带走，也可在最高处设置排气孔或专门的排气阀，如图 3.2.16 所示。

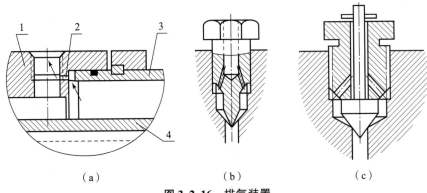

图 3.2.16 排气装置

（a）排气孔（未装排气塞）；（b）排气阀；（c）排气阀

1—缸盖；2—排气小孔；3—缸体；4—活塞杆

3.2.6 常见液压缸的种类及特点

为了满足各种主机的不同要求，液压缸有多种类型，其详细分类可见表3.2.1。随着技术的进步及主机需求的变化，近年来又出现了利用数字信号控制的数字液压缸和带位移传感器的液压缸等新型液压缸，进一步拓宽了液压技术的应用领域。

表 3.2.1 常见液压缸的种类及特点

分类	名称	符号	说明
单作用液压缸	柱塞式液压缸		柱塞仅单向运动，返回行程是利用自重或负荷将柱塞推回
	单活塞杆液压缸		活塞仅单向运动，返回行程是利用自重或负荷将活塞推回
	双活塞杆液压缸		活塞的两侧都装有活塞杆，只能向活塞一侧供给压力油，返回行程通常利用弹簧力、重力或外力
	伸缩液压缸		以短缸获得长行程。用液压油由大到小逐节推出，靠外力由小到大逐节缩回
双作用液压缸	单活塞杆液压缸		单边有杆，双向液压驱动，双向推力和速度不等
	双活塞杆液压缸		双向有杆，双向液压驱动，可实现等速往复运动
	伸缩液压缸		双向液压驱动，伸出由大到小逐步推出，由小到大逐节缩回

续表

分类	名称	符号	说明
组合液压缸	弹簧复位液压缸		单向液压驱动，由弹簧力复位
	串联液压缸		用于缸的直径受限制，而长度不受限制，可以获得大的推力
	增压缸（增压器）		由低压力室 A 缸驱动，使 B 室获得高压油源
	齿条传动液压缸		活塞往复运动，经装在一起的齿条驱动齿轮获得往复回转运动
摆动液压缸	摆动液压缸		输出轴直接输出扭矩，其往复回转的角度小于 360°，也称摆动马达

3.2.7 液压缸的设计

液压缸的设计是在对整个液压系统进行工况分析、负载计算和确定了其工作压力的基础上进行的。先根据使用要求选择结构类型，然后按负载情况、运动要求、最大行程等确定其主要参数，再进行强度、稳定性和缓冲验算，最后进行具体结构设计。

1. 液压缸设计中应注意的问题

（1）尽量使活塞杆在受拉状态下承受最大载荷，或在受压状态下具有良好的纵向稳定性。

（2）考虑液压缸行程终了处的制动问题和液压缸的排气问题。缸内如无缓冲和排气装置，系统中需要有相应的措施，但并非所有的液压缸都要考虑这些问题。

（3）正确确定液压缸的安装、固定方式。液压缸只能一端定位。

（4）液压缸各部分的结构需要根据推荐的结构形式和设计标准进行设计，尽可能做到结构简单、紧凑，加工、装配和维修方便。

2. 基本参数的确定

1）工作压力 p

液压缸要承受的负载包括有效工作负载、摩擦阻力和惯性力等。对于不同用途的液压设备，由于工作条件不同，采用的压力等级也不同。设计时，液压缸的工作压力可按负载大小及液压设备类型参考表 3.2.2 和表 3.2.3 来确定。负载大时选大值，负载小时选小值。

表 3.2.2 液压传动系统及元件 公称压力系列 节选（GB/T 2346 – 2003）

1	[1.25]	1.6	[2]	2.5	[3.15]	4	[5]	6.3	[8]
10	12.5	16	20	25	31.5	[35]	40	[45]	50

注：方括号中的值是非优选用的。

表 3.2.3　各类液压设备常用的工作压力

设备类型	一般机床	一般冶金设备	农业机械、 小型工程机械	液压机、重型机械、 轧机压下、起重运输机械
工作压力/MPa	1 ~ 6.3	6.3 ~ 16	10 ~ 16	20 ~ 32

2）往复运动速比 λ_v

在供油流量一定的条件下，双活塞杆液压缸的往复运动速度相同。单活塞杆液压缸的往复运动速比 λ_v 为

$$\lambda_v = \frac{v_2}{v_1} = \frac{D^2}{D^2 - d^2} \tag{3.2.14}$$

如系统对液压缸的往复运动速度有要求，则需按要求设计。如无特殊要求，则速比不宜过大，以免无杆腔回油流速过高而产生较大的背压。但也不宜过小，以免因活塞杆直径相对于缸径太细，稳定性不好。λ_v 值可参考 JB/T 7939—2010 选择，工作压力高的液压缸选用大值，工作压力低的则选小值。

当系统无特殊要求时，也可以根据的工作压力选择速比，表 3.2.4 给出了速比的推荐值。

表 3.2.4　液压缸往复速比推荐值

液压缸工作压力 p/MPa	≤10	1.25 ~ 20	>20
往复速比 λ_V	1.33	1.46 ~ 2	2

3）缸筒内径 D 及活塞杆直径 d

对于单活塞杆液压缸，当已知工作负载及选定的系统工作压力 p 和 λ_V 后，忽略回油压力，可根据式（3.2.15）和式（3.2.16）确定缸筒内径 D。

当无杆腔进油时：

$$D_1 = \sqrt{\frac{4F_1}{\pi p \eta_m}} \tag{3.2.15}$$

当有杆腔进油时：

$$D_2 = \sqrt{\frac{4F_2}{\pi p \eta_m} + d^2} \tag{3.2.16}$$

式中，F_1，F_2——有杆腔进油和无杆腔进油时液压缸的负载；

　　　　η_m——液压缸的机械效率，通常取 0.95。

计算所得的液压缸缸筒内经 D 和活塞杆直径 d 应圆整为标准系列，参见《新编液压工程手册》。

4）缸筒长度 L

缸筒的长度由最大工作行程及结构上的需要确定。通常缸筒长度 = 活塞最大行程 + 活塞长度 + 活塞杆导向长度 + 活塞杆密封长度 + 其他长度。缸筒的长度一般不要超过其内径的 20 倍。

5）最小导向长度 H

当活塞杆全部外伸时，从活塞支撑面中点到导向套滑动面中点的距离称为最小导向长度

H，如图 3.2.17 所示。如果导向长度过短，将使液压缸的初始挠度（由间隙引起的挠度）增大，影响液压缸的稳定性，因此设计时必须保证有一定的最小导向长度。

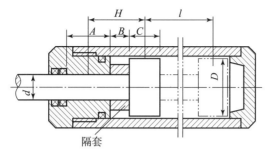

图 3.2.17　液压缸的导向长度

对于一般的液压缸，其最小导向长度应满足

$$H \geqslant \frac{l}{20} + \frac{D}{2} \qquad (3.2.17)$$

式中，l——活塞最大行程；

$\quad\quad D$——缸筒内径。

一般，在 $D < 80\ \text{mm}$ 时，取导向套滑动面的长度 $A = (0.6 \sim 1.0)D$；在 $d > 80\ \text{mm}$ 时，取 $A = (0.6 \sim 1.0)d$；活塞的宽度 $C = (0.6 \sim 1.0)D$；其他长度是指一些特殊装置所需长度，如液压缸两端缓冲装置所需长度等。为了保证最小导向长度而过分增大 A 或 C 并不适宜，最好在导向套与活塞之间装一个隔套，其宽度 B 由所需的最小导向长度决定，即

$$B = H - \frac{A + C}{2} \qquad (3.2.18)$$

采用隔套不仅能保证最小导向长度，还可以改善导向套及活塞的通用性。

3. 液压缸的校核

在中、低压液压系统中，液压缸缸筒的壁厚 δ、活塞杆直径 d 和端盖固定螺栓等常由结构工艺的要求决定，强度问题是次要的，一般都不需要校核。在高压系统中则必须进行强度校核。

1）缸筒壁厚 δ

当 $\dfrac{\delta}{D} \leqslant 0.08$ 时，称为薄壁缸筒，一般为无缝钢管，壁厚按照材料力学中薄壁圆筒的计算公式校核：

$$\delta = \frac{p_{\max}D}{2\sigma_s} \qquad (3.2.19)$$

式中，$p_{\max}$——缸筒内最高工作压力；

$\quad\quad \sigma_s$——缸筒材料许用应力。

当 $0.3 \geqslant \dfrac{\delta}{D} > 0.08$ 时，可用实用公式校核：

$$\delta \geqslant \frac{p_{\max}D}{2.3\,\sigma_s - 3\,p_{\max}} \qquad (3.2.20)$$

当 $\dfrac{\delta}{D} > 0.3$ 时，称为厚壁缸筒，一般为铸铁材料，按照材料力学第二强度理论校核：

$$\delta \geqslant \frac{D}{2} \left(\sqrt{\frac{\sigma_s + 0.4 p_{max}}{\sigma_s - 1.3 p_{max}}} - 1 \right) \tag{3.2.21}$$

壁厚确定后，再圆整。

2）活塞杆强度及稳定性校核

活塞杆强度按下式校核：

$$d \geqslant \sqrt{\frac{4F}{\pi \sigma_s}} \tag{3.2.22}$$

式中，F——液压缸负载。

当活塞杆的长径比大于 10 时，需要进行稳定性校核。根据材料力学理论，其稳定条件为

$$F_{max} = \frac{F_k}{\eta_k} \tag{3.2.23}$$

式中，F_{max}——活塞杆最大推力；

F_k——液压缸稳定临界力；

η_k——稳定性安全系数，一般取 2~4。

F_k 与活塞杆和缸筒的材料、结构尺寸、两端支撑状况等因素有关。可根据安装方式的不同决定活塞杆的计算长度 L、末端条件系数 n、挠度系数 C 等，如表 3.2.5 所示。

表 3.2.5　液压缸的安装方式及有关系数

类型	一端固定，一端自由	两端铰链	一端固定，一端铰链	两端固定
安装方式	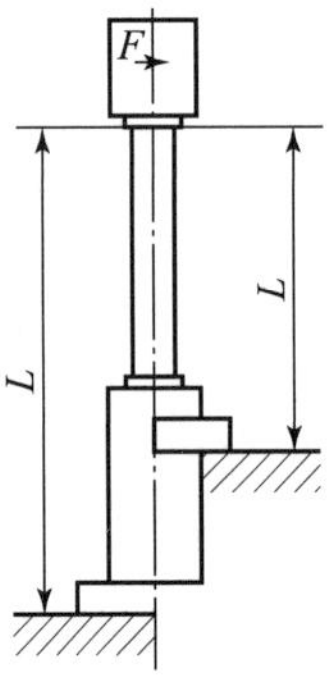	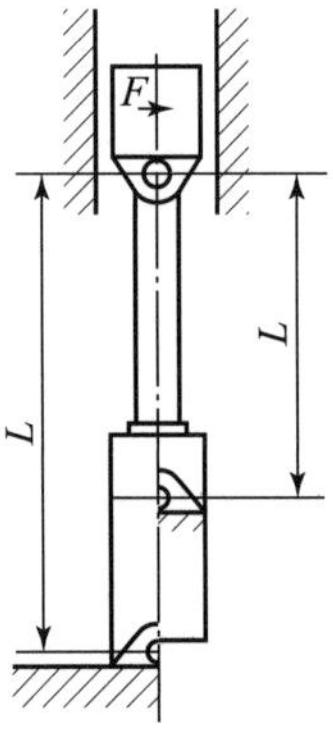	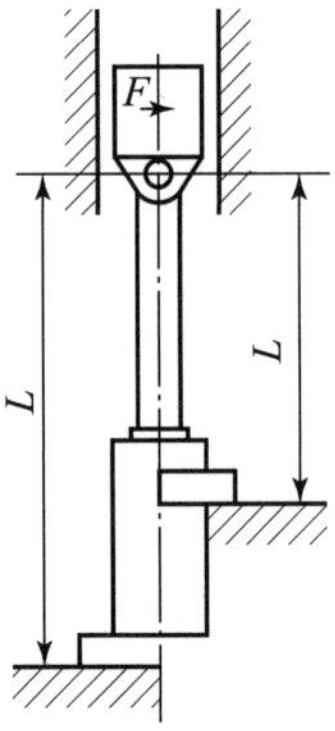	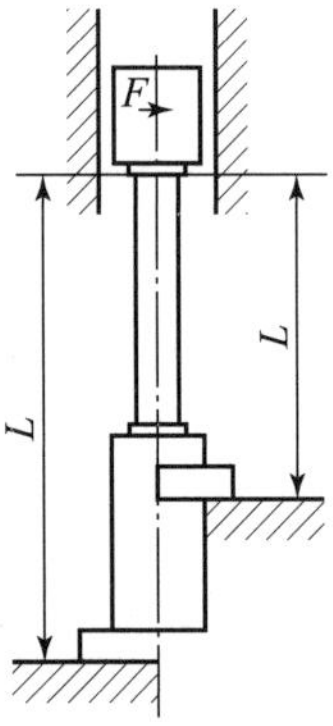
n	0.25	1.0	2.0	4.0
C	1.0	0.5	0.35	0.25

液压缸连接件还包括焊接、连接螺栓、连接螺纹、法兰盘、卡环、钢丝卡圈等，其强度计算属一般机械零件问题，可参阅相关设计手册。

思考与习题

3-1. 什么是液压执行元件？

3-2. 活塞缸和柱塞缸有什么不同，各适用于什么场合？

3-3. 什么是差动液压缸，其流量如何计算？

3-4. 在入口流量不变的条件下若要求差动缸正反向速度一致，应如何设计液压缸的几何尺寸？

3-5. 液压缸是由哪几部分组成的？

3-6. 液压缸都采用什么缓冲装置？

3-7. 液压缸都采用哪些密封形式？

3-8. 缸筒与端盖的连接方式有哪几种？

3-9. 为什么要在液压缸中安装排气装置？

3-10. 采用单杆液压缸（缸固定），设进油流量为 40 L/min，压力为 2.5 MPa，活塞直径为 125 mm，活塞杆直径为 90 mm。试求：

（1）当压力油从无杆腔进入，有杆腔的油直接回油箱时，活塞的运动速度及输出推力；

（2）当压力油从有杆腔进入，无杆腔的油直接回油箱时，活塞的运动速度及输出推力；

（3）当差动连接时，活塞的运动速度及输出推力。

第4章

液压控制元件

在液压系统中，用于控制或调节工作介质的压力、流量和流动方向的元件称为液压控制元件，也叫液压控制阀，简称液压阀。借助于不同的液压阀，经过不同的组合形式，可以组成多种类型的液压系统，满足不同液压设备的要求。液压阀性能的优劣以及与系统中其他元件参数的匹配是否合理在很大程度上决定了液压系统的性能。因此，液压阀在液压系统中起着非常重要的作用。

通过本章的学习，应掌握以下内容：

（1）各种液压阀的结构及工作原理；

（2）各种液压阀的特性；

（3）各种液压阀的应用。

4.1　液压阀的分类

液压阀种类繁多，根据其在系统中的功能可分为压力控制阀、方向控制阀和流量控制阀。另外，按照结构、操作方式、连接方式、控制方式的不同，液压控制阀还可以进行如表4.1.1所示的分类。

表 4.1.1　液压阀的分类

分类方法	种类	详细分类
按结构分类	滑阀	圆柱滑阀、旋转阀、平板滑阀
	座阀	锥阀、球阀、喷嘴挡板阀
	射流管阀	射流阀
按操作方式分类	手动阀	手把、手轮、踏板、杠杆
	机动阀	挡块、碰块、弹簧、液压、气动
	电动阀	电磁铁控制、伺服电动机控制、步进电动机控制
按连接方式分类	管式连接	螺纹式连接、法兰式连接
	板式及叠加式连接	单层连接板式、双层连接板式、整体连接板式、叠加阀
	插装式连接	螺纹式插装（二、三、四通插装阀）、法兰式插装（二通插装阀）

分类方法	种类	详细分类
按控制方式分类	电液比例阀	电液比例压力阀、电源比例流量阀、电液比例换向阀、电流比例复合阀、电流比例多路阀
	伺服阀	单、两级（喷嘴挡板式、动圈式）电液流量伺服阀、三级电液流量伺服阀
	数字控制阀	数字控制压力阀、流量阀与方向阀

尽管液压阀种类较多，但它们之间还是保持着一些基本的共同点。例如，在结构上，所有的阀都由阀体、阀芯和驱使阀芯动作的元件（如弹簧、电磁铁等）组成；在工作原理上，所有阀的开口大小、阀进出油口间的压差以及流过阀的流量之间的关系都符合孔口流量公式，仅是各种阀控制的参数各不相同而已。

下面按功能分别介绍这几种阀的结构、工作原理、技术参数及其应用。

4.2　方向控制阀

方向控制阀是利用阀芯和阀体间相对位置的改变来控制阀内部特定油路的通断或改变油液的流动方向，从而控制液压系统执行元件的起动、停止和换向。方向控制阀主要分为单向阀和换向阀两类。

4.2.1　单向阀

单向阀可分为普通单向阀和液控单向阀两种。普通单向阀只允许油液向一个方向流动，反向流动被截止，也称为止回阀。液控单向阀在没有外控油液作用时，其功能与普通单向阀相同；当有外控油液时，可实现双向导通。

1. 普通单向阀

普通单向阀（简称单向阀）主要由阀体、阀芯和弹簧等零件组成。常见单向阀的阀芯有球阀芯和锥阀芯两种。单向阀按进出油口相对位置的不同，可分为直通式和直角式两种。图 4.2.1（a）和图 4.2.1（b）分别是锥阀和球阀直通式单向阀，图 4.2.1（c）为锥阀直角式单向阀。在图 4.2.1（a）中，压力油从阀体左端的进油口 P_1 流入时，作用在阀芯 2 的液压力克服弹簧 3 作用在阀芯 2 上的力，使阀芯向右移动，打开阀口，并通过阀芯 2 上的径向孔 a、轴向孔 b 从阀体右端的通口 P_2 流出。当压力油从阀体右端的通口 P_2 流入时，液压力和弹簧力一起使阀芯锥面压紧在阀座上，阀口关闭，油液无法通过。其他两种阀的工作原理与此相同。

单向阀的连接方式有螺纹连接、板式连接和法兰连接等形式。图 4.2.1（d）所示为单向阀的图形符号。

2. 液控单向阀

液控单向阀是可以通过外力控制实现反向导通的单向阀。液控单向阀有不带卸荷阀芯和带卸荷阀芯两种结构形式。图 4.2.2（a）所示为不带卸荷阀芯的简式液控单向阀，有一控

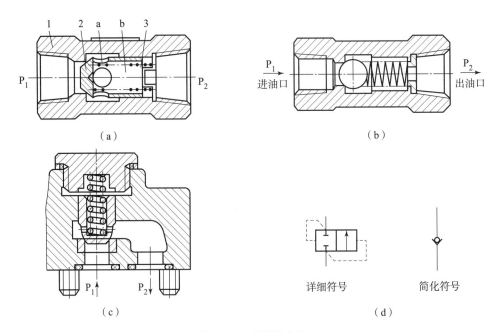

图 4.2.1 普通单向阀

（a）锥阀直通式单向阀；（b）球阀直通式单向阀；（c）锥阀直角式单向阀；（d）图形符号

1—阀体；2—阀芯；3—弹簧

制油口 K，当 K 处无压力油通入时，它的工作机制和普通单向阀相同，压力油只能从进油口 P_1 流向出油口 P_2，反向流动被截止。当控制油口 K 处通入压力油时，活塞 1 在液压力的作用下上移，顶开单向阀芯 2，使通油口 P_1 和 P_2 接通，油液就可在两个方向自由流动。在这种简式液控单向阀中，控制油压最小应为主油路压力的 30% ~ 50%。如果主油路压力较高，所需的控制油压也较高。对于带卸荷阀芯的卸荷式液控单向阀，如图 4.2.2（b）所示，当控制油口 K 通入压力油后，控制活塞 1 上移，先顶开作用面积较小的卸荷阀芯 3，使主油路卸压，然后再顶开单向阀芯 2 使主油路导通，这样可大大减小对控制压力的要求，使其控

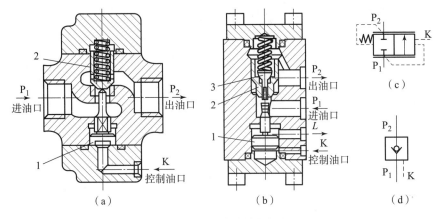

图 4.2.2 液控单向阀

（a）简式液控单向阀；（b）卸荷式液控单向阀；（c）详细符号；（d）简化符号

1—活塞；2—单向阀芯；3—卸荷阀芯

制压力为主油路压力的 5% 左右，因此可以用于压力较高的场合。这种结构还可避免简式液控单向阀反向导通时，高压封闭油路中油液的压力突然释放所产生的较大的冲击和噪声。图 4.2.2（c）和图 4.2.2（d）所示为液控单向阀的图形符号。

3. 双向液压锁

如图 4.2.3 所示，双向液压锁是一种双液控单向阀结构。两个相同结构的液控单向阀共用一个阀体 6 和控制活塞 3，在阀体 6 上开有 4 个主油孔 A、A$_1$ 和 B、B$_1$。当液压系统中某一油路从 A 腔流入该阀时，油液压力自动顶开阀芯 2，使 A 腔与 A$_1$ 腔连通，使油液从 A 腔向 A$_1$ 腔正向流通；同时，油液压力将控制活塞 3 右推，顶开阀芯 4，将 B$_1$ 腔和 B 腔连通，使原来封闭在 B$_1$ 腔的油液能够经 B 腔反向流出。反之，如果 B 腔通压力油路，则油液一方面从 B$_1$ 口流出，另一方面推动控制活塞 3 左移并顶开阀芯 2，使封闭在 A$_1$ 腔的油液能经 A 口反向流出。图 4.2.3（b）所示为其图形符号。

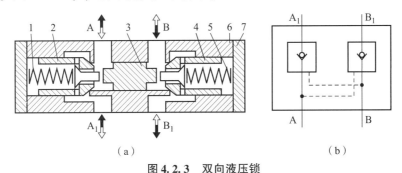

图 4.2.3 双向液压锁

（a）结构原理；（b）图形符号

1，5—弹簧；2，4—阀芯；3—控制活塞；6—阀体；7—端盖

双向液压锁常用于在系统停止供油时，要求执行元件仍能保持双向锁紧的场合。与采用两个液控单向阀相比，双向液压锁具有安装使用简便、不需要外接控制油路等优点。

4. 性能指标要求

单向阀在油路中主要用来控制油液的流向，首先要求它的正向开启阻力小，正向流动压力损失小，所以选用的弹簧刚度也较小，其开启压力（压差）一般为 0.03 ~ 0.05 MPa。其次，单向阀还要求动作灵敏可靠，反向泄漏小，密封可靠。

对液控单向阀而言，除了上述性能指标要求外，还要求其反向最小开启控制压力较小。

5. 单向阀在液压系统中的应用

1）简单单向回路

图 4.2.4 所示为一简单的单向回路。单向阀不允许系统中的工作液体倒灌入液压泵，以防止系统发生液压冲击时，将泵损坏。在这个回路中，单向阀必须安装在泵的出口与换向阀之间，而且在泵与单向阀之间还应设置一个溢流阀，以避免液压泵过载。

2）背压回路

图 4.2.5 所示为单向阀的背压回路。背压回路可使液压马达运转平稳。背压的大小取决于液压马达和系统工作性能的要求，通过改变单向阀的弹簧刚度或预压缩量来实现。

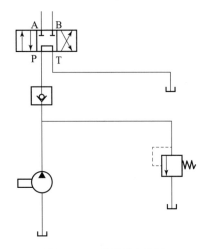

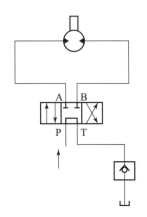

图 4.2.4　简单单向回路　　　　　图 4.2.5　单向阀的背压回路

3）锁紧回路

图 4.2.6（a）所示为单向锁紧回路，图 4.2.6（b）所示为双向锁紧回路。单向锁紧回路常用于垂直工作的液压缸上，在液压缸的下腔接入一个液控单向阀，在 A、B 两条管路停止供液以后，液控单向阀关闭，将液压缸下腔液体锁住，避免活塞杆在垂直载荷或自重作用下而向下移动，使其停在所要求的位置上，一直到管路 A 或 B 重新供液为止。双向锁紧回路多用于竖直工作且有固定位置要求的液压缸上，在液压缸停止运动后，将两腔液体同时锁住。其工作原理见双液控单向阀部分内容。

4）定向回路

图 4.2.7 所示为定向回路，它将 4 个单向阀接成类似于电路中的桥式整流回路。无论双向液压泵的吸、排油方向怎样改变，都可保证从左侧油箱吸油，从右侧排油供给系统。

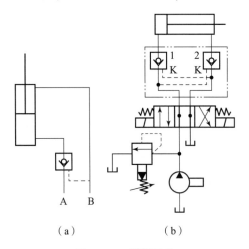

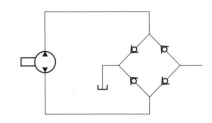

（a）　　　　　（b）

图 4.2.6　锁紧回路　　　　　　图 4.2.7　定向回路
（a）单向锁紧回路；（b）双向锁紧回路

4.2.2　换向阀

换向阀利用阀芯与阀体之间相对位置的不同，改变阀体上各油口的通断关系，从而改变油液流动方向，实现对执行元件的起动、停止控制或者改变运动方向。

换向阀按照阀芯的运动方式可分为转阀式和滑阀式两类，前者阀芯围绕其轴线转动，后者阀芯沿轴向移动。滑阀式换向阀应用范围较为广泛。

1. 转阀式换向阀

图 4.2.8（a）所示为转阀式换向阀（简称转阀）的工作原理图。该阀由阀体 1、阀芯 2 和使阀芯转动的操纵手柄 3 组成，在图示位置为左时，油口 P 和 A 相通、B 和 T 相通；当操纵手柄转换到"止"位置时，油口 P、A、B 和 T 均不相通；当操纵手柄转换到位置右时，则油口 P 和 B 相通，A 和 T 相通。图 4.2.8（b）所示是它的图形符号。

2. 滑阀式换向阀

1）工作原理和图形符号

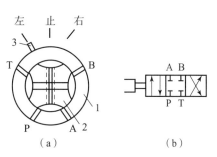

图 4.2.8　转阀式换向阀

（a）工作原理图；（b）图形符号

1—阀体；2—阀芯；3—操纵手柄

阀体和滑动阀芯是滑阀式换向阀的主体，阀芯是一个具有多个台肩的圆柱体，与之相配合的阀体有若干个沉割槽。图 4.2.9 所示的阀芯有 3 个台肩，阀体有 5 个沉割槽。每个沉割槽都通过相应的孔道与外部相连，其中 P 通进油，T 通回油，A 和 B 通液压缸两腔。这种形式的换向阀称为三台肩五槽式。当阀芯处于图 4.2.9（a）所示位置时，阀芯上的环形槽使 P 与 B 相通，A 与 T 相通，活塞向左运动；当阀芯向右移动处于图 4.2.9（b）所示位置时，P 与 A 相通，B 与 T 相通，活塞向右运动。因此，图示换向阀可用于使执行元件换向。

换向阀的功能主要由它控制的通路数和工作位置数来决定。图 4.2.9 所示换向阀有 2 个工作位置和 4 条通路（P、A、B 和 T），称为二位四通阀。表 4.2.1 列出了几种常用的滑阀式换向阀的结构原理图，并给出了表示阀的工作位置数、通路数和在各个位置上油口连通关系的图形符号。一个完整的换向阀图形符号还应表示出操纵方式、复位方式和定位方式等。

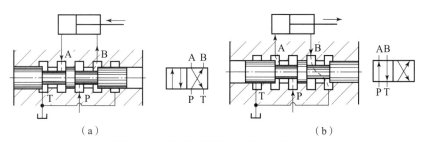

图 4.2.9　滑阀式换向阀的换向原理图

表 4.2.1　常用滑阀式换向阀的结构原理和图形符号

位和通	结构原理图	图形符号
二位二通		

位和通	结构原理图	图形符号
二位三通	A P B	A B / P
二位四通	B P A T	A B / P T
二位五通	T_1 A P B T_2	A B / T_1 P T_2
三位四通	A P B T	A B / P T
三位五通	T_1 A P B T_2	A B / T_1 P T_2

换向阀图形符号的含义如下：

（1）用方（或长方）框表示阀的工作位置，有几个方框就表示有几"位"。

（2）方框内的箭头表示在这一位置上油路处于接通状态，但箭头方向并不一定表示油液的实际流向。

（3）方框内符号"⊥"或"⊤"表示此通路被阀芯封闭，即该油路不通。

（4）一个方框的上边和下边与外部连接的接口（油口）数是几个，就表示几"通"。

（5）通常阀与系统供油路连接时，进油口用字母 P 表示，阀与系统回油路连接的回油口用字母 T 表示，而阀与执行元件连接的工作油口则用字母 A、B 等表示；有时在图形符号上还表示出泄漏油口，用字母 L 表示。

（6）换向阀都有两个或两个以上的工作位置，其中一个为常态位置，即阀芯未受到操纵力作用时所处的位置。图形符号中的中位是三位阀的常态位，利用弹簧复位的二位阀，则以靠近弹簧的方框内的通路状态为其常态位。绘制液压系统图时，油路一般应连接在换向阀的常态位置上。

2）换向阀的操纵方式

按照操纵方式的不同，换向阀可分为手动、机动、电磁、液动和电液等几种形式。

（1）手动换向阀。

图 4.2.10（a）所示为弹簧自动复位式三位四通手动换向阀。推动操纵手柄左右运动，可实现油路的换向，松开手柄时，阀芯靠弹簧力自动恢复到中位（原始位置）。该阀适用于动作频繁、工作持续时间短的场合，操作比较完全，常用于工程机械的液压传动系统中。

如果将该阀阀芯左端弹簧 4 的部位改为可自动定位的结构形式，即成为可在 3 个位置定位的手动换向阀，如图 4.2.10（b）所示

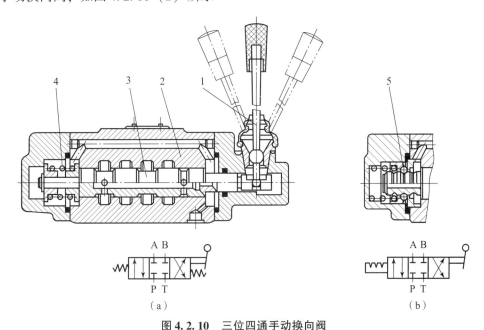

图 4.2.10 三位四通手动换向阀

（a）弹簧自动复位式结构及图形符号；（b）弹簧钢球式结构及图形符号

1—手柄；2—阀体；3—阀芯；4—弹簧；5—钢球

（2）机动换向阀。

机动换向阀又称行程换向阀。它用行程挡块或凸轮推动阀芯运动实现换向，从而控制油液的流动方向。机动换向阀通常是二位的，有二通、三通、四通和五通几种，其中二位二通机动换向阀又分常闭和常开两种。图 4.2.11 所示为滚轮式二位三通常闭机动换向阀，在图示位置阀芯 2 被弹簧 1 压向上端，油腔 P 和 A 接通，B 口关闭。当挡块或凸轮压住滚轮 4，使阀芯 2 移动到下端时，就使油腔 P 和 A 断开，P 和 B 接通，A 口关闭。

（3）电磁换向阀。

电磁换向阀是利用电磁铁通电产生的吸力推动阀芯动作以控制油液通断或改变流向的阀类。电磁阀操纵方便，布置灵活，易于实现动作转换的自动化，因此应用最为广泛。

电磁铁作为操纵元件种类繁多，按其所用电源不同，可分为交流和直流两种。按衔铁工作腔是否有油液又可分为"干式"和"湿式"等。交流电磁铁起动力较大，不需要专门的电源，吸合、释放快，动作时间为 0.01～0.03 s；其缺点是若电源电压下降15%以上，则电磁铁吸力明显减小，若衔铁不动，干式电磁铁会在 10～15 min 后烧坏线圈（湿式电磁铁

为 1~1.5 h），且冲击及噪声较大，寿命短。因而在实际使用中，交流电磁铁允许的切换频率一般为 10 次/min，不得超过 30 次/min。直流电磁铁工作较可靠，吸合、释放动作时间为 0.05~0.08 s，允许使用的切换频率较高，一般可达 120 次/min，最高可达 300 次/min，且冲击小、体积小、寿命长，但需有专门的直流电源，成本较高。此外，还有一种交直流电磁铁，其电磁铁是直流的，但电磁铁本身带有整流器，通入的交流电经整流后再供给直流电磁铁。目前，国外新发展了一种油浸式电磁铁，衔铁和励磁线圈都浸在油液中工作，它具有寿命更长、工作更平稳可靠等特点，但由于造价较高，应用范围不广。

图 4.2.12 所示为二位三通交流电磁换向阀，只有一个电磁铁。在图示位置，油口 P 和 A 相通，油口 B 断开；当电磁铁通电吸合时，推杆 1 将阀芯 2 推向右端，这时油口 P 和 A 断开，而与 B 相通。当电磁铁断电释放时，弹簧 3 推动阀芯复位。

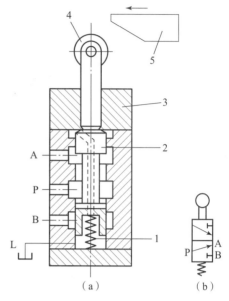

图 4.2.11　滚轮式二位三通常闭机动换向阀

(a) 结构图；(b) 图形等号
1—弹簧；2—阀芯；3—阀体；
4—滚轮；5—行程挡块

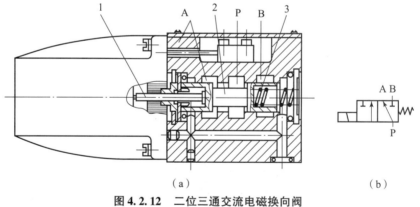

图 4.2.12　二位三通交流电磁换向阀

(a) 结构图；(b) 图形符号
1—推杆；2—阀芯；3—弹簧

如图 4.2.13 所示为一种三位四通直流电磁换向阀，有 2 个电磁铁，3 个工作位置，电磁铁断电后，靠对中弹簧回位。

(4) 液动换向阀。

液动换向阀是利用控制油路的压力油来改变阀芯位置的换向阀，图 4.2.14 所示为三位四通液动换向阀的结构图和图形符号。阀芯是由其两端密封腔中油液的压差来移动的，当控制油路的压力油从阀右边的控制油口 K_2 进入滑阀右腔时，K_1 接通回油，阀芯向左移动，使压力油口 P 与 B 相通，A 与 T 相通；当 K_1 接通压力油，K_2 接通回油时，阀芯向右移动，使得 P 与 A 相通，B 与 T 相通；当 K_1、K_2 都通回油时，阀芯在两端弹簧和定位套作用下回到中间位置。

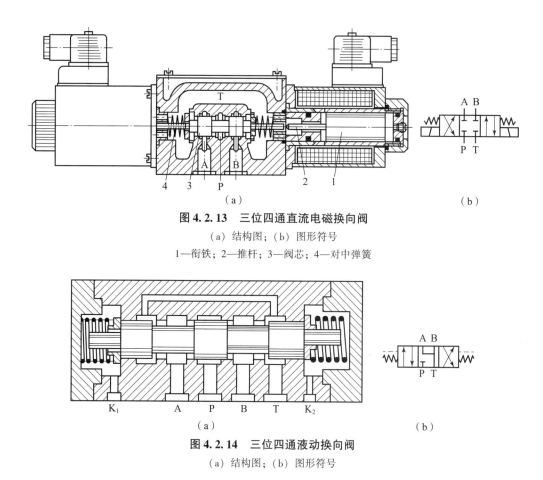

图 4.2.13　三位四通直流电磁换向阀

(a) 结构图；(b) 图形符号

1—衔铁；2—推杆；3—阀芯；4—对中弹簧

图 4.2.14　三位四通液动换向阀

(a) 结构图；(b) 图形符号

(5) 电液换向阀。

在大中型液压设备中，当通过阀的流量较大时，作用在滑阀上的摩擦力和液动力也较大，仅靠电磁铁的吸力无法直接驱动阀芯移动，需要用电液换向阀来代替电磁换向阀。电液换向阀由电磁滑阀和液动滑阀组合而成。电磁滑阀起先导作用，它可以改变控制液流的方向，从而改变液动滑阀阀芯的位置。由于操纵液动滑阀的液压推力可以很大，所以主阀芯的尺寸可以做得很大，允许有较大的油液流量通过，这样用较小的电磁铁就能控制较大的流量。

图 4.2.15 所示为弹簧对中型三位四通电液换向阀的结构图和图形符号。当先导电磁阀左边的电磁铁通电后使其阀芯向右边位置移动，来自主阀 P 口或外接油口的控制压力油可经先导电磁阀的 A′口和左单向阀进入主阀左端容腔，并推动主阀阀芯向右移动，这时主阀阀芯右端容腔中的控制油液可通过右边的节流阀经先导电磁阀的 B′口和 T′口，再从主阀的 T口或外接油口流回油箱（主阀阀芯的移动速度可由右边的节流阀调节），使主阀 P 与 A、B和 T 的油路相通。反之，先导电磁阀右边的电磁铁通电，可使 P 与 B、A 与 T 的油路相通；当先导电磁阀的两个电磁铁均不通电时，先导电磁阀阀芯在其对中弹簧作用下回到中位，此时来自主阀 P 口或外接油口的控制压力油不再进入主阀阀芯的左、右两容腔，主阀芯左、右两腔的油液通过先导电磁阀中间位置的 A′、B′两油口与先导电磁阀 T′口相通（图 4.2.15(b)），再从主阀的 T 口或外接油口流回油箱。主阀阀芯在两端对中弹簧预压力的推动下，

依靠阀体定位，准确地回到中位，此时主阀的 P、A、B 和 T 油口均不通。电液换向阀除了上述的弹簧对中形式以外，还有采用液压对中形式的。在液压对中的电液换向阀中，先导式电磁阀在中位时，A′、B′两油口均与油口 P 连通，而 T′口则封闭，其他方面与弹簧对中的电液换向阀基本相似。

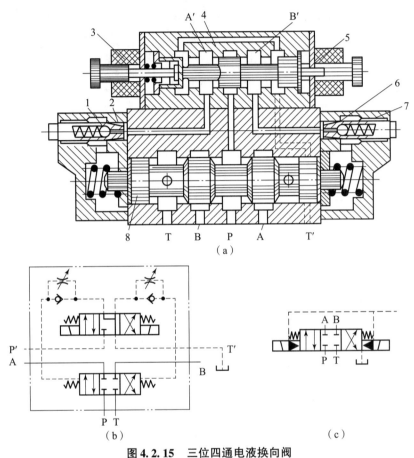

图 4.2.15　三位四通电液换向阀

（a）结构图；（b）图形符号；（c）简化图形符号

1，6—节流阀；2，7—单向阀；3，5—电磁铁；4—电磁阀阀芯；8—主阀阀芯

常见滑阀操纵方式、图形符号及简要说明列于表4.2.2中。

表 4.2.2　常见滑阀操纵方式、图形符号及简要说明

操纵方式	图形符号	简要说明
手动		手动操纵，弹簧复位
机动		挡块操纵，弹簧复位

续表

操纵方式	符号表示	简要说明
电磁	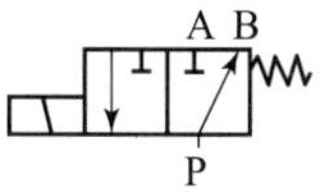	电磁铁操纵，弹簧复位
液动	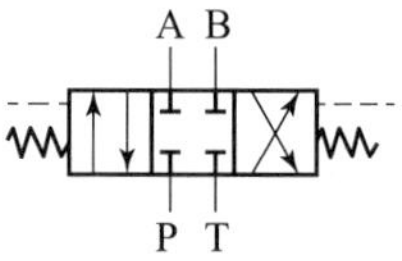	液压操纵，弹簧复位
电液	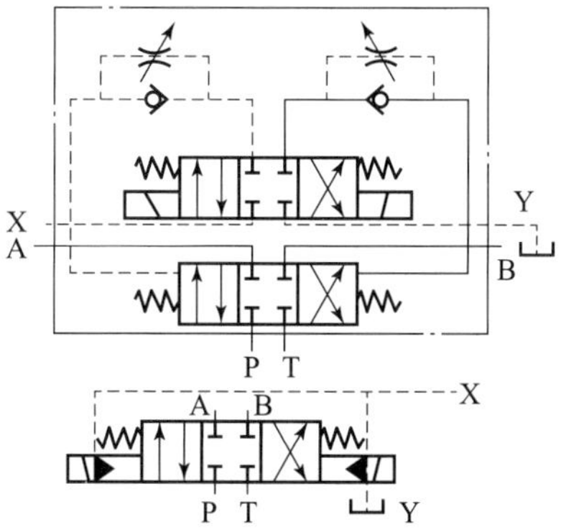	电磁铁先导控制，液压驱动，阀芯移动速度可分别由两端的节流阀调节，使系统中执行元件能得到平稳的换向

3）换向阀的中位机能

三位四通或三位五通换向阀中，滑阀阀芯在中位时各油口的连通方式称为滑阀机能（也称中位机能）。采用不同中位机能的换向阀，会影响到阀在常态位置时执行元件的工作状态，如停止还是运动，前进还是后退，快速还是慢速，卸荷还是保压等。表 4.2.3 列出了几种常用换向阀的中位机能。

表 4.2.3　换向阀的中位机能

机能代号	结构原理图	中位图形符号	机能特点和作用
O	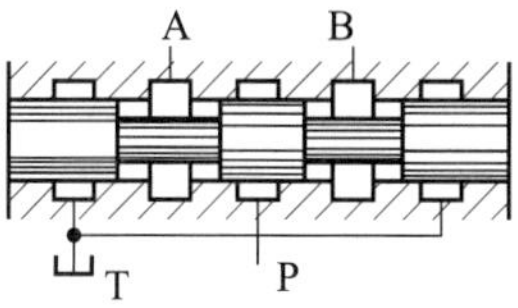		各油口全部封闭，液压缸两腔封闭，系统不卸荷。液压缸充满油，从静止到起动平稳；制动时运动惯性引起的液压冲击较大；换向位置精度高
H	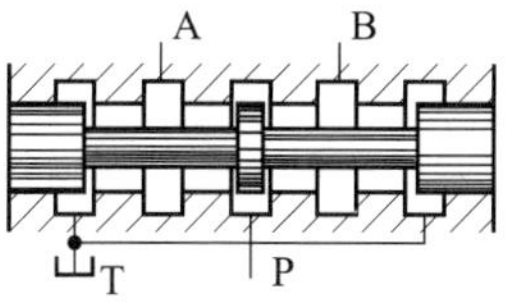		各油口全部连通，系统卸荷，液压缸处于浮动状态。液压缸两腔接油箱，从静止到起动平稳；制动时运动惯性引起的液压冲击较大；换向位置精度高

机能代号	结构原理图	中位图形符号	机能特点和作用
P	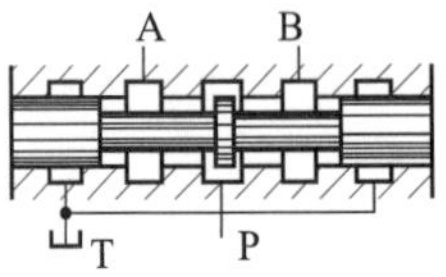	 A B P T	压力油 P 与液压缸两腔连通可形成差动回路，回油口封闭。从静止到起动较平稳；制动时液压缸两腔均通压力油，制动平稳；换向位置变动比 H 型的小，应用广泛
Y	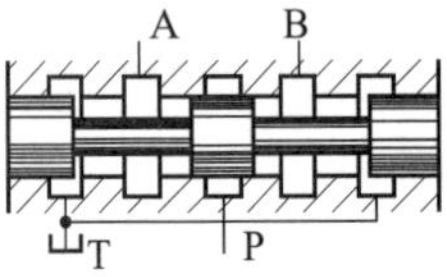	 A B P T	油泵不卸荷，液压缸两腔接油箱，处于浮动状态。从静止到起动有冲击；制动性能介于 O 型和 H 型之间
K	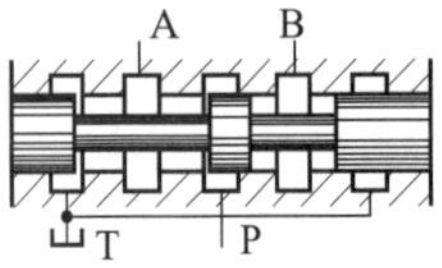	 A B P T	油泵卸荷，液压缸一腔封闭，另一腔接回油。两个方向换向时性能不同
M	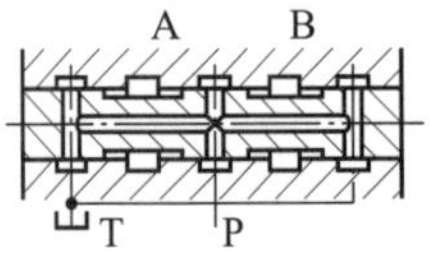	 A B P T	油泵卸荷，液压缸两腔封闭。从静止到起动较平稳；制动性能与 O 型相同；可用于油泵卸荷、液压缸锁紧的液压回路中
X	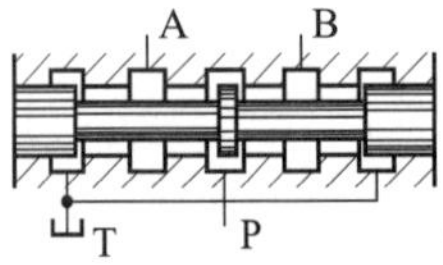	 A B P T	各油口半开启接通，P 口保持一定的压力；换向性能介于 O 型和 H 型之间

3. 换向阀在液压系统中的应用

1）启、停回路

在执行元件需要频繁地起动或停止的液压系统中，一般不采用起动或停止原动机的方法来使执行元件起动、停止，而是采用启、停回路来实现这一要求。

图 4.2.16（a）、图 4.2.16（b）中分别用二位二通电磁阀和二位三通电磁阀切断压力油源来使执行元件停止运动。其差别在于，图 4.2.16（a）在切断压力油路时，泵输出的压力油从溢流阀回油箱，泵压较高，消耗功率较大，不经济；图 4.2.16（b）在切断压力油源的同时，泵输出的油液经二位三通电磁阀回油箱，使泵在很低的压力工况下运转（称为卸荷）。也可采用中位机能为 O、Y、M 型的三位四通换向阀来使执行元件停止运动。在上述回路中，由于换向阀要通过全部流量，故一般只适用于小流量系统。

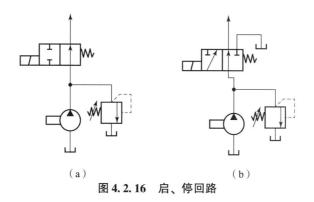

（a）　　　　　　　　　　　　　（b）

图 4.2.16　启、停回路

2）换向回路

换向回路的功能是使执行元件改变运动方向。高质量的换向回路应保证换向迅速、准确和平稳。

图 4.2.17（a）所示为采用 M 型中位机能的三位四通电磁阀的换向回路。当左电磁铁通电时，泵输出的压力油进入液压缸的左腔，使执行元件向右运动；当右电磁铁通电时，泵输出的压力油进入液压缸的右腔，使执行元件向左运动。通过电磁铁控制执行元件的运动方向，换向时操作方便，但冲击较大，且不宜进行频繁地切换，一般换向频率应小于 30 次/min，流量应小于 60 L/min。

图 4.2.17（b）所示为采用三位四通电液阀的换向回路。换向的平稳性由电液换向阀中的可调节流阀保证。这种换向回路可用于较大流量的场合。

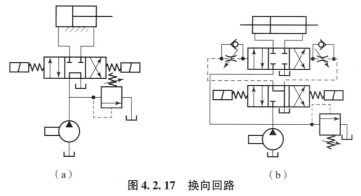

（a）　　　　　　　　　　　　　（b）

图 4.2.17　换向回路

（a）采用 M 型三位四通电磁阀；（b）采用三位四通电液阀

4.3　压力控制阀

压力控制阀是用来控制液压系统压力或利用压力来控制其他液压元件动作的阀，简称压力阀。这类阀的共同特点是利用作用在阀芯上的液压力和弹簧力相平衡的原理进行工作。压力阀根据其功能不同分为溢流阀、减压阀、顺序阀等。

4.3.1　溢流阀

溢流阀的主要作用是当系统的压力达到其调定值时开始溢流，将系统的压力基本稳定在某一调定的数值上，即溢流、定压。溢流阀按结构类型和工作原理可分为直动式和先导式两类。

1. 溢流阀的典型结构及工作原理

1) 直动式溢流阀

直动式溢流阀是利用作用于阀芯有效面积上的液压力直接与弹簧力相平衡来工作的。根据其阀芯结构不同，又可分为滑阀式、锥阀式和球阀式 3 种形式。现以滑阀式溢流阀为例，介绍其结构及工作原理。

图 4.3.1 （a）所示为直动式溢流阀的结构图，图 4.3.1 （b）所示为直动式溢流阀的图形符号。在初始状态，调压弹簧 3 有预压缩量 x_0，阀芯在弹簧力的作用下处于最下端位置，将进油口 P 和回油口 T 关闭。为了保证密封，通常还会有一段密封带，长度 S，即阀芯与阀体的重合长度。当压力油从 P 口进入阀后，一部分油液经孔 f 和阻尼孔 g 后作用在阀芯 7 的底面 C 上，产生一个向上的液压力 $p \cdot A$（A 为阀芯底部的有效作用面积），直接与调压弹簧 3 的弹簧力 F_s 相平衡。当进油口油液压力较低，液压力小于弹簧力时，阀芯不动，溢流阀仍然处于关闭状态。当进油口油液压力升高，作用在阀芯下部的液压力大于弹簧力、阀芯重力及阀芯与阀体之间的摩擦力等力的合力时，阀芯开始向上移动，当移动行程大于密封带长度 S 后，阀口开启，进油口 P 的压力油经回油口 T 溢流回油箱。如果阀开启后，液压力仍然大于弹簧力，则阀芯继续上移并压缩弹簧，直到阀芯处于受力平衡状态，阀口保持一定的开口量 x。由于阀芯重力及阀芯与阀体之间的摩擦力与液压力相比非常小，可以忽略，则阀芯的受力平衡关系式可以表示为

$$p = k(x_0 + S + x)/A \tag{4.3.1}$$

式中，p——阀的进油口油液压力，即所要调定的系统压力；

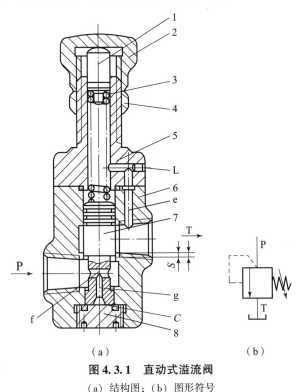

图 4.3.1　直动式溢流阀

（a）结构图；（b）图形符号

1—调节杆；2—调节螺母；3—调压弹簧；4—锁紧螺母；5—上盖；6—阀体；7—阀芯；8—堵盖

A——阀芯的有效作用面积；

k——弹簧刚度；

x_0——弹簧的预压缩量；

S——密封带长度；

x——阀的开口量。

当通过溢流阀的流量改变时，阀口的开度 x 也会改变，但变化量很小。由式（4.3.1）可知，如能保证 $x \ll x_0$，即可使 $p = k(x_0 + S + x)/A \approx k(x_0 + S)/A \approx$ 常数。这就说明，当溢流量变化不大时（即 x 相对 x_0 比较小时），直动式溢流阀的入口处压力可以认为几乎不变，这也就是溢流阀能够实现定压的原理。溢流阀的调定压力取决于弹簧刚度 k 和预压缩量 x_0，当弹簧刚度一定时，调节弹簧的预压缩量 x_0，可以改变阀的调定压力。

需要注意的是，在图 4.3.1（a）中，阀芯上部的弹簧腔不能封闭，否则会影响阀的正常工作。有两种方法解决这个问题，一种是使弹簧腔通过流道 e 与回油口 T 相通，当回油口 T 直接回油箱时，可以近似认为弹簧腔压力为 0，这种连接方式称为内泄式。另一种方法是，将上盖 5 绕阀芯轴线旋转 180°安装，切断弹簧腔与回油口 T 之间的通路，然后将弹簧腔通过泄漏口 L 单独接油箱，这种连接方式称为外泄式。

由式（4.3.1）可知，要想提高溢流阀的调定压力，可以通过减小阀芯有效作用面积或提高弹簧刚度来实现。减小阀芯有效作用面积会导致阀的通流能力下降，提高弹簧刚度则会导致在溢流流量变化时，调定压力波动较大。因此，直动式溢流阀一般用于压力小于 2.5 MPa 的小流量场合。当然，在采取结构优化设计后，直动式溢流阀也可以做成高压阀，如德国 Rexroth 公司开发的 DBD 型直动式溢流阀，其工作压力范围可达 40 ~ 63 MPa。

2）先导式溢流阀

先导式溢流阀（图 4.3.2）由先导阀和主阀两部分组成，有多种结构形式，较常见的有三节同心式和二节同心式两种。

图 4.3.2（b）是先导式溢流阀的一种典型结构，其上半部分是先导阀，下半部分是主阀。其先导阀为锥阀结构，实际上是一个小流量的直动式溢流阀。其主阀也是由阀体、阀芯、阀座和主阀弹簧等组成。由于主阀芯 6 与阀盖 3（即先导阀体）、阀体 4 和主阀座 7 三处有同心配合要求，故属于三节同心式结构。现以此为例来说明先导式溢流阀的工作原理。

压力油由进油口 P 进入后，作用于主阀芯 6 活塞下腔，并经主阀芯上的阻尼孔 5 进入主阀芯活塞上腔，然后由阀盖 3 上的通道 a 并经先导阀座 2 上的小孔作用于先导阀芯 1 上。当作用在先导阀芯上的液压力小于先导阀调压弹簧 9 的预紧力 F_s 时，先导阀芯在弹簧力的作用下处于关闭状态。此时阻尼孔 5 中没有油液流动，主阀活塞上下两油腔压力相等，主阀芯 6 在主阀弹簧 8 的作用下处于最下端，进、出油口被主阀芯切断，溢流阀不溢流。当作用在先导阀芯上的液压力大于弹簧力时，先导阀打开，压力油经阻尼孔 5、通道 a、先导阀口、主阀中央孔至出油口 T 后流回油箱。由于油液流过阻尼孔 5 时要产生压降，使主阀上腔压力小于下腔压力。当通过先导阀的流量达到一定值时，主阀活塞上、下腔压力差所形成的液压力超过主阀弹簧 8 的预紧力、主阀芯与阀体的摩擦力和主阀芯自重等力的合力时，主阀芯向上移动，使进油口 P 和出油口 T 相通，压力油液从出油口 T 溢流回油箱。此时，主阀芯处于受力平衡状态，溢流口保持一定的开度，阀进口处的压力也保持某一定值。调节先导阀弹簧 9 的预压缩量，即可调节阀的入口压力（即系统压力），而改变调压弹簧 9 的刚度，则可以改变阀的调压范围。

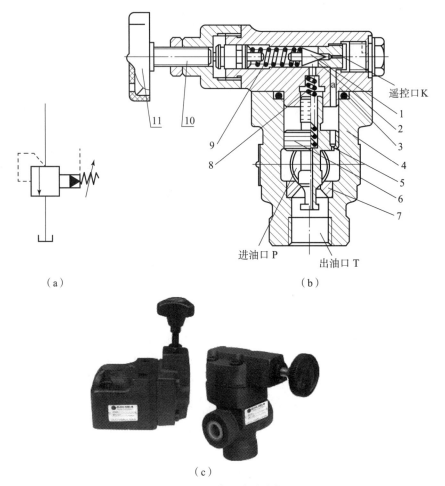

（a）   （b）

（c）

图 4.3.2　先导式溢流阀

（a）图形符号；（b）结构图；（c）实物图

1—先导阀芯；2—先导阀座；3—阀盖；4—阀体；5—阻尼孔；6—主阀芯；7—主阀座；

8—主阀弹簧；9—调压弹簧；10—调节螺钉；11—调压手轮

在某一稳定工况下，若不考虑作用在阀芯上的重力、摩擦力和液动力，先导式溢流阀的先导阀芯和主阀芯的受力平衡方程为：

先导阀阀芯：
$$p_d A_d = K_d (x_{d0} + x_d) \tag{4.3.2}$$

主阀阀芯：
$$pA - p_d A_s = K(x_0 + x) \tag{4.3.3}$$

式中，p——主阀进口压力，即系统压力；

p_d——先导阀前腔压力；

A_s，A——主阀活塞上、下腔有效作用面积；

A_d——先导阀阀芯有效作用面积；

K_d，K——先导阀和主阀的弹簧刚度；

x_{d0}，x_0——先导阀和主阀的弹簧预压缩量；

x_d，x——先导阀和主阀的阀口开口量。

将式（4.3.2）与式（4.3.3）联立，可得

$$p = \frac{K_d(x_{d0} + x_d)}{A_d} \cdot \frac{A_s}{A} + \frac{K(x_0 + x)}{A} \tag{4.3.4}$$

为了使主阀的阀口在关闭时有足够的密封力，一般使主阀的活塞上腔有效作用面积 A_s 略大于下腔有效作用面积 A（$A_s/A = 1.03 \sim 1.05$）。主阀的弹簧只用于克服主阀阀芯的摩擦力，因而其刚度很小，即 $K \ll K_d$。这样，主阀溢流量变化引起的主阀开口量 x 的变化对溢流压力的影响很小。由于先导阀的溢流量很小（约为溢流阀流量的 1%），故先导阀的阀芯有效作用面积 A_d 和阀口开口量 x_d 都很小，即 $A_d \ll A$，先导阀弹簧刚度 K_d 不必很大就能得到较高的溢流压力。先导式溢流阀稳定系统压力的能力要好于直动式溢流阀，一般高压大流量溢流阀均为先导式溢流阀。

先导式溢流阀有一个与主阀上腔相通的遥控口 K，这使其比直动式溢流阀具有更多的功能。例如，将遥控口 K 与另一个压力阀的入口接通，则可以通过它来调节主阀的溢流压力，即起远程调压作用。这样做的前提是，先导式溢流阀的先导阀的调定压力要比远程控制阀的调定压力高，否则远程调压阀不起作用。如果将远程控制口直接接回油箱，则可使系统压力（即溢流压力）降至 0（或接近于 0），从而使系统卸荷。

图 4.3.3 所示为二节同心式先导式溢流阀的结构图。其先导阀与图 4.3.2（b）中先导阀的结构及工作原理类似，但其主阀芯 2 为带有导向圆柱面的锥阀。为了使主阀关闭时有良好的密封性，要求主阀芯 2 的圆柱导向面和圆锥面与阀套配合良好，两处的同心度要求较高，"二节同心"由此得名。主阀芯上没有阻尼孔，而将阻尼孔置于先导阀体 2 内。其工作原理和图 4.3.2（b）中的先导式溢流阀相同，在此不再赘述。

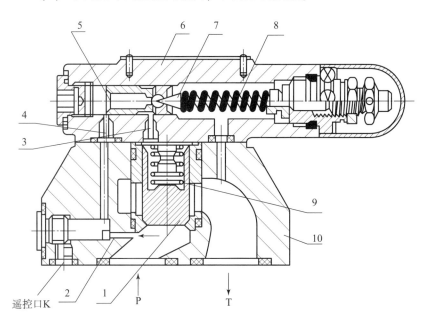

图 4.3.3　DB 型先导式溢流阀结构图

1—主阀芯；2，3，4—阻尼孔；5—先导阀座；6—先导阀体；
7—先导阀芯；8—调压弹簧；9—主阀弹簧；10—阀体

2. 溢流阀的性能指标

溢流阀的性能包括溢流阀的静态性能和动态性能，在仅介绍其静态性能。

1）压力 – 流量特性（p – q 特性）

压力 – 流量特性又称溢流特性，表示溢流阀在某一调定压力下工作时，溢流量的变化与阀的实际进口压力之间的关系。溢流阀的压力 – 流量特性曲线如图 4.3.4 所示，由图可知：

（1）不同的开启压力 p_k 对应着不同的曲线，p_k 的大小可通过改变弹簧的预压缩量来得到。

（2）当开启压力 p_k 一定时，溢流压力随着溢流量的增加而升高。当溢流量达到阀的额定流量 q_n 时，与此相对应的压力值称为溢流阀的调定压力 p_n（或称全流量压力）。p_n 与 p_k 之差称为调压偏差，其大小反映了调压精度的高低。一般希望溢流量变化引起的溢流压力变化要小，即调压精度要高。另外，弹簧刚度 k 越小，曲线就越陡，调压精度就越高；反之，调压精度就差。由于先导式溢流阀的主阀弹簧刚度较直动式溢流阀小得多，所以先导式溢流阀的调压精度比直动式溢流阀高。除调压偏差外，也常用开启压力比 n 来衡量调压精度的高低，$n = \dfrac{p_k}{p_n}$。调压偏差越小或开启压力比越大，调压精度越高。图 4.3.5 分别画出调定压力相同的直动式溢流阀和先导式溢流阀的压力 – 流量特性曲线，以便比较。

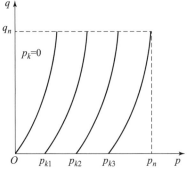

图 4.3.4　溢流阀的压力 –
流量特性曲线

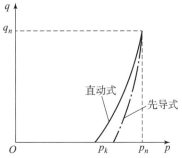

图 4.3.5　直动式和先导式溢流阀
压力 – 流量特性比较

以上分析忽略了阀芯移动时摩擦力的影响。由于阀芯从闭合到开启时和阀芯从开启到闭合时其摩擦力方向相反，故溢流阀的开启压力和闭合压力不同。开启压力大于闭合压力，且开启过程与闭合过程的压力 – 流量特性曲线不重合，如图 4.3.6 所示。由于要克服摩擦力，实际压力 p_k 必须大于理论开启压力，阀才能开启。当溢流量增加时，压力沿开启曲线上升。当溢流量为 q_n 时，压力为力 p_n。当溢流量减小时，压力沿关闭曲线下降，完全闭合时的压力为力 p_B。溢流阀开启过程和闭合过程的压力 – 流量特性称为启闭特性。

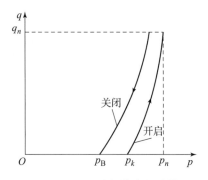

图 4.3.6　溢流阀的启闭特性

2）压力稳定性

溢流阀的压力稳定性有两种含义：

（1）在调定压力下，工作一段时间后，调定压力的偏移量。压力偏移的原因主要和阀芯摩擦力、油温变化、油液清洁度等有关，是一种静态特性。

（2）溢流阀在调定压力下，负载流量没有变化时，调定压力的振摆值。它和泵源的流量脉动以及阀和管路的动态特性有关，是一种综合的动态指标。

3）压力损失和卸荷压力

将调压弹簧全部放松，当阀通过额定流量时，进油腔压力与回油腔压力之差称为溢流阀的压力损失。将先导式溢流阀的遥控口接回油箱，当阀通过额定流量时，阀的进油腔压力和回油腔压力之差称为卸荷压力。

3. 溢流阀在液压系统中的应用

溢流阀在液压系统中主要起定压、溢流的作用，保持阀进口处的压力接近于定值。在有些情况下，溢流阀还可作安全阀（防止系统过载）、制动阀（对执行机构进行缓冲和制动）、背压阀（为系统提供背压）等。

1）作定压阀用

在图 4.3.7 所示的定量泵节流调速液压系统中，通过调节节流阀的开口大小可调节进入执行元件的流量，定量泵输出的多余油液则经溢流阀回油箱。在工作过程中，溢流阀总是有油液通过（溢流），液压泵的工作压力取决于溢流阀的调定压力，且基本保持恒定。溢流阀的调定压力必须大于执行元件的最高工作压力与管路上各种压力损失之和。

2）作安全阀用

在图 4.3.8 所示的容积调速回路中，泵的全部流量都输出到主油路中，平时溢流阀是关闭的，只有当系统压力超过溢流阀调定压力时，阀才打开，油液经阀流回油箱，系统压力不再升高。因而该阀用以防止液压系统过载，起限压、安全作用。作为安全阀时，溢流阀的调定压力可以比系统最高工作压力高 10%～20%。

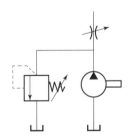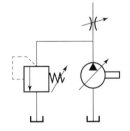

图 4.3.7　溢流阀起定压溢流作用　　　　　　图 4.3.8　溢流阀起限压安全作用

3）作背压阀用

将溢流阀装在回油路上，通过调节溢流阀的调压弹簧，即能调节执行元件回油腔压力的大小，见图 4.3.9。在回油路中设置背压阀，可以提高执行元件运动的平稳性。

4）实现远程调压回路

利用远程调压阀的远程调压回路见图 4.3.10。这里应注意，只有在先导式溢流阀的调定压力高于远程调压阀的调定压力时，远程调压阀才能起作用。

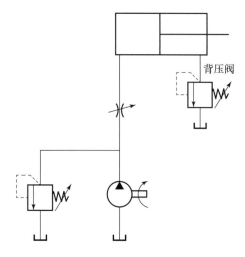

图 4.3.9　溢流阀作背压阀用

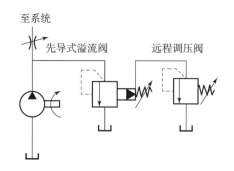

图 4.3.10　远程调压回路

5) 实现多级调压

多级调压回路可以实现多级压力的变换，图 4.3.11 便是一个二级调压回路。先导式溢流阀 3 的远程控制口串接远程调压阀 2 和二位二通换向阀 1。当两个压力阀的调定压力符合 $p_B < p_A$ 时，液压系统就可以通过换向阀的左位和右位分别得到 p_A 和 p_B 两种压力。当液压缸有足够的负载阻力时，换向阀在左位（图示位置），液压缸进油口压力由先导式溢流阀 3 调定；当换向阀在右位时，进口压力由远程调压阀 2 调定。如果在溢流阀的远程控制口处多连几个调压阀，各调压阀的出口分别接到多位换向阀的不同通口上，则液压系统就可以相应地得到多级压力。

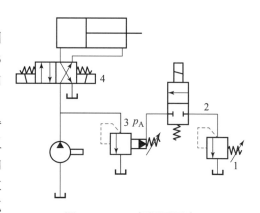

图 4.3.11　二级调压回路

1—远程调压阀；2—二位二通换向阀；

3—先导式溢流阀；4—二位四通电磁换向阀

4.3.2　减压阀

在一个液压系统中，有时一台泵需要向多个执行元件供油，而各执行元件所需的工作压力不尽相同。若某个执行元件所需的工作压力较液压泵的供油压力低时，可在该分支油路中串联一个减压阀，所需压力大小可用减压阀来调节。

减压阀是一种利用油液流过缝隙产生压降的原理，使出口压力（二次压力）低于进口压力（一次压力）的压力控制阀。根据结构不同，减压阀也可以分为直动式和先导式两种。减压阀在各种液压设备的夹紧系统、润滑系统和控制系统中应用较多。此外，当油液压力不稳定时，在回路中串入减压阀可得到一个稍低于主油压的稳定的压力。根据减压阀所控制的压力不同，它可分为定值减压阀、定差减压阀和定比减压阀 3 种。

1. 定值减压阀

定值减压阀使液压系统中某一支路的压力低于系统压力且保持压力恒定。

1）工作原理及典型结构

图 4.3.12 所示为直动式定值减压阀的工作原理图和图形符号。P_1 口是进油口，P_2 口是出油口，阀不工作时，阀芯在弹簧作用下处于最下端位置，阀的进、出油口是相通的，亦即阀是常开的。若出口压力增大，使作用在阀芯下端的液压力大于弹簧力时，阀芯上移，关小阀口 X，这时阀处于工作状态。若忽略其他阻力，仅考虑作用在阀芯上的液压力和弹簧力相平衡的条件，则可以认为出口压力基本上维持在某一定值上。如出口压力减小，阀芯就下移，开大阀口 X，阀口处阻力减小，压降减小，使出口压力回升到调定值；反之，若出口压力增大，则阀芯上移，关小阀口 X，阀口处阻力加大，压降增大，使出口压力下降到调定值。

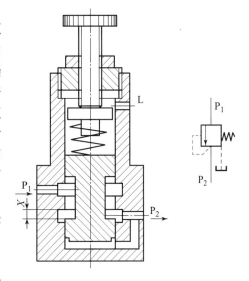

图 4.3.12　直动式定值减压阀
工作原理图及图形符号

图 4.3.13 所示为先导式定值减压阀的结构图和图形符号，可仿照前述先导式溢流阀的工作原理来推演，这里不再赘述。先导式定值减压阀也是由先导阀和主阀组成，只不过主阀是减压阀，而其先导阀与先导式溢流阀的先导阀相同。由于减压阀的出口不是接油箱，所以，需要有专门的管路将泄油腔 2 接回油箱。

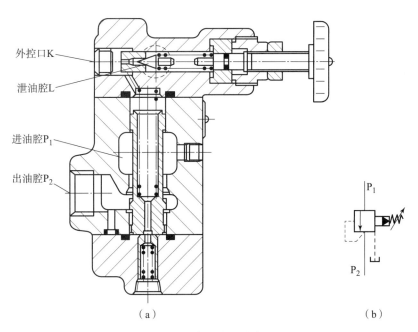

（a）　　　　　　　　　　（b）

图 4.3.13　先导式定值减压阀

（a）结构图；（b）图形符号

2）先导式减压阀与先导式溢流阀的比较

将先导式减压阀和先导式溢流阀进行比较，它们之间有如下几点不同之处：

（1）减压阀保持出口压力基本不变，而溢流阀保持进口处压力基本不变。

（2）在不工作时，减压阀进、出油口互通，而溢流阀进、出油口不通。

（3）为保证减压阀出口压力调定值恒定，它的导阀弹簧腔需通过泄油口单独外接油箱；而溢流阀的出油口通常是接油箱的，所以它的导阀弹簧腔和泄漏油可通过阀体上的通道和出油口相通，不必单独外接油箱。

2. 定差减压阀

定差减压阀是使进、出油口之间的压力差为一个定值的减压阀，其工作原理如图4.3.14所示。

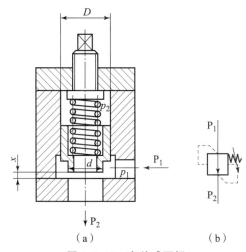

图 4.3.14　定差减压阀

（a）工作原理图；（b）图形符号

高压油（压力为 p_1）经节流口减压后以低压 p_2 流出，同时低压油经阀芯中心孔将压力作用在阀芯上腔，则其进、出油液压力在阀芯有效作用面积上的压力差与弹簧力相平衡。阀进出口压力差为

$$\Delta p = p_1 - p_2 = \frac{k_s(x_0 + x)}{\frac{\pi}{4}(D^2 - d^2)} \tag{4.3.5}$$

式中，D，d——阀芯大端外径和小端外径；

　　　k_s——弹簧刚度；

　　　x_0，x——弹簧预压缩量和阀芯开口量。

由式（4.3.5）可知，只要尽量减小弹簧刚度 k_s，并使 $x \ll x_0$，就可使压力差 Δp 近似地保持为定值。

定差减压阀主要用来和其他阀组成复合阀，如定差减压阀和节流阀串联可以组成调速阀。

3. 定比减压阀

定比减压阀能使进、出油口压力的比值保持恒定其工作原理如图4.3.15所示。在稳态时，忽略阀芯所受的稳态液动力、摩擦力和阀芯的自重，可得到阀芯受力平衡方程为

$$p_1 A_1 + k(x_0 + x) = p_2 A_2 \tag{4.3.6}$$

式中，k——弹簧刚度；

　　x_0，x——弹簧的预压缩量及阀的开口量。

若忽略弹簧力（刚度较小），则有减压比

$$\frac{p_2}{p_1} = \frac{A_1}{A_2} \qquad (4.3.7)$$

由式（4.3.7）可知，选择阀芯的作用面积 A_1 和 A_2，便可得到所要求的压力比，且比值近似恒定。

减压阀的主要性能指标包括调压范围、压力稳定性、压力偏差、外泄漏、反向压力损失和动作可靠性等。

4. 减压阀的应用

减压阀主要用于由同一液压源供油，而需要不同工作压力的多回路系统中，如图 4.3.16

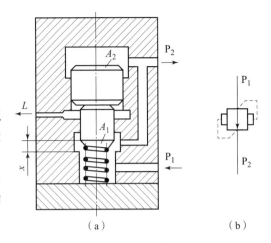

图 4.3.15　定比减压阀

（a）工作原理图；（b）图形符号

（a）所示。图 4.3.16（b）为用先导式减压阀实现的二级减压回路。

要使减压阀稳定工作，其最低调定压力应不小于 0.5 MPa，最高调定压力应至少比系统压力低 0.5 MPa。由于减压阀工作时存在阀口的压力损失和泄漏造成的容积损失，故这种回路不宜用在压力降和流量较大的场合。

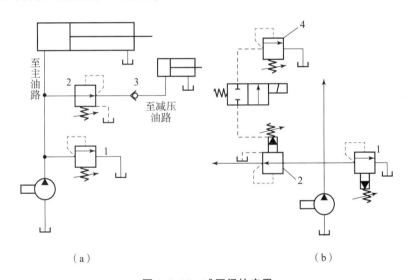

图 4.3.16　减压阀的应用

1—溢流阀；2—减压阀；3—单向阀；4—远程调压阀

4.3.3　顺序阀

顺序阀利用系统中油液压力来控制阀口的启、闭，进而控制液压系统中各执行元件动作的先后顺序。

根据控制方式及泄漏油排放方式的不同，顺序阀可分为内控内泄式、内控外泄式、外控外泄式和外控内泄式四种。按其结构形式划分有直动式和先导式两种，前者多用于低压系统，后者多用于中、高压系统。

1. 典型结构和工作原理

图 4.3.17 是一种 DZ 型先导式顺序阀的结构图和图形符号。P_1 口的压力油由通道 1 经阻尼孔 5 作用在先导阀 7 的先导控制活塞 6 左端，同时 P_1 口压力油经阻尼孔 11 进入主阀芯 2 的上腔。当 P_1 口压力高于调压弹簧 9 的调定值时，导阀控制活塞向右移动，使控制台肩 8 控制的环形通口打开。于是主阀芯 2 上腔的油液经阻尼孔 4、控制台肩 8 和通道 3 流到 B 腔，由阻尼孔 11 所产生的压降使主阀芯开启，将 P_1、P_2 口接通。其中，使 P_1、P_2 口接通的最低控制压力是由调压弹簧 9 的调定值决定的，但接通后，P_1 口压力取决于液压系统的工作状态，此值可以远大于其调定值。

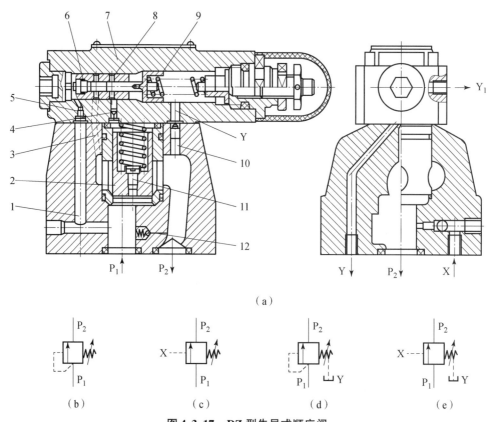

图 4.3.17　DZ 型先导式顺序阀

（a）内控外泄式顺序阀结构图；（b）内控内泄式；（c）外控内泄式；

（d）内控外泄式；（e）外控外泄式

1，3，10—通道；2—主阀芯；4，5，11—阻尼孔；6—先导控制活塞；

7—先导阀；8—控制台肩；9—调压弹簧；12—单向阀

由此可见，顺序阀是压力控制的阀，而溢流阀是控制压力的阀，且两者在结构上也存在区别。当 P_1、P_2 口接通后，一般主阀芯 2 抬起到最高位置，故 P_1、P_2 口压力几乎相等。由于 P_1、P_2 口都是压力油，故调压弹簧腔的泄漏油必须由通道 Y 或 Y_1 在无背压下排回油箱。

若要使油液从 P_2 口向 P_1 口流动，可采用单向阀与之并联的结构。

2. 顺序阀的应用

（1）用以实现多执行元件的顺序动作。

（2）用于使立式部件不因自重而下降的平衡回路中。

（3）用于使压力油卸荷，作双泵供油系统中低压泵的卸荷阀。

4.3.4　压力继电器

压力继电器是一种将油液的压力信号转换成电信号的电液控制元件。当油液压力达到压力继电器的调定压力时，即发出电信号，以控制电磁铁、电磁离合器、继电器等元件动作，使油路卸压、换向、执行元件实现顺序动作，或关闭电动机，使系统停止工作，起安全保护作用等。图 4.3.18 所示为常用柱塞式压力继电器的结构图和图形符号。当从压力继电器下端进油口通入的油液压力达到调定压力值时，推动柱塞 1 上移，此位移通过杠杆 2 放大后推动开关 4 动作，发出电信号。通过改变弹簧 3 的压缩量即可以调节压力继电器的动作压力。

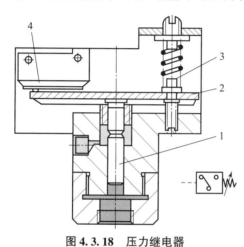

图 4.3.18　压力继电器
1—柱塞；2—杠杆；3—弹簧；4—开关

4.4　流量控制阀

流量控制阀简称流量阀，它通过改变阀通流面积的大小来调节流量，从而调节执行元件的运动速度。常用的流量阀有节流阀、调速阀、溢流节流阀和分流集流阀等。

4.4.1　节流阀

节流阀是一种最简单又最基本的流量阀，有普通节流阀、单向节流阀等多种类型。

1. 结构及工作原理

1）普通节流阀

图 4.4.1 是一种普通节流阀的结构图和图形符号。当油液从 P_1 口流入后，必须通过由阀芯 2 和阀体 3 形成的节流口才能从出口 P_2 流出。转动调节手把，就可以调节节流口的大小，从而控制通过阀的流量的大小。

2）单向节流阀

图 4.4.2 所示为单向节流阀结构图和图形符号。当压力油从油口 P_1 进入，经阀芯上的三角槽节流口，然后从油口 P_2 流出，这时起节流阀的作用。旋转螺母 3 即可改变阀芯的轴

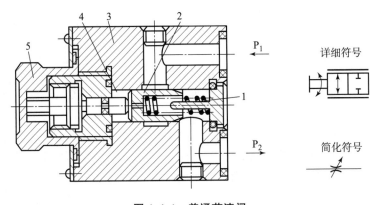

图 4.4.1 普通节流阀

1—弹簧；2—阀芯；3—阀体；4—推杆；5—调节手把

向位置，从而使通流面积相应地变化。当压力油从油口 P_2 进入时，在压力油作用下，阀芯克服软弹簧的作用力下移，油液直接从油口 P_1 流出，这时起单向阀的作用。

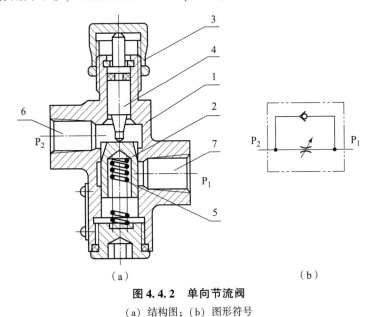

（a）   （b）

图 4.4.2 单向节流阀

（a）结构图；（b）图形符号

1—阀体；2—阀芯；3—螺母；4—顶杆；5—弹簧；6，7—油口

2. 节流阀的流量特性

节流阀的流量特性取决于节流口的结构形式。根据流体力学有关孔口流量计算公式，考虑到实际阀中的节流口既不是薄壁孔，也不是细长孔，故其流量特性可以通过节流口的流量 q 与其前后压差 Δp 的关系表示：

$$q = KA(\Delta p)^m \tag{4.4.1}$$

式中，A——节流口通流面积；

Δp——节流口前后的压差；

K——由节流口形状、液体流态、油液性质等因素决定的系数，具体数值可由试验得出；

m——由节流口形状决定的指数，对于薄壁小孔，$m = 0.5$，对于细长小孔，$m = 1$，介于两者之间的节流口，$0.5 < m < 1$。

三种节流口的流量特性曲线如图 4.4.3 所示。

节流阀依靠改变节流口的大小来调节通过阀口的流量。当节流的过流断面面积调定后，常要求通过节流孔截面的流量 q 能保持稳定不变，使执行机构获得稳定的速度。实际上，由式（4.4.1）可知，节流口的流量是否稳定，与节流口前后的压差、油液温度以及节流口结构形状等因素密切相关。

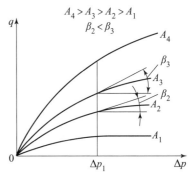

图 4.4.3　节流阀特性曲线

1）压差 Δp 对流量的影响

当节流阀两端压差 Δp 变化时，通过它的流量也要发生变化。在三种结构形式的节流口中，通过薄壁小孔的流量受压差改变的影响最小，故节流口宜制成薄壁小孔形式。

2）温度对流量的影响

油温的变化会引起油液黏度的变化。对于细长孔，油温变化时，流量也随之改变。对于薄壁小孔，黏度对流量几乎没有影响，流量只受液体密度的影响。

3）节流口堵塞对最小稳定流量的影响

节流阀的节流口可能因油液中的杂质或由于油液氧化后析出的胶质、沥青等胶状颗粒而局部堵塞，这就改变了原来节流口通流面积的大小，使流量发生变化，尤其当开口较小时，这一影响更为突出，严重时会完全堵塞而出现断流现象。因此，节流口的抗堵塞性能也是影响流量稳定性的重要因素，尤其会影响流量阀的最小稳定流量，该值越小表示稳定性越好。同时，油液的通过性与节流口的截面形状有关。实践表明，节流通道越短和水力半径越大，越不容易堵塞。当然，油液的清洁程度对堵塞也有影响。一般流量控制阀的最小稳定流量为 0.05 L/min。

综上所述，为保证流量稳定，节流口的形式以薄壁小孔较为理想。通过节流口的油液应严格过滤并适当选择节流阀前后的压力差。压差过大，能量损失大且油液易发热；压差过小，压差变化对流量的影响会变大。推荐采用压力差 $\Delta p = 0.2 \sim 0.3$ MPa。

节流阀是最简单的流量阀。因此，该阀没有压力和温度补偿装置，不能补偿由于负载和油液黏度变化所造成的流量不稳定，一般只能用于负载变化不大和对速度稳定性要求不高的场合。

4.4.2　调速阀

由于节流阀没有压力补偿装置，不能补偿由于进出口压差变化所造成的流量不稳定，这就导致执行元件运动速度产生相应的变化。因此，在负载变化较大而又要求速度稳定时，需要采用能够保证进出口压差恒定的定差减压阀与节流阀组合在一起构成的调速阀。

调速阀的工作原理可以用图 4.4.4（a）来解释。

图 4.4.4（a）中的 p_1 为阀的进口压力，p_2 为工作液流经减压阀口后到达节流阀口前的压力，p_3 为通过节流阀后的压力，也就是调速阀的出口压力。调速阀前有液压泵提供油源，并有溢流阀进行定压，调速阀后有一个液压缸作为执行元件。

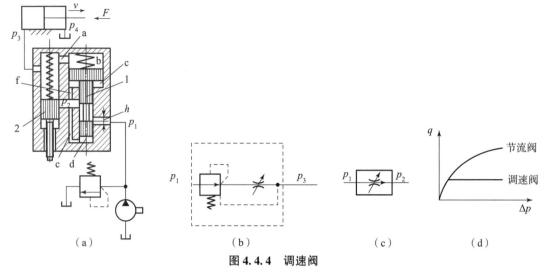

图 4.4.4　调速阀

（a）工作原理；（b）详细符号；（c）简化符号；（d）调速阀与节流阀的流量/压差特性比较
1—减压阀；2—节流阀

从图上看，阀的左半部分为节流阀，右半部分为减压阀。减压阀阀芯上端作用有减压阀弹簧力和引入的出口压力 p_3 产生的液压力，下端作用有减压后的压力 p_2 产生的液压力，此压力除作用在阀芯下端的环形面积上以外，还通过油道 c 进入 d 腔，从阀芯的最下端向上产生一个液压力。

节流阀阀芯上端作用有节流阀的弹簧力和出口压力 p_3 产生的液压力，节流阀阀芯下端有调节杆，可以调节节流阀的开口大小。

工作时，减压阀阀芯在压差（$p_2 - p_3$）产生的液压力、其上端作用的弹簧力和作用在阀芯上的稳态液动力共同作用下，处于平衡状态。

当负载增大时，出口压力 p_3 相应升高，作用在减压阀阀芯上端的液压力增大，从而使减压阀阀芯向下移动，使减压阀阀口开度增大，在入口压力 p_1 不变的条件下，p_2 相应升高，使节流阀进出口压差（$p_2 - p_3$）恢复到负载增大前的值，从而使通过整个调速阀的流量不变。同样，当出口压力 p_3 由于外负载的变化而减小时，作用在减压阀阀芯上端的液压力减小，减压阀阀芯向上移动，使减压阀阀口开度减小，在入口压力 p_1 不变的条件下，p_2 也必然减小，从而使节流阀进出口压差（$p_2 - p_3$）恢复到 p_3 减小前的值，使通过整个调速阀的流量不变。

如果外负载是稳定的，供油压力 p_1 有忽大忽小的变化，减压阀阀芯也会通过上下移动进行自动调节，而使节流阀进出口压差（$p_2 - p_3$）保持不变，从而保证通过调速阀的流量是稳定的。图 4.4.4（b）和图 4.4.4（c）分别为调速阀的详细阀号图和简化符号图。

由于调速阀具有压力补偿的功能，负载变化时，能使其流量基本保持不变，所以它适用于负载变化较大或对速度稳定性要求较高的场合。图 4.4.4（d）为调速阀与节流阀的流量压差特性比较图。

4.4.3　溢流节流阀

如图 4.4.5 所示，溢流节流阀也是一种压力补偿型节流阀，它由溢流阀 3 和节流阀 2 并联而成。进口处的高压油 p_1，一部分经节流阀 2 去执行机构，压力降为 p_2，另一部分经溢流阀 3 的溢流口回油箱。溢流阀芯下端和上端分别与 P_1 口和 P_2 口相通。当出口压力 p_2 升高时，阀芯下移，关小溢流口，溢流阻力增大，进口压力 p_1 随之增加，因而节流阀前后的压差 $(p_1 - p_2)$ 基本保持不变；反之亦然，即通过阀的流量基本不受负载的影响。

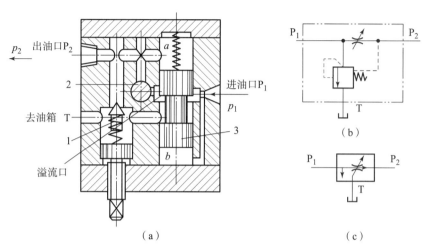

图 4.4.5　溢流节流阀

（a）结构图；（b）详细符号；（c）简化符号

1—安全阀；2—节流阀；3—溢流阀

这种溢流节流阀上还附有安全阀 1，以免系统过载。

与调速阀不同，溢流节流阀必须接在执行元件的进油路上，这时泵的出口（即溢流节流阀的进口）压力 p_1 随负载压力 p_2 的变化而变化，属变压系统，其功率利用比较合理，系统发热量小。

调速阀和溢流节流阀的比较如表 4.4.1 所示。

表 4.4.1　调速阀和溢流节流阀的比较

调速阀	溢流节流阀
定差减压阀和节流阀串联	溢流阀和节流阀并联
泵出口压力保持恒定，即阀的进口压力为恒压，不随负载压力的变化而变化	泵出口压力，即阀的进口压力是变化的，负载压力越大，阀的进口压力也越高
只有泵的部分流量流过阀，减压阀芯运动时阻力较小。减压阀弹簧刚度较小	泵的全部流量都流过阀，溢流阀阀芯运动时阻力较大，溢流阀弹簧刚度较大
节流口上的压差较小，为 0.1～0.3 MPa	节流口的压差较大，为 0.3～0.5 MPa
泵消耗的功率较大，发热量较大	泵消耗的功率较小，发热量小

4.4.4　分流集流阀

分流集流阀（简称分流阀）包括分流阀、集流阀及兼有分流、集流功能的分流集流阀。

分流阀的作用，是使液压系统中由同一个油源向两个执行元件供应相同的流量（等量分流），或按一定比例向两个执行元件供应流量（比例分流），以实现两个执行元件的速度保持同步或定比关系。集流阀的作用，则是从两个执行元件收集等流量或按比例的回油量，以实现两个执行元件的速度同步或成定比关系。分流集流阀则兼有分流阀和集流阀的功能。它们的图形符号如图4.4.6所示。

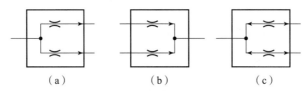

图4.4.6　分流集流阀的符号

（a）分流阀；（b）集流阀；（c）分流集流阀

1. 分流阀的工作原理

图4.4.7所示为分流阀的结构图。设进口油液压力为 p_0，流量为 q_0，进入阀后分两路分别通过两个面积相等的固定节流孔1、2，分别进入油室 a、b，然后由可变节流口3、4经出油口 Ⅰ 和 Ⅱ 通往两个执行元件。如果两个执行元件的负载相等，则分流阀的出口压力 $p_3 = p_4$，因为阀中两条流道的尺寸完全对称，所以输出流量亦对称，$q_1 = q_2 = q_0/2$，且 $p_1 = p_2$。当由于负载不对称而出现 $p_3 \neq p_4$，且设 $p_3 > p_4$ 时，阀芯来不及运动而处于中间位置，由于两条流道上的总阻力相同，必定使 $q_1 < q_2$，进而 $p_0 - p_1 < p_0 - p_2$，则使 $p_1 > p_2$。此时阀芯在不对称液压力的作用下左移，使可变节流口3增大，可变节流口4减小，从而使 q_1 增大，q_2 减小，直到 $q_1 \approx q_2$，$p_1 \approx p_2$ 为止，阀芯才在一个新的平衡位置上稳定下来，即输往两个执行元件的流量相等，当两执行元件尺寸完全相同时，运动速度将相同。

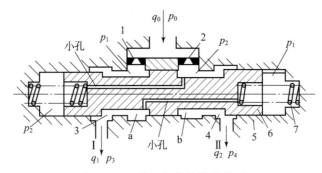

图4.4.7　分流阀的结构原理图

1，2—固定节流孔；3，4—可变节流口；5—阀体；6—阀芯；7—弹簧；Ⅰ，Ⅱ—出油口

2. 分流集流阀的工作原理

图4.4.8为分流集流阀。阀芯5、6在各弹簧力作用下处于中间位置的平衡状态。

分流工况时，由于 p_0 大于 p_1 和 p_2，所以阀芯5和6处于相离状态，互相勾住。假设负载压力 $p_4 > p_3$，如果阀芯仍留在中间位置，必然使 $p_2 > p_1$。这时连成一体的阀芯将左移，可

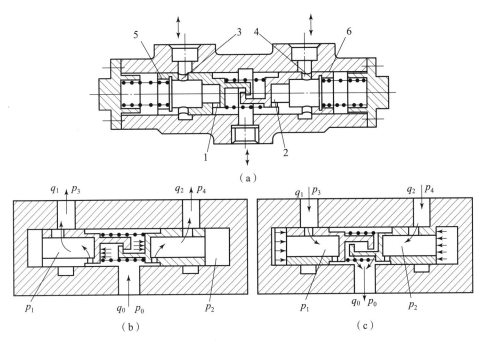

图 4.4.8 分流集流阀

（a）结构图；（b）分流且 $p_4 > p_3$ 时的工作原理；（c）集流且 $p_4 > p_3$ 时的工作原理

1，2—固定节流孔；3，4—可变节流口；5，6—阀芯

变节流口 3 减小（图 4.4.8（b）），使 p_1 上升，直至 $p_1 \approx p_2$，阀芯停止运动。由于两个固定节流孔 1 和 2 的面积相等，所以通过两个固定节流孔的流量 $q_1 \approx q_2$，而不受出口压力 p_3 及 p_4 变化的影响。

集流工况时，由于 p_0 小于 p_1 和 p_2，故两阀芯处于相互压紧状态。假设负载压力 $p_4 > p_3$，如果阀芯仍留在中间位置，必然使 $p_2 > p_1$。这时压紧成一体的阀芯左移，可变节流口 4 减小（图 4.4.8（c）），使 p_2 下降，直至 $p_2 \approx p_1$，阀芯停止运动，故 $q_1 \approx q_2$，而不受进口压力 p_3 及 p_4 变化的影响。

一般分流（集流）阀的分流误差为 1% ~ 3%。误差主要是由结构尺寸误差、摩擦力大小不均匀、弹簧误差等导致的。

在采用分流（集流）阀构成的同步系统中，液压缸的加工误差及其泄漏、分流阀之后设置的其他阀的外部泄漏、油路中的泄漏等，虽然对分流阀本身的分流精度没有影响，但对系统中执行元件的同步精度却有直接影响，进行系统设计时要注意。

4.5 其他形式的液压阀

前面所介绍的压力阀、方向阀、流量阀等都是按照其功能进行分类的普通液压阀。下面依据阀的工作特性或安装方式，简要介绍几种特殊的液压阀，包括插装阀和叠加阀等。

4.5.1 插装阀

插装阀按结构可分为盖板式插装阀和螺纹式插装阀。盖板式插装阀又称为二通插装阀或逻辑阀，多用在高压大流量的系统中，而螺纹式插装阀多用在高、低压小流量的系统中。

1. 盖板式插装阀

盖板式插装阀主要由插装件和控制盖板两部分构成，如图 4.5.1 所示。其中，插装件由阀套 1、阀芯 2 和弹簧 3 以及密封件等组成，它有多种面积比和弹簧刚度，主要功能是控制主油路中油液的方向、压力和流量。控制盖板 4 内加工有各种控制油道，与先导控制阀组合后可以控制插装件的工作状态。先导控制阀采用小通径电磁滑阀或球阀，通过电信号或其他信号控制插装阀的启闭，从而实现各种控制功能。

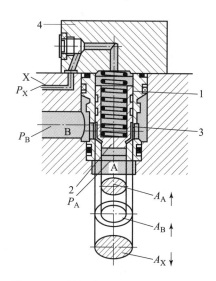

图 4.5.1 盖板式二通插装阀的结构图

1—阀套；2—阀芯；3—弹簧；4—控制盖板

和普通液压阀相比，盖板式插装阀具有如下优点：

（1）采用锥阀结构，内阻小、响应快、密封好、泄漏少。

（2）机能多，集成度高。配置不同的先导控制级，就能实现方向、压力、流量等多种控制。

（3）通流能力大，特别适用于大流量的场合。它的最大通径可达 200 ~ 250 mm，通过的流量可达 10 000 L/min。

（4）结构简单，易于实现标准化、系列化。

2. 螺纹式插装阀

螺纹式插装阀就是安装形式为螺纹旋入式的液压控制阀。

螺纹式插装阀按功能分类有方向控制、压力控制、流量控制 3 种。

1）方向控制螺纹式插装阀

图 4.5.2 所示为可实现方向控制的螺纹插装式二位三通电磁滑阀。当电磁铁不通电时，弹簧将阀芯推到允许 P 口与 A 口之间双向自由流通的位置。当电磁铁通电时，电磁铁推动阀芯到它的第二个位置，封闭 P 口而允许 A、T 口之间自由流通。

2）压力控制螺纹式插装阀

图 4.5.3 所示为可实现压力控制的直动式螺纹插装式溢流阀的典型结构。阀芯采用锥阀

形式，当阀芯向上运动时，p 口油液溢流到 T 口，同时，弹簧腔油液通过阀芯上开的径向小孔与回油口 T 连通。

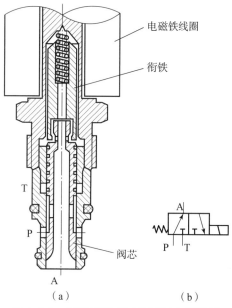

图 4.5.2　螺纹插装式二位三通电磁滑阀

（a）结构图；（b）图形符号

3）流量控制螺纹式插装阀

图 4.5.4 所示为螺纹插装式可变节流阀。这种阀中没有压力补偿，沿两个方向都能调节流量。

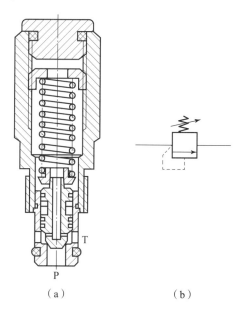

图 4.5.3　直动式螺纹插装式溢流阀

（a）结构图；（b）图形符号

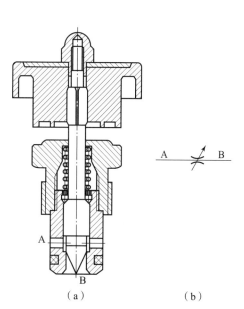

图 4.5.4　螺纹插装式可变节流阀

（a）结构图；（b）图形符号

　　螺纹式插装阀通过螺纹与阀块上的标准插孔相连接，如图4.5.5所示。在阀块上钻孔，将各种功能的螺纹插装阀连接成阀系统。螺纹式插装阀已发展为具有压力、流量和方向控制阀以及手动、电磁、电液、比例、数字等多种控制方式以及各种尺寸系列的阀类。

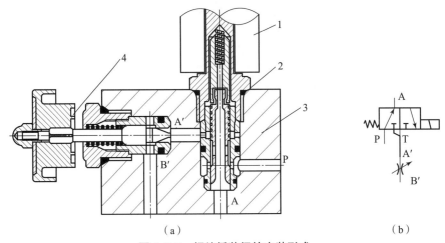

图4.5.5　螺纹插装阀的安装形式

（a）结构图；（b）图形符号

1—插装式换向阀；2—密封件；3—插装阀体；4—插装式节流阀

　　螺纹式插装阀的阀芯既有锥阀，也有滑阀，又有二、三、四通等多种通口形式，且不必另用螺钉固定，因而结构紧凑、装拆方便、布置灵活。螺纹式插装阀的尺寸、流量规格一般比盖板式二通插装阀要小。

　　由于螺纹插装阀具有加工方便、互换性强、便于大批量生产等一系列的优点，现在已经被广泛应用于农机、废物处理设备、起重机、拆卸设备、钻井设备、铲车、公路建设设备、消防车、林业机械、扫路车、挖掘机、多用途车、轮船、机械手和油井、矿井、金属切削、金属成型、塑料成型、造纸、纺织、包装设备及动力单元、试验台等。

4.5.2　叠加阀

　　以叠加的方式连接的液压阀称为叠加阀。它是在板式连接的液压阀集成化的基础上发展起来的新型液压元件。

　　由叠加阀组成的系统如图4.5.6所示。

　　叠加阀系统最下面一般为底板，其上有进、回油口及执行元件的接口。一个叠加阀组由相关的起压力、流量和方向控制作用的叠加阀组成控制回路，控制一个执行元件。例如，系统中有几个执行元件需要集中控制，可将几个叠加阀组竖直并排安装在多联底板块上。

　　组成叠加阀组的每个叠加阀不仅具有某种控制功能，同时还起着油路通道的作用。由叠加阀组成的液压系统，结构紧凑、配置灵活，系统设计、制造周期短，标准化、通用化和集成化程度较高，目前已广泛应用于冶金、机床、工程机械等领域。

4.5.3　多路换向阀

　　多路换向阀是由两个以上换向阀为主体组成的组合阀。根据不同液压系统的要求，还可将安全阀、单向阀、补油阀等组合在阀内。多路换向阀具有结构紧凑、通用性强、流量特性

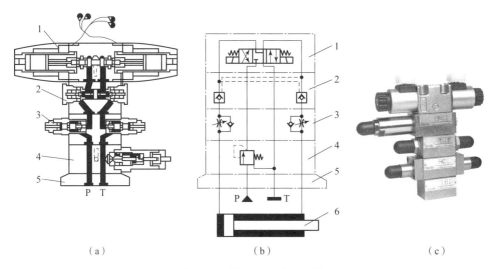

（a）　　　　　　　　（b）　　　　　　　　（c）

图 4.5.6　叠加阀组成的系统

（a）结构图；（b）图形符号；（c）实物图

1—电磁换向阀；2—液控单向阀；3—单向节流阀；4—减压阀；5—底板；6—液压缸

好、不易泄漏以及制造简单等优点，常用于工程机械以及其他行走机械的控制系统。多路换向阀的操纵方式有手动控制、先导控制和电比例控制等多种形式。

1. 多路换向阀的分类

按外形不同，分为整体式和分片式。一组多路阀总要由几个换向阀组成，每一个换向阀称为一联，可以将每联换向阀做成一片，再用螺栓连接起来，也可将所有换向阀做成一体。

整体式多路阀结构紧凑、质量轻、压力损失也较小。其缺点是通用性差，加工过程中只要有一个阀孔不符合要求即全体报废，阀体的铸造工艺也比分片式的复杂。

分片式的多路阀可以用很少几种单元阀组合成多种不同功用的多路阀，大大扩展了它的使用范围，加工中报废一片也不影响其他阀片，损坏的单元也易于更换或修理。这类阀的缺点是加大了体积和质量，各片之间要有密封，拧紧连接螺栓时会使阀体孔道变形，影响其几何精度，甚至使阀杆被卡住。

图 4.5.7 所示为整体式多路阀和分片式多路阀的外形。

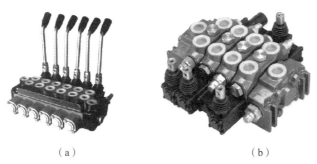

（a）　　　　　　　　（b）

图 4.5.7　多路阀外形

（a）整体式多路阀；（b）分片式多路阀

多路换向阀按照滑阀的连通方式可分为并联油路、串联油路和串并联油路以及它们的组合。

1）并联油路多路换向阀

如图 4.5.8 所示，这类多路换向阀的来油进入换向阀后分成两路，一路从阀体中间油道 1 进入，穿过各阀杆后回到油箱，另外一路从平行油道 2 进入，到达各阀杆的进油口，各联阀杆的回油直接通到多路换向阀的总回油口 T。由于压力油是并联地通向阀杆 3、4 的进油口，所以可以使两个换向阀各自控制的执行元件中的任何一个单独运动，也可以同时操作两个换向阀向两个执行元件同时供油，各执行元件的流量仅是泵流量的一部分。但当同时操作两个换向阀时，负载小的执行元件先动作，各支路按照各自负载的大小分配流量，负载小的分配流量多，负载大的分配流量少，当负载相差较大时，负载大的执行元件甚至没有流量分配。两个换向阀都处于中位时油泵卸荷。图 4.5.8（a）所示为阀杆 3 左移换向、阀杆 4 保持中位时的情况，即阀杆 3 左移换向后 P、B_1 相通，A_1、T 相通，如果阀杆 4 此时也左移，那么 P、B_2 相通，A_2、T 相通，阀杆 3、4 的回油都经 T 口回油箱。图 4.5.8（b）所示为其图形符号。

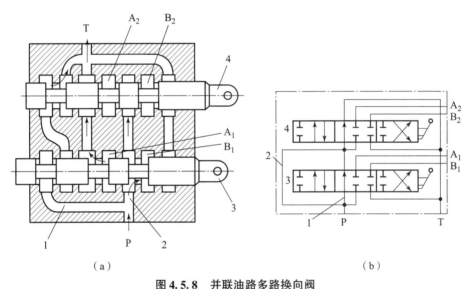

（a）   （b）

图 4.5.8　并联油路多路换向阀

（a）结构图；（b）图形符号

1—中间油道；2—平行油道；3，4—阀杆

2）串联油路多路换向阀

如图 4.5.9 所示，这类多路换向阀的上一个阀杆的出油口接下一个阀杆的进油口，各阀之间的进油路串联。当同时操作两个换向阀时，可以使每个换向阀控制的执行机构同步运动，各个执行元件的工作压力之和等于泵的出口压力，串联油路的这种特性使得它克服外载荷的能力下降。图 4.5.9（a）所示为处于上游的阀杆 1 左移换向而下游的阀杆 2 保持中位时的情况，即阀杆 1 左移换向后 P、B_1 相通，A_1、T 相通。如果阀杆 2 此时也左移，那么 A_1、T 将被切断，A_1 的回油进入阀杆 2 的进油口，即 A_1、B_2 相通，A_2、T 相通。图 4.5.9（b）所示为图形符号。

3）串并联油路多路换向阀

如图 4.5.10 所示，这类换向阀的每一个换向阀的进油腔都与上游换向阀的中位回油道相连，每一个换向阀的回油腔都与总的回油口相连，即进油腔串联，回油腔并联，故称为串

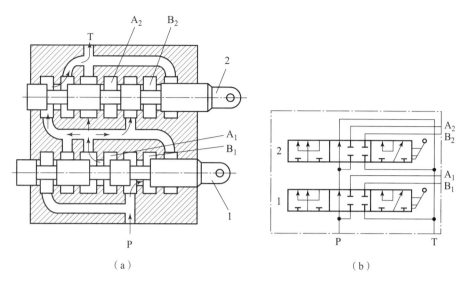

图 4.5.9 串联油路多路换向阀

（a）结构图；（b）图形符号

1，2—阀杆

并联油路。上游换向阀不在中位时，下游换向阀的进油口将被切断，因此多路换向阀总是只有一个换向阀在工作，这种功能称为互锁功能。图 4.5.10（a）所示为处于上游的阀杆 1 左移换向而下游的阀杆 2 保持中位时的情况，即阀杆 1 左移换向后 P、B_1 相通，A_1、T 相通。如果阀杆 2 此时也左移，由于没有压力油作用在阀杆 2 的进口，所以阀杆 2 所控制的执行元件将没有动作。但是有一个特例，此时 A_2、T 相通，B_2、T 相通，如果阀杆 2 控制的执行元件可以依靠自重下降，那么操作上游阀杆的同时也操作下游阀杆使执行元件依靠自重下降，这个动作还是可以实现的。图 4.5.10（b）所示为其图形符号。

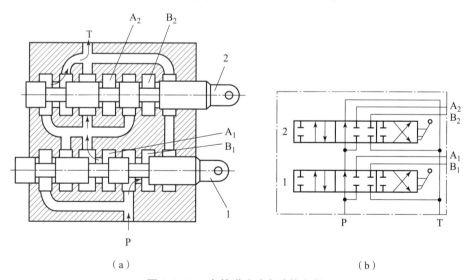

图 4.5.10 串并联油路多路换向阀

（a）结构图；（b）图形符号

1，2—阀杆

2. 多路换向阀的机能

对于各个操纵机构的不同使用要求,多路换向阀可选用多种滑阀机能。对于并联和串并联油路,有 O 型、A 型、Y 型、OY 型 4 种机能;对于串联油路,有 M 型、K 型、H 型、MH 型 4 种机能,如图 4.5.11 所示。上述 8 种机能中,以 O 型、M 型应用最广;A 型应用在叉车上;OY 型和 MH 型应用在铲土运输机械,作为浮动用;K 型用于起重机的提升机构,当制动器失灵,液压马达需要反转时,使液压马达的低压腔与滑阀的回油腔相通,补偿液压马达的内泄漏;Y 型和 H 型多用于液压马达回路,因为中位时液压马达两腔都通回油,因此液压马达可以自由转动。

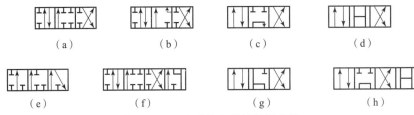

(a)   (b)   (c)   (d)

(e)   (f)   (g)   (h)

图 4.5.11 多路换向阀的滑阀机能

(a) O 型;(b) Y 型;(c) M 型;(d) H 型;(e) A 型;(f) OY 型;(g) K 型;(h) MH 型

4.5.4 高速电磁开关阀

高速(频)电磁开关阀也称脉冲开关阀,是 20 世纪 80 年代发展起来的一种具有体积小、响应速度快、控制灵活、结构简单、抗污染能力强、可靠性高和价格低廉、与电子电路配合好等特点的电液控制转换元件。它接收来自控制器的脉冲信号,每接收一个脉冲信号,高速开关阀就完成一个快速的开关动作。只要控制脉冲频率或脉冲宽度,就能控制阀开关的频率或占空比,从而对流量进行连续的控制。简单地说,就是以开关的形式对流量进行控制,是一种新型的数字控制液压阀,可以有很高的开关速度,可以对泵、缸进行伺服控制。由于控制信号是数字量,只有开和关两种状态,可以很方便地与计算机连接进行控制。改变开关的占空比就可以改变流量或压力。

图 4.5.12 为某高速电磁开关阀实物图及结构图。

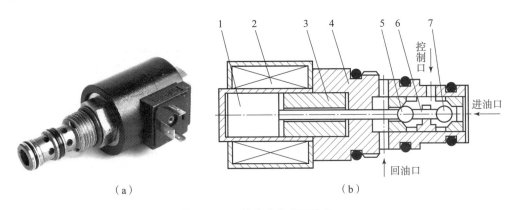

图 4.5.12 某高速电磁开关阀

(a) 实物图;(b) 结构图

1—衔铁;2—线圈;3—极靴;4—阀体;5—回油球阀;6—分离销;7—供油球阀

这种阀结构紧凑、体积小、质量轻、响应快、动作准确、重复性好、抗污染能力强、内泄漏小、可靠性高，能够直接接收数字信号对液压系统的压力或流量进行 PWM 控制，具有广泛的应用范围，如汽车变速器、燃油喷射、天然气喷射、压力调节、流量控制、航空航天控制系统、先导阀、医疗器械、机床、机器人等领域。

思考与习题

4 – 1. 举例说明什么是方向控制阀、压力控制阀和流量控制阀。

4 – 2. 先导式减压阀与先导式溢流阀有什么区别？现有两个阀，由于铭牌不清，在不拆开阀的情况下，根据它们的特点如何判断哪个是溢流阀，哪个是减压阀？

4 – 3. 试述溢流阀在液压系统中都有哪些用途。

4 – 4. 顺序阀能否用溢流阀代替？

4 – 5. 哪些阀可以做背压阀？

4 – 6. 先导式溢流阀和先导式减压阀的阻尼孔有什么作用？是否可以加大或堵塞阻尼孔？

4 – 7. 说明节流阀和调速阀的工作原理，为什么调速阀能使其输出流量保持稳定？

4 – 8. 说明普通单向阀和液控单向阀的原理和区别。

4 – 9. 什么是三位滑阀的中位机能？研究它有何用处？

4 – 10. 何谓换向阀的"位"与"通"，试以三位四通换向阀为例加以说明。

4 – 11. 如习题 4 – 11 图所示 2 个回路中，各溢流阀的调定压力分别为 $p_{Y1} = 3$ MPa，$p_{Y2} = 2$ MPa，$p_{Y3} = 4$ MPa。

问在外负载无穷大时，泵的出口压力 p_P 各为多少？

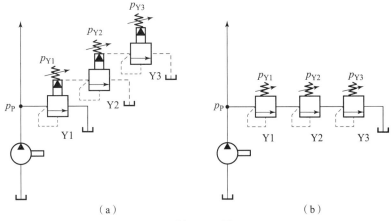

（a）　　　　　　　　　　　　　　　　（b）

习题 4 – 11 图

第 5 章

液压系统辅助元件

一个完整的液压系统，除动力元件、执行元件和控制元件外，还有起辅助作用的元件，如密封件、过滤器、油箱、油管和管接头、测试仪表等。这些辅助元件对系统的动态性能、工作稳定性等都有直接影响，必须予以重视。本章将简单介绍一些常用的液压辅助元件。

通过本章的学习，要求掌握以下内容：

（1）液压密封件的种类和选用；

（2）液压蓄能器的使用注意事项；

（3）过滤器的种类及油液的污染控制；

（4）了解常用的测试仪表。

5.1 液压密封件

所有液压元件和系统，都需要采用密封件来防止工作介质的泄漏及外界污染物（如灰尘、空气、水分等）的侵入。正确选择、安装和使用密封件，对防止液压设备的泄漏及由此而引起的环境污染，提高液压设备的工作性能及工作可靠性具有重大意义。

5.1.1 密封件的分类和要求

1. 密封件的分类

密封件可根据被密封部位的耦合面在机器运转时有无相对运动而区分为动密封和静密封两大类，并可根据密封件的材料、安装方式和结构等进一步细分。密封件的分类见表 5.1.1。

表 5.1.1 密封件的分类

分类		主要密封件
静密封	非金属静密封	O 形橡胶密封圈
		橡胶垫片
		聚四氟乙烯生料带
	橡胶 – 金属复合静密封	组合密封垫圈
	金属静密封	金属密封垫圈
		空心金属 O 形密封圈
	液态静密封	密封胶

热平衡的原则来计算，这项计算在系统负载较大、长期连续工作时是必不可少的，但对于一般情况来说，油箱的有效容积可以按液压泵的额定流量估算。

对于固定设备使用的油箱，其容积通常为液压泵每分钟吸油流量的 3 ~ 5 倍。对于安装位置受到空间限制的行走机械和有冷却装置的设备，油箱的容量可选择与泵的每分钟吸油流量相同或更小，但不宜小于泵每分钟吸油流量的 40%。

（2）吸油管和回油管应尽量相距远些，两管之间要用隔板隔开，以增加油液循环距离，使油液有足够的时间分离气泡，沉淀杂质，消散热量。隔板高度最好为箱内油面高度的3/4。吸油管入口处要装粗过滤器。粗过滤器与回油管端口在油面最低时仍应在油面以下，防止吸油时吸入空气或回油冲入油箱时搅动油面而混入气泡。回油管端口宜斜切45°，以增大出油口截面积，减慢出口处油流速度。此外，应使回油管斜切口面对箱壁，以利于油液散热。管端与箱底、箱壁间距离均不宜小于管径的 3 倍。粗过滤器距箱底距离应不小于 20 mm。

（3）为了防止油液污染，油箱上盖板、管口处都要妥善密封。注油器上要加滤油网。防止油箱出现负压而设置的通气孔上须装空气滤清器。空气滤清器的容量至少应为液压泵额定流量的 2 倍。油箱内回油集中部分及清污口附近宜装设一些磁性块，以去除油液中的铁屑和带磁性颗粒。

（4）为了易于散热和便于对油箱进行搬移及维护保养，按 GB/T 3766—2015《液压传动系统及其元件的通用规则和安全要求》的规定，箱底离地至少应在 150 mm 以上。箱底应适当倾斜，在最低部位处设置螺塞或放油阀，以便排放污油。箱体上注油口的近旁必须设置液位计。过滤器的安装位置应便于装拆。箱内各处应便于清洗。

（5）油箱中如要安装热交换器，必须考虑好它的安装位置，以及测温、控制等措施。

（6）分离式油箱一般用 2.5 ~ 4 mm 厚钢板焊成。箱壁越薄，散热越快。有资料建议100 L 容量的油箱箱壁厚度取 1.5 mm，400 L 以下的取 3 mm，400 L 以上的取 6 mm，箱底厚度大于箱壁，箱盖厚度应为箱壁的 4 倍。大尺寸油箱要加焊角板、筋条，以增加刚性。当液压泵及其驱动电机和其他液压件都要装在油箱上时，油箱顶盖要相应地加厚。

（7）油箱内壁应涂上耐油防锈的涂料，外壁如涂上一层极薄的黑漆（厚度不超过0.025 mm），会有很好的辐射冷却效果。铸造的油箱内壁一般只进行喷砂处理，不涂漆。

5.5　热交换器

常用液压系统的工作温度一般希望保持在 30 ~ 50 ℃的范围内，最高不超过65 ℃，最低不低于15 ℃。在某些特殊应用场合，最高温度可能会超过100 ℃，最低温度可能低于0 ℃。

液压系统如依靠自然冷却不能使油温控制在合理范围内时，就需要安装冷却器。反之，如环境温度过低无法使液压泵起动或正常运转时，就需要安装加热器。

5.5.1　冷却器

液压系统中的冷却器，最简单的是蛇形管冷却器，如图 5.5.1 所示。它直接安装在油箱内，冷却水从蛇形管内部通过，带走油液中的热量。这种冷却器结构简单，但冷却效率低，耗水量大。

液压系统中应用较多的是强制对流式多管冷却器，如图 5.5.2 所示。油液从进油口 5 流入，从出油口 3 流出。冷却水从进水口 7 流入，通过多根水管后由出水口 1 流出。

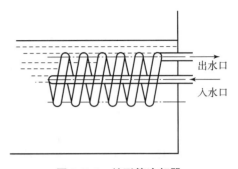

图 5.5.1　蛇形管冷却器

油液在水管外部流动时，它的行进路线因冷却器内设置了隔板而加长，因而增加了热交换效果。图 5.5.3 所示为一种翅片管式冷却器，它是在圆管或椭圆管外嵌套上许多径向翅片，大大增加了散热面积，改善了热交换效果，其散热面积可达光滑管的 8～10 倍。

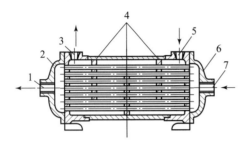

图 5.5.2　强制对流式多管冷却器

1—出水口；2，6—端盖；3—出油口；4—隔板；
5—进油口；7—进水口

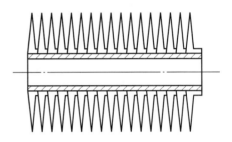

图 5.5.3　翅片管式冷却器

液压系统也可以用汽车上的风冷式散热器来进行冷却。这种用风扇鼓风带走流入散热器内油液热量的装置不需要另设通水管路，结构简单，价格低廉，但冷却效果较水冷式差。

冷却器一般应安放在回油管或低压管路上，如溢流阀的出口、系统的主回流路上或设置单独的冷却系统。

冷却器对液压系统来说是一个液阻性负载，它所造成的压力损失为 0.01～0.1 MPa。

5.5.2　加热器

如果液压系统中油液的温度低于正常工作温度，可采用热交换器（通入热蒸汽加热）或者电加热器对液压油进行预热，也可以用溢流阀加载的方式进行预热。

电加热器结构简单、能按需要自动调节最高和最低温度，可用法兰盘安装在油箱壁上，发热部分全部浸在油液内。加热器应安装在箱内油液流动处，以有利于热量的交换。由于油液是热的不良导体，单个加热器的功率不能过大，以免其周围油液过度受热后发生变质老化现象。

5.6　管件

5.6.1　油管

油管在液压系统中主要用来把各种液压元件及装置连接起来并传输能量。常用的油管有金属硬管、橡胶软管和尼龙塑料管三大类。其中，硬管比软管安全可靠，而且经济性好，在液压系统中应用最多。只有在连接具有相对运动的液压元件或为了安装方便时才采用软管。

1. 金属硬管

金属硬管有紫铜管、黄铜管、铝管和钢管 4 种。紫铜管性质柔软，装配时便于弯曲，强度较低，能承受的工作压力小于 10 MPa，并且价格较高。黄铜管可承受较高的工作压力（可达 25 MPa），但对变形的适应性不如紫铜管。铝管对变形的适应性也很好，但强度不如黄铜管。这些有色金属硬管一般都是挤压成型制成，直径较小。

钢管可分为无缝钢管和焊接钢管。无缝钢管大多用在高压系统中，而焊接钢管只能用于低压系统。

2. 橡胶软管

橡胶软管都采用耐油橡胶制成，有高压和低压两种，常用于连接两个相对运动部件。带有多层编织钢丝的橡胶软管耐压较高，可达 40 ~ 60 MPa。高压橡胶软管弯曲半径不应小于其外径的 9 ~ 10 倍，过分弯曲将增大管道阻力。

3. 尼龙管、塑料管

尼龙管只用于低压系统，塑料管只用作回油管。

4. 管子内径及壁厚的确定方法

确定管子内径、壁厚等尺寸按下列方法计算：

（1）管内油液的推荐流速见表 5.6.1。

对吸油管，v 通常取 0.6 ~ 1.3 m/s（一般取 1 m/s 以下）。

对压油管，v 通常取 2.5 ~ 7.6 m/s（压力高时取大值，反之取小值；管道较短时取大值，反之取小值；油液黏度小时取大值，反之取小值。）

对短管路及局部收缩处，v 可取 5 ~ 7.6 m/s。

对回油管道，v 取 1.7 ~ 4.5 m/s。

表 5.6.1　液压系统管内推荐流速

吸油管		压油管		回油管流速/(m·s⁻¹)
运动黏度/(mm²·s⁻¹)	流速/(m·s⁻¹)	压力/MPa	流速/(m·s⁻¹)	
150	0.6	2.5	2.5 ~ 3	
100	0.75	5.0	3.5 ~ 4	
50	1.2	10	4.5 ~ 5	1.7 ~ 4.5
30	1.3	20	5 ~ 6	
		>20	6 ~ 7.6	

（2）管子内径的计算。

$$d \geqslant 4.61 \sqrt{\frac{q}{v}} \tag{5.6.1}$$

式中，d——管子内径，mm；

q——油液的流量，L/min；

v——管内油液的流速，按推荐流速选取。

（3）管子壁厚的计算。

$$t \geqslant \frac{pd}{2[\sigma]} \tag{5.6.2}$$

式中，t——管子壁厚，mm；

p——工作压力，MPa；

d——管子内径，mm；

$[\sigma]$——许用应力，MPa，对于钢管$[\sigma] = \sigma_b/n$；σ_b为抗拉强度（MPa）；n为安全系数（当$p < 7$ MPa 时，取$n = 8$；当 7 MPa $\leqslant p \leqslant 17.5$ MPa 时，取$n = 6$；当$p > 17.5$ MPa 时，取$n = 4$）。

5.6.2 管接头

管接头的作用主要是使油管与其他液压元件相互接通。管接头的种类很多，按其通路数量和流向可分为直通、弯头、三通和四通。按其和油管的连接方式不同又可分为扩口式、焊接式和卡套式等。常用管接头的类型及特点见表 5.6.2。

表 5.6.2 管接头的类型和特点

类型	结构图	特点
焊接式管接头	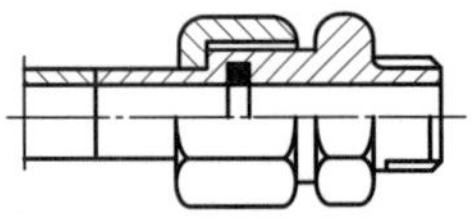	把接头与钢管焊接在一起，端面用 O 形密封圈密封。对管子尺寸精度要求不高，适用于高压场合
扩口式管接头	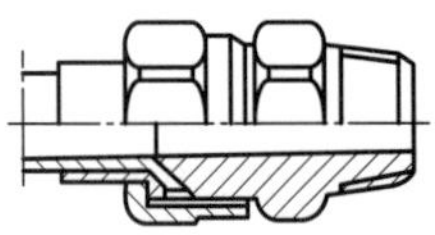	利用管子端部扩口进行密封，不需要其他密封件。适用于薄壁管件和压力较低的场合
卡套式管接头	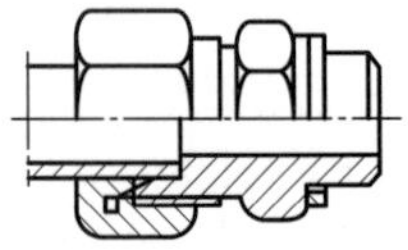	利用卡套的变形卡住管子并进行密封。轴向尺寸控制不严格，易于安装。适用于高压场合，但对管子外径及卡套制作精度要求较高
球形管接头	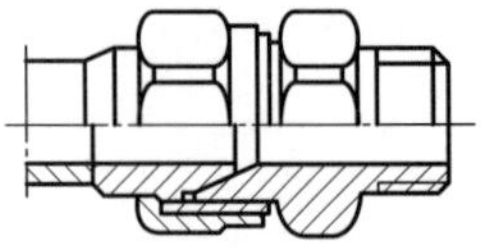	利用球面进行密封，不需要其他密封件，但对球面和锥面加工精度有一定要求
扣压式管接头（软管）	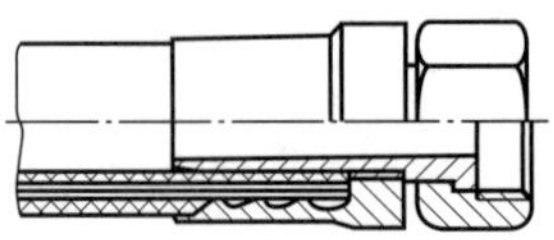	管接头由接头外套和接头芯组成，软管装好后再用模具扣压，使软管得到一定的压缩量。此种结构具有较好的抗拔脱和密封性能

续表

类型	结构图	特点
可拆式管接头 （软管）		将外套和接头芯做成六角形，便于经常拆装软管。易于维修和小批量生产。这种结构装配比较费力，只用于小管径连接
伸缩管接头		接头由内管和外管组成，内管可在外管内自由滑动，并用密封圈密封。内管外径必须进行精密加工。适于连接两元件有相对直线运动时的管道
快速管接头		管子拆开后可自行密封，管道内的油液不会流失，因此适于经常拆卸的场合。其结构比较复杂，局部阻力损失较大

5.7　常用测试仪表

液压系统中需要测量的主要物理量有压力、流量、温度等；另外，在测试泵、马达及液压缸的特性时，还需要测量扭矩、转速、位移、速度、力等物理量。下面简单介绍几种常用的测试仪表。

5.7.1　压力表和压力传感器

1. 压力表

图 5.7.1 所示为常用的指针式压力表，它由刻度盘、指针、弹簧弯管、传动机构等零件组成。当弹簧弯管受压力作用发生伸张变形后，通过传动机构的杠杆、扇形齿轮和中心齿轮使指针偏转，压力越高，指针偏转角越大。

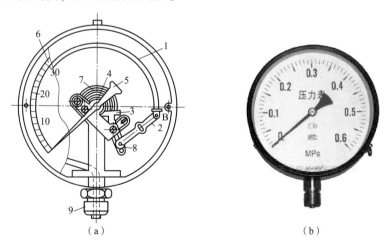

图 5.7.1　常用的指针式压力表

（a）结构图；（b）实物图

1—弹簧管；2—拉杆；3—扇形齿轮；4—中心齿轮；5—指针；6—刻度盘；7—游丝；8—调整螺钉；9—接头

压力表有不同的量程和精度等级，应选用精度等级满足要求，量程大于系统最高压力的压力表。在压力稳定的系统中，压力表量程一般为最高工作压力的 1.5 倍。在压力波动较大的系统中，压力表量程应为最高工作压力的 2 倍，或者选用耐震压力表。

压力表通常需要通过压力表开关与油路相连，压力表开关可以控制打开或关闭压力表油路，并能起到阻尼和缓冲作用，使压力表指针动作平稳，对压力表有一定的保护作用。

2. 压力传感器

使用压力表测量系统压力，需要人工读数，并且压力表的响应速度较慢。如果要进行高精度、高频变化的压力值测量，就需要用到压力传感器。

压力传感器（图 5.7.2）是指能检测压力值，并能按照一定的规律将压力信号转换成可输出的电信号的器件或装置，其输出的电信号一般为电流或电压。压力传感器通常由压力敏感元件和信号处理单元组成。根据压力敏感元件的工作原理不同，可分为压变式、压阻式、压电式、电容式、电感式等多种形式。

压力传感器的响应速度高，抗过载能力很强，一些高端压力传感器的频响可以高达10 000 Hz，耐压能力可以达到其量程的 2 倍，能够很好地满足液压测量的要求。

图 5.7.2　压力传感器

5.7.2　流量计

测量流体流量的仪表统称为流量计，有体积流量计和质量流量计之分，液压技术中使用的都是体积流量计。

流量计种类繁多，液压系统中常用的流量计有椭圆齿轮流量计和涡轮流量计，下面做简要介绍。

1. 椭圆齿轮流量计

图 5.7.3 所示为椭圆齿轮流量计。如图 5.7.3（a）所示，当被测液体经管道进入流量计时，由于进出口处产生的压力差推动一对齿轮连续旋转，不断地把经初月形空腔计量后的液体输送到出口处，椭圆齿轮的转数与每次排量 4 倍的乘积即为被测液体流量的总量。椭圆齿轮流量计反应较慢，通常只用来测量一段时间内的累计流量。

2. 涡轮流量计

涡轮流量计（图 5.7.4）属于速度式流量计，也叫叶轮式流量计。它利用置于流体中的叶轮的旋转角速度与流体流速成比例的关系，通过测量叶轮的转速来测量通过管道的流体体积流量大小。涡轮流量计一般由涡轮、轴承、前置放大器、显示仪表等组成。

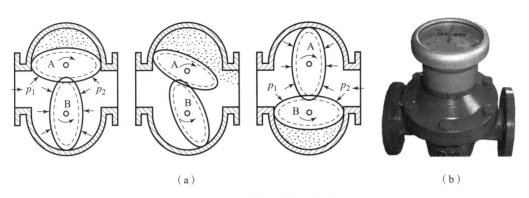

（a）　　　　　　　　　　　　　　　　　　（b）

图 5.7.3　椭圆齿轮流量计

（a）工作原理图；（b）实物图

图 5.7.4（a）所示为涡轮流量计结构图，在管道中心安放一个涡轮，两端由轴承支撑。当流体通过管道时，驱动涡轮叶片，对涡轮产生驱动力矩，使之克服摩擦力矩和流体阻力矩旋转。在一定的流量和一定的流体介质黏度范围内，涡轮的旋转角速度与流体流速成正比，而涡轮的转速则由安装在外壳的磁电转速传感器测得。转速信号经二次仪表流量计算仪解算，即可求出瞬时流量和累计流量。涡轮流量计响应速度快，可用于检测瞬时流量，其测量精度一般在 ±2%。

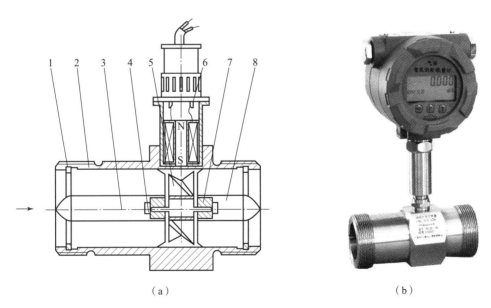

（a）　　　　　　　　　　　　　　　　　　（b）

图 5.7.4　涡轮流量计

（a）结构图；（b）实物图

1—紧固件；2—壳体；3—前导向件；4—止推片；5—叶轮；

6—磁电感应式信号检出器；7—轴承；8—后导向件

涡轮流量计具有精度高、重复性好、结构简单、质量轻、维修方便、通流能力大等优点，在液压系统测试中应用较广泛。

5.7.3 温度计

油液温度的高低对液压系统的影响较大，是工程实际中需要监测和控制的重要物理量之一。

日常生活中常用的玻璃膨胀式温度计、固体膨胀式温度计等，也可以用于测量液压系统的油液温度。如油箱上通常设置有带温度计的液位指示计，所用的温度计就是玻璃膨胀式温度计。图5.7.5所示为几种常见的温度计。另外，在液压系统中还经常用温度传感器来检测温度值。温度传感器能感受温度并转换成可用、可输出的电信号。

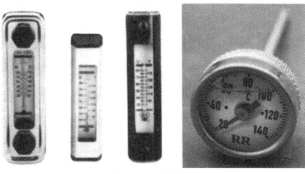

图5.7.5　温度计

温度传感器种类繁多，按照测量方式可分为接触式和非接触式两大类，按照传感器材料及电子元件特性可分为热电阻和热电偶两类。在工程中可根据实际需要，选用适当量程和精度的温度传感器进行温度测量和系统控制。图5.7.6所示为几种常见的温度传感器。

图5.7.6　温度传感器

思考与习题

5-1. 常用的密封装置有哪些？各有哪些特点？主要用于液压元件哪些部位的密封？

5-2. 衡量液压油的污染程度有哪些方法？

5-3. 油液被污染的途径有哪些？如何才能有效控制油液的污染？

5-4. 过滤器有哪几种类型？分别有什么特点？

5-5. 试举出过滤器的3种可能的安装位置，怎样考虑各安装位置上的过滤器的精度？

5-6. 蓄能器的种类有哪些？安装使用时应注意哪些问题？

5-7. 油箱的作用是什么？确定油箱容积时要考虑哪些主要因素？

5-8. 常用液压管路的种类有哪些？

5-9. 液压技术常用的测试仪表有哪些？

第6章

液压传动基本回路

任何液压系统都是由若干液压基本回路组成的。所谓液压基本回路，是指为了实现特定的功能而把某些液压元件和管道按一定的方式组合起来的油路结构，多个基本回路的有机组合便构成液压系统。按其在液压系统中所起的作用不同，基本回路通常分为速度控制回路、方向控制回路、压力控制回路以及其他控制回路。

学习和掌握液压传动基本回路的组成、原理及其特点，是为了能对实际液压系统变复杂为简单地去认识和分析。但必须指出，任何一个具体的回路方案都不是一成不变的，随着人们对液压技术的进一步掌握，必然会创造出更多先进的液压元件，组成更合理的液压回路。

在前面介绍液压控制元件时，已经介绍了部分基本液压回路。本章主要是在前述内容的基础上，补充介绍其他液压基本回路。

通过本章的学习，应掌握以下内容：

（1）压力控制回路的类型；

（2）方向控制回路的类型；

（3）速度控制回路的类型。

6.1 压力控制回路

压力控制回路是用压力控制阀来控制和调节液压系统主油路或某一支路的压力，达到调压、稳压、减压、增压、卸荷、保压及工作机构平衡等目的，以满足液压系统对不同压力值的要求，使执行元件按预定程序完成工作任务。

6.1.1 增压回路

如果系统或系统的某一支油路需要压力较高但流量又不大的压力油，而采用高压泵又不经济，或者根本就没有必要增设高压力的液压泵时，就常采用增压回路，这样不仅易于选择液压泵，而且系统工作较可靠，噪声小。增压回路中提高压力的主要元件是增压缸或增压器。

1. 单作用增压回路

图 6.1.1（a）所示为利用增压缸的单作用增压回路。当系统在图示位置工作时，活塞向右运动，液压泵输出压力为 p_1 的压力油进入增压缸的大活塞腔，此时在小活塞腔出油口即可得到所需的较高压力 p_2 其增压比等于增压缸大小活塞的面积比，即 $p_2/p_1 = A_1/A_2$。当

二位四通电磁换向阀右位接入系统时，活塞向左运动，辅助油箱中的油液经单向阀补入小活塞。因为该回路活塞只在一个行程实现增压，所以称之为单作用增压回路。

2. 双作用增压回路

如图 6.1.1（b）所示的采用双作用增压缸的增压回路，能够连续输出高压油。在图示位置，液压泵输出的压力油经换向阀 5 和单向阀 1 进入增压缸左端大、小活塞腔，右端大活塞腔的回油回到油箱。活塞在油压作用下右移，右端小活塞腔增压后的高压油经单向阀 4 输出到主油路。此时单向阀 2、3 被关闭。当增压缸活塞移到最右端时，换向阀 5 得电换向，增压缸活塞开始向左移动。同理，左端小活塞腔输出的高压油经单向阀 3 输出到主油路。这样，增压缸的活塞不断往复运动，增压缸两端便交替输出高压油，从而实现了连续增压。

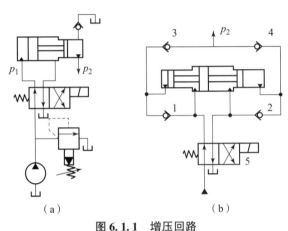

图 6.1.1 增压回路

（a）单作用增压缸的增压回路；（b）双作用增压缸的增压回路

1，2，3，4—单向阀；5—换向阀

6.1.2 卸荷回路

在液压系统工作过程中，有时执行元件短时间停止工作，不需要液压系统传递能量，或者执行元件在某段工作时间内保持一定的力，而运动速度极慢，甚至停止运动。在这种情况下，不需要液压泵输出油液，或只需要很小流量的液压油，于是液压泵输出的压力油全部或绝大部分从溢流阀流回油箱，造成能量的无谓消耗，引起油液发热，使油液加快变质，而且还影响液压系统的性能及泵的使用寿命。为此，需要采用卸荷回路。

卸荷回路的功用是在液压泵驱动电动机不必频繁启停的情况下，就能使液压泵以很小的输出功率运转，以减少功率损耗，降低系统发热，延长液压泵和电动机的寿命。因为液压泵的输出功率为其流量和压力的乘积，因而两者任一量近似为零，功率损耗就近似为零。因此，液压泵的卸荷有流量卸荷和压力卸荷两种。流量卸荷主要是使用变量泵，使变量泵仅为补偿泄漏而以最小流量运转。此方法比较简单，但泵仍处在高压状态下运行，磨损比较严重。压力卸荷的方法是使泵在接近零压下运转。

常见的压力卸荷方式有以下几种。

1. 换向阀卸荷回路

M、H 和 K 型中位机能的三位换向阀处于中位时，泵可以卸荷。图 6.1.2 所示为采用 M

型中位机能的电液换向阀的卸荷回路。这种回路切换时压力冲击小，但回路中必须设置单向阀，以使系统能保持 0.3 MPa 左右的压力，供操纵控制油路之用。

2. 先导式溢流阀的远程控制口卸荷

如图 6.1.3 所示，使先导式溢流阀的远程控制口直接与二位二通电磁阀相连，便构成一种用先导式溢流阀的卸荷回路。这种卸荷回路卸荷压力小，切换时冲击也小。

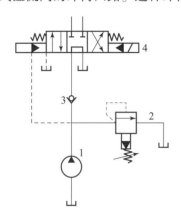 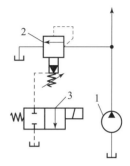

图 6.1.2　M 型中位机能卸荷回路　　　　图 6.1.3　先导式溢流阀卸荷回路

1—液压泵；2—溢流阀；3—单向阀；　　　　1—液压泵；2—先导式溢流阀；

4—三位四通换向阀　　　　　　　　　　3—二位二通换向阀

6.1.3　保压回路

在液压系统中，常要求液压执行机构在一定的行程位置上停止运动或在有微小的位移下稳定地维持住一定的压力，这时就要采用保压回路。最简单的保压回路是密封性能较好的液控单向阀回路。但是，阀类元件的泄漏使得这种回路的保压时间不能维持太久。常用的保压回路有以下几种。

1. 利用液压泵的保压回路

利用液压泵的保压回路也就是在保压过程中，液压泵仍以较高的压力工作。此时，若采用定量泵则压力油几乎全经溢流阀流回油箱，系统功率损失大，易发热，故只在小功率的系统且保压时间较短的场合下才使用；若采用变量泵，在保压时泵的压力较高，但输出流量几乎为零，因而液压系统的功率损失小，这种保压方法能随泄漏量的变化而自动调整输出流量，因而其效率也较高。

2. 利用蓄能器的保压回路

如图 6.1.4（a）所示的回路，当主换向阀在左位工作时，液压缸向右运动且压紧工件，进油路压力升高至调定值，压力继电器动作使二通阀通电，泵即卸荷，单向阀自动关闭，液压缸则由蓄能器保压。缸压不足时，压力继电器复位使泵重新工作。保压时间的长短取决于蓄能器容量，调节压力继电器的工作区间即可调节缸中压力的最大值和最小值。图 6.1.4（b）所示为多缸系统中的保压回路，这种回路当主油路压力降低时，单向阀 3 关闭，支路由蓄能器保压补偿泄漏，压力继电器 5 的作用是当支路压力降低到预定值时发出信号，使主油路开始动作。

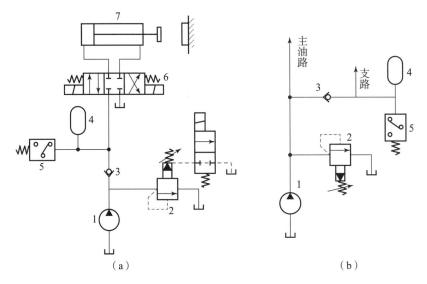

（a）　　　　　　　　　　　　　　（b）

图6.1.4　利用蓄能器的保压回路

1—液压泵；2—溢流阀；3—单向阀；4—蓄能器；5—压力继电器；

6—三位四通换向阀；7—液压缸

3. 自动补油保压回路

图6.1.5所示为采用液控单向阀和电接触式压力表的自动补油保压回路，其工作原理为：当1YA通电，换向阀右位接入回路，液压缸上腔压力上升至电接触式压力表的上限值时，上触点接电，使电磁铁1YA断电，换向阀处于中位，液压泵卸荷，液压缸由液控单向阀保压。当液压缸上腔压力下降到预定下限值时，电接触式压力表又发出信号，使1YA通电，液压泵再次向系统供油，使压力上升。当压力达到上限值时，上触点又发出信号，使1YA断电。因此，这一回路能自动地使液压缸补充压力油，使其压力能长期保持在一定范围内。

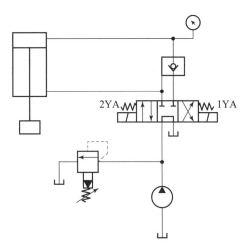

图6.1.5　自动补油保压回路

6.1.4　平衡回路

平衡回路（图6.1.6）的作用在于防止垂直或倾斜放置的液压缸和与之相连的工作部件因自重而自行下落。图6.1.6（a）所示为采用内控式顺序阀的平衡回路。当1YA通电后活塞下行时，回油路上就存在着一定的背压，只要将这个背压调整到能支承住活塞和与之相连的工作部件自重，活塞就可以平稳地下落。当换向阀处于中位时，活塞就停止运动，不再继续下移。这种回路当活塞向下快速运动时功率损失大，锁住时活塞和与之相连的工作部件会因顺序阀及换向阀的泄漏而缓慢下落，因此它只适用于工作部件质量不大、活塞锁住时定位要求不高的场合。内控式顺序阀和单向阀的组合也称为内控式平衡阀。

图6.1.6（b）所示为采用外控式顺序阀的平衡回路。当活塞下行时，控制压力油打开

液控顺序阀,背压消失,因而回路效率较高;当停止工作时,液控顺序阀关闭以防止活塞和工作部件因自重而下降。这种平衡回路的优点是只有上腔进油时活塞才下行,比较安全可靠。缺点是活塞下行时平稳性较差。这是因为活塞下行时,液压缸上腔油压降低,将使液控顺序阀关闭。当顺序阀关闭时,因活塞停止下行,使液压缸上腔油压升高,又打开液控顺序阀。因此,液控顺序阀始终工作于起闭的过渡状态,因而影响工作的平稳性。这种回路适用于运动部件质量不大、停留时间较短的液压系统中。外控式顺序阀和单向阀的组合也称为外控式平衡阀。

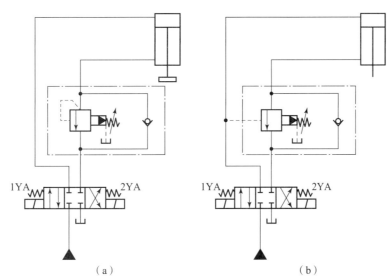

图 6.1.6　采用单向顺序阀的平衡回路
(a) 采用内控式顺序阀的平衡回路;(b) 采用外控式顺序阀的平衡回路

6.2　方向控制回路

6.2.1　换向回路

换向回路(图 6.2.1)的功能是使执行元件能改变运动方向。高质量的换向回路应保证换向迅速、准确和平稳,一般换向回路则不需要此种高性能要求。换向可以通过换向阀来实现,如第 4 章中介绍的采用电磁换向阀或电液换向阀实现换向的回路,也可以通过双向变量泵来实现油液流动方向的改变。

如图 6.2.1 所示,执行元件是单杆双作用液压缸 4,活塞向右运动时,其进油流量大于排油流量,双向变量泵 1 吸油侧流量不足,通过液控单向阀 5 从油箱补油。当双向变量泵 1 油流换向,活塞向左运动时,排油流量大于进油流量,双向变量泵 1 吸油侧多余的油液通过进油侧压力打开液控单向阀 3

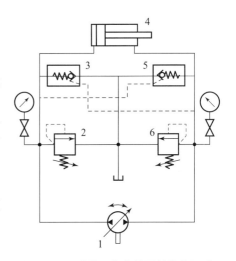

图 6.2.1　采用双向变量泵的换向回路

1—双向变量泵;2,6—溢流阀;
3,5—液控单向阀;4—液压缸

排油。溢流阀 2 和 6 分别限制活塞向右和向左运动时的最高压力。

6.2.2 锁紧回路

锁紧回路的功能是切断执行元件的进、出油路，使执行元件中的运动件停在规定的位置上。对锁紧回路的要求是可靠、迅速、平稳、持久。锁紧回路可以通过双向液压锁来实现，如第 4 章图 4.2.6 所示，也可以通过顺序阀（图 6.2.2）来实现。在图 6.2.2 中，液压缸在图示位置被两个单向顺序阀双向锁紧。液压缸在到达锁紧状态前有一个制动过程。

当执行元件是液压马达时，切断其进出油口后马达理应停止转动，但因马达还有一泄油口直接通油箱，当马达在外负载的作用下变成泵工况时，其出口油液经泄油口流回油箱，使马达出现滑转。为此，在切断马达进、出口的同时，需通过液压制动器来保证马达可靠地停转，如图 6.2.3 所示。

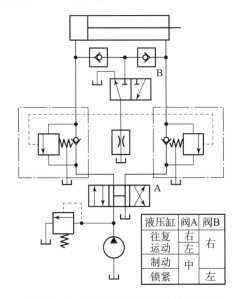

图 6.2.2　采用单向顺序阀的锁紧回路

液压缸	阀A	阀B
往复运动	右	
	左	右
制动	中	
锁紧		左

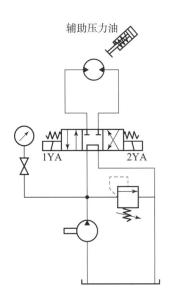

图 6.2.3　用制动器的马达锁紧回路

6.3　速度控制回路

液压系统中用以控制执行元件运动速度的回路，称为速度控制回路。速度控制回路是液压系统的核心部分，其工作性能的好坏对整个系统性能起决定作用。

这类回路主要包括调速回路、快速运动回路和速度换接回路等。

6.3.1 调速回路

调速回路的作用是调节执行元件的运动速度。对于液压缸，只能靠改变输入流量来调速；对于液压马达，靠改变输入流量或马达排量均可达到调速目的。改变流量的方法可使用流量阀或变量泵，改变排量可使用变量马达。因此，常用的调速回路有节流调速、容积调速和容积节流调速 3 种。

1. 节流调速回路

节流调速回路是采用定量泵和节流阀（或调速阀）来调节进入液压缸或液压马达的流量，从而调节其速度的回路。按节流阀在油路中安装位置的不同可分为进油路节流调速回路、回油路节流调速回路、旁油路节流调速回路 3 种。

1）进油路节流调速回路

图 6.3.1 中，节流阀串联在进油路上，液压泵排出的压力油经节流阀进入液压缸左腔，推动活塞右移。改变节流阀的开口面积，可改变液压缸活塞的运动速度。定量泵输出的多余油液通过溢流阀回油箱，溢流阀起稳压、溢流作用。

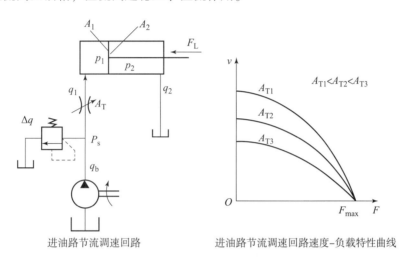

进油路节流调速回路　　　　进油路节流调速回路速度-负载特性曲线

图 6.3.1　进油路节流调速回路

当采用调速阀或溢流节流阀作为节流调速元件时，执行元件的运动速度与阀的通流面积近似成正比，不受负载变化的影响，表现出较高的速度刚度。如果采用普通节流阀作为调速元件，则在阀通流面积不变的情况下，执行元件的运动速度会随负载的变化而变化，速度刚度较差，这是由元件本身的特性决定的。

由于这种调速回路在节流阀处存在节流损失，在溢流阀处存在溢流损失，损失的能量转变为热能，同时使系统油温升高，所以节流调速回路效率不高，只适用于小功率的场合。

2）回油路节流调速回路

图 6.3.2 中，节流阀串联在回油路上，泵排出的压力油经换向阀直接进入液压缸左腔，推动活塞右移。通过改变节流阀的开度，可改变液压缸右腔的回油速度。定量泵输出的多余油液也通过溢流阀回油箱，溢流阀同样起稳压、溢流作用。

回油路节流调速回路与进油路节流调速回路特性相似，但它们在以下几方面的性能有明显差别，在设计液压系统时应加以注意。

（1）承受负值负载的能力。所谓负值负载，就是作用力的方向与执行元件的运动方向相同的负载。回油节流调速的节流阀在液压缸的回油腔能形成一定的背压，能承受一定的负值负载。对于进油路节流调速回路，要使其能承受负值负载就必须在执行元件的回油路上增加背压阀，这样会导致功率损失增加，使油液温度升高。

（2）运动平稳性。回油路节流调速回路由于回油路上存在背压，可以有效地防止空气

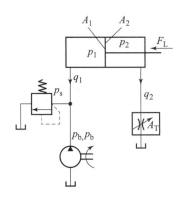

图 6.3.2　回油路节流调速回路

从回油路吸入，因而低速运动时不易爬行，高速运动时不易颤振，即运动平稳性好。进油路节流调速回路在不加背压阀时不具备这种特点。

（3）油液发热对回路的影响。进油路节流调速回路中，通过节流阀产生的节流功率损失转变为热量，一部分由元件表面散发到空气中，另一部分使油液温度升高，高温油液进入执行元件，会使执行元件的内外泄漏增加，速度稳定性变差。但是，回油路节流调速回路中油液经节流阀温升后，直接回油箱，经冷却后再进入系统，对系统泄漏影响较小。

（4）起动性能。回油路节流调速回路中若停车时间较长，液压缸回油路到油箱的管路中的油液会泄漏回油箱，重新起动时背压不能立即建立，会引起瞬间工作机构的前冲现象。对于进油路节流调速，只要在开车时关小节流阀即可避免起动冲击。

综上所述，进油路、回油路节流调速回路结构简单，价格低廉，但效率较低，只宜用在负载变化不大、低速、小功率场合，如某些机床的进给系统中。

为了提高回路的综合性能，一般常采用进油节流阀调速，并在回油路上加背压阀，使其兼具二者的优点。

回油节流调速回路：节流阀在回油路中，所以这种回路多用在功率不大，但载荷变化较大、运动平稳性要求较高的液压系统中，如磨削和精镗的组合机床等。

3）旁油路节流调速回路

在图 6.3.3 中，节流阀并联在旁路上，定量泵输出的压力油一路经节流阀回油箱，另一路经换向阀进入液压缸左腔，推动活塞右移。节流阀的开度越大，则进入液压缸的压力油流量越小，活塞带动负载的运动速度越低；反之，节流阀的开度越小，则进入液压缸的压力油流量越大，活塞带动负载的运动速度越高。在这个回路中，并联的溢流阀起安全保护作用，泵的出口压力随负载的变化而变化。

旁油路节流调速回路的速度–负载特性较软，低速承载能力差，故应用比前两种回路少。由于其效率相对较高，系统的功率可以比前两种稍大。

旁路节流调速回路与前两种回路的调速方法不同，它的节流阀和执行元件是并联关系，节流阀开得越大，活塞运行越慢。这种回路适用于负载变化小，对运动平稳性要求不高的高速大功率的场合，如牛头刨床的主传动系统，有时候也可用在随着负载增大，要求进给速度自动减小的场合。

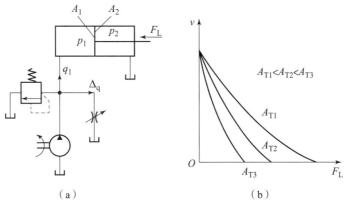

图 6.3.3　旁油路节流调速回路

（a）原理图；（b）速度 – 负载特性曲线

2. 容积调速回路

容积调速回路是通过改变变量泵和（或）变量马达的排量来调节执行元件运动速度的回路。在容积调速回路中，液压泵输出的压力油直接进入液压缸或液压马达，系统无溢流损失和节流损失，且供油压力随负载的变化而变化。因此，容积调速回路效率高、发热小，适用于特种车辆、工程机械、矿山机械、农业机械及大型机床等大功率液压系统。

按液压执行元件的不同，容积调速回路可分为泵 – 缸式和泵 – 马达式两类。

1）变量泵 – 液压缸调速回路（图6.3.4）

图 6.3.4（a）所示的容积调速回路原理图，它由变量泵、双活塞杆液压缸和起安全作用的溢流阀组成。通过改变液压泵的排量 V_p，便可调节液压缸的运动速度 v。

当不考虑管路、液压缸的泄漏和压力损失时，液压缸的速度为

$$v = \frac{V_p \cdot n_p}{A_C}\eta \tag{6.3.1}$$

根据式（6.3.1）可知，液压缸的速度等于泵的输出流量乘以系统的容积效率再除以液压缸活塞的有效作用面积。按不同 V_p 值作图，可得一组速度 – 负载特性曲线，如图6.3.4（b）所示。由于液压系统存在泄漏，且其泄漏量随压力的升高而增大。因此，当负载 F 增大时，液压缸的速度按线性规律下降。当液压泵以小排量（低速）工作时，这种回路的承载能力较差。

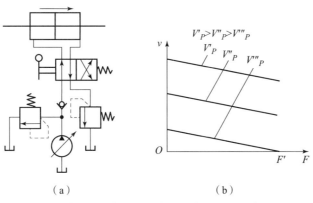

图 6.3.4　变量泵 – 液压缸容积调速回路

（a）原理图；（b）速度 – 负载特性曲线

2）泵 – 马达式调速回路

泵 – 马达式容积调速回路有变量泵 – 定量马达、定量泵 – 变量马达和变量泵 – 变量马达3 种组合形式。它们普遍用于工程机械、行走机构、矿山机械以及静压无级变速装置中，在机床等设备上应用较少。

（1）变量泵 – 定量马达调速回路（图 6.3.5）。

图 6.3.5（a）所示为变量泵 – 定量马达调速回路原理图。回路中高压管路上设有安全阀 4，用以防止回路过载；低压管路上连接一小流量的辅助泵 1，用以补充主变量泵 3 和马达 5 的泄漏，其供油压力由溢流阀 6 调定。辅助泵与溢流阀使低压管路始终保持一定压力，不仅改善了主泵的吸油条件，而且可置换部分发热油液，降低系统温升。

在这种回路中，液压泵的转速 n_p 和液压马达的排量 V_m 视为常量，改变泵的排量 V_p 可使马达转速 n_M 和输出功率 P_M 随之成比例地变化。马达的输出转矩 T_M 和回路的工作压力 Δp 取决于负载转矩，不会因调速而发生变化，因此这种回路常称为恒转矩调速回路。其回路特性曲线如图 6.3.5（b）所示。需要注意的是，这种回路的速度刚性受负载变化影响的原因与节流调速回路有根本的不同，即随着负载转矩的增加，因泵和马达的泄漏增加，致使马达输出转速下降。这种回路的调速范围一般为 $R_c = n_{Mmax}/n_{Mmin} \approx 40$，多用于液压驱动车辆的主传动、两栖车辆水上驱动、风扇传动、履带式车辆转向、液压起重机、船用绞车等。

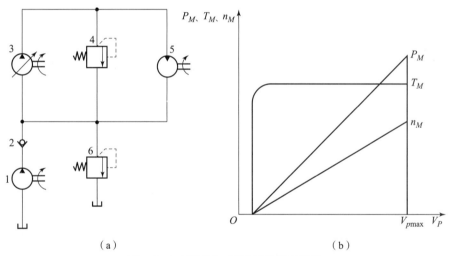

（a） （b）

图 6.3.5　变量泵 – 定量马达调速回路

（a）原理图；（b）回路特性曲线

1—辅助泵；2—单向阀；3—主变量泵；4—安全阀；5—马达；6—溢流阀

（2）定量泵 – 变量马达调速回路（图 6.3.6）。

定量泵 – 变量马达容积调速回路原理图如图 6.3.6（a）所示。当泵的转速不变时，其输出流量为定值，故调节变量马达的排量 V_M，便可对其自身的转速 n_M 进行调节。在该调速回路中，液压马达能输出的转矩随马达排量的变化而变化，但回路能输出的最大功率是恒定的，故这种调速方法称为恒功率调速回路。其回路特性曲线如图 6.3.6（b）所示。

在这种调速回路中，液压泵的转速和排量一定，通过改变马达的排量就可以改变马达的转速，实现无级调速。但是，变量马达的排量不能调得过小，若排量过小，使输出转矩过小而不能带动负载，并且排量很小时转速很高，这时液压马达换向容易发生事故，故该回路调速范围较小。以上缺点限制了这种调速回路的应用。

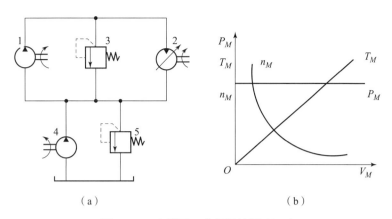

（a）　　　　　　　　　　（b）

图 6.3.6　定量泵 – 变量马达调速回路

（a）原理图；（b）回路特性曲线

1—定量主泵；2—变量马达；3—安全阀；4—辅助泵；5—溢流阀

这种回路主要用于需要恒功率输出，但是输出转速和扭矩要实时调节的系统，如造纸、纺织、轧钢生产线等。

（3）变量泵 – 变量马达调速回路（图 6.3.7）。

在图 6.3.7（a）所示由变量泵和变量马达组成的容积调速回路原理图中，实际上是上述两种调速回路的组合，由于液压泵和马达的排量都可改变，扩大了调速范围，也扩大了对马达转矩和功率输出特性的选择，即工作部件对转矩和功率上的要求可通过对二者排量的适当调节来达到。例如，一般机械设备起动时，需较大转矩；高速时，要求有恒功率输出，以不同的转矩和转速组合进行工作。这时可分两步调节转速：第一步，把马达排量固定在最大值上（相当于定量马达），由小到大调节泵的排量，使马达转速升高，此时属恒转矩调速；第二步，把泵的排量固定在调好的最大值上（相当于定量泵），由大到小调节马达的排量，使马达转速进一步升高，达到所需转速要求，此时属恒功率调速。其特性曲线如图 6.3.7（b）所示。由于泵和马达的排量都可改变，扩大了回路的调速范围，一般为 $R_c \leqslant 100$。此种调速回路可用于车辆传动系统等需要较大调速范围的场合。

3. 容积节流调速回路

容积节流调速回路是利用变量泵供油，用调速阀或节流阀（流量控制阀）改变进入执行元件的流量，以实现工作速度的调节。液压泵的供油量与液压缸所需的流量相适应，无溢流损失（但有一定的节流损失）。因此，这种调速回路具有效率较高、低速稳定性好的特点，常用在速度调节范围大、中小功率的场合，如组合机床的进给系统。图 6.3.8 所示即为一种由限压式变量泵和调速阀组成的容积节流调速回路原理图。

4. 调速回路比较

上述调速回路中，节流调速回路结构简单、调速范围大、调节方便，具有较好的微调性，但节流调速能量损失大、油温升高快。容积调速回路效率高、能量利用合理、不存在节流溢流能量损失，但因变量泵和变量马达均存在死区，所以低速时调节困难，同时也存在速度随负载增加而降低及成本高等缺点。用节流阀（或手动换向阀）配合变量泵来进行的容积节流调速回路，综合了节流调速和容积调速的优点，具有效率高、调速方便、工作稳定等优点。

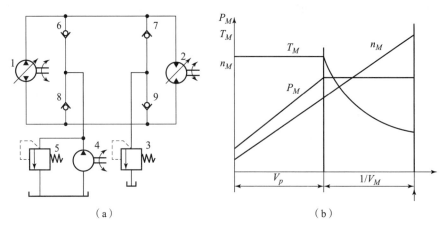

（a）　　　　　　　　　　　　　（b）

图 6.3.7　变量泵 – 变量马达调速回路

（a）原理图；（b）回路特性曲线

1—变量主泵；2—变量马达；3，5—溢流阀；4—辅助泵；6，7，8，9—单向阀

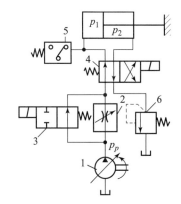

图 6.3.8　限压式变量泵和调速阀组成的容积节流调速回路原理图

1—变量泵；2—调速阀；3—二位二通换向阀；4—二位四通换向阀；5—压力继电器；6—溢流阀

6.3.2　快速运动回路

在工作部件的工作循环中，往往只有部分工作时间要求有较高的速度。若用一个定量泵向系统供油，则低速运动时将使液压泵输出的大部分流量从溢流阀回油箱，造成较大功率损失，并使油温升高。为了克服低速运动时出现的问题，又能满足快速运动的要求，可在系统中设置快速运动回路。快速运动回路的作用在于使执行元件获得尽可能大的工作速度，以提高劳动生产率并使功率得到合理的利用。实现执行元件快速运动的方法主要有 3 种：①增加输入执行元件中的流量；②减小执行元件在快速运动时的有效工作面积；③将以上两种方法联合使用。

常见的快速运动回路有液压缸差动连接的快速运动回路、采用蓄能器的快速运动回路和双泵供油的快速运动回路。

1. 液压缸差动连接的快速运动回路

图 6.3.9 所示为液压缸差动连接的快速运动回路原理图。换向阀 2 处于原位时，液压泵

1 输出的液压油同时与液压缸 3 的左右两腔相通，两腔压力相等。由于液压缸无杆腔的有效面积 A_1 大于有杆腔的有效面积 A_2，使活塞受到的向右作用力大于向左的作用力，导致活塞向右运动。于是无杆腔排出的油液与泵 1 输出的油液合流进入无杆腔，相当于在不增加泵流量的前提下增加了供给无杆腔的油液量，使活塞快速向右运动。

此回路简单经济，可满足很多机器设备工作要求。差动连接的快速运动回路通常用于空载或载荷较小的运动行程。

值得注意的是，在差动连接的快速运动回路中，泵的流量和液压缸有杆腔排出的流量合在一起流过的阀和管路应按合流流量来选择其规格，否则会产生较大的压力损失，增加功率消耗。

2. 采用蓄能器的快速运动回路

图 6.3.10 所示为蓄能器供油的快速运动回路原理图。当执行元件停止工作时，换向阀处于中位，液压泵经单向阀 3 向蓄能器 1 充油。当蓄能器油压达到预定值时，卸荷阀 2 被打开，液压泵卸荷。当系统重新工作时，蓄能器和液压泵同时向液压缸供油，实现快速运动。

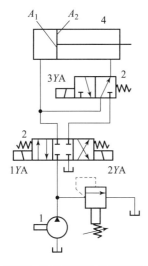

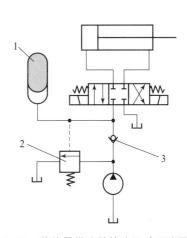

图 6.3.9　液压缸差动连接的快速运动回路原理图
1—液压泵；2—三位四通接向阀；
3—二位三通换向阀；4—液压缸

图 6.3.10　蓄能器供油的快速运动回路原理图
1—蓄能器；2—卸荷阀；3—单向阀

这种回路可以用较小流量的液压泵来获得快速运动，主要用于短期需要大流量的场合。

3. 双泵供油的快速运动回路

图 6.3.11 所示为双泵供油的快速运动回路原理图。由低压大流量泵 1 和高压小流量泵 2 组成的双联泵作为动力源。外控顺序阀 3 和溢流阀 5 分别设定双泵供油和高压小流量泵 2 单独供油时系统的最高工作压力。当换向阀 6 处于图示位置，并且由于外负载很小，使系统压力低于顺序阀 3 的调定压力时，两台泵同时向系统供油，活塞快速向右运动。当换向阀 6 的电磁铁通电，工作在右位时，液压缸有杆腔油液经节流阀 7 回油箱。当系统压力达到或超过顺序阀 3 的调定压力，低压大流量泵 1 通过顺序阀 3 卸荷，单向阀 4 自动关闭，只有高压小流量泵 2 单独向系统供油，活塞慢速向右运动，高压小流量泵 2 的最高工作压力由溢流阀 5 调定。这里应该注意，顺序阀 3 的调定压力至少应比溢流阀 5 的调定压力低 10% ~ 20%。这种回路，低压大流量泵 1 的卸荷减少了能量损失，回路效率较高。

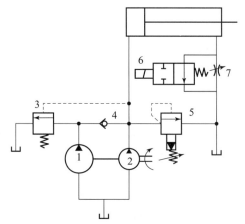

图 6.3.11 双泵供油的快速运动回路原理图

1—低压大流量泵；2—高压小流量泵；3—顺序阀；4—单向阀；
5—溢流阀；6—换向阀；7—节流阀

双泵供油快速运动回路效率高，功率利用合理，速度换接平稳，常用在执行元件快进和工进速度相差较大的场合，特别是在组合机床液压系统中应用较为广泛。

6.3.3 速度换接回路

速度换接回路的作用是使执行元件在一个工作循环内，从一种运动速度变换到另一种运动速度，不同速度换接时要求平稳和位置精确。

1. 机动阀换速回路

图 6.3.12 中，二位四通换向阀 2 在右位，机动阀 4 在下位时，液压缸活塞快速向右运动（快进）。到达所需位置后，活塞挡块压下机动阀 4，回油经过调速阀 6，所以活塞慢速向右运动（慢进）。二位四通换向阀 2 在左位时，活塞快速向左运动（快退）。

2. 调速阀串联换速回路

图 6.3.13 中，二位二通换向阀 5 在左位，调速阀 3 可使液压缸获得多个运动速度。当二位二通换向阀 5 在右位，调速阀 4 可使液压缸获得另外多个运动速度。

3. 调速阀并联换速回路

图 6.3.14 中，二位三通换向阀 5 在左位，调速阀 3 可使液压缸获得几种速度；当二位三通换向阀 5 在右位，调速阀 4 可使液压缸获得另外几种速度。

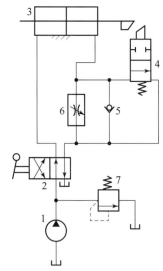

图 6.3.12 机动阀换速回路原理图

1—液压泵；2—二位四通换向阀；3—液压缸；
4—机动阀；5—单向阀；
6—调速阀；7—溢流阀

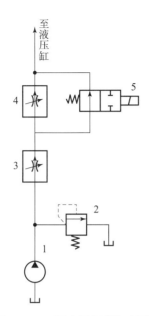 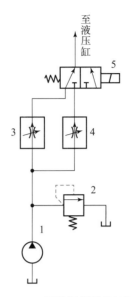

图 6.3.13　调速阀串联换速回路

1—液压泵；2—溢流阀；3，4—调速阀；
5—二位二通换向阀

图 6.3.14　调速阀并联换速回路

1—液压泵；2—溢流阀；3，4—调速阀；
5—二位三通换向阀

6.4　多执行元件控制回路

在液压系统中，如果一个油源给多个执行元件供油，各执行元件会因回路中压力、流量的相互影响而使其动作受到牵制。可以通过压力、流量、行程控制来实现多执行元件按预定的要求动作。

6.4.1　顺序动作回路

顺序动作是使几个执行元件严格按照预定顺序依次动作。按控制方式不同，分为压力控制和行程控制两种。

1. 压力控制顺序动作回路

利用液压系统工作过程中的压力变化来使执行元件按顺序先后动作是液压系统独具的控制特性。图 6.4.1 是顺序阀控制顺序回路原理图。以钻孔机床的液压系统为例，它的动作顺序是：①夹紧工件；②钻头进给；③钻头退出；④松开工件。首先换向阀 5 左位接入回路开始工作，夹紧缸 1 活塞向右运动，夹紧工件后回路压力升高到单向顺序阀 3 的调定压力，单向顺序阀 3 开启，钻孔缸 2 活塞向右运动进行钻孔。钻孔完毕，换向阀 5 右位接入回

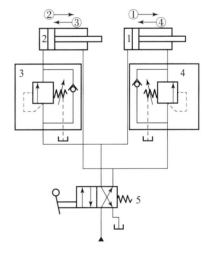

图 6.4.1　顺序阀控制顺序回路原理图

1—夹紧缸；2—钻孔缸；
3，4—单向顺序阀；5—换向阀

路，钻孔缸2活塞先退到左端点（钻头退回），回路压力升高，打开顺序阀4，再使夹紧缸1活塞退回原位。

图6.4.2是用压力继电器控制换向阀电磁铁来实现顺序动作的回路原理图。按起动按钮，电磁铁1YA通电，夹紧缸1活塞右行至终点后，回路压力升高，使压力继电器1K通电而让电磁铁3YA通电，钻孔缸2活塞右行至终点。按返回按钮，1YA、3YA断电，4YA通电，钻孔缸2活塞左行至原位后，回路压力升高，使压力继电器2K动作而让2YA通电，夹紧缸1活塞左行退回原位。

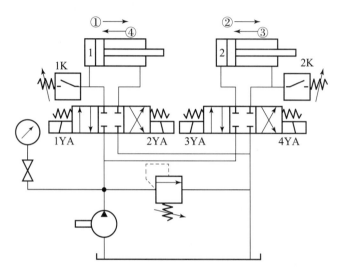

图6.4.2 压力继电器控制顺序回路原理图

1—夹紧缸；2—钻孔缸

在压力控制的顺序动作回路中，顺序阀或压力继电器的调定压力必须大于前一动作执行元件最高工作压力的10%～15%，否则在管路中的压力冲击或波动下会造成误动作，引起事故。

这种回路适用于系统中执行元件数目不多、负载变化不大的场合。

2. 行程顺序动作回路

图6.4.3是行程阀控制顺序动作回路原理图。图示位置两液压缸活塞均退至左端点。电磁换向阀3左位接入回路后，液压缸1活塞向右运动直至终点，活塞杆上的挡块压下行程阀4，液压缸2活塞向右运动直至终点，按下控制按钮使电磁换向阀3电磁铁断电，电磁阀右位接入回路，液压缸1活塞先退回，其挡块离开行程阀4后，液压缸2活塞才退回。这种回路动作可靠，但要改变动作顺序较难。

图6.4.4是采用行程开关控制电磁换向阀的顺序回路原理图。按起动按钮，电磁铁1YA通电，液压缸1活塞向右运动直至活塞杆上的挡块压下行程开关2S，使电磁铁2YA通电，液压缸2活塞向右运动到终点后压下行程开关3S，使1YA断电，液压缸1活塞向左退回，退回原位后压下行程开关1S，使2YA断电，液压缸2活塞再退回。在这种回路中，通过调整挡块位置可调整液压缸的行程，通过电控系统可任意地改变动作顺序，方便灵活，应用广泛。

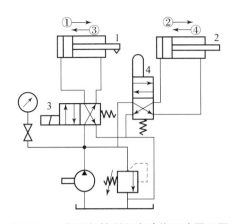

图 6.4.3　行程阀控制顺序动作回路原理图

1，2—液压缸；3—电磁换向阀；4—行程阀

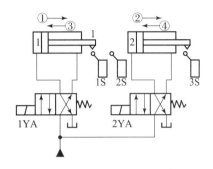

图 6.4.4　行程开关控制顺序回路原理图

1，2—液压缸

6.4.2　同步控制回路

同步控制回路是使系统中两个或两个以上执行元件克服负载、摩擦阻力、泄漏、制造质量和结构变形上的差异，而保证在运动上的同步。同步运动分为速度同步和位置同步两类。速度同步是指各执行元件的运动速度相等，而位置同步是指各执行元件在运动中或停止时都保持相同的位移量。如果严格地做到每瞬间速度同步，则也能保持位置同步。实际上同步回路多数采用速度同步。

1. 用流量控制阀的同步回路

在图 6.4.5 中，两个并联液压缸的进油路上分别串入一个调速阀，调整两个调速阀的开口大小使其相等，从而控制进入两液压缸的流量，可使它们在一个方向上实现速度同步。这种回路结构简单，但调整比较麻烦，同步精度不高，不宜用于偏载或负载变化频繁的场合。采用分流集流阀（同步阀）代替调速阀来控制两液压缸的进入或流出的流量，可使两液压缸承受不同负载时仍能实现速度同步。由于同步作用靠分流阀自动调整，使用较为方便，但效率低，压力损失大，不宜用于低速系统。

2. 串联液压缸的同步回路

有效工作面积相等的两个液压缸串联起来可实现同步运动。这种回路允许较大偏载，因偏载造成的压差不影响流量的改变，只导致微量的压缩和泄漏，因此同步精度较高，回路效率也较高。这种情况泵的供油压力至少是两缸工作压力之和。由于制造误差、内泄漏及混入空气等因素的影响，经多次运行后，将积累为两缸显著的位置差别。为此，回路中应具有位置补偿装置，其原理如图 6.4.6 所示。当两缸活塞同时下行时，若液压缸 1 活塞先到达行程端点，则挡块压下行程开关 1S，使电磁铁 3YA 通电，换向阀 4 左位接入回路，压力油经换向阀 4 和液控单向阀 3 进入液压缸 2 上腔，进行补油，使其活塞继续下行到达行程端点。如果液压缸 2 活塞先到达端点，行程开关 2S 使电磁铁 4YA 通电，换向阀 4 右位接入回路，压力油进入液控单向阀 3 的控制腔，打开液控单向阀 3，缸液压 1 下腔与油箱接通，使其活塞继续下行到达行程端点，从而消除积累误差。

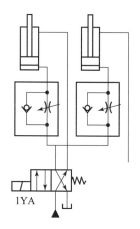
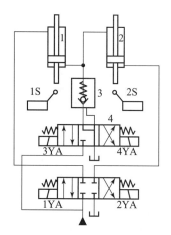

图 6.4.5　液压缸单侧
节流同步回路原理图

图 6.4.6　带补油装置的串联液压缸同步回路原理图
1，2—液压缸；3—液控单向阀；4—换向阀

3. 用同步缸或同步马达的同步回路

图 6.4.7 是同步缸同步回路原理图。同步缸 1 是两个尺寸相同的缸体和两个活塞共用一个活塞杆的液压缸，活塞向左或向右运动时输出或接收相等容积的油液，在回路中起着配流的作用，使有效面积相等的两个液压缸实现双向同步运动。同步缸 1 的两个活塞上装有双作用单向阀 2，可以在行程端点消除两液压缸的同步误差。当同步缸活塞向右运动到达端点时，顶开右侧单向阀，若某个液压缸（3 或 4）没有到达行程终点，压力油便可通过顶开的单向阀直接进入其上腔，使活塞继续下降到端点。同步缸可隔成多段，实现多液压缸的同步运动。

和同步缸一样，用两个同轴等排量双向液压马达作配油环节，输出相同流量的油液亦可实现两缸双向同步，其原理如图 6.4.8 所示。由 4 个单向阀和 1 个溢流阀组成的交叉溢流补油回路可以在液压缸行程终点消除同步误差。

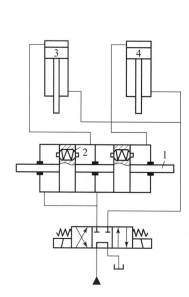
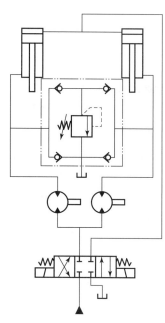

图 6.4.7　同步缸同步回路原理图
1—同步缸；2—单向阀；3，4—液压缸

图 6.4.8　同步液压马达同步回路原理图

这种回路的同步精度比采用流量控制阀的同步回路高，但专用的配流元件带来了系统复杂、成本高等缺点。

思考与习题

6-1. 试用一个先导式溢流阀、两个远程调压阀和两个二位电磁换向阀组成一个四级调压且能卸荷的回路，画出回路图并简述其工作原理。

6-2. 何谓节流调速？采用节流阀的 3 种节流调速回路各有什么优缺点？各适用于什么场合？

6-3. 在采用调速阀的节流调速回路中，将调速阀内的定差减压阀改为定值减压阀是否可以？为什么？

6-4. 何谓容积调速？试画出容积调速回路的特性曲线，并说明其特点和应用场合。

6-5. 请将一个减压阀、一个二位二通电磁换向阀（常态位为常闭）和一个远程调压阀填入题 6-5 图中相应的虚线框内并连接好油路，组成一个二级减压回路。

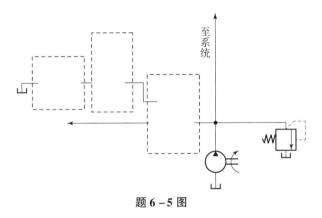

题 6-5 图

6-6. 题 6-6 图示夹紧缸分别由两个减压阀的串联油路（题 6-6 图（a））与并联油路（题 6-6 图（b））供油，两个减压阀的调定压力 $p_{j1} > p_{j2}$。试问这两种油路中，夹紧缸中的油压决定于哪一个调定压力？为什么？

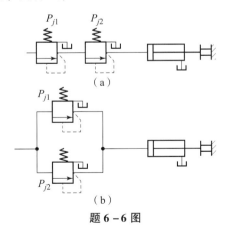

（a）

（b）

题 6-6 图

第7章

车辆液压传动系统

液压系统是为了实现设备或装置的工作要求，将若干液压元件连接或复合而成的油路系统。液压系统种类繁多，按工作特征不同，可分为液压传动系统和液压控制系统两大类。

液压传动系统一般为不带反馈的开环系统。这类系统以传递动力为主，以传递信息为辅，追求传动特性的完善。系统的工作特性由各液压元件的性能和它们的相互作用确定，其工作性能受工作条件变化的影响较大。

液压控制系统一般采用伺服阀等机械或电液控制阀组成带反馈的闭环系统，以传递信息为主，以传递动力为辅，追求控制特性的完善。由于加入了检测反馈环节，所以可以用一般元件组成高精度的控制系统，其控制质量受工作条件变化的影响较小。

当然，液压传动系统和液压控制系统很难完全分开、往往是你中有我，我中有你。

本章所介绍的系统是侧重于传递动力的液压传动系统，在涉及液压控制系统的内容时，仅做简要说明。为了知识结构的完整，本章仅对液压控制系统做简要介绍，其详细内容将在下一章介绍。

液压传动技术的一个重要应用领域就是车辆。现代车辆的发展向着驾驶方便、运行平稳、乘坐舒适、安全可靠、节能环保的方向发展。液压传动技术的特点与之相适应，被广泛应用于车辆传动、操纵控制、辅助系统及作业方面，如某些农用机械、森林机械、工程机械采用纯液压驱动系统，车辆能够获得大而稳定的驱动力。将液压传动技术应用于履带式车辆转向系统，可使履带式车辆实现无级转向和中心转向，大大提高车辆的机动性和操纵灵活性。液压技术在车辆悬架装置、制动装置、液压转向助力装置等方面的应用提高了车辆的舒适性、安全性和操纵性等方面的性能。

本章介绍液压技术在车辆传动、操纵控制、辅助系统以及特种作业车辆的作业等几个方面的应用。

通过本章的学习，应掌握以下内容：

(1) 液压系统的分类；

(2) 阅读、分析液压系统原理图的步骤和方法；

(3) 典型车辆液压系统；

(4) 液压传动系统设计计算的主要内容、步骤和方法。

7.1　液压传动系统的分类

现代机械设备所用液压传动系统虽然各不相同且较为复杂，但从不同角度出发，总可以把它们分成几种不同的类型。了解和掌握液压系统的类型、原理、特点和作用，是分析和设计复杂液压系统的基础。

7.1.1　开式系统和闭式系统

液压传动系统按照工作介质的循环方式不同，可分为开式系统和闭式系统。

1. 开式系统

如图 7.1.1 所示，开式系统是指液压泵在原动机驱动下从油箱吸油，它排出的高压油经控制阀进入执行元件，驱动工作机构对外做功，执行元件的回油再经控制阀返回油箱。

开式系统的优点：结构简单，工作油液可在油箱中经冷却、分离空气、沉淀杂质后再进入工作循环。

开式系统的缺点：油箱内的油液直接与空气接触，使空气易于渗入系统，导致工作机构运动不平稳并会产生其他不良后果。

开式系统中的液压泵为单向定量泵或变量泵，工作机构的换向是通过换向阀实现的。这种方式容易产生液压冲击。另外，开式系统一般都存在溢流损失和节流损失，这些损失将转变为热能，使油温升高，不利于系统的正常工作。

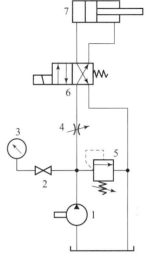

图 7.1.1　开式系统

1—液压泵；2—压力表开关；
3—压力表；4—节流阀；
5—溢流阀；6—电磁
换向阀；7—液压缸

2. 闭式系统

如图 7.1.2 所示，闭式系统是指液压泵输出的压力油直接进入执行元件，执行元件的回油直接返回液压泵的吸油口，工作液体在系统的管路中进行封闭循环。

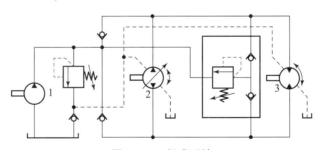

图 7.1.2　闭式系统

1—补油泵；2—双向变量泵；3—双向定量马达

闭式系统的优点：系统结构较为紧凑，泵的吸油条件好，油液与空气接触的机会较少，空气不易渗入系统，故传动的平稳性较好。

闭式系统的缺点：由于油液基本上都在闭合回路内循环，油液的散热和过滤的条件较开式系统差，油液温升较高。同时，系统在工作过程中也存在油液泄漏，通常需要一个小容量的补油泵和油箱实现补油、冷却和换油，因此这种系统实际上是一个半闭式系统。

闭式系统中的液压泵一般为双向变量泵，其执行元件一般为定量或变量马达。工作机构的变速和换向可以通过调节变量泵或变量马达的变量机构实现，这就避免了在开式系统换向过程中所出现的液压冲击和能量损失。

闭式系统结构复杂，成本较高，通常用于功率较大的液压系统。

由于开式系统和闭式系统中液压泵的吸油方式和吸油条件不同，导致对液压泵的要求就不同。液压泵厂家针对上述不同，把高压系统中常用的斜盘式轴向柱塞泵分为开式泵和闭式泵。

开式泵为单向泵，为了避免产生吸空现象，泵的吸油口通流面积一般较大，需要接通径较大的吸油管路，且泵的额定转速一般不高。对自吸能力较差的液压泵，通常将其工作转速限制在额定转速的 75% 以内，或增设一个自吸能力强的辅助泵为其供油。

闭式泵一般为双向泵，进出油口对称设计，吸油口直接与执行元件的回油相接。由于回油有一定的背压，不容易吸空，所以其额定转速一般较高。闭式泵的后盖上通常集成有各种液压阀，某些闭式泵还带有补油泵和过滤器。

闭式系统中的执行元件一般为液压马达。液压马达和液压缸没有开式和闭式之分。

7.1.2　工业液压系统和移动液压系统

某些欧美国家根据液压技术的应用领域不同将液压系统分为"工业液压"和"移动液压"两类。

工业液压一般指普通工业固定设备的液压系统，如油压机、注塑机、轧钢机、机床和材料试验机等的液压系统。移动液压是指用于能够自行或借助外力在室外移动的机具和设备的液压系统，如工程机械、农业机械、特种车辆等的液压系统。这种分类并没有包括特殊领域的液压设备，如航空、航天和航海领域等。

就工作原理和内部的基本结构而言，移动设备所装用的各种液压元器件与工业固定设备上的没有很大区别，许多产品实际上也是通用的。但基于移动设备与固定设备在使用环境及主机形态方面的不同，两者之间在系统方案、元件选择、性能要求等方面存在差异。

移动设备的安装空间通常狭窄，其上的液压部件需具有体积小、效率高、耐高温、耐振动、抗腐蚀等特点，选择范围窄，价格较高，很多元件还需要量身定制。为了减小油箱体积，大功率传动的主回路多为闭式回路。

固定设备对液压系统的体积、重量没有过多要求，对泵、阀的选择范围很宽，主要关注系统在带载连续运行时的寿命及可靠性问题，因此多选用成熟的标准产品。为了使油液充分散热、沉淀、排气等，多为开式系统。

7.1.3　单泵系统和多泵系统

液压传动系统按照所使用液压泵的数量，可分为单泵系统和多泵系统。

1. 单泵系统

由一个液压泵向一个或一组执行元件供油的液压系统称为单泵系统。单泵系统适用于不需要进行多种复合动作的设备。对于某些需要实现复合运动的工程车辆如液压挖掘机、液压起重机等，其工作循环中多个执行元件需要同时动作又要分别调节，单泵系统就难以满足系统要求。为了更有效地利用发动机功率与提高工作性能，就必须采用多泵系统。

2. 多泵系统

由两台或两台以上的液压泵向一个或多个执行元件供油的系统称为多泵系统。

图 7.1.3 为双泵高低压供油液压系统原理图。双泵系统实际上是两个单泵系统的组合。每台泵可以分别向各自回路中的执行元件供油。每台泵的功率根据各自回路中所需要的功率而定，可以保证进行复合动作。当系统中只需要进行单个动作而又要充分利用发动机功率时，可采用合流供油方式，即将两台液压泵的流量同时供给一个执行元件，这样可使工作机构的运动速度加快一倍。这种双泵液压系统在中小液压挖掘机和起重机中已被广泛采用。

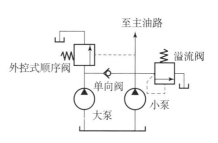

图 7.1.3　双泵高低压供油液压系统原理图

图 7.1.4 为多泵分级恒功率供油系统的一个实例。该系统由 3 台定量液压泵组成。由原动机驱动 3 台定量液压泵 1、2、3，其额定流量为 q_0，溢流阀 4、液动换向阀 5、6 的控制压力的相互关系为 $p_A = 2p_B = 3p_C$。系统工作时，可根据系统压力自动切换向系统供油的定量泵数量，达到近似恒功率输出的目的，以充分利用原动机的功率。系统工作时的压力 - 流量曲线则近似为恒功率曲线，如图 7.1.4（b）所示。

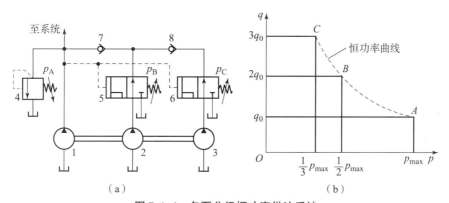

（a）　　　　　　　　　　　　　（b）

图 7.1.4　多泵分级恒功率供油系统

（a）原理图；（b）压力 - 流量曲线

1，2，3—定量液压泵；4—溢流阀；5，6—液动换向阀；7，8—单向阀

7.1.4　有级调速系统和无级调速系统

1. 有级调速系统

有级调速系统是指执行元件的速度调节是分级不连续的系统。有级调速的方式有很多，包括用合流阀来改变系统的供油方式，采用单泵供油或双泵供油进行两级调速，用双速阀或二位四通电磁阀来改变内曲线马达作用柱塞数、有效作用次数、液压马达串并联从而调节系统速度的有级调速等。

2. 无级调速系统

无级调速系统是指执行元件的输出速度是连续可调的系统。无级调速一般有节流调速、容积调速及容积节流调速 3 种方式。

节流调速由于结构简单、使用维护方便、调速范围大、低速微动性能好，所以在特种车辆的作业系统中应用较多。

容积调速不存在节流或溢流的能量损失，系统发热少、效率高、能量利用合理，在大功率设备的液压系统中获得更广泛应用。

在某些大型液压系统中，将有级调速和无级调速组合在一起应用，也称为复合调速系统，采用复合调速系统可使设备获得工程上所需要的各种调速及性能要求。

7.1.5　串联系统和并联系统

液压传动系统按一台液压泵向多个执行元件的供油方式，可分为串联系统和并联系统。

1. 串联系统

在具有两个以上执行元件的液压系统中，除第一个执行元件的进油口和最后一个执行元件的出油口分别与液压泵和油箱相通外，其余执行元件的进、出油口依次顺次相连，这样的系统称为串联系统。如图 7.1.5 所示，当手动换向阀 3、4 处在工作位置时，液压缸 5、6 串联工作，液压缸 6 的输入流量等于液压缸 5 的输出流量，两个液压缸可同时动作，互不干扰。由于执行元件的压力是叠加的，液压泵的工作压力较高，所以重载时，两个液压缸不宜同时工作。

应当指出，液压缸和液压马达不能混合串联，因为液压缸的往复间歇运动，会影响液压马达的稳定运转。串联系统适用于负载不大、速度稳定的小型设备。

2. 并联系统

液压泵排出的高压油液同时进入两个以上执行元件，各执行元件的回油都流回油箱的系统称为并联系统，如图 7.1.6 所示为两个液压缸并联的系统原理图。

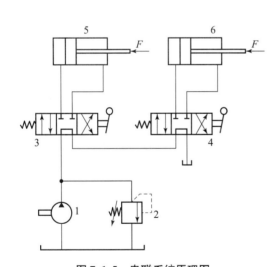

图 7.1.5　串联系统原理图

1—液压泵；2—溢流阀；

3，4—手动换向阀；5，6—液压缸

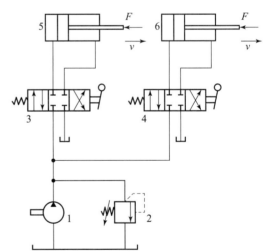

图 7.1.6　并联系统原理图

1—液压泵；2—溢流阀；

3，4—手动换向阀；5，6—液压缸

并联系统中，液压泵的输出流量等于进入各执行元件流量之和，而泵的出口压力则由外载荷最小的执行元件决定。当两个执行元件同时起动时，油液首先进入外载荷小的元件，而且系统中任一执行元件的载荷发生变化时，都会引起系统流量重新分配，致使各执行元件的运动速度也发生变化。因此，这种系统只适用于外载荷变化较小、对执行元件的运动速度要求不严格的场合。

液压系统除有上述分类之外，还可以按照所采用液压泵的形式不同，分为定量泵系统和变量泵系统，按照速度调节元件的不同分为泵控系统和阀控系统等。

7.2　车辆液压驱动系统

液压驱动方案主要适用于以内燃机为动力源的现代工程机械、起重运输机械、农林机械、特种车辆及军用武器机动平台等领域，在高速乘用车上应用相对较少。液压传动技术用于车辆驱动系统具有可实现无级变速、直接换向、过载保护、操作舒适、布局灵活等优点。

下面分别对轮式车辆和履带式车辆的液压驱动系统进行简单介绍。

7.2.1　轮式车辆液压驱动系统

轮式车辆的液压驱动方式可以分为中央驱动方式和车轮独立驱动方式两种。

1. 中央驱动方式

这种驱动方式以液压驱动装置代替传统的机械或液力机械变速器，保留了车辆原有的驱动桥等装置，车辆的转向、差速、四轮接地平衡等方式不变，可以是单轴驱动，也可以通过机械分动箱实现多轴驱动。这种驱动方式的优点是结构简单，与传统车辆部件互换性强，适用于机械传动或液力机械传动产品的系列化；其缺点是未能从根本上改变车辆的结构布置，车辆的性能和牵引力特性也没有质的改变。

对于采用中央驱动方式的系统，可以是纯液压驱动，如图 7.2.1（a）和图 7.2.1（b）所示，也可以是液压机械分流传动，如图 7.2.1（c）所示。前者结构简单，多用于低速车辆，如工程车辆、农用机械等；后者兼有机械传动的高效率和液压传动无级变速的特点，多用于大功率或高速车辆。

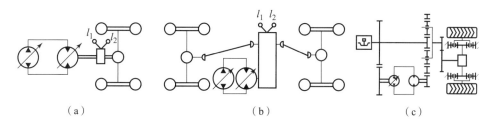

图 7.2.1　轮式车辆中央驱动方式

不管是纯液压传动，还是液压机械复合传动（分流传动），其液压传动部分通常都是变量泵和变量马达（或定量马达）组成的闭式容积调速回路。

下面以 OYC98 - 3 型越野叉车为例，介绍轮式车辆液压驱动系统。

越野叉车驱动系统主要由柴油机、静压系统、分动箱、传动轴和驱动桥组成，其行走机构传动原理示意图如图 7.2.2 所示。其中，静压系统中包括变量泵、变量马达、滤油器、变量缸以及各组成部分相连接的传输管路。

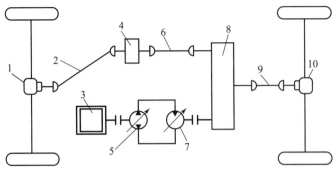

图7.2.2 越野叉车行走机构传动原理示意图

1—前桥；2—前传动轴；3—柴油机；4—传动轴支架；5—A4VG90 变量泵；6—中间传动轴；

7—A6VM107 变量马达；8—两挡传动箱；9—后传动轴；10—后桥

越野叉车行走机构静压系统采用的是变量泵 – 变量马达的组合方式，使液压泵和液压马达组成闭式容积调速回路，依靠改变液压泵或液压马达的排量来调节执行元件的工作速度。行走机构液压传动系统原理图如图 7.2.3 所示，其工作原理如下：

由辅助泵 2 输出的压力油经过 DA 控制阀 3 和三位四通电磁换向阀 4，通过变量缸 5 无级调整变量泵 6 的斜盘倾角进而调整其排量。DA 控制阀 3 的作用是输出与转速有关的调整压力，在结构上相当于一个二位三通液控伺服阀，阀芯在多个液压力及弹簧力的综合作用下移动，对压力进行控制。当发动机转速升高时，辅助泵 2 流量增加，DA 控制阀 3 输入流量增加，使其左右控制压力的压差增加，导致阀芯左移，输出点压力增加，作用在变量油缸上使变量泵 6 排量增加；反之，当发动机转速降低时变量泵 6 排量减小。安全阀 7、8 的作用是限制系统的最高压力，它们右侧的单向阀的作用是使辅助泵向低压腔补油。三位四通电磁换向阀 4 的作用是控制变量油缸向左、向右或居中，使变量泵 6 正向、反向供油或不供油。卸荷阀 10 的作用是当从右侧梭阀引来的高压油的压力达到调定压力时，使变量泵的排量为零，达到压力切断的目的，其调整压力比安全阀低 20 ~ 30 bar。微动控制阀 11 的作用是通过踏板改变节流阀口面积，间接改变变量泵 6 的控制压力，以改变变量泵的排量，实现叉车的微动。完全踏下微动踏板，节流阀全开，辅助泵 2 的流量全部回流油箱，变量泵排量为零，车轮停止行驶；稍微放松踏板，车辆缓慢行驶；完全松开踏板，节流阀关闭，车辆正常行驶。溢流阀 13 的作用是当精过滤器 12 堵塞时，流过精过滤器的油液从溢流阀流回辅助泵吸油口，变量泵输出的压力油从 A 或 B 两个方向驱动变量马达 14 旋转，使车辆前进或后退。三位四通电磁换向阀 4 输出的控制压力 p_{X1} 和 p_{X2} 以及变量泵输出的压力油 A 和 B 经过二位六通液动换向阀 15 的切换后，经过 DA 控制阀 16 进入变量缸 17 调节变量马达的排量，变量马达高压腔压力油接 DA 控制阀 16 的右液控口和变量缸左腔，控制压力 p_{X1} 或 p_{X2}（由二位六通液动换向阀 15 控制）接 DA 控制阀 16 的左液控口。DA 控制阀 16 的阀芯左边受到控制压力的作用，右边受到高压工作腔压力和弹簧力的双重作用。当马达输出扭矩较小时，高压工作腔压力较低，DA 控制元件阀芯右移，压力油进入马达变量缸右腔，使马达排量减小，转速升高；反之，当马达输出扭矩较大时，高压工作腔压力较高，DA 控制元件阀芯左移，马达变量缸右腔接回油，使马达排量增大，转速降低。三位三通液动换向阀 19 和溢流阀 18 的作用是使低压腔的油液以一定的压力流入变量马达的壳内，达到冲洗散热和换油的目的。二位四通电磁换向阀 20 的作用是使变量泵的控制油 X1 控制马达的变量或使二位六通液动换向阀 15 左腔泄油。

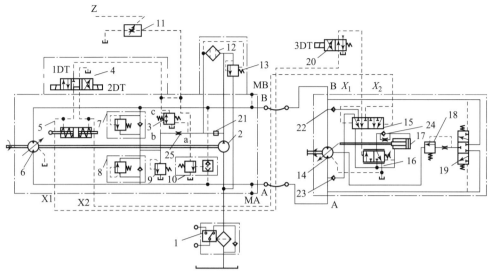

图 7.2.3　越野叉车行走机构液压传动系统原理图

1—过滤器；2—辅助泵；3，16—DA 控制阀；4—三位四通电磁换向阀；5—变量泵变量缸；6—变量泵；
7，8—安全阀；9，13，18—溢流阀；10—卸荷阀；11—微动控制阀；12—精过滤器；14—变量马达；
15—二位六通液动换向阀；17—变量马达变量缸；19—三位三通液动换向阀；20—二位四通电磁换向阀；
21—短管；22，23—单向阀；24—单向节流阀；25—节流口

2. 车轮独立驱动方式

该方案每一个驱动轮都由单独的液压马达（或称为"轮毂马达"）驱动，以液压方式实现各驱动轮之间的同步和差速功能（图 7.2.4）。

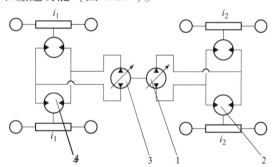

图 7.2.4　轮式车辆车轮独立驱动方案

1，3—变量泵；2，4—定量马达

轮毂马达驱动的优点是节省安装空间，车轮可直接分别安装在车架的两侧，空出左右轮中间原本为驱动桥占据的空间供布置必要的动力装置、工作部件、物流通道或低地板的载客载货车厢之用，更便于以模块方式设计主机，满足主机在形态和某些尺度方面的特殊要求。轮毂马达驱动方式可以实现速差转向和原地转向，对履带和轮式车辆都适用。

用车轮独立驱动方式，省去了车桥、变速箱和差速器，因此降低了重心，扩大了视野，提高了传动效率和附着性能，有利于车辆在越野路况行驶。

7.2.2　履带式车辆液压驱动系统

1. 综合传动装置转向系统

现代主战坦克、步兵战车和装甲运兵车等大功率履带式车辆广泛采用液压或液压复合转

向方案，图 7.2.5 所示为某履带式车辆的液压转向方案原理图。发动机输出的功率经分流机构在变速箱输入轴上分为两路，一路经变速箱完成传动比的变化后输出至两侧行星排齿圈，另一路经由变量泵和定量马达组成的液压转向机构输出至转向零轴的左右锥齿轮，转向零轴再经齿轮副将功率传递至两侧行星排太阳轮，两侧行星排行星架输出功率至主动轮。

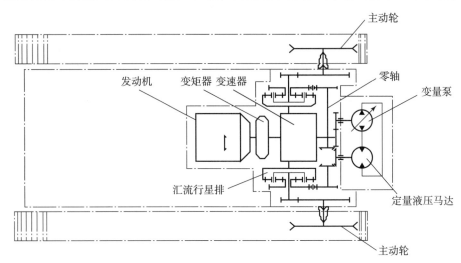

图 7.2.5 履带式车辆液压转向方案原理图

当履带式车辆直驶时，液压转向机构不工作，转向零轴被液压马达制动住，两侧汇流行星排成为定传动比的减速器。发动机输出功率全部由变速箱输出至左右两侧行星排，两侧行星架输出转速相等，履带式车辆处于稳定的直驶状态。

当履带式车辆进行原地转向时，变速箱被制动，不输出转速，仅液压转向机构输出功率，因转向零轴的左右锥齿轮速度相同，旋转方向相反使两侧行星排行星架输出转速大小相等、方向相反。履带式车辆实现转向半径为零的中心转向，能在复杂条件下迅速从一个目标向另一个目标调整。

当履带式车辆以其他转向半径转向时，变速箱和液压转向机构同时输出功率，液压马达的旋转通过零轴使左右汇流行星排的太阳轮产生转速相同、旋转方向相反的转动，它们在汇流行星排中与机械功率流分支中的齿圈的转速叠加，引起一侧主动轮的转速增大，而另一侧的转速减小。这样便可通过控制液压转向机构的转速控制两侧履带之间的线速度差，使车辆的转向半径无级调节而不会在传动系统内引起附加的滑动摩擦损失。因为变量泵排量和流向均可调，马达输出转速可无级变化，故履带式车辆可以实现任意转向半径的无级转向，从而显著提高了履带式车辆的机动性。

2. 履带式车辆液压驱动系统

液压驱动在一些履带式特种作业机械、路面机械、压实机械中应用较多，典型代表有推土机（牵引型）、挖掘机（非牵引型）和沥青摊铺机（精确控制型）。

牵引型底盘要求具有低速大牵引力和高速行驶能力，驱动装置应具有很大的扭矩和速度变化范围，以与变化剧烈的载荷相适应，从而提高发动机的功率利用率。非牵引型底盘仅要求自行走能力，扭矩和速度变化范围小，驱动装置比较简单，不作为讨论对象。精确控制型底盘不仅要求有较大的牵引力和行驶速度，而且特别要求具有精确控制的牵引速度，因为这类机械的行走速度是影响其作业质量的关键因素。

图 7.2.6 所示为大功率履带式牵引车辆液压驱动原理图。两侧履带分别由两个对称的双马达减速驱动装置驱动，通过控制两侧液压泵的不同排量及供油方向，可以实现前进、后退、直行、转弯等功能。由于为双泵供油方式，为操纵方便以及达到液压系统与发动机良好匹配，液压泵选用电动比例排量控制，通过与微控制器相结合，将发动机的转速、供油量参数和液压系统压力、泵排量等参数输入控制器计算，使发动机和液压泵达到最佳匹配和自动控制。马达 1 为主传动元件，完成主要工作，宜选用高速变量马达。马达 2 可选用高速变量马达，亦可选用内曲线多作用低速大扭矩马达或斜轴式变量马达。当两马达均为高速变量马达时，可以在最低转速和最高转速之间进行连续无级变速。马达 2 为低速或中速马达时，通过两马达的不同排量组合和交替工作可形成 3~4 个挡位。马达的变量控制方式可采用微控制器控制方式或高压自动变量方式，前者性能好但比较麻烦，后者则简单可靠，因而应用也更普遍。

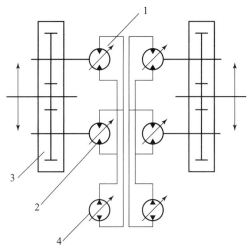

图 7.2.6　大功率履带式牵引车辆液压驱动原理图

1，2—变量马达；3—履带；4—变量泵

双马达减速驱动装置用于牵引型履带驱动具有下述特点：

（1）可以在 500 kW 的功率范围内，提供 2~10 km/h 甚至更高的高效工作速度来满足履带式车辆的各种要求；

（2）无离合器、变速箱等，结构简单、工作可靠、成本较低；

（3）两侧履带形成独立的液压回路，便于转向和直线行驶控制，无节流式调速产生的功率损失，特别是避免了两侧并联驱动时，一侧附着条件不好而影响另一侧牵引力的发挥。

小型履带式底盘中为降低成本可以采用单泵分流驱动两侧马达的方式，由于功率小且变速范围小，常采用单马达减速驱动装置，马达为无级变量方式，如图 7.2.7 所示。

车辆的转向通过方向机（方向盘或手柄）操纵的可变分流阀来改变两侧供油量来实现，当一侧履带附着情况不良时，亦可通过分流阀在两路产生不同压降来平衡，保证两侧压力相等，使附着条件良好一侧的履带充分发挥牵引力。

这种驱动方式的特点是结构非常简单，成本低。不足之处在于分流阀控制行驶方向需随时调整，直线行驶性差，且会产生压降，消耗部分能量。

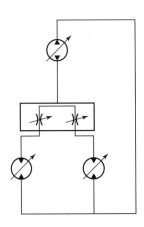

图 7.2.7　小型履带式车辆液压驱动系统原理图

7.3　车辆液压操纵系统

车辆液压操纵系统是指不以传递功率为主要目的，而是以控制车辆的转向、制动、变速器的换挡、悬挂系统减振等动作为目的的液压系统。这几种系统的共同特点是其执行元件都是液压缸。

7.3.1　车辆液压助力转向系统

为了使车辆转向轻便，保证行驶安全，一般重型汽车、大型客车和乘用车普遍采用助力转向装置。助力转向装置主要分为液压助力、气压助力和电助力 3 种。液压助力转向装置，就是在机械转向系统中增设液压助力转向装置，即借助液压传动所产生的动力，减轻驾驶员的操作力，并使汽车改变行驶方向的装置。应该说明的是，在液压机构失效的情况下，驾驶员凭借纯机械转向机构仍然能够实现转向功能，液压系统只是起助力作用，所以称为液压助力转向系统。

如图 7.3.1（a）所示，助力转向系统主要由转向油泵 3、转向控制阀（阀芯 7 和阀体 9）、螺杆螺母式转向器（11、12）及助力缸 15 等组成。转向控制阀阀芯 7 与转向螺杆 11 连为一体，两端设有两个止推轴承。由于阀芯 7 的长度比阀体 9 的宽度稍大，所以两个止推轴承端面与阀体端面之间有轴向间隙 h，使阀芯 7 连同转向螺杆 11 一起能在阀体内做轴向移动。回位弹簧 10 有一定的预紧力，将两个反作用柱塞顶向阀体两端，滑阀两端的挡圈正好卡在两个反作用柱塞的外端，使滑阀在不转向时一直处于阀体的中间位置。滑阀上有两道油槽 C、B，阀体的相应配合面上有 3 道油槽 A、D、E。转向油泵 3 由发动机通过带或齿轮来驱动，压力油经油管流向控制阀，再经控制阀流向动力缸 L、R 腔。

1. 车辆直线行驶

阀芯 7 在回位弹簧 10 和反作用阀 8 的作用下处于中间位置，助力缸 15 两端均与回油孔道连通，油泵输出的油液通过进油道量孔 4 进入阀体 9 的环槽 A，然后分成两路：一路通过环槽 B 和 D，另一路流过环槽 C 和 E。由于阀芯 7 在中间位置，两路油液经回油孔道流回油箱，整个系统内油路相通，油压处于低压状态。

2. 车辆向右转弯

转向螺杆 11（左旋螺纹）顺时针方向转动，与转向轴制成一体的阀芯 7 和转向螺杆 11 克服回位弹簧 10 及反作用阀 8 一侧的油压的作用力而向右移动。此时如图 7.3.1（b）所示，环槽 A 与 C、B 与 D 分别连通，而环槽 C 与 E 使进油道与助力缸 15 的 L 腔相通，形成高压回路；环槽 B 与 D 使回油道与 R 腔相通，形成低压回路。在油压差的作用下，活塞向右移动，而转向螺母 12 向左移动。纵拉杆 13 也向右移动，带动转向轮向右偏转。由于系统压力很高（一般为 8 MPa 以上），车辆转向主要依靠助力缸产生的推力，驾驶员作用于转向盘的转向力矩基本上是打开滑阀所需的力矩，一般为 5～10 N·m，最大不超过 10 N·m，因而转向操纵十分轻便。

3. 车辆向左转弯

如图 7.3.1（c）所示，阀芯 7 左移，油路改变流通方向，助力缸 15 加力方向相反。

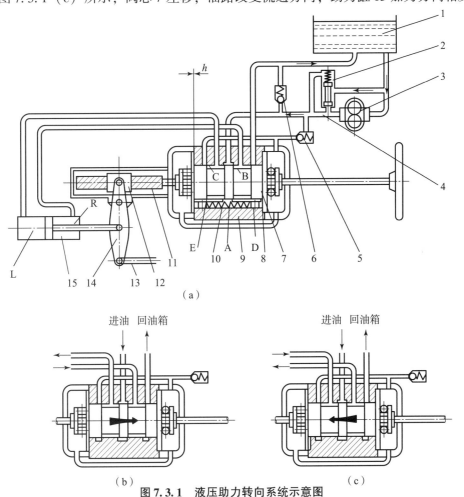

图 7.3.1　液压助力转向系统示意图

1—储油罐；2—溢流阀；3—转向油泵；4—进油道量孔；5—单向阀；6—安全阀；7—转向控制阀阀芯；8—反作用阀；9—转向控制阀阀体；10—回位弹簧；11—转向螺杆；12—转向螺母；13—纵拉杆；14—转向垂臂；15—助力缸；L—动力缸左腔；R—动力缸右腔

在转向过程中，助力缸的油压随转向阻力而变化，二者相互平衡。车辆转向时，助力缸只提供动力，而转向过程仍由驾驶员通过方向盘进行控制。

7.3.2 车辆 AT 变速器液压系统

电控液力机械自动变速器（Automatic Transmission，AT）是目前使用最普遍的一种自动变速器，主要由液力变矩器、行星齿轮变速机构和电子液压控制系统三大部分组成。其中，电子液压控制系统又分为电子控制系统和液压控制系统两部分。

电子控制系统包括微机、各种传感器、电磁阀及控制电路等，它将控制换挡的参数（如车速、油门开度等）通过传感器变为电信号，经过微机的处理，将控制信号作用于换挡电磁阀，通过液压控制系统来实现换挡。

液压控制系统由动力元件、执行机构和控制机构组成。动力元件是液压泵，执行机构包括各离合器、制动器的液压缸，控制机构包括主油路调压阀、手动阀、换挡阀及锁止离合器控制阀等。图 7.3.2 所示为液压控制系统的组成示意图。

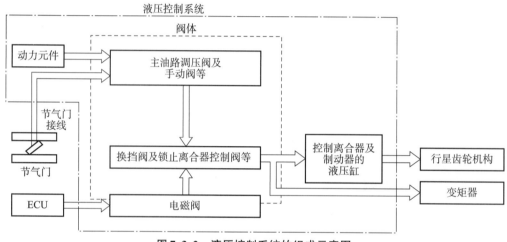

图 7.3.2　液压控制系统的组成示意图

下面以艾里逊公司的 3000 系列六速自动变速器为例，说明自动变速器液压控制系统的组成及其换挡操纵液压系统的工作原理。

1. 动力传递路线

图 7.3.3 所示为该六速自动变速器的传动简图，其主要由液力变矩器、闭锁离合器 CL、旋转离合器 C1 和 C2、制动离合器 C3 ~ C5 和 3 排行星齿轮组成。动力从输入端输入，当闭锁离合器 CL 不工作时，动力直接经过液力变矩器传至 C1 和 C2 旋转离合器输入端口；当闭锁离合器 CL 工作时，动力完全经其传递至 C1 和 C2 旋转离合器输入端口。变速器共有 5 个活塞缸，分别控制 5 个离合器的接合和分离，如表 7.3.1 所示。

2. 液压控制系统组成及工作原理

图 7.3.4 所示为液压控制系统组成原理图，液压控制系统由液压泵、滤油器、安全阀、主调压阀、主控制油压调节阀、液力变矩器、液力变矩器导流阀、变矩器调压阀、冷却器、润滑油压调节阀、蓄能器、换挡阀、排油背压阀、锁定阀 C1 和 C2、闭锁离合器 CL、离合器 C1 和 C2、制动器 C3 ~ C5、电磁阀等组成。各电磁阀中，TCC 和 MAIN MOD 电磁阀为常闭开关电磁阀，PCS1 和 PCS2 电磁阀为常开比例电磁阀，PCS3 和 PCS4 电磁阀为常闭比例电磁阀，SS1 为两位三通电磁阀。

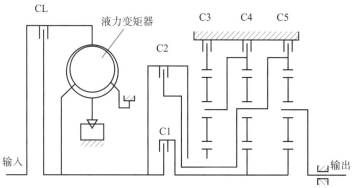

图 7.3.3　六速自动变速器的传动简图

表 7.3.1　离合器工作表

挡位	离合器					
	CL	C1	C2	C3	C4	C5
N（空挡）						ON
1		ON				ON
2	ON	ON			ON	
3	ON	ON		ON		
4	ON	ON	ON			
5	ON		ON	ON		
6	ON		ON		ON	
R（倒挡）			ON			ON

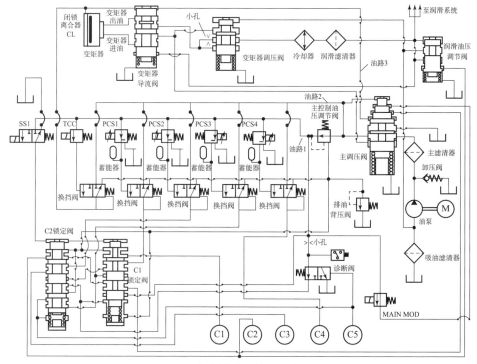

图 7.3.4　AT 变速箱液压控制系统组成原理图

在此系统中，液压泵提供随转速而变化的流量，系统最高压力由安全阀来限制，而正常情况下其压力由主调压阀来控制。主调压阀有 4 个反馈油路，即出油口油路、闭锁离合器反馈油路、C1 锁定阀反馈油路和常闭电磁阀（MAIN MOD）出口油路，使得主调压阀调节出来的油压能满足车辆在空挡、倒挡、低挡和高挡所需的各种压力。油液经主调压阀后有 3 个走向：油路 1 经过主控制油压调节阀二次调压至各个电磁阀，电磁阀动作后控制油液作用于换挡阀使其也随之动作，为使换挡阀换挡平顺，免受液压冲击的影响，控制支路上加设了微小蓄能器，另外此油路也为锁定阀、诊断阀和 MAIN MOD 电磁阀提供控制油液；油路 2 至各换挡阀，当换挡阀受电磁阀控制而工作时此油路将作用于离合器油缸实现离合器的接合；油路 3 是流向液力变矩器，经变矩器导流阀、变矩器调压阀和冷却器后润滑变速器内部零件。

变矩器导流阀和变矩器调压阀是用来调节液力变矩器进、出口压力和流量的，其中变矩器导流阀又由 TCC 常闭开关阀控制。当变速器处于 1 挡时，TCC 常闭开关阀不工作，因此其对应的换挡阀出口压力为零，变矩器导流阀上端因不受压力而处在上部完全打开的位置，其入口压力因此而变小，使得变矩器调压阀阀芯处于上部，最终致使油液完全经导流阀流入到液力变矩器内工作。

由于 1 挡需要液力变矩器工作，但是其有功率损失，在工作的过程中有大量的热产生，完全流入的油液把这些热量带出，经冷却后至润滑系统。当车辆在 2 挡以上行驶时，TCC 常闭开关阀通电工作，促使闭锁换挡阀工作，进而推动闭锁离合器接合工作，由输入轴传递的扭矩通过闭锁离合器传递出去，而变矩器退出工作，其发热量也随之减少，几乎处于不发热状态，因此只需少量油液流进液力变矩器带出热量，大部分的油液因此直接经变矩器调压阀流至热交换器后流入润滑系统。

为了控制换挡阀和锁定阀直至控制各个离合器的接合与分离以实现不同挡位的变化，ECU 通过程序直接控制 PCS1、PCS2、PCS3、PCS4、TCC、SS1 电磁阀的通断。PCS1、PCS2、PCS3、PCS4 4 个压力控制电磁阀可由电流比例控制，得到低于二次调压后的任意控制压力，此控制压力作用在换挡阀阀芯上，可以得到阀的不同开度，使得经换挡阀控制后至各离合器的压力变化可调节，另外兼有蓄能器的作用，最终使得车辆在行进换挡过程中平稳无冲击，有良好的舒适性。

锁定阀 C1 和 C2 由 SS1 控制，其作用不但配合换挡阀控制以实现不同挡位，而且还起断电保护的作用。也就是说，当电磁阀均断电时，两个常开压力控制阀出来的油液经锁定阀 C1 和 C2 当时锁定的油路通道控制某两个离合器工作，仍能让车辆继续行驶。

针对断电保护，以 6 挡为例来讲述，其他挡位的断电保护，读者可自行推导。当车辆以自动挡 6 挡高速正常行驶时，常开比例电磁阀 PCS1、常闭比例电磁阀 PCS4、常闭开关电磁阀 TCC 通电，使得 PCS2 和 PCS4 所控制的换挡阀工作；此时 SS1 关闭，作用在锁定阀 C1 和 C2 阀芯上部液压油泄压，锁定阀 C1 在弹簧力的作用下向上移动，而锁定阀 C2 阀芯由于存在面积差，由 PCS2 所控制的换挡阀出口油压作用在 C2 阀芯上而使其保持在下部，根据油路走向离合器 C2 和 C4 工作实现 6 挡。当所有电磁阀断电时，PCS4 所控制的离合器 C4 退出工作，离合器 C2 仍然工作，常开比例电磁阀 PCS1 因断电使其控制的换挡阀工作，此时锁定阀 C1 仍处在上部，锁定阀 C2 仍处在下部，由 PCS1 控制的换挡阀出来的油液经过锁定阀

C1 和 C2 后作用至离合器 C3，离合器 C2 和 C3 工作实现 5 挡，TCC 也断电，那么此时的 5 挡为由液力变矩器参与工作的 5 挡，车辆仍能继续行驶。

7.3.3　车辆 CVT 变速箱液压操纵系统

汽车无级变速器（Continuously Variable Transmission，CVT）采用金属带和工作直径可变的主、从动轮相配合来传递动力，可以实现传动比的连续改变，从而得到传动系统与发动机工况的最佳匹配。

带式无级变速器由金属带、工作轮、液压泵、起步离合器和控制系统等组成。图 7.3.5 所示为钢带 CVT 变速箱结构图，它以 ECU 及手动换挡阀作为输入，经由电液控制系统处理后对 CVT 的执行机构进行控制，从而满足车辆的无级变速要求。

图 7.3.5　钢带 CVT 变速箱结构图

电液控制系统是 CVT 自动变速器的核心，主要用于实现夹紧力控制、速比控制和起步离合器控制，图 7.3.6 为其示意图。

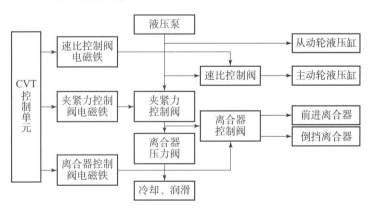

图 7.3.6　钢带 CVT 变速箱液压控制系统示意图

当前 CVT 轿车上采用的电液控制系统可分为单压力回路和双压力回路两种电液控制方案。

1. 单压力回路

图 7.3.7 所示的单压力回路中，主、从动轮的工作压力均由夹紧力控制阀控制调节，为了保证对速比的较好控制，主动轮需要较高的驱动力，因此在结构上，主动轮液压缸的面积 A_p 为从动轮液压缸面积 A_s 的 1.7~2 倍，以保证在相同的液压力下获得较大的驱动力。主调压阀的作用是维持液压系统的最高工作压力。

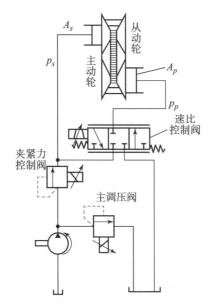

图 7.3.7　钢带 CVT 变速箱单压力回路

夹紧力控制阀由电控系统根据从动轮液压缸的压力传感器的信号进行自动调节，改变其输出压力，实现对目标夹紧力的跟踪控制。

速比控制阀是三位三通电液比例控制阀，由电控系统根据主动轮和从动轮的转速传感器信号进行自动调节，以保证输入到主动轮内的油压稳定。

CVT 单级调压回路具有结构简单、所需控制阀数量少、控制变量少等优点，具有较大的实用价值，目前国内研究的 CVT 液压控制系统基本上都是基于单压力控制回路的系统。

CVT 单压力回路中，由于夹紧力控制和速比控制采用同一压力值，在控制过程中两系统之间存在相互耦合作用，最终影响控制精度。另外，由于主动轮液压缸尺寸较大，缸内的液体产生较大的离心油压，也会影响速比的精确控制。

2. 双压力回路

图 7.3.8 所示为 CVT 双压力回路，在此回路中，通过高、低压控制阀的控制，满足了夹紧力和速比控制的要求。由于速比控制和夹紧力控制的液压缸压力通过高压控制阀和低压控制阀来分别控制调节，可以有效地克服单压力回路的不足，所以主、从动轮液压缸通常做成相同的尺寸。另外，这种变速器在从动带轮的输出轴上增加了一个起步离合器（图中未画出），即使车辆在停车时，CVT 传动装置仍然能正常改变速比，可以保证汽车以最大速比状态起动。与单压力回路相比，双压力回路变速器的性能得到了提高，但是它结构复杂，控制阀数量较多，使控制策略变得复杂，成本较高。

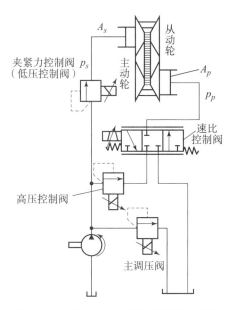

图 7.3.8　钢带 CVT 变速箱双压力回路

7.3.4　车辆 AMT 变速箱液压操纵系统

电控机械自动变速器（Automatic Mechanical Transmission，AMT）在现有的手动变速器基础上增加了一套自动换挡机构，融合了液力自动变速器和手动变速器的优点。

电控机械自动变速器由换挡操纵机构和电控部分组成，其外观如图 7.3.9 所示。电控部分由换挡控制参数检出传感器（油门开度、车速传感器、发动机转速传感器等）、控制器、换挡电磁阀和执行机构等组成，检出车速和油门开度等信号后输入控制器，经控制器分析处理，按控制器内换挡规律控制软件向电磁阀输出换挡指令，电磁阀输出压力油，推动油缸进行离合器分离、接合和变速器换挡操作。

图 7.3.9　AMT 变速箱外观图

图 7.3.10 所示为电控机械自动变速器液压控制系统原理，整个系统有 3 个液压缸，分别实现主离合器接合控制及选挡、换挡控制。

主离合器控制属于比例操纵，要控制离合器的分离程度，司机通过踏板行程（位移感觉）和踏板力（力的感觉）来控制主离合器的接合程度，因此在图中设有主离合器行程传感器检测行程，掌握主离合器的分离接合程度。变速器换挡属于开关操纵，变速器操纵机构设有位置开关，用来检测选挡和换挡是否到位。

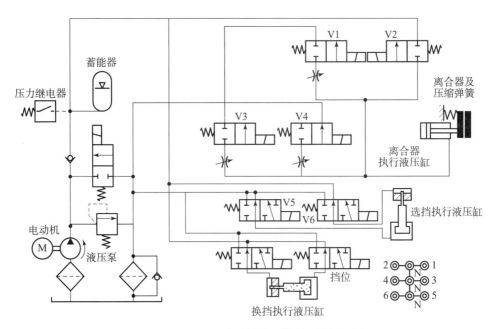

图 7.3.10　AMT 变速箱液压控制系统原理图

7.3.5　车辆液压制动系统

按照制动能量的传递方式，车辆制动系统可分为机械式、液压式、气压式和电磁式等几种。小型乘用车的制动器多为液压式制动器，而且集成了防抱死功能，即防抱死制动系统（Anti Lock Brake System，ABS）。下面介绍汽车 ABS 的组成及工作原理。

1. 系统组成

ABS 在普通制动系统的基础上增加了传感器、ABS 执行机构和 ABS 电脑 3 部分。图 7.3.11 为典型车辆 ABS 系统示意图。

1）ABS ECU

ABS ECU 接收车速、轮速、减速等传感器的信号，计算出车速、轮速、滑移率和车轮的减速度、加速度，并将这些信号加以分析，判断各车轮的滑移情况后，向 ABS 执行机构下达控制指令来调节各车轮制动器的制动油压，控制各种执行器工作。

2）传感器

ABS 采用的传感器包括轮速传感器和汽车减速度传感器两种。ABS 轮速传感器利用电磁感应原理（霍尔原理）检测车轮速度，并把轮速转换成脉冲信号送至 ECU。一般轮速传感器都安装在车轮上，有些后轮驱动的车辆将检测后轮速度的传感器安装在差速器内，通过

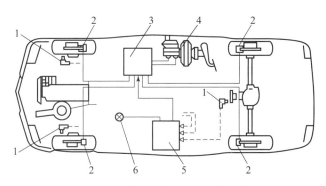

图 7.3.11　典型汽车 ABS 系统示意图

1—轮速传感器；2—轮缸；3—液压调节器；4—制动主缸；5—ABS ECU；6—报警灯

后轴转速来检测，故又称之为轴速传感器。目前，国内外 ABS 控制车速范围是 15 ~ 160 km/h，并将逐渐扩大到 8 ~ 260 km/h，甚至更大。霍尔效应式轮速传感器适应面更广，现已得到广泛的应用。

　　汽车减速度传感器（G 传感器）用来检测汽车制动时的减速度，以识别冰雪、覆油等易滑路面。

　　3）执行机构

　　ABS 执行机构主要由制动压力调节器和 ABS 报警灯组成。根据工作原理的不同，液压制动系统装用的制动压力调节器有循环式（压力调节器通过电磁阀直接控制制动压力）和可变容积式（压力调节器通过电磁阀间接控制制动压力）两种。

　　图 7.3.12 所示为循环式制动压力调节器的基本结构，主要由电磁阀、电动液压泵和蓄能器等组成。其中，电磁阀 2 的结构及工作原理如图 7.3.13 所示，阀上有 3 个孔，分别通向制动主缸、制动轮缸和蓄能器。汽车在制动过程中，ECU 控制电磁阀线圈电流的大小，使 ABS 处于"升压""保压"和"减压" 3 种状态。制动压力调节器串接在制动主缸和轮缸之间，通过电磁阀直接或间接地控制轮缸的制动压力。

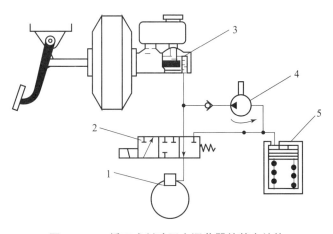

图 7.3.12　循环式制动压力调节器的基本结构

1—制动轮缸；2—电磁阀；3—制动主缸；4—电动液压泵；5—蓄能器

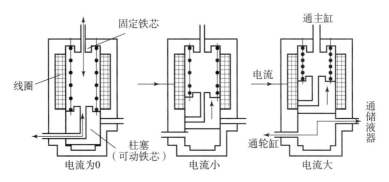

图 7.3.13　三位三通电磁阀的基本结构与工作原理

2. 工作原理

下面以循环式制动压力调节器为例，介绍汽车 ABS 系统的工作过程。

1）常规（升压）制动过程

如图 7.3.14 所示，电磁阀线圈电流为 0，电磁阀处于"升压"位置。制动主缸与轮缸、蓄能器相通，轮缸压力由制动主缸控制，电动回油泵不工作，ABS 不工作。

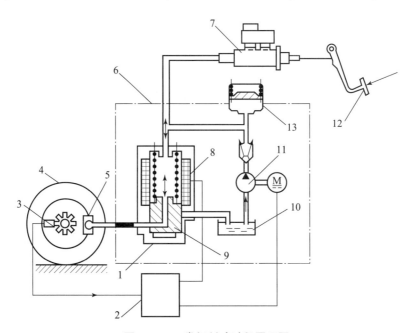

图 7.3.14　常规制动过程原理图

1—电磁阀；2—ECU；3—传感器；4—车轮；5—轮缸；6—液压部件；7—主缸；
8—线圈；9—阀芯；10—储液器；11—回油泵；12—制动踏板；13—蓄能器

2）保压制动过程

如图 7.3.15 所示，ECU 控制使电磁阀线圈电流约为最大电流的 1/2，电磁阀芯上移，电磁阀处于"保压"位置，所有通路都断开。电动回油泵不工作，轮缸内制动压力保持现有状态。

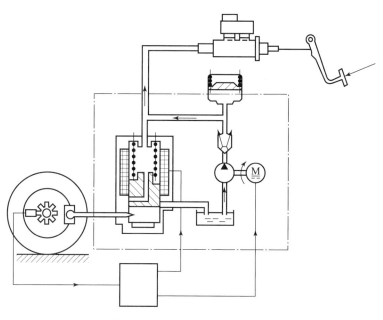

图 7.3.15　保压制动过程原理图

3）减压制动过程

如图 7.3.16 所示，ECU 控制使电磁阀线圈电流为最大电流，阀芯处于最上边的"减压"位置。轮缸与储液器接通，轮缸油压下降。同时电动回油泵工作，将储液器内的制动液泵到主缸和蓄能器中。

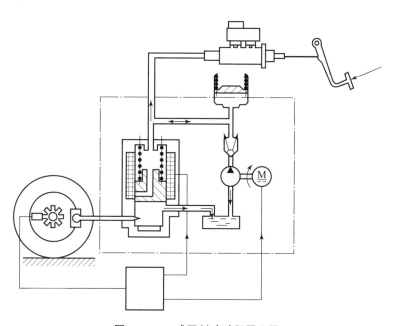

图 7.3.16　减压制动过程原理图

7.4 车辆液压辅助系统

7.4.1 润滑散热系统

车辆的润滑散热系统包括发动机润滑散热、变速箱润滑散热等。润滑散热方式有强制供油、飞溅润滑和油雾润滑等。对于高速高负荷的摩擦表面，或者不易通过飞溅润滑的部位，如发动机曲轴主轴承、连杆轴承、凸轮轴轴承和摇臂轴轴承以及行星变速箱中的行星轮轴承、湿式离合器等，需要用油泵强制供油，即压力润滑，以保证润滑可靠。对于大型低速柴油机的气缸套，为了减小与活塞的摩擦也采用强制供油润滑。

润滑冷却系统一般由润滑油泵、滤油器、定压阀或安全阀、热交换器等组成。润滑油泵为把润滑油供给各摩擦表面的泵油件；滤油器起过滤润滑油中颗粒污染物的作用，以免金属屑、硬质颗粒等杂质混入摩擦表面；定压阀或安全阀可调定润滑压力，或在滤油器堵塞时使润滑油旁通供应给摩擦表面；热交换器可以将润滑油冷却到适于系统工作的温度。

图 7.4.1 所示为内燃机润滑散热系统示意图。内燃机工作时，润滑油泵通过滤网从油底壳将润滑油吸入，提高油压后泵出，经油路送入润滑油冷却器和粗滤器。滤清后的润滑油，一路流往曲轴主轴颈和连杆轴颈后从摩擦表面流出，有部分润滑油被飞溅到气缸壁面、凸轮表面和活塞销处，然后流回油底壳；另一路流往凸轮轴轴承处，再经油路送至气门摇臂轴轴承处，然后流回油底壳。从润滑油泵输出的油流经精滤器精滤后直接流回油底壳。

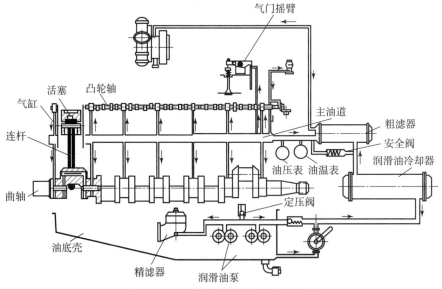

图 7.4.1 内燃机润滑散热系统示意图

对于不需要操纵控制的系统，其润滑散热系统比较简单，只需按照所需的润滑流量，向各润滑散热点提供油液就可以了，甚至可以没有定压阀。

对于需要操纵油压的系统，如离合器操纵等，其润滑散热系统可以单独设立，也可以用从总系统的溢流油液直接润滑，或经过二次定压后润滑。

7.4.2　车辆液压悬架

汽车悬架是车身与车桥或车轮之间的弹性连接部件，主要由弹性元件、导向装置及减振器 3 个基本部分组成。原始的悬架是不能进行控制调节的被动悬架，在多变环境或性能要求高且影响因素复杂的情况下，被动悬架难以满足期望的性能要求。随着电液控制、计算机技术的发展以及传感器、微处理器及液、电控制元件制造技术的提高，出现了可控的智能悬架系统，即电子控制悬架系统。

电子控制悬架既能使车辆具有软弹簧般的舒适性，又能保证车辆具有良好的操纵稳定性。对于传统的悬架系统，一旦参数选定，在车辆行驶过程中就无法进行调节，因此使悬架性能的进一步提高受到很大限制。目前轿车上采用的电子控制悬架系统基本上具有 3 个功能：

（1）具有车高调节功能，不管车辆负载在规定范围内如何变化，都可以保证车高一定，可大大减小车辆在转向时产生的侧倾。当车辆在凹凸不平的道路上行驶时，可提高车身高度；当车辆高速行驶时，又可使车身高度降低，以减小风阻并提高其操纵稳定性。

（2）具有衰减力调节功能，可提高车辆的操纵稳定性。在急转弯、急加速和紧急制动时可以抑制车辆姿态的变化，减小俯仰角、后仰角、侧倾角。

（3）具有控制悬架系统减振力和弹性元件的弹性或刚性系数的功能，利用弹性元件弹性或刚性系数的变化，控制车辆起步时的姿态。

电子控制悬架系统按悬架系统结构形式，可分为电控空气悬架系统和电控液压悬架系统两种。在此主要介绍电控液压悬架系统的组成和工作原理。

电控液压悬架系统由动力源、压力控制阀、液压悬架缸、传感器、ECU 等组成。图 7.4.2 所示为电控液压悬架系统的工作原理图。作为动力源的液压泵产生压力油，供给各车轮的液压悬架缸，使其独立工作。当汽车转向发生侧倾时，汽车外侧车轮液压缸的油压升高，内侧车轮液压缸的油压降低，油压信号被送至 ECU，ECU 根据此信号来控制车身的侧倾。由于在车身上分别装有上下、前后、左右、车高等高精度的加速度传感器，这些传感器信号送入 ECU 并经分析后，对油压进行调节，可使转弯时的侧倾最小。同理，在汽车紧急制动、急加速或在恶劣路面上行驶时，液压控制系统对相应液压缸的油压进行控制，使车身的姿态变化最小。电控液压悬架系统液压控制油路如图 7.4.3 所示。

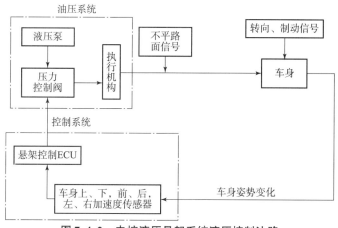

图 7.4.2　电控液压悬架系统液压控制油路

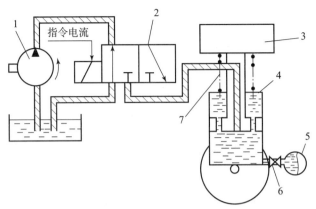

图 7.4.3　电控液压悬架系统液压控制油路图
1—液压泵；2—调压阀；3—车身；4—液压缸；5—缓冲腔；6—衰减阀；7—螺旋弹簧

7.5　车辆液压作业系统

7.5.1　汽车式起重机液压系统

在汽车底盘上装上起重设备，完成吊装任务的汽车称为汽车式起重机，这种起重机广泛应用在运输、建筑、装卸、矿山及筑路工地上，是一种行走式起重机。汽车式起重机完成起重任务时，作业循环通常是起吊 – 回转 – 卸载 – 返回，有时还加入间断的短距离行驶运动。这些动作的完成都是通过液压传动系统来控制的。

1. 主机功能结构

图 7.5.1 所示为 Q2 – 8 型汽车式起重机外形简图，其主机由载重汽车、回转机构、支腿、吊臂变幅缸、基本臂、伸缩吊臂、起升机构等组成。载重汽车用于行车及提供作业动力；支腿用于起重作业时使轮胎脱离地面，架起整车，并可调节整车的水平姿态；回转机构可以使吊臂全周界回转，用于改变起吊点和停放点周向位置；吊臂变幅缸可以改变基本臂的仰角，伸缩吊臂可以改变吊臂长度，从而改变起吊重物的高度或距离；卷扬机、吊索、吊钩等组成的起升机构用于升降重物。

汽车式起重机的机动性好，而采用液压系统的液压起重机承载能力大，可在有冲击、振动、温度变化范围大和环境恶劣的条件下工作。其特点是执行元件需要完成的动作较简单，位置精度要求不高，故可采用手动操纵，但要求液压系统具有很高的安全性、可靠性。

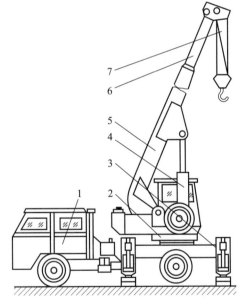

图 7.5.1　Q2 – 8 型汽车式起重机外形简图
1—载重汽车；2—回转机构；3—支腿；
4—吊臂变幅缸；5—基本臂；
6—伸缩吊臂；7—起升机构

2. 液压系统分析

图 7.5.2 为 Q2 - 8 型汽车式起重机液压系统图。汽车发动机通过装在汽车底盘变速箱上的取力箱驱动一台轴向柱塞泵，泵的额定工作压力为 21 MPa，排量为 40 mL/r，额定转速为 1 500 r/min。液压泵通过中心回转接头 9、开关 10 和滤油器 11，从油箱吸油。安全阀 3 用以防止系统过载，调定压力为 19 MPa，其实际工作压力可由压力表 12 读取。

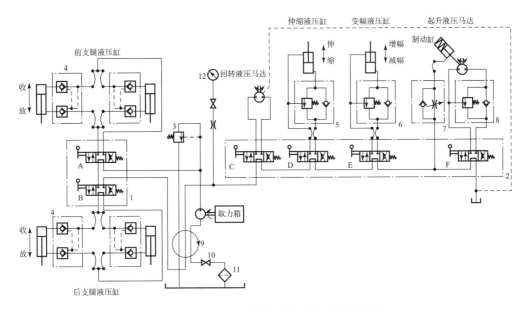

图 7.5.2　Q2 - 8 型汽车式起重机液压系统图

1—手动双联多路阀组；2—手动四联多路阀组；3—安全阀；4—液压锁；5，6，8—平衡阀；
7—单向节流阀；9—回转接头；10—开关；11—滤油器；12—压力表

液压系统中除液压泵、滤油器 11、安全阀 3、阀组 1 及支腿部分外，其他液压元件都装在可回转的上车部分。油箱也在上车部分，兼作配重。上车和下车部分的油路通过中心回转接头 9 连通，是一个单泵、串联（串联式多路阀）液压系统。

整个系统由支腿收放、转台回转、吊臂伸缩、吊臂变幅和吊重起升 5 个工作支路组成，各部分都有相对的独立性。其中前、后支腿收放支路的换向阀 A、B 组成一个双联多路阀组 1，其余 4 支路的换向阀 C、D、E、F 组成一个四联阀组 2 布置在操作室中。各换向阀均为 M 型中位机能三位四通手动换向阀，其相互串联组合。根据起重工作的具体要求，操纵各阀不仅能分别控制各执行元件的运动方向，还可通过控制阀芯的位移量实现流量调整，从而实现无级变速和灵活的位移微量调整。

3. 液压系统的工作原理

1）支腿收放回路

起重机机架前后左右共有 4 条液压支腿。由于汽车轮胎的支承能力有限，且有很大的柔性，受力后不能保持稳定，故汽车式起重机必须采用刚性的液压支腿。它的支腿架伸出后，支撑点距离更大，使起重机的稳定性进一步得到加强。起重作业时必须放下支腿，使汽车轮胎悬空；汽车行驶时则必须收起支腿，使轮胎着地。

起重机的每一条支腿各配有一个液压缸操纵。两条前支腿用车架上的一个三位四通手动换向阀 A 控制其同时收放，而两条后支腿则用另一个三位四通阀 B 控制。A、B 都是 M 型中位机能的换向阀，其油路是串联的。每一个油缸上都配有一个双向液压锁 4，以保证支腿可靠地锁住，防止在起重作业过程中发生危险的"软腿"（液压缸上腔油路泄漏引起支腿受压缩回）现象，或汽车行驶过程中支腿自行下落（由液压缸下腔油路泄漏引起）的情况。

例如，当推动阀 A 使其工作在左位时，前支腿放下，其进回油路线如下：

进油路：液压泵→换向阀 A 左位→液控单向阀→前支腿液压缸无杆腔。

回油路：前支腿液压缸有杆腔→液控单向阀→换向阀 A 左位→阀 B→回转接头 9→阀 C→阀 D→阀 E→阀 F→油箱。

2）转台回转回路

起重机分为不动的底盘部分和可回转的上车部分，两者通过转台连接。转台采用一个低速大扭矩的双向液压马达作为执行元件。液压马达通过蜗杆蜗轮减速箱、开式小齿轮与转盘上的大内齿轮啮合来驱动转盘旋转。转台回转速度较低，一般为 $1\sim3$ r/min。驱动转台的液压马达转速也不高，停转时转台不受扭矩作用，故不必设置制动回路。

液压马达由一个三位四通手动换向阀 C 控制获得左转、右转、停转 3 种不同工况。其进回油路线如下：

进油路：液压泵→换向阀 A→阀 B→阀 C→液压马达。

回油路：液压马达→换向阀 C→阀 D→阀 E→阀 F→油箱。

3）吊臂伸缩回路

吊臂由基本臂和套装在基本臂之中的伸缩臂组成。吊臂的伸缩由吊臂内伸缩液压缸带动。为防止吊臂在自重作用下下落，伸缩回路中装有液控平衡阀 5。

吊臂的伸缩由手动换向阀 D 控制，有伸出、缩回、停止 3 种工况。例如，当操作阀 D 右位工作时，吊臂伸出，其进/回油路线如下：

进油路：泵→换向阀 A→阀 B→阀 C→阀 D 右位→阀 5 中的单向阀→伸缩液压缸无杆腔。

回油路：伸缩液压缸有杆腔→阀 D 右位→阀 E→阀 F→油箱。

4）吊臂变幅回路

吊臂变幅就是用变幅液压缸改变起重臂的俯仰角度。变幅作业也要求平稳可靠，因此吊臂回路上也装有液控平衡阀 6。吊臂的变幅由手动换向阀 E 控制，有增幅、减幅、停止 3 种工况。其控制方法、进/回油路线类似于吊臂伸缩回路。

5）吊重起升回路

吊重起升机构是起重机的主要执行机构，它是由一台大扭矩双向液压马达带动的卷扬机来实现吊重起升动作的。液压马达的正、反转由一个三位四通手动换向阀 F 控制，吊重起升有起升、下降两种工况。电机的转速，即起吊速度可通过控制汽车发动机的转速和操纵阀 F 来调节。

与吊臂伸缩回路、吊臂变幅回路类似，在下降的回路上设置有平衡阀 8，用以防止重物自由下落。平衡阀 8 是由经过改进的液控顺序阀和单向阀组成的。由于设置了平衡阀，使得液压马达只有在进油路上有一定压力时才能旋转。改进后的平衡阀使重物下降时不会产生"点头"（由于下降时速度周期性突快突慢变化，造成起重臂上下大幅振动）现象。

由于液压马达的泄漏比液压缸大很多，当负载吊在空中时，尽管油路上设有平衡阀，仍然会产生"溜车"（在停止起吊状态时，重物仍然缓慢下降）现象。为此，在液压马达输出轴上设有制动缸，以便在液压马达停转时，用制动缸锁住起升液压马达。当吊重起升机构工作时，压力油经过阀 7 中的节流阀进入制动缸，使闸块松开；当阀 F 中位起升液压马达停止时，回油经过阀 7 中的单向阀进入油箱，在制动器弹簧作用下，闸块将轴抱紧。单向节流阀 7 的作用是使制动器紧闸快、松闸慢（松闸时间由节流阀调节）。紧闸快是为了使马达迅速制动，重物迅速停止下降；松闸慢可在起升扭矩建立后才松闸，可以避免当负载在半空中再次起升时，将液压马达拖动反转，产生"滑降"现象。

4. 液压系统的特点

（1）液压系统中各部分相互独立，可根据需要使任一部分单独动作，也可以在执行元件不满载时，各串联的执行元件任意组合地同时动作。

（2）支腿回路中采用双向液压锁，将前后支腿锁定在一定位置，防止出现"软腿"或支腿自由下落现象。

（3）起升机构回路、吊臂伸缩回路和变幅回路中均在回油路上设置了平衡阀，以防止重物在自重作用下下滑。

（4）为防止由于马达泄漏而导致的"溜车"现象，起升液压马达上设有制动闸，并且松闸用液压力，紧闸用弹簧力，以保证在突然失去动力时液压马达仍能锁住，确保安全。

7.5.2　导弹发射勤务塔架液压系统

1. 主机功能结构

导弹发射勤务塔架能够完成导弹的起竖、对接、检测、加注燃料和发射等任务，它由塔体和塔架吊车两部分组成。塔体中的回转平台、水平工作台和电缆摆杆均为液压驱动。回转平台有两扇，可以单独回转，也可以同时回转，回转平台撤收后，由液压驱动的机械锁锁紧。回转平台内侧有可以垂直升降的两个水平工作台，其小距离调整用液压驱动，回转平台和水平工作台统称为平台。

2. 平台液压系统工作原理

某导弹发射勤务塔架平台液压系统如图 7.5.3 所示。平台液压系统完成回转平台开锁、回转平台合拢、回转平台撤收、回转平台闭锁、水平工作台上升、水平工作台下降、水平工作台调平等工作。

1）回转平台分析

（1）回转平台开锁。

回转平台合拢前，先由开闭锁液压缸 11 打开机械锁紧装置，然后使多路换向阀 5d 处于下位。其油路走向为：

进油路：泵 1→阀 4→阀 15→阀 5d→缸 11a 和缸 11b 有杆腔。

回油路：缸 11a 和缸 11b 无杆腔→阀 5d→油箱 2。

此时，并联同步缸 11a 和 11b 活塞同步下行，完成开锁工作。开锁到位后，松开阀 5d 手柄，多路换向阀处于中位。液压泵排油→阀 4→多路阀中位→油箱 2，液压泵处于卸荷状态。

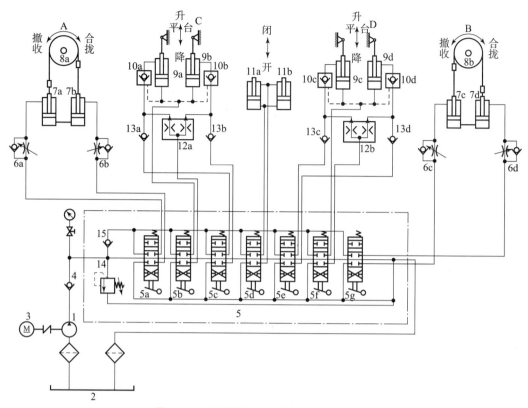

图 7.5.3　导弹发射勤务塔架平台液压系统

1—液压泵；2—油箱；3—电动机；4，13，15—单向阀；5—多路换向阀；6—单向节流阀；7—回转台液压缸；
8—铰轴；9—水平工作台液压缸；10—液控单向阀；11—开闭锁液压缸；12—分流集流阀；14—溢流阀

（2）回转平台合拢。

回转平台有 A 和 B 两个。回转平台 A 的回转运动由多路换向阀 5a 控制。此时多路换向阀 5a 处于下位。其油路走向为：

进油路：泵 1→阀 4→阀 15→阀 5a→阀 6b 的单向阀→缸 7b 的有杆腔，缸 7b 活塞下行。

回油路：缸 7a、7b 为串联连接，所以以回油路为缸 7a 有杆腔回油→阀 6a 的节流阀→阀 5a→油箱 2，缸 7a 活塞上行。

缸 7a 和缸 7b 同步牵引钢丝绳驱动铰轴 8a，带动回转平台 A 顺时针方向回转，完成回转平台 A 的合拢，合拢速度由单向节流阀 6a 调节。

合拢到位松开多路换向阀 5a 手柄，多路换向阀 5a 处于中位。液压泵排油→阀 4→多路换向阀中位→油箱 2，液压泵处于卸荷状态。回转平台 B 的合拢由多路换向阀 5g 控制，由液压缸 7c 和 7d 驱动完成。其油路状况同回转平台 A 类似。

（3）回转平台撤收。

回转平台撤收由多路换向阀 5a 控制，此时多路换向阀 5a 处于上位。油液经阀 6a 进入缸 7a 有杆腔，缸 7b 有杆腔的回油经阀 6b 的节流阀调速，回转平台逆时针方向回转。回转速度由节流阀 6b 调节。回转到位松开手柄后，液压泵经多路换向阀 5a 中位卸荷。

（4）回转平台闭锁。

回转平台撤收到位后，使多路换向阀 5d 处于上位。油液进入开闭锁液压缸 11a 和 11b

无杆腔，活塞上行完成闭锁。

闭锁到位后，松开手柄，液压泵经多路换向阀 5d 中位卸荷。

2）水平工作平台分析

（1）水平工作平台上升。

水平工作平台 C 的上升由多路换向阀 5b 控制，此时多路换向阀 5b 处于下位。其油路走向为：

进油路：泵 1→阀 4→阀 15→阀 5b 下位→等量分流集流阀 12a→阀 10a 和阀 10b→水平工作台液压缸 9a 和 9b 有杆腔。

回油路：缸 9a 和 9b 无杆腔→阀 5b 下位→油箱 2。

此时，并联同步缸 9a 和 9b 同步上升（活塞杆固定）。上升到位后，松开多路换向阀 5b 手柄，液压泵经多路换向阀 5b 中位卸荷。

水平工作平台 D 的上升由多路换向阀 5f 控制，分流集流阀 12b 控制并联同步缸 9c 和 9d 同步上升。其油路状况同水平工作平台 C 类似。

（2）水平工作平台下降。

水平工作平台 C 下降由多路换向阀 5b 控制，此时多路换向阀 5b 处于上位。其油路走向为：

进油路：泵 1→阀 4→阀 15→阀 5b→缸 9a 和 9b 无杆腔。

回油路：缸 9a 和 9b 有杆腔→阀 10a 和阀 10b→阀 12a→阀 5b→油箱 2。

此时缸 9a 和 9b 同步下降。下降到位后，松开多路换向阀 5b 手柄，使液压泵经多路换向阀 5b 中位卸荷。

水平工作平台 D 下降，由多路换向阀 5f 控制，分流集流阀 12b 控制缸 9c 和 9d 同步下降。其油路状况同水平工作平台 C 类似。

（3）水平工作平台调平。

水平工作平台在上升和下降过程中，由于受同步液压缸的制造误差、油液泄漏、等量分流集流阀误差等因素影响，两个同步缸会产生误差。为消除同步误差，系统中采用了补油回路，以消除同步缸上升到终点后所产生的同步累积误差。

水平工作平台 C 补油调平油路的工作状况是：

①当缸 9b 上升到位，而缸 9a 还没到位时，使多路换向阀 5c 处于上位。其油路走向为：

进油路：泵 1→阀 4→阀 15→阀 5c→阀 13a→阀 10a→缸 9a 有杆腔。

回油路：缸 9a 无杆腔→阀 5b（阀 5b 依然处于下位）→油箱 2。缸 9a 上升到位。

②当缸 9a 到位，而缸 9b 还没到位时，使阀 5c 手柄前推发出信号进行补油。此时阀 5c 处于下位。其补油油路走向为：

进油路：泵 1→阀 4→阀 15→阀 5c→阀 13b→阀 10b→缸 9b 有杆腔。

回油路：缸 9b 无杆腔→阀 5b（下位）→油箱 2。缸 9b 到位。

缸 9c 和 9d 的同步累积误差由多路换向阀 5e 发出信号进行补油消除。其油路状态同缸 9a 和 9b 类似。

水平工作平台下降时产生的同步累积误差也必须在上升到位后补油消除。

3. 平台液压系统特点

（1）系统执行元件多，换向阀操作频繁。为减少换向元件数量，简化油路连接，方便操作，采用多路换向阀。多路换向阀将滑阀、溢流阀、单向阀复合在一起，油路并联，中位卸荷。

（2）回转平台采用串联同步缸驱动，回油节流调速。

（3）水平工作平台用等量分流集流阀控制两个并联同步缸实现双向速度同步。采用补油调平保证了较高的同步精度。

（4）开闭锁液压缸采用并联同步液压缸实现位置同步。由于开锁同步要求不高，故系统中未采用补油措施。

7.6 液压传动系统设计计算

众所周知，液压系统有传动系统和控制系统之分，尽管二者的工作特征及追求目标不尽相同，但二者的结构组成或工作原理并无本质区别。在设计内容上，二者的主要区别是，前者侧重静态性能设计，而后者除了静态性能外，还包括动态性能设计。通常，液压系统设计即指液压传动系统的设计，其设计内容与方法只要略作调整即可直接用于液压控制系统的设计。

液压传动系统的设计应从实际需要出发，借鉴国内外先进液压技术成果，除了应满足主机在动作和性能方面规定的要求外，还必须符合质量轻、体积小、成本低、效率高、结构简单、工作可靠、使用维护方便等一些普遍设计原则。

液压传动系统的设计迄今仍没有一个公认的统一步骤，往往随着系统的繁简、可借鉴资料的多少以及设计人员的经验而在方案上呈现出差异来。图7.6.1介绍了这种设计的基本内容和一般设计流程。这些步骤相互联系，彼此影响，因此常需穿插进行，交叉展开，并非固定不变。当设计简单的液压系统时，有些步骤可以合并。整个设计过程往往是在反复修改中逐步完成的。

根据液压系统的具体内容，上述设计步骤可能会有所不同，下面对各步骤的具体内容进行介绍。

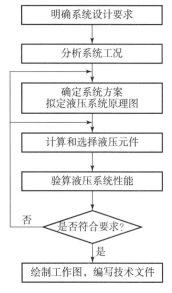

图 7.6.1 液压传动系统的基本内容和一般设计流程

7.6.1 设计要求及工况分析

对于简单的液压系统，如设备的润滑散热系统，本身没有执行元件，只需根据系统所要求润滑的润滑点及发热量，按照设备的润滑油路情况，确定润滑油液的流量，确定其分配，甚至不需要定压阀。对于复杂液压系统，则需要按照一定的规则步骤进行设计。

在设计液压系统时，首先应明确以下问题，并将其作为设计依据：

（1）主机的概况，如用途、性能、工艺流程、总体布局等。

（2）主机对液压系统的性能要求，如自动化程度、调速范围、运动平稳性、换向定位精度以及对系统的效率、温升等的要求。

（3）液压系统的工作环境，如温度、湿度、振动冲击以及是否有腐蚀性和易燃物质存在等情况。

在上述工作的基础上，应对主机进行工况分析，工况分析包括运动分析和动力分析，对复杂的系统还需编制负载和动作循环图，由此了解液压缸或液压马达的负载和速度随时间变化的规律，下面对工况分析的内容进行具体介绍。

1. 运动分析

运动分析就是研究工作机构根据工艺要求应以什么样的运动规律完成工作循环，运动速度的大小、加速度是恒定的还是变化的，行程大小及循环时间长短等。为此必须确定执行元件的类型，并绘制位移–时间循环图（L–t）或速度–时间循环图（v–t），由此对运动规律进行分析。

1）位移–时间循环图 L–t

图 7.6.2 为液压机的液压缸位移–时间循环图，纵坐标 L 表示活塞位移，横坐标 t 表示从活塞起动到返回原位的时间，曲线斜率表示活塞移动速度。该图清楚地表明液压机的工作循环分别由快速下行、减速下行、压制、保压、卸压慢回和快速回程 6 个阶段组成。

2）速度–时间循环图 v–t（或 v–L）

工程中液压缸的运动特点可归纳为 3 种类型。图 7.6.3 为 3 种类型液压缸的 v–t 图，第一种如图中实线所示，液压缸开始做匀加速运动，然后匀速运动，最后匀减速运动到终点；第二种如图中虚线所示，液压缸在总行程的前一半做匀加速运动，在另一半做匀减速运动，且加速度的数值相等；第三种如图中点划线所示，液压缸在总行程的一大半以上以较小的加速度做匀加速运动，然后匀减速至行程终点。v–t 图的 3 条速度曲线，不仅清楚地表明了 3 种类型液压缸的运动规律，也间接地表明了 3 种工况的动力特性。

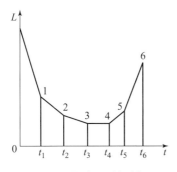

图 7.6.2　位移–时间循环图

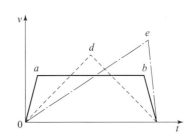

图 7.6.3　速度–时间循环图

2. 动力分析

动力分析是研究机械设备在其工作过程中执行机构的受力情况，对液压系统而言，就是研究液压缸或液压马达的负载情况。

1）液压缸的负载

（1）液压缸的负载力计算。

工作机构做直线往复运动时，液压缸必须克服的负载由 6 部分组成：

$$F = F_c + F_f + F_i + F_G + F_m + F_b \tag{7.6.1}$$

式中，F_c——工作负载；

　　　　F_f——摩擦负载；

F_i——惯性负载；

F_G——重力负载；

F_m——密封阻力负载；

F_b——回油阻力负载。

（2）液压缸运动循环各阶段的总负载力。

液压缸运动循环各阶段的总负载力计算，一般包括起动加速、快进、慢进、快退、减速制动等几个阶段，每个阶段的总负载力是有区别的。

①起动加速阶段：这时液压缸或活塞由静止到起动并加速到一定速度，其总负载力包括摩擦力、密封阻力（按缸的机械效率 $\eta_m = 0.95$ 计算）、重力和惯性力等项，即

$$F = F_f + F_i + F_G + F_m + F_b \qquad (7.6.2)$$

②快进阶段： $$F = F_f + F_G + F_m + F_b \qquad (7.6.3)$$

③慢进阶段： $$F = F_c + F_f \pm F_G + F_m + F_b \qquad (7.6.4)$$

④减速阶段： $$F = F_f \pm F_G - F_i + F_m + F_b \qquad (7.6.5)$$

对简单液压系统，上述计算过程可简化。例如，采用单定量泵供油，只需计算慢进阶段的总负载力；若简单系统采用限压式变量泵或双联泵供油，则只需计算快速阶段和慢进阶段的总负载力。

（3）液压缸的负载循环图。

对较为复杂的液压系统，为了更清楚地了解该系统内各液压缸（或液压马达）的速度和负载的变化规律，应根据各阶段的总负载力和它所经历的工作时间 t 或位移 L 按相同的坐标绘制液压缸的负载 – 时间（$F - t$）或负载 – 位移（$F - L$）图，然后将各液压缸在同一时间 t（或位移）的负载力叠加。

图 7.6.4 为某液压缸的 $F - t$ 图，其中，$0 \sim t_1$ 为起动过程；$t_1 \sim t_2$ 为加速过程；$t_2 \sim t_3$ 为恒速过程；$t_3 \sim t_4$ 为制动过程。它清楚地表明了液压缸在动作循环内负载的规律。图中最大负载是初选液压缸工作压力和确定液压缸结构尺寸的依据。

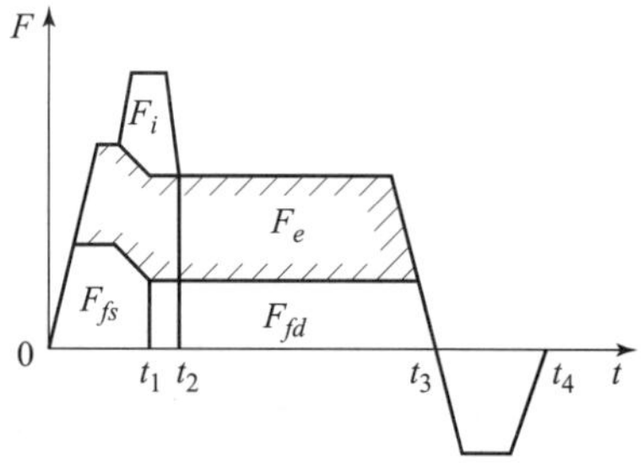

图 7.6.4 液压缸负载 – 时间循环图

2）液压马达的负载

工作机构做旋转运动时，液压马达必须克服的外负载为

$$T = T_e + T_f + T_i \qquad (7.6.6)$$

式中，T_e——工作负载力矩；

T_f——摩擦转矩；

T_i——惯性转矩。

根据式（7.6.6），分别算出液压马达在一个工作循环内各阶段的负载大小，便可绘制液压马达的负载循环图。

7.6.2 确定系统方案和拟定液压系统原理图

1. 确定系统方案

系统方案关系到系统的总体性能、经济性和可靠性。

1）系统压力等级的确定

系统压力的选取包括压力等级的确定，直接决定了液压泵额定压力和安全阀（或溢流阀）调定压力的选择。

系统压力等级的确定与设备种类、主机功率大小、工况和液压元件的形式有密切关系。一般小功率设备用低压，大功率设备用高压。在一定允许的范围内提高油压，可使系统的尺寸和质量减小，但容积效率会下降。某些机械常用的系统压力为：小型工程和矿山机械，10～16 MPa；液压机、重型机械、大中型挖掘机和起重运输机械，20～32 MPa；车辆液压驱动系统，30～45 MPa 甚至更高。

2）系统形式的选择

选择系统形式，就是确定主油路的结构（开式或闭式、串联或并联）、液压泵的形式（定量或变量、开式泵或闭式泵）、液压泵的数目（单泵或多泵）和回路数目等。另外，尚需确定操纵的方式（手动或电动）、调速的形式和液压泵的卸荷方式等。

2. 拟定液压系统原理图

拟定液压系统原理图，大致可按以下顺序进行：

（1）画出驱动各工作机构的液压执行元件。

（2）初步拟定实现执行元件所需运动的各种控制回路，包括方向控制回路、压力控制回路和速度控制回路。

（3）画出液压泵、溢流阀、滤油器、冷却器和油箱等液压元件。

（4）根据各执行元件的动作循环及其他要求，将各回路以串联或并联等方式连接起来，并加入必要的单向阀、合流阀、压力继电器和压力表等元件，组成一个完整的液压系统原理图。

在拟定液压系统原理图时，还应考虑以下问题：

（1）组合基本回路时，要防止回路间的相互干扰。例如，单泵驱动多个并联连接执行元件并有复合动作要求时，应在负载小的执行元件的进油路串接节流阀。又如，在保压油路上，由于其他执行元件的负载变化或某元件的卸荷，将使系统油路压力下降，即出现压力干扰。对此，可采用蓄能器与单向阀，使保压油路与其他动作回路隔开。

（2）防止液压冲击。液压系统中，由于工作机构运动速度的变化（起动、变速、制动）、工作负载的突然消失以及冲击负载等原因，经常会产生液压冲击而影响系统的正常工作，需采取防止措施。对由于换向阀关闭而产生的液压冲击，可选用带阻尼或带节流调节换向速度的换向阀，或在滑阀控制边上开槽，加工成半锥角为 2°～5°的节流锥面；对由于工作负载突然消失而引起的液压冲击，可在回油路上加背压阀；对由于冲击负载产生的液压冲击，可在油路入口处设置安全阀或蓄能器。

（3）液压泵的空载卸荷。当执行机构不工作时，要求系统能使液压泵卸荷，避免功率损失过大以及系统出现过热现象。

（4）系统力求结构简单、可靠、成本低。

（5）必须充分注意必要的辅助油路，如卸荷油路、缓冲油路、补油油路、背压油路、泄漏油路、排油油路和冷却油路等。

（6）尽量提高标准化、系列化和通用化水平。

7.6.3 液压元件的计算和选择

拟定完液压系统原理图之后，就可以根据选取的系统压力和执行元件的速度 – 时间循环图，计算和选择系统中所需的各种元件和管路。

1. 选择执行元件

初步确定了执行机构的最大外负载和系统的压力后，就可以对执行元件的主要尺寸和所需流量进行计算。计算时应从满足外负载和低速运动两方面要求来考虑。

1）计算执行元件的有效工作压力

由于存在进油管路的压力损失、各种阀的节流损失和回油路的背压等，执行元件的有效工作压力比泵的出口压力要低，因此需要由泵的出口压力减去进油及回油压力损失得到实际的执行元件的有效工作压力。

进油管路的压力损失，初步估算时，简单系统可取 $\Delta p = 0.2 \sim 0.5$ MPa，复杂系统取 $\Delta p = 0.5 \sim 1.5$ MPa；

系统的背压（包括回油管路的压力损失），简单系统取 $\Delta p = 0.2 \sim 0.5$ MPa，回油带背压阀者取 $\Delta p = 0.5 \sim 1.5$ MPa；

2）计算液压缸的有效工作面积或液压马达的排量

（1）从满足克服外负载要求出发，对于液压缸，有效工作面积 A 应为

$$A = \frac{F_{\max}}{p_1 \eta_m \times 10^6} \quad (\text{m}^2) \tag{7.6.7}$$

式中，$F_{\max}$——液压缸的最大负载，N；

p_1——液压缸的有效工作压力，MPa；

η_m——液压缸的机械效率，常取 $\eta_m = 0.9 \sim 0.98$。

对于液压马达，其排量 V 应为

$$V = \frac{M_{\max}}{159 p_1 \eta_m \times 10^3} \quad (\text{m}^3/\text{r}) \tag{7.6.8}$$

式中，$M_{\max}$——液压马达的最大负载扭矩，N·m；

p_1——液压马达的有效工作压力，MPa；

η_m——液压马达的机械效率，常取 $\eta_m = 0.95$。

（2）从满足最低速度要求出发，对于液压缸，有效工作面积 A 应为

$$A \geqslant \frac{q_{\min}}{v_{\min}} \quad (\text{m}^2) \tag{7.6.9}$$

式中，$q_{\min}$——系统的最小稳定流量，在节流调速系统中，取决于流量阀的最小稳定流量，m^3/s；

$v_{\min}$——要求液压缸的最小工作速度，m/s。

对于液压马达，其排量 V 应为

$$V = \frac{q_{\min}}{n_{\min}} \quad (\text{m}^3/\text{r}) \tag{7.6.10}$$

式中，$q_{\min}$——系统的最小稳定流量，m^3/s；

$n_{\min}$——要求液压马达的最低转速，r/s。

从式（7.6.7）和式（7.6.9）中选取较大的计算值来计算液压缸内径和活塞杆直径。

计算出的液压缸内径和活塞杆直径，按国家标准取用标准值。

从式（7.6.8）和式（7.6.10）中选取较大的计算值，作为液压马达排量 V，然后结合液压马达的最大工作压力（$p_1 + p_0$）和工作转速 n，选择液压马达的具体型号。

（3）计算执行元件所需流量。

对于液压缸，所需最大流量 $q_{\max}$ 为

$$q_{\max} = A v_{\max} \quad (\text{m}^3/\text{s}) \tag{7.6.11}$$

式中，A——液压缸的有效工作面积，m^2；

$\quad\quad v_{\max}$——液压缸活塞移动的最大速度，m/s。

对于液压马达，所需最大流量 $q_{\max}$ 为

$$q_{\max} = V n_{\max} \quad (\text{m}^3/\text{s}) \tag{7.6.12}$$

式中，V——液压马达的排量，m^3/r；

$\quad\quad n_{\max}$——液压马达的最大转速，r/s。

2. 选择液压泵

1）确定液压泵的流量

$$q_B \geqslant K(\textstyle\sum q)_{\max} \quad (\text{m}^3/\text{s}) \tag{7.6.13}$$

式中，K——系统泄漏系数，一般取 1.1~1.3，大流量取小值，小流量取大值；

$\quad\quad (\textstyle\sum q)_{\max}$——复合动作的各执行元件最大总流量，$\text{m}^3/\text{s}$。

对于复杂系统，$(\textstyle\sum q)_{\max}$ 可从总流量循环图 7.6.5 中求得。

当系统采用蓄能器时，泵的流量可根据系统在一个工作循环周期中的平均流量选取，即

$$q_B \geqslant \frac{K}{T}\sum_{i}^{n} Q_i \quad (\text{m}^3/\text{s}) \tag{7.6.14}$$

式中，K——系统泄漏系数；

$\quad\quad T$——工作周期，s；

$\quad\quad Q_i$——各执行元件在工作周期中所需的油液容积，m^3；

$\quad\quad n$——执行元件的数量。

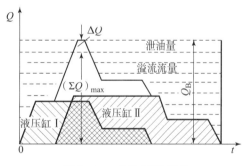

图 7.6.5　总流量循环图

2）选择液压泵的规格

选取额定压力比系统压力高 25%~60%，额定流量与系统所需流量相当的液压泵。系统压力是指稳态压力。液压系统在工作过程中其瞬态压力有时比稳态压力高得多，选取的额定压力应比系统压力高一定值，以使泵具有一定的压力储备。若系统属于高压范围，压力储备取小值；若系统属于中低压范围，压力储备取大值。

3）确定液压泵所需功率

（1）恒压系统。

驱动液压泵的功率为

$$P = \frac{p_B q_B}{\eta_B} \times 10^3 \quad (\text{kW}) \tag{7.6.15}$$

式中，p_B——液压泵最大工作压力，MPa；

$\quad\quad q_B$——液压泵最大流量，m^3/s；

η_B——液压泵的总效率。

（2）非恒压系统。

当液压泵的压力和流量在工作循环中变化时，可按各工作阶段进行计算，然后用下式计算等效功率：

$$P = \sqrt{\frac{P_1^2 t_1 + P_2^2 t_2 + \cdots + P_n^2 t_n}{t_1 + t_2 + \cdots + t_n}} \ (\text{kW}) \qquad (7.6.16)$$

式中，P_1、P_2、$\cdots$、P_n——一个工作循环中各阶段所需的功率，kW；

t_1、t_2、$\cdots$、t_n——一个工作循环中各阶段所需的时间，s。

注意，按等效功率选择电机时，必须对电机的超载能力进行检验。当阶段最大功率大于等效功率并超过电机允许的过载范围时，电机容量应按最大功率选取。

4）液压泵与原动机的匹配

液压泵是由原动机驱动来工作的，原动机可以是电机、发动机等。对于固定设备，电机通常为三相电机或交流变频电机，也可以是直流电机。液压泵的转速、扭矩、功率需要与原动机匹配。

对于移动设备，为了提高功率密度，电机的转速一般较高。与之匹配的液压泵也应该能适应高转速，且要有良好的吸油条件。

发动机分为汽油机和柴油机及燃气轮机。汽油机的转速范围为 800～6 000 r/min，柴油机为 800～2 200 r/min，某些高转速柴油机可以到 4 000 r/min，需要考虑发动机与液压泵之间的速比关系。另外，系统对流量的需求变化可能并没有汽油机转速变化的范围大，需要考虑在选用定量泵供油时，在高速条件下输出的额外流量造成的功率损失。

3. 选择控制元件

1）换向阀

换向阀首先应根据执行元件的动作要求、卸荷要求、换向平稳性，排除执行元件间的相互干扰等因素确定滑阀机能，然后再根据通过阀的最大流量、工作压力和操纵定位方式等选择其型号。

2）溢流阀

溢流阀主要根据最大工作压力和通过的最大流量等因素来选择，同时要求反应灵敏、超调量和卸荷压力小。

3）流量控制阀

选择流量控制阀时，首先应根据调速要求确定阀的类型，然后再按通过阀的最大和最小流量以及工作压力选择其型号。

选择阀类元件应注意的问题：

（1）选择各类阀时，应注意各阀连接的公称通径，在同一回路上尽量采用相同的通径。

（2）应尽量选用标准定型产品，除非不得已时才自行设计专用件。

（3）阀类元件的规格主要根据流经该阀油液的最大压力和最大流量选取。选择溢流阀时，应按液压泵的最大流量选取；选择节流阀和调速阀时，应考虑其最小稳定流量满足设备低速性能的要求。

（4）一般选择控制阀的额定流量应比系统管路实际通过的流量大一些，必要时允许通过阀的最大流量超过其额定流量的20%。

4. 选择辅助元件

油箱、滤油器、油管和管接头、蓄能器和冷却器等辅助元件可按第 5 章中有关原则选择。

7.6.4　液压系统性能的验算

为了判断液压系统的设计质量，需要对系统的压力损失、发热温升、效率和系统的动态特性等进行验算。由于液压系统的验算较复杂，只能采用一些简化公式近似地验算某些性能指标，如果设计中有经过生产实践考验的同类型系统可供参考或有较可靠的试验结果可以采用时，可以不进行验算。

1. 管路系统压力损失的验算

当液压元件规格型号和管道尺寸确定之后，就可以较准确地计算系统的压力损失。压力损失包括油液流经管道的沿程压力损失 Δp_L、局部压力损失 Δp_c 和流经阀类元件的压力损失 Δp_v，即

$$\Delta p = \Delta p_L + \Delta p_c + \Delta p_v \tag{7.6.17}$$

计算沿程压力损失时，如果管中为层流流动，可按以下经验公式计算：

$$\Delta p_L = \frac{4.8vqL}{d^4} \times 10^{-2} \quad (\text{Pa}) \tag{7.6.18}$$

式中，q——通过管道的流量，m^3/s；

L——管道长度，m；

d——管道内径，mm；

v——油液的运动黏度，cSt。

局部压力损失可按下式估算：

$$\Delta p_c = (0.05 \sim 0.15)\Delta p_L \tag{7.6.19}$$

阀类元件的 Δp_v 值可按下式近似计算：

$$\Delta p_v = \Delta p_n \left(\frac{q_v}{q_{Vn}}\right)^2 \tag{7.6.20}$$

式中，q_{Vn}——阀的额定流量，m^3/s；

q_v——通过阀的实际流量，m^3/s；

Δp_n——阀的额定压力损失，Pa。

计算系统压力损失的目的是正确确定系统的调整压力和分析系统设计的好坏。

系统的调整压力：

$$p_0 \geqslant p_1 + \Delta p \tag{7.6.21}$$

式中，p_0——液压泵的工作压力或支路的调整压力；

p_1——执行元件的工作压力。

如果计算出来的 Δp 比在初选系统工作压力时粗略选定的压力损失大得多，应该重新调整有关元件、辅件的规格，重新确定管道尺寸。

2. 系统发热温升的验算

系统发热来源于系统内部的能量损失，如液压泵和执行元件的功率损失、溢流阀的溢流损失、液压阀及管道的压力损失等。这些能量损失转换为热能，使油液温度升高。油液的温

升使黏度下降，泄漏增加；同时，使油分子裂化或聚合，产生树脂状物质，堵塞液压元件小孔，影响系统正常工作，因此必须使系统中油温保持在允许范围内。一般机床液压系统正常工作油温为 30～50 ℃；矿山机械正常工作油温为 50～70 ℃；最高允许油温为 70～90 ℃。

1）系统发热功率的计算

$$P = P_B(1 - \eta) \quad (\text{W}) \tag{7.6.22}$$

式中，P_B——液压泵的输入功率，W；

η——液压泵的总效率。

若一个工作循环中有几个工序，则可根据各个工序的发热量，求出系统单位时间的平均发热量：

$$P = \frac{1}{T} \sum_{i=1}^{n} P_{bi}(1 - \eta) t_i \quad (\text{W}) \tag{7.6.23}$$

式中，T——工作循环周期，s；

t_i——第 i 个工序的工作时间，s；

P_i——循环中第 i 个工序的输入功率，W。

2）系统的散热和温升计算

系统的散热量可按如下公式计算：

$$P' = \sum_{i=1}^{m} K_j A_j A_{ts} \quad (\text{W}) \tag{7.6.24}$$

式中，K_j——散热系数，W/($\text{m}^2 \cdot$℃)，当周围通风很差时，$K_j \approx 8～9$；周围通风良好时，$K_j \approx 15$；用风扇冷却时，$K_j \approx 23$；用循环水强制冷却时的冷却器表面 $K_j \approx 110～175$；

A_j——散热面积，m^2，当油箱长、宽、高比例为 1∶1∶1 或 1∶2∶3，油面高度为油箱高度的 80% 时，油箱散热面积近似看成 $A = 0.065 \sqrt[3]{V^2}$（m^2），其中 V 为油箱体积（L）。

当液压系统工作一段时间后，达到热平衡状态，则 $P = P'$。

因此，液压系统的温升为

$$\Delta t = \frac{P}{\sum\limits_{i=1}^{m} K_j A S_j}(\text{℃}) \tag{7.6.25}$$

式中，Δt——液压系统的温升，℃，即液压系统比周围环境温度的升高值；

j——散热面积的次序号。

计算所得的温升 Δt，加上环境温度，不应超过油液的最高允许温度。

当系统允许的温升确定后，也能利用上述公式来计算油箱的容量。

3. 系统效率验算

液压系统的效率是由液压泵、执行元件和液压回路效率来确定的。

液压回路效率 η_c 一般可用下式计算：

$$\eta_c = \frac{p_1 q_1 + p_2 q_2 + \cdots}{p_{b1} q_{b1} + p_{b2} q_{b2} + \cdots} \tag{7.6.26}$$

式中，p_1，q_1，p_2，q_2——每个执行元件的工作压力和流量；

p_{b1}，q_{b1}，p_{b2}，q_{b2}——每个液压泵的供油压力和流量。

液压系统总效率：

$$\eta = \eta_B \eta_c \eta_m \tag{7.6.27}$$

式中，η_B——液压泵总效率；

　　η_m——执行元件总效率；

　　η_c——回路效率。

7.6.5　绘制正式工作图和编写技术文件

经过对液压系统性能的验算和必要的修改之后，便可绘制正式工作图，包括绘制液压系统原理图、液压系统装配图和各种非标准元件设计图。

正式液压系统原理图上要标明各液压元件的规格、型号和调节值。对于自动化程度较高的设备，还应包括运动部件的运动循环图以及电磁铁、压力继电器的工作状态。

液压系统装配图包括管路图、泵站装配图、操纵机构装配图和电气线路图。管路图可以是管路示意图，也可以是实际结构图。图中应标明各种液压部件和元件在设备中的位置、固定方式、尺寸以及元件的规格、型号、数量、连接形式和技术要求等。

自行设计的非标准件，应绘出装配图和零件图。

编写的技术文件包括液压系统设计任务书，液压系统工作原理图，设计计算书，使用维护说明书，专用件、通用件、标准件、外购件明细表，自行设计和制造的零部件目录及图样以及试验大纲等。

思考与习题

7-1. 设计液压系统一般经过哪些步骤？要进行哪些方面的计算？

7-2. 如何拟定液压系统原理图？

7-3. 题 7-3 图所示为一液压机系统，其工作循环为快速下降→压制→快速退回→原位停止。

已知：（1）液压缸无杆腔有效工作面积 $A_1 = 100 \text{ cm}^2$，有杆腔有效工作面积 $A_2 = 50 \text{ cm}^2$，移动部件自重 $G = 5\,000 \text{ N}$；（2）快速下降时的外负载 $F_{L1} = 10\,000 \text{ N}$，速度 $v_1 = 6 \text{ m/min}$；（3）压制时的外负载 $F_{L2} = 50\,000 \text{ N}$，速度 $v_2 = 0.2 \text{ m/min}$；（4）快速回程时的外负载 $F_{L3} = 10\,000 \text{ N}$，速度 $v_3 = 12 \text{ m/min}$。管路压力损失、泄漏损失、液压缸的密封摩擦力以及惯性力等均忽略不计。试求：

（1）液压泵 1 和 2 的最大工作压力及流量；

（2）阀 3、4、6 各起什么作用？它们的调节压力各为多少？

7-4. 已知某履带式全液压挖掘机整机重量 $G = 10 \text{ t}$，机器行走速度 $v = 0 \sim 2 \text{ km/h}$（相当于驱动轮的转速 $n = 21.2 \text{ r/min}$），驱动轮直径 $D = 482 \text{ mm}$，行走驱动轮与液压马达的传动比 $i = 1:90$，要求最大爬坡角度 $\alpha = 30°$，转弯时每个驱动马达最大阻力为 $F = 4.5 \text{ t}$，液压泵的供油压力

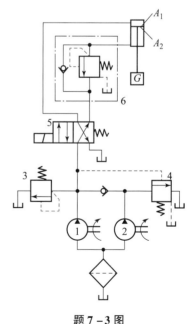

题 7-3 图

1，2—液压泵；3，4—溢流阀；

5—换向阀；6—平衡阀

$p_P = 12$ MPa，马达的工作压力 $p_1 = 11.5$ MPa，回油背压 $p_2 = 0.5$ MPa，马达的机械效率 $\eta_{Mm} = 0.9$，系统的泄漏系数 $K = 1.05$，柴油机的总效率 $\eta = 0.85$。试求：

（1）每个马达的最大驱动扭矩；

（2）马达的排量；

（3）液压泵的供油流量；

（4）柴油机的驱动功率。

第8章

液压控制技术简介

液压控制技术是在液压传动技术和自动控制技术的基础上发展起来的，它能够根据机械装备的要求，对位置、速度、加速度、力等被控制量按一定的精度进行控制，并且能在有外部干扰的情况下，稳定而准确地工作，实现既定的工作目的。本章简单介绍液压控制系统的组成及工作原理，以完善读者的知识结构。

通过本章的学习，应掌握以下内容：
(1) 液压传动系统与液压控制系统的联系与区别；
(2) 液压控制系统的分类和组成；
(3) 机液控制系统的工作原理；
(4) 了解电液控制系统的工作原理及伺服阀和比例阀的工作原理。

8.1 液压控制系统的工作原理及工作特性

8.1.1 液压传动系统和液压控制系统的比较

液压控制系统有别于一般的液压传动系统，两者在工作任务、控制原理、控制元件、控制功能和性能要求等很多方面都有所不同，它们之间的主要区别如表 8.1.1 所示。

表 8.1.1　液压传动系统与液压控制系统的比较

系统类别 对比内容	液压传动系统	液压控制系统
工作任务	以传递动力为主，传递信息为辅。主要任务是驱动和调速	以传递信息为主，传递动力为辅。主要任务是使被控制量，如位移、速度或力等物理量能够自动、快速、准确且稳定地跟踪输入指令的变化
控制原理	一般为开环系统	多为带反馈的闭环系统
控制元件	采用调速阀或变量泵手动调节流量	采用液压控制阀，如伺服阀、电液比例阀、电液数字阀或电控变量泵自动调节流量

续表

系统类别 对比内容	液压传动系统	液压控制系统
控制功能	只能实现手动调速、加载和顺序控制等功能。难以实现任意规律、连续的速度调节	利用各种传感器对被控量进行检测和反馈，从而实现对位置、速度、加速度、力和压力等物理量的自动控制
性能要求	追求的是传动特性的完善，侧重于静态特性要求。主要性能指标为调速范围、低速稳定性、速度刚度和效率等	追求的目标是控制特性的完善，性能指标包括稳态性能和动态性能两个方面

由于这两种系统的差异，对它们的研究内容和侧重点也不相同。以执行元件的速度控制为例，液压传动系统侧重于静态特性方面，只在有特殊需要时才研究动态特性，即使研究动态特性，通常也只需讨论外负载变化对速度的影响。对液压控制系统来说，除了讨论如何满足以一定的速度对被控对象进行驱动等基本要求外，更侧重于系统动态特性（包括稳定性、快速性和准确性）的分析和研究。

8.1.2 液压控制系统的工作原理

图 8.1.1 所示为一简单的机液伺服控制系统原理图。

图中的供油来自恒压油源，回油直接通油箱。系统主要由四边滑阀和液压缸组成。滑阀是一个转换放大元件，它将输入的机械信号（阀芯位移）转换成液压信号（流量、压力）输出，并加以功率放大。液压缸为执行元件，输入是压力油的流量，输出是运动速度或位移。在这个系统中，阀体与液压缸缸体做成一体，构成了机械反馈伺服控制回路。其反馈控制过程是：当阀芯处于中间位置（零位）时，阀的 4 个窗口关闭，控制阀无流量输出，缸体不动，系统处于静止平衡状态。若阀芯 1 向右移一个距离 x_i，则节流窗口 a、b 便各有一个相应的开口量 $x_v = x_i$，压力油经窗口 a 进入液压缸无杆腔，推动缸体右移 x_p，液压缸左腔的油液经窗口 b 回油箱。在缸体右移的同时，也带动阀体右移 x_p，使阀的开口量减小，

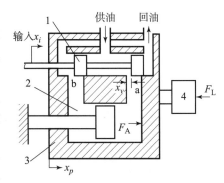

图 8.1.1 机液伺服控制系统原理图
1—阀芯；2—液压缸；
3—阀体与缸体；4—负载

即 $x_v = x_i - x_p$。当缸体位移 x_p 等于阀芯位移 x_i 时，$x_v = 0$，即阀的开口关闭，输出流量为零，液压缸停止运动，处在一个新的平衡位置上。如果阀芯反向运动，则液压缸也反向跟随运动。也就是说，在该系统中，液压缸的位移（系统的输出）能够自动、快速而准确地跟踪阀芯的位移（系统的输入）运动。系统的原理框图如图 8.1.2 所示。

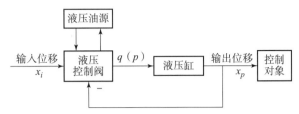

图 8.1.2　机液伺服控制系统的原理框图

　　该系统是一个靠偏差工作的负反馈闭环控制系统，其输出量是位移，故称为位置控制系统。由于其输入信号和反馈信号皆由机械构件实现，所以也称机液位置伺服控制系统。还因它的机液转换元件为滑阀，靠节流原理工作，因此也称阀控式液压伺服系统。

　　以上介绍的是机液伺服控制系统的情况，其反馈为机械连接形式。事实上，反馈形式可以是机械、电气、气动、液压之一或它们的组合，因此液压控制系统还可分为电液控制和气液控制等多种形式。一般来说，液压控制系统的基本控制原理都是类似的。下面再介绍一个电液位置伺服控制系统的示例。

　　图 8.1.3 所示为一个典型的电液位置伺服控制系统原理图。其工作原理是：由计算机（指令元件）发出数字指令信号，经 D/A 转换为模拟信号 u_r 后输给比较器，再通过比较器与位移传感器传来的反馈信号 u_f 相比较，形成偏差信号 Δu，然后通过校正、放大器输出控制电流 i，操纵电液伺服阀（电液转换元件）产生较大功率的液压信号（压力、流量），从而驱动液压伺服缸，并带动负载（被控对象）按指令要求运动。当偏差信号趋于零时，被控对象（负载）被控制在指令期望的位置上。该电液位置伺服控制系统的原理框图如图 8.1.4 所示。

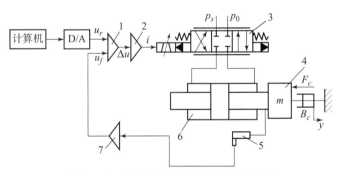

图 8.1.3　电液位置伺服控制系统原理图

1—比较器；2—校正、放大器；3—电液伺服阀；4—负载；
5—位移传感器；6—液压伺服缸；7—信号放大器

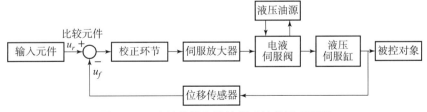

图 8.1.4　电液位置伺服控制系统的原理框图

综合上述机液、电液两种控制系统的工作原理可知，液压控制系统一般具有如下特点：

（1）以液压为能源，具有功率放大作用，是一个功率放大装置；

（2）液压控制系统是一个自动跟踪系统（即随动系统）；

（3）液压控制系统是一个负反馈控制系统，依靠偏差信号工作。

8.1.3 液压控制系统的分类

液压控制系统的类型繁杂，可按不同的方式进行分类。

1. 按能量转换的形式分类

（1）机械 – 液压控制系统（机液伺服控制系统）；

（2）电气 – 液压控制系统（电液控制系统）；

（3）气动 – 液压控制系统（气液控制系统）；

（4）机、电、气、液混合控制系统。

2. 按控制元件的类型分类

（1）阀控系统又称节流控制系统，是指由伺服阀或比例阀等液压控制阀利用节流原理控制输给执行元件的流量或压力的系统。

（2）泵控系统又称容积控制系统，是指利用伺服（或比例）变量泵改变排量的原理控制输给执行元件的流量或压力的系统。

3. 按被控制物理量性质分类

（1）位置（或转角）控制系统；

（2）速度（或转速）控制系统；

（3）加速度（或角加速度）控制系统；

（4）力（或力矩）控制系统；

（5）压力（或压差）控制系统；

（6）其他控制系统（如温度控制系统等）。

4. 按输入信号的变化规律分类

（1）伺服控制系统又称随动系统或跟踪系统，这类系统的输入信号是时间的函数，要求系统的输出能以一定的控制精度跟随输入信号变化，是一种快速响应系统。

（2）定值调节系统若系统的输入信号是不随时间变化的常值，要求其在外干扰的作用下，能以一定的控制精度将系统的输出控制在期望值上，这种系统称为定值调节系统，亦即恒值控制系统。

（3）程序控制系统程序控制系统的输入量按所需程序设定，它是一种实现对输出进行程序控制的系统。

8.1.4 液压控制系统的组成

一个实际的液压控制系统不论如何复杂，都是由一些基本元件构成的，并可以用图8.1.5 表示。这些基本元件包括输入元件、检测反馈元件、比较元件及转换放大元件（含能源）、液压执行元件和控制对象等部分。

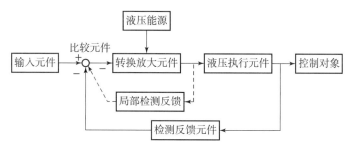

图 8.1.5　液压控制系统的典型组成

8.2　机液伺服控制系统

机液伺服控制系统的指令给定、反馈和比较都采用机械构件，具有简单可靠、价格低廉、环境适应性好等优点，但也存在偏差信号的校正及系统增益的调整不方便、反馈机构的摩擦和间隙影响系统性能等不足之处。机液控制系统一般用于响应速度和控制精度要求不是很高的场合，绝大多数是位置控制系统，也可以用来控制其他物理量，如原动机的转速等。

在前面介绍的轴向柱塞泵手动伺服变量机构及汽车液压助力转向系统就属于典型的机液伺服控制系统。

液压伺服控制阀是伺服控制系统中最重要、最基本的组成部分，常见的液压伺服控制阀有滑阀、射流管阀和喷嘴挡板阀 3 类。下面简要介绍它们的结构、原理和特点。

8.2.1　滑阀

滑阀是节流式元件，利用阀芯在阀套中滑动来控制通过阀口的流量，使通过阀的流量与阀芯的位移成正比。根据滑阀控制边数（起控制作用的阀口数）的不同，滑阀有单边控制式、双边控制式和四边控制式 3 种类型。

图 8.2.1 所示为单边滑阀的工作原理。滑阀控制边的开口量 x_s 控制着液压缸右腔的压力和流量，从而控制液压缸运动的速度和方向。来自泵的液压油进入单杆液压缸的有杆腔，通过活塞上的小孔 a 进入无杆腔，压力由 p_s 降为 p_1，再通过滑阀唯一的节流口流回油箱。在液压缸不受外负载作用的条件下，$p_1 A_1 = p_s A_2$。当阀芯根据输入信号向左移动时，开口量 x_s 增大，无杆腔压力 p_1 减小，于是 $p_1 A_1 < p_s A_2$，缸体向左移动。因为缸体和阀体刚性连接成一个整体，故阀体左移又使 x_s 减小（负反馈），直至系统达到平衡状态。

图 8.2.2 所示为双边滑阀的工作原理。

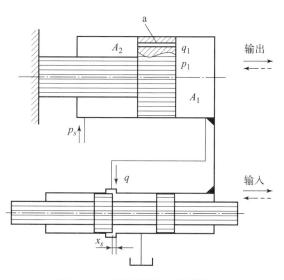

图 8.2.1　单边滑阀的工作原理

液压油一路直接进入液压缸有杆腔，另一路经过滑阀左控制边的开口 x_{s1} 和液压缸无杆腔相通，并经滑阀右控制边的开口 x_{s2} 流回油箱。当滑阀向左移动时，x_{s1} 减小，x_{s2} 增大，液压缸无杆腔压力 p_1 减小，两腔受力不平衡，缸体向左移动；反之，缸体向右移动。双边滑阀比单边滑阀的调节灵敏度高，工作精度高。

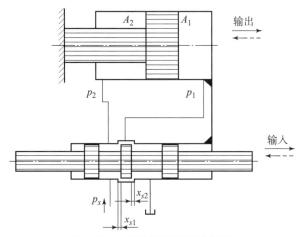

图 8.2.2　双边滑阀的工作原理

图 8.2.3 所示为四边滑阀的工作原理。滑阀有 4 个控制边，开口 x_{s1}、x_{s2} 分别控制进入液压缸两腔的液压油，开口 x_{s3}、x_{s4} 分别控制液压缸两腔的回油。当滑阀向左移动时，液压缸左腔的进油口 x_{s1} 减小，回油口 x_{s3} 增大，使 p_1 迅速减小；与此同时，液压缸右腔的进油口 x_{s2} 增大，回油口 x_{s4} 减小，使 p_2 迅速增大。这样就使活塞迅速左移。与双边滑阀相比，四边滑阀同时控制液压缸两腔的压力和流量，故调节灵敏度更高，控制精度也更高。

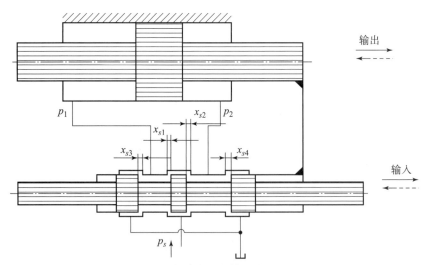

图 8.2.3　四边滑阀的工作原理图

由上述可知，滑阀的基本功能是连续改变控制边（节流口）与阀套的相对位置，从而改变阀口的通流面积，以改变进入液压缸（执行元件）两腔的压力和流量，达到控制液压缸输出运动速度和力的目的。单边、双边和四边滑阀的控制作用相同，均能起到换向和节流作用。控制边数越多，控制精度越高，但阀的结构工艺性也越差。通常情况下，四边滑阀多用于精度要求较高的系统，单边、双边滑阀用于对控制精度要求一般的系统。

根据阀在中间平衡位置时控制边与阀套形成的不同初始开口量，滑阀又可以分为负开口（$x_s < 0$）（正重叠）、零开口（$x_s = 0$）（零重叠）和正开口（$x_s > 0$）（负重叠）3 种形式，如图 8.2.4 所示。

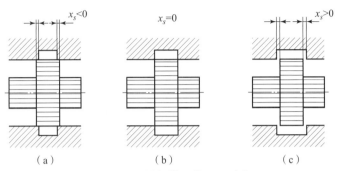

图 8.2.4　滑阀的 3 种开口形式
（a）负开口；（b）零开口；（c）正开口

不同开口量的阀具有不同的流量增益，如图 8.2.5 所示。事实上，从零位附近流量增益曲线的形状来确定阀的开口形式要比用上述几何关系进行划分更为合理，因为零开口阀实际上总具有一个微小的正重叠量（$2 \sim 3\ \mu m$），以补偿径向间隙，使阀的增益具有线性特性。

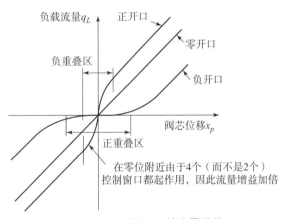

图 8.2.5　不同开口的流量增益

在一般情况下，希望伺服系统尽可能具有线性增益特性，故零开口阀得到最广泛的应用。负开口阀由于其流量增益特性具有死区，将导致稳态误差，并且有时还可能引起游隙，从而产生稳定性问题，因此很少采用。正开口阀用于要求有一个连续的液流以便使油液维持合适温度的场合，也用于要求采用恒流量能源的系统中。不过，它在零位时有较大的功率损耗，而且由于正开口以外区域增益降低和压力灵敏度低等缺点，使它只能于某些特殊场合。

8.2.2　喷嘴挡板阀

喷嘴挡板阀是节流式液压元件，由喷嘴、挡板和固定节流口组成。根据喷嘴的数量可以分为单喷嘴挡板阀和双喷嘴挡板阀两种，两者的工作原理基本相同，其中双喷嘴挡板阀具有较高的功率放大倍数，应用较多。

图 8.2.6 所示为双喷嘴挡板阀的工作原理,挡板 1 可以绕支承轴摆动,利用挡板位移来调节喷嘴 2、3 与挡板 1 之间的环状节流口大小,从而改变两边喷嘴腔的压力,两边喷嘴腔的压力差与挡板位移成正比。

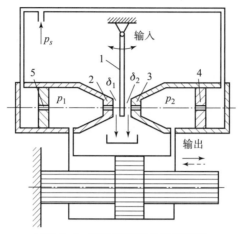

图 8.2.6　喷嘴挡板阀的工作原理
1—挡板;2,3—喷嘴;4,5—节流孔

喷嘴挡板阀与滑阀相比,结构简单,也不需要有严格的制造公差,挡板惯量小,所需控制力小,响应快,但它的零位泄漏大,功率小,通常用在小功率液压控制系统中或多级控制阀的前置级。

8.2.3　射流管阀

射流管阀是分流式元件,如图 8.2.7 所示,主要由射流管 1 和接收器 2 组成,射流管 1 可绕支承轴偏转,从射流管的喷嘴处高速喷出的液体,在扩散型的接收器内恢复成压力能。两接收口 a 和 b 内的压力差与射流管位移成正比。

射流管阀的优点是结构简单,加工精度低,抗污染能力强。缺点是射流管惯量大,响应慢,控制精度不高,零位功率损耗大。因此,这种阀适用于低压、小功率的场合。

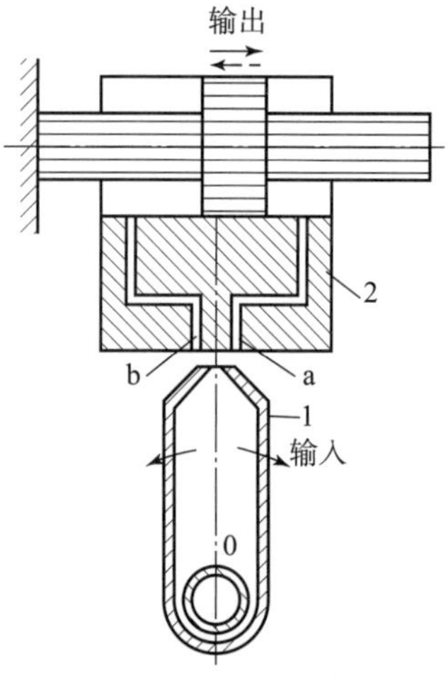

8.2.4　车床仿形刀架机液伺服系统

如图 8.2.8 所示,仿形刀架装在车床溜板后部,可以保留车床原来的方刀架,不影响原有的性能。样件安装在床身侧面的支架上固定不动。仿形刀架随溜板一起做纵向移动,并按照样件的轮廓形状车削工件。液压泵站则布置在车床附近的地面上,与仿形刀架以软管相连。

图 8.2.7　射流管阀的工作原理
1—射流管;2—接收器

液压缸的活塞杆固定在仿形刀架的底座上,缸体 6、杠杆 8、伺服阀体 7 是和刀架 3 连在一起的,在导轨上沿液压缸轴向移动。伺服阀芯 10 在弹簧的作用下通过阀杆 9 将杠杆 8 上的触销 11 压在样件 12 上。由液压泵 14 来的油经滤油器 13 通入伺服阀的 A 口,并根据阀芯所在位置经 B 或 C 通入液压缸的上腔或下腔,使刀架 3 和车刀 2 退离或切入工件 1。

当杠杆上的触销还没有碰到样件时,伺服阀阀芯在弹簧作用下处于最下端的位置处,液

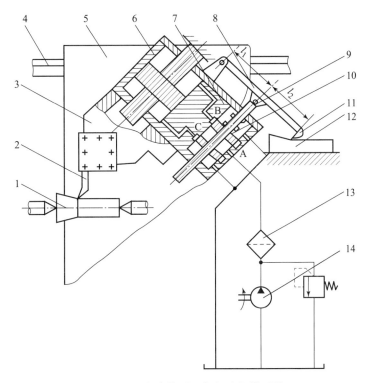

图 8.2.8 车床仿形刀架机液伺服系统

1—工件；2—车刀；3—刀架；4—导轨；5—拖板；6—缸体；7—伺服阀体；8—杠杆；
9—阀杆；10—伺服阀芯；11—触销；12—样件；13—滤油器；14—液压泵

压泵 14 输入的油液通过伺服阀上的 C 口进入液压缸的下腔，液压缸上腔的油液则经伺服阀上的 B 口流回油箱，仿形刀架快速向左下方移动，接近工件。当杠杆的触销与样件接触时，触销不再移动，刀架继续向前运动，使杠杆绕触销尖摆动，阀杆和阀芯便在阀体中相对地后退，直到 A 和 C 间的通路被切断、液压缸下腔不再进入压力油、刀架不再前进时为止。这样就完成了刀架的快速趋近运动。

当车削圆柱面时，溜板沿床身导轨 4 纵向移动。杠杆触销在样件上方水平段内滑动，滑阀阀口不打开，刀架只能跟随溜板一起纵向移动，车刀在工件 1 上车出圆柱面。

当车削圆锥面时，触销沿样件斜线滑动，使杠杆向上方偏摆，从而带动阀芯上移，打开阀口，压力油进入液压缸上腔，推动缸体连同阀体和刀架沿轴向后退。阀体后退又逐渐使阀口关小，直至关闭为止。在溜板不断地做纵向运动的同时，触销在样件上不断抬起，刀架也就不断地后退运动，此二运动的合成就使刀具在工件上车出圆锥面。

8.3 电液伺服控制系统

电液伺服控制系统（也称电液伺服系统）是指以电液伺服阀（或伺服变量泵）作为电液转换和放大元件实现某种控制规律的系统，它的输出信号能跟随输入信号快速变化，所以有时也称随动系统。电液伺服控制系统可以按被控物理量的性质分为位置控制、速度控制、力（或压力）控制等，它将液压技术和电气、电子技术有机地结合起来，既具有快速易调和高精度的特点，又有控制大惯量实现大功率输出的优势，在多个技术领域有着广泛的应用。

8.3.1 电液伺服阀

电液伺服阀是电液伺服控制系统的核心元件，它将系统的电气部分与液压部分连接起来，起电液转换和功率放大的作用。

电液伺服阀由电气 – 机械转换器、液压放大元件和检测反馈机构 3 个部分组成。电气 – 机械转换器有动铁式、动圈式和压电陶瓷等形式。液压放大元件可以由一级、两级或三级组成。常用的电液伺服阀多为两级阀，其第一级为先导级或前置级，第二级为输出级或功率级。电液伺服阀有压力型伺服阀和流量型伺服阀之分，绝大部分伺服阀为流量型伺服阀。

图 8.3.1 所示为一个喷嘴挡板式两级电液伺服阀的机构原理图。它由电磁和液压两部分组成，电磁部分是一个动铁式力矩马达，液压部分为两级，第一级是双喷嘴挡板阀，第二级是四边滑阀（主阀）。

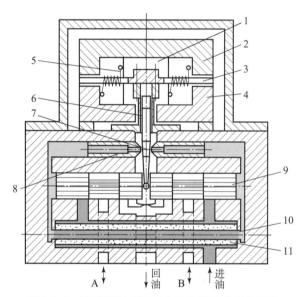

图 8.3.1　喷嘴挡板式两级电液伺服阀的机构原理

1—永久磁铁；2，4—导磁体；3—衔铁；5—线圈；6—弹簧管；7—挡板；
8—喷嘴；9—滑阀；10—固定节流孔；11—过滤器

1. 力矩马达

力矩马达主要由一对永久磁铁 1、导磁体 2 和 4、衔铁 3、线圈 5、弹簧管 6 和挡板 7 等组成（图 8.3.1）。永久磁铁把上下两块导磁体磁化成 N 极和 S 极，形成一个固定磁场。衔铁和挡板连在一起，由固定在阀座上的弹簧管支承，使之位于上下导磁体中间。挡板下端为一球头，嵌放在滑阀的中间凹槽内。

当线圈无电流通过时，力矩马达无力矩输出，挡板处于两喷嘴中间位置。当输入信号电流通过线圈时，衔铁 3 被磁化，如果通入的电流使衔铁左端为 N 极，右端为 S 极，则根据同性相斥、异性相吸的原理，衔铁向逆时针方向偏转。于是弹簧管弯曲变形，产生相应的反力矩，致使衔铁转过 θ 角便停止下来。电流越大，θ 角就越大，两者成正比关系。这样，力矩马达就把输入的电信号转换为力矩输出。

2. 液压放大器

力矩马达产生的力矩很小，无法操纵滑阀的启闭以产生足够的液压功率，因此要在液压放大器中进行两级放大，即前置放大和功率放大。前置放大级是一个双喷嘴挡板阀，它主要由挡板 7、喷嘴 8、固定节流孔 10 和过滤器 11 组成（图 8.3.1）。液压油经过滤器和两个固定节流孔流到滑阀左、右两端油腔及两个喷嘴腔，由喷嘴喷出，经滑阀 9 的中部油腔流回油箱。力矩马达无输出信号时，挡板不动，左右两腔压力相等，滑阀 9 也不动。若力矩马达有信号输出，则挡板偏转，使两喷嘴与挡板之间的间隙不等，造成滑阀两端的压力不等，便推动阀芯移动。功率放大级主要由滑阀 9 和挡板下部的反馈弹簧片组成。当前置放大级有压差信号输出时，滑阀阀芯移动，传递动力的液压主油路即被接通（见图 8.3.1 下部油口的通油情况）。因为滑阀移动后的开度是正比于力矩马达输入电流的，所以阀的输出流量也和输入电流成正比。输入电流反向时，输出流量也反向。滑阀移动的同时，挡板下端的小球也随同移动，使挡板弹簧片产生弹性反力，阻止滑阀继续移动。另外，挡板变形又使它在两喷嘴间的位移量减小，从而实现了反馈。当滑阀上的液压作用力和挡板弹性反力平衡时，滑阀便保持在这一开度上不再移动。因为这一最终位置是由挡板弹性反力的反馈作用平衡的，所以这种反馈是力反馈。力反馈型电液伺服阀是最典型、最普遍的结构形式。

电液伺服阀用伺服放大器进行控制。伺服放大器的输入电压信号是来自电位器、信号发生器、同步机组和计算机的 D/A 转换器等输出的电压信号，其输出的电流与输入电压信号成正比。

8.3.2 机械臂伸缩运动电液伺服系统

一般机械臂应包括 4 个伺服系统，分别控制机械臂的伸缩、回转、升降和手腕的动作。由于每一个液压伺服系统的工作原理均相同，现仅以伸缩伺服系统为例加以介绍。

图 8.3.2 为机械臂伸缩电液伺服系统原理图。它主要由电液伺服阀 1、液压缸 2、活塞杆带动的机械臂 3、齿轮齿条机构 4、电位器 5、步进电机 6 和放大器 7 等元件组成。当电位器的触头处在中位时，触头上没有电压输出。当它偏离这个位置时，就会输出相应的电压。电位器触头产生的微弱电压，须经放大器放大后才能对电液伺服阀进行控制。电位器触头由步进电机带动旋转，步进电机的角位移和角速度由数控装置发出的脉冲数和脉冲频率控制。齿条固定在机械臂上，电位器固定在齿轮上，因此当机械臂带动齿轮转动时，电位器同齿轮一起转动，形成负反馈。

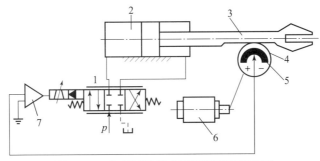

图 8.3.2 机械臂伸缩电液伺服系统原理图

1—电液伺服阀；2—液压缸；3—机械臂；4—齿轮齿条机构；5—电位器；6—步进电机；7—放大器

图 8.3.3 所示为机械臂伸缩电液伺服系统框图。机械臂伸缩系统的工作原理如下：由数控装置发出的一定数量的脉冲，使步进电机带动电位器的动触头转过一定的角度 θ_i（假定为顺时针方向转动）。动触头偏离电位器中位，产生微弱电压 u_1，经放大器放大成 u_2 后输入电液伺服阀的控制线圈，使伺服阀产生一定的开口量。这时液压油以流量 q 流经阀的开口进入液压缸的左腔，推动活塞连同机械臂手臂一起向右移动，行程为 x_v；液压缸右腔的回油经伺服阀流回油箱。由于电位器的齿轮和机械臂上齿条相啮合，机械臂向右移动时，电位器跟着做顺时针方向的转动。当电位器的中位和触头重合时，动触头输出电压为零，电液伺服阀失去信号，阀口关闭，机械臂停止移动。机械臂移动的行程取决于脉冲数量，速度取决于脉冲频率。当数控装置发出反向脉冲时，步进电机逆时针方向转动，机械臂缩回。

由于机械臂的控制信号是数字量，也可以将此种控制系统归类为数字电液伺服系统。

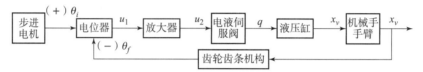

图 8.3.3　机械臂伸缩电液伺服系统框图

8.4　电液比例控制系统

电液比例控制系统是指以电液比例阀作为电气－机械比例转换和功率放大装置，实现元件或系统的被控量（输出）与控制量（输入或指令）之间成线性关系的控制系统，其工作原理与电液伺服控制系统类似，但二者在控制元件的应用范围、电气－机械转换器、阀芯结构、加工精度、主阀中位机能等方面有所区别。

电液比例控制系统的关键元件是电液比例阀，下面进行简单介绍。

8.4.1　电液比例阀

电液比例阀简称比例阀，是一种能按输入的电气信号连续地、按比例地对油液的压力、流量或方向进行控制的液压阀。采用电液比例阀能使系统实现自动控制、远程控制和程序控制，能把电的快速、灵活等优点与液压传动功率大等特点结合起来，并能防止压力或速度变化及换向时的冲击现象，有利于简化系统，减少元件的使用量。

电液比例阀按控制功能可以分为电液比例压力阀、电液比例流量阀、电液比例方向阀和电液比例复合阀（如比例压力流量阀）。

电液比例阀通常由电气－机械转换器和液压阀两部分组成，目前采用的电气－机械转换器主要有比例电磁铁、动圈式力马达、力矩马达、伺服电机和步进电机 5 种形式，在此仅介绍比例电磁铁。

1. 比例电磁铁

比例电磁铁是一种直流电磁铁，但和普通电磁换向阀所用的电磁铁不同。普通电磁换向阀所用的电磁铁只要求有吸合和断开两个位置，并且为了增加吸力，在吸合时磁路中几乎没有气隙。比例电磁铁要求吸力（或位移）与输入电流成正比，并在衔铁的全部工作位置上，磁路中保持一定的气隙。

图 8.4.1 所示为比例电磁铁的结构与特性曲线。线圈 3 通电后形成的磁路对衔铁 4 产生吸力，其特性曲线如图 8.4.1（b）所示。图中还画出了普通电磁铁的吸力特性以便比较。将此比例电磁铁的吸力特性分为 3 个区段，在气隙很小的区段Ⅰ，吸力虽大，但吸力随位置改变而急剧变化；在气隙较大的区段Ⅲ，吸力明显下降；吸力随位置变化较小的区段Ⅱ是比例电磁铁的工作区段（图中的限位片 8 用以防止衔铁进入Ⅰ区段工作）。

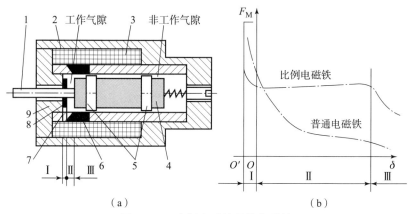

图 8.4.1　比例电磁铁结构与特性

（a）结构图；（b）特性曲线

1—推杆；2—壳体；3—线圈；4—衔铁；5—轴承环；6—隔磁环；7—导向套；8—限位片；9—极靴；

Ⅰ—吸合区；Ⅱ—工作行程区；Ⅲ—空行程区

由于磁路结构的特点，使之具有如图 8.4.1（b）所示的几乎水平的电磁力行程特性，改变线圈中的电流，即可在衔铁上得到与其成比例的吸力。图 8.4.1 所示的电磁铁的输出是电磁推力，故称为力输出型。如果要求比例电磁铁的输出为位移时，可在衔铁左侧加一弹簧（当衔铁与阀芯直接连接时，此弹簧常处于阀芯左侧），便可得到与电流成正比的位移。

还有一种带位移反馈的位置输出型比例电磁铁，如图 8.4.2 所示。这种电磁铁由于有衔铁位移的电反馈闭环，因此当输入控制电信号一定时，不管与负载相匹配的比例电磁铁输出电磁力如何变化，其输出位移仍保持不变。因此，它能抑制摩擦力等扰动影响，使之具有极为优良的稳态控制精度和抗干扰特性。

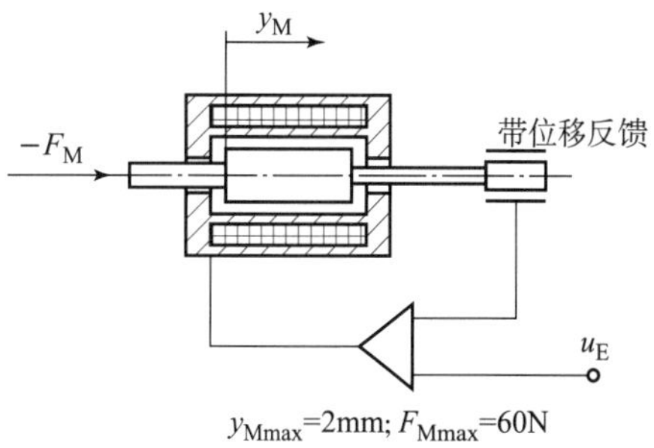

与电液伺服阀相似，控制比例阀的比例放大器也是具有深度电流负反馈的电子控制放大器，其输出电流和输入电压成正比。比例放大器的构成与伺服放大器也相似，但一般要复杂一些，如比例放大器一般均带有颤振信号发生器，还有零区电流跳跃等功能。

$y_{Mmax}=2mm$；$F_{Mmax}=60N$

图 8.4.2　带位移反馈的比例电磁铁原理图

2. 电液比例阀与电液伺服阀的比较

电液比例阀是介于普通液压阀和电液伺服阀之间的一种控制阀，比例阀结构简单，制造精度要求和价格均比电液伺服阀低，抗污染性好，维护保养方便，虽然动态快速性比电液伺服阀低，但在很多领域中已得到广泛的应用。电液比例阀和电液伺服阀的比较见表 8.4.1。

表 8.4.1　电液比例阀和电液伺服阀的比较

项目	电液比例阀	电液伺服阀
阀的功能	压力控制、流量控制、方向控制	多为四通阀，同时控制方向和流量
电-位移转换器	功率放大（约 50 W）的比例电磁铁，用来直接驱动阀芯或压缩弹簧	功率较小（0.1~0.3 W）的力矩马达，用来带动喷嘴-挡板或射流放大器。其先导级的输出功率约为 100 W
过滤精度 GB/T 14039—2002	–/16/13 ~ –/18/14 由于是由普通阀发展起来的，没有特殊要求	–/13/9 ~ –/15/11 为了保护滑阀或喷嘴-挡板精密通流截面，要求进口过滤
线性度	在低压降（0.8 MPa）下工作，通过较大的流量时，阀体内部的阻力对线性度有影响（饱和）	在高压降（7 MPa）下工作，阀体内部的阻力对线性度影响不大
遮盖	20% 一般精度，可以互换	0 极高精度，单件配送
响应时间	8~60 ms	2~10 ms
频率响应	10~150 Hz	100~500 Hz
电子控制	电子控制板与阀一起供应，比较简单	电子电路针对应用场合专门设计，包括整个闭环电路
应用领域	执行元件开环或闭环控制	执行元件闭环控制
价格	为普通阀的 3~6 倍	为普通阀的 10 倍以上

3. 电液比例压力阀

电液比例压力阀按用途不同可分为电液比例溢流阀、电液比例减压阀和电液比例顺序阀。按结构特点不同，又可分为直动式和先导式两种类型。

先导式电液比例压力阀包括主阀和先导阀两部分。其主阀部分与普通压力阀相同，而其先导阀本身实际就是直动式比例压力阀，它是以电气-机械转换器代替普通直动式压力阀上的操纵机构而形成的。

1）直动式电液比例溢流阀

图 8.4.3 所示为直动式电液比例溢流阀。比例电磁铁 1 通电后产生吸力经推杆 2 和传力弹簧 3 作用在锥阀阀芯 4 上，当锥阀底面的液压力大于电磁吸力时，锥阀被顶开溢流。连续地改变控制电流的大小，即可连续地、按比例地控制锥阀的开启压力。

图 8.4.4 所示为一种带位移电反馈的直动式电液比例溢流阀结构图，主要由锥阀阀芯、阀体 1、带位移传感器 3 的比例电磁铁 2、阀座 4、调压弹簧 6 和保护性弹簧 5 等组成。带位移传感器的比例电磁铁 2 是一种位置调节型比例电磁铁，其输出控制量是推杆的位置，而不

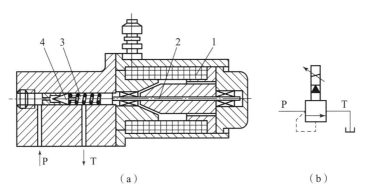

图 8.4.3 直动式电液比例溢流阀

（a）结构图；（b）图形符号

1—比例电磁铁；2—推杆；3—传力弹簧；4—锥阀阀芯

是力。当输入电信号时，比例电磁铁 2 产生的电磁力通过弹簧座 7 作用在调压弹簧 6 和锥阀阀芯上，并使弹簧 6 压缩。推杆和弹簧座的位置通过位移传感器检测并反馈到比例放大器，构成推杆位移的闭环控制，使弹簧 6 产生与输入信号成比例的精确压缩量。由于弹簧 6 的压缩量决定了溢流压力，而压缩量又正比于输入电信号，所以溢流压力也正比于输入电信号，从而实现对压力的比例控制。由于有位移反馈闭环控制，可抑制比例电磁铁的摩擦、磁滞等干扰，因而控制精度显著提高。但是由于流量变化所引起的弹簧压缩量（或弹簧力）以及稳态液动力的变化等干扰因素不能得到抑制，对压力控制精度的提高会带来不利影响。弹簧 5 是阀芯前端的保护性弹簧，当输入电信号为零时，可降低其卸荷压力。

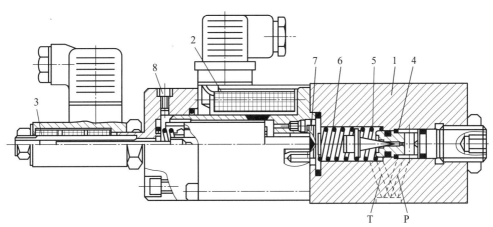

图 8.4.4 带位移电反馈的直动式电液比例溢流阀结构图

1—阀体；2—比例电磁铁；3—位移传感器；4—阀座；5，6—弹簧；7—弹簧座；8—排气螺钉

2）先导式电液比例溢流阀

图 8.4.5 所示为先导式电液比例溢流阀，其下部为与普通溢流阀相同的主阀，上部则为直动式电液比例溢流阀作为先导阀。该阀还附有一个手动调整的限压阀 10，用以限制比例溢流阀的最高压力，以避免因电子仪器发生故障使得控制电流过大，压力超过系统允许最高压力。

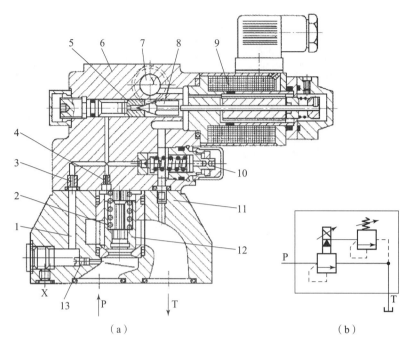

图 8.4.5　先导式电液比例溢流阀

(a) 结构图；(b) 图形符号

1—先导油流道；2—主阀弹簧；3，4—节流孔；5—先导阀座；6—先导阀；7—外泄口；8—先导阀芯；
9—比例电磁铁；10—手动限压阀；11—主阀；12—主阀芯；13—内部先导油口螺塞

4. 电液比例流量阀

电液比例流量阀分为电液比例节流阀和电液比例调速阀两大类。

1）电液比例节流阀

在普通节流阀的基础上，利用电气－机械比例转换器对节流阀口进行控制，即成为比例节流阀。对移动式节流阀而言，利用比例电磁铁来推动；对旋转式节流阀而言，采用伺服电机经减速后来驱动。

2）电液比例调速阀

图 8.4.6 所示为直动式电液比例调速阀。比例电磁铁 1 的输出力作用在节流阀阀芯 2 上，与弹簧力、液动力、摩擦力相平衡。一定的控制电流对应一定的节流口开度，通过改变输入电流的大小，即可改变通过调速阀的流量。

5. 电液比例方向阀

将普通电磁换向阀中的电磁铁改成比例电磁铁，并严格控制阀芯和阀体上控制边的轴向尺寸，即成为比例方向阀。此阀除可换向外，还可使其开阀口大小与输入电流成比例，以调节通过的流量，也叫比例方向流量阀。显然，比例方向流量既可以改变液流方向，还可以控制流量的大小。它相当于一个比例节流阀加换向阀。它可以有多种滑阀机能，既可以是二位阀，也可以是三位阀。

图 8.4.7 所示是直动式三位四通比例方向节流阀，主要由两个比例电磁铁（1 和 6）、两个对中弹簧（2 和 5）、阀芯 4 和阀体 3 组成。当给比例电磁铁 1 输入一定电流信号时，电磁

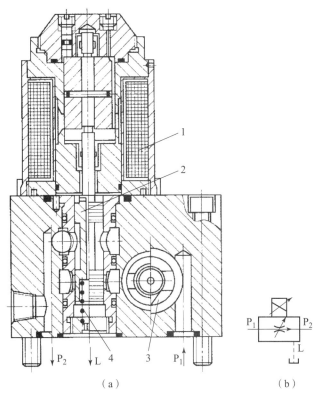

图 8.4.6　直动式电液比例调速阀

（a）结构图；（b）图形符号

1—比例电磁铁；2—节流阀阀芯；3—定差减压阀；4—弹簧

力推动阀芯右移，三位四通阀工作在左位，此时油口 P 与 B 相通，A 与 T 相通。当电磁力与稳态液动力、弹簧力等达到平衡时，阀芯稳定工作在某一开度下。通过改变输入电流的大小就可以成比例地调节阀口开度，从而控制进入负载的流量。

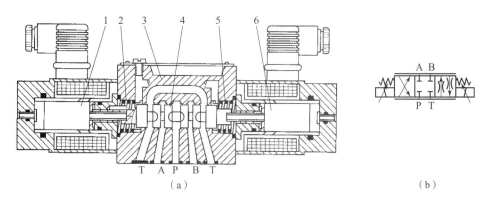

图 8.4.7　直动式三位四通电液比例方向节流阀

（a）结构图；（b）图形符号

1，6—比例电磁铁；2，5—对中弹簧；3—阀体；4—阀芯

同样，当给比例电磁铁 6 输入电流信号时，三位四通阀工作在右位。

为使通过阀的流量与压力差无关，可再增加一个定差减压阀，这种阀称为比例方向调速阀，也叫比例复合阀。其工作原理与普通节流阀类似，只不过采用比例电磁铁控制阀芯的运动方向及开口大小，在此不再赘述。

其他形式的电液比例阀可参考相关资料，在此就不一一介绍了。

8.4.2　电液比例调速系统

电液比例控制系统可以分为开环控制和闭环控制两种，下面以比例调速系统为例进行介绍。当然，电液比例控制系统也可以用于其他物理量的控制，如力或力矩、压力、位移等的比例控制。

如图 8.4.8 所示的比例调速系统，是一个能实现正反两个方向无级调速的开环比例调速系统，图中 1 为电液比例调速阀，2 为比例放大器，3 为指令电位器。比例调速阀 1 的输出流量与给定输入电信号成正比。活塞运动方向则取决于 1DT 和 2DT 中哪一个电磁铁通电。通过改变输入信号的大小可方便地实现无级调速。可见，采用比例控制方式增加了系统功能，提高了系统的自动化程度，而且使系统构成简化，增强了可靠性。

在一个工作循环中，当执行元件按工艺要求需要频繁变化推力和速度，或者当负载较大且运动速度又较快时，为防止冲击、减小振动等，均适宜采用开环比例控制，对控制精度不太高并具有较复杂工况的设备也很适宜。

图 8.4.9 所示为闭环比例调速系统。它是在开环控制的基础上增加了速度反馈元件而构成的。经转速传感器产生与液压马达转速成正比的电信号，通过匹配放大器放大后，与给定输入信号比较，得到偏差信号。偏差信号再经功率放大后输给比例电磁铁 A 或 B，从而控制比例方向阀的开口量及油液流动方向，达到调节液压马达转速的目的。

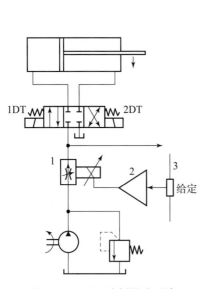

图 8.4.8　开环比例调速系统

1—电液比例调速阀；2—比例放大器；
3—指令电位器

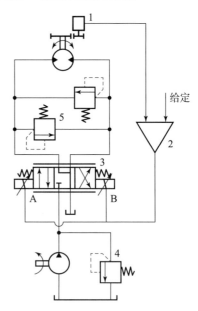

图 8.4.9　闭环比例调速系统

1—转速传感器；2—双通道比例放大器；
3—比例方向阀；4，5—溢流阀

　　比较而言，图 8.4.8 所示的调速系统由于不对被控量进行检测和反馈，因此当出现活塞杆速度与期望值有偏差时不能进行补偿，这种开环系统一般控制精度不高。图 8.4.9 所示系统引入了反馈，它用被控量与输入（给定）信号的偏差作为控制信号，使系统的输出量尽可能与输入量一致，在系统受到干扰时仍能消除偏差或把偏差控制在要求的精度内，系统的被控量能准确地复现输入信号的变化规律。

思考与习题

8-1. 简述液压控制系统的基本类型。

8-2. 简要回答液压传动系统与液压控制系统的主要区别是什么。

8-3. 机液伺服控制系统与电液伺服控制系统有什么不同？

8-4. 简要说明电液伺服阀的主要组成部分及作用。

8-5. 液压伺服控制系统具有哪些共同特点？

8-6. 试述电液控制系统的主要优、缺点。

第二篇
气压传动

第 9 章
气压传动概述

气压传动简称气动，是指以压缩空气为工作介质来传递动力和实现控制的一种传动形式。气动技术是流体传动与控制学科的重要分支，与液压、机械、电气和电子技术等都是实现生产过程机械化、自动化的重要手段之一。由于气压传动具有防火、防爆、节能、高效、无污染等优点，在机械工业、冶金工业、轻纺食品工业、化工、交通运输、航空航天、国防建设等各个领域得到了广泛的应用。

气压传动包括传动技术和控制技术两方面的内容，在此仅介绍传动技术方面的内容。

气压传动与液压传动的工作介质都是流体，两者在工作原理、元件结构、系统组成与图形符号等方面有很多相似的地方，可以相互借鉴。另外，由于气体比液体具有更高的可压缩性，所以两者也存在不同之处，学习时要注意加以区分。

9.1 气压传动系统组成

气压传动系统一般由 5 部分组成，即气源装置、气动执行元件、气动控制元件、辅助元件和工作介质，如图 9.1.1 所示。

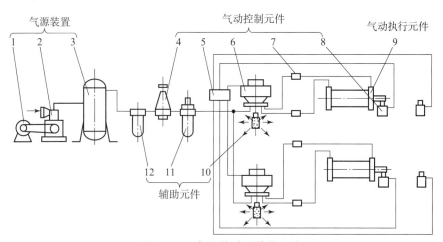

图 9.1.1 气压传动系统的组成

1—原动机；2—空气压缩机；3—储气罐；4—压力控制阀；5—逻辑元件；6—方向控制阀；
7—流量控制阀；8—机动控制阀；9—气缸；10—消声器；11—油雾器；12—分水滤气器

1. 气源装置

气源装置是产生具有足够压力和流量的压缩空气并将其冷却、净化、暂时储存的装置，其主体是由原动机驱动的空气压缩机和储气罐。

气动设备较多的厂矿，常将气源装置集中于一处组成压气站（也叫空压站），统一向各用气点分送压缩空气。对于用气量不大且对压缩空气质量要求不高的场合，通常用小型移动式低噪声空气压缩机作为气源装置，这种空气压缩机自带储气罐，一般也没有专门的气源净化装置。

2. 气动执行元件

气动执行元件是将压缩空气的压力能转变为机械能的能量转换装置，包括做直往复线运动或摆动的气缸、做连续回转运动的气动马达等。

3. 气动控制元件

气动控制元件是用来调节和控制压缩空气的压力、流量和流动方向，使执行元件按预定的运动规律工作的元件。气动控制元件种类繁多，除了基本的压力、流量、方向三大类阀件外，还包括多种气动逻辑元件、射流元件、行程阀、转换器和传感器等。

4. 辅助元件

辅助元件是指用来对压缩空气进行二次净化、解决气动元件内部润滑、降低噪声以及实现气动元件间的连接等功能的各种气动元件，如过滤器、油雾器、消声器、各种管路附件、传感器等。

5. 工作介质

工作介质是指经除水、除油、过滤后的洁净压缩空气。

9.2 气压传动的优、缺点

1. 气压传动的优点

（1）工作介质是空气，它来源方便，而且取之不尽、用之不竭，使用后可直接排入大气中，不会污染环境。

（2）因空气黏度小（约为液压油的万分之一），在管路内流动阻力小，压力损失小，节能，高效，便于集中供气和远距离输送。

（3）动作迅速，反应快，调节方便，维护简单，管路不易堵塞，故障容易排除。

（4）气动元件结构简单，制造容易，适于标准化、系列化、通用化。

（5）对工作环境适应性好，特别在易燃、易爆、多尘埃、强磁、辐射、振动等恶劣工作环境中工作时，安全可靠性优于液压、电子和电气系统。

（6）空气具有较大的可压缩性，使气动系统能够实现过载自动保护。

（7）排气时气体因膨胀而温度降低，因而气动设备可以自动降温，长期运行也不易出现过热现象。

2. 气压传动的缺点

（1）由于空气的可压缩性较大，气动装置的动作稳定性较差，外载荷变化时，对工作速度的影响较大。

（2）由于工作压力低（一般为 0.4~0.8 MPa），气动装置的输出力或力矩受到限制。在结构尺寸相同的情况下，气压传动装置比液压传动装置输出的力要小。

（3）排气噪声较大，高速排气时需要加消声器。

9.3　气动技术的发展和应用

1. 气动技术的发展历史

气压传动的应用历史非常悠久。早在公元前，古埃及人就开始利用风箱产生压缩空气用于助燃。后来，人们逐渐懂得用空气作为工作介质传递动力做功，如古代利用自然风力推动风车，带动水车提水灌溉，利用风能航海等。从 18 世纪的工业革命开始，气压传动逐渐被应用于各类行业中，如矿山用的风钻、火车的刹车装置、汽车的自动开关门等。

自 20 世纪 60 年代以来，随着工业机械化和自动化的发展，电气可编程控制技术（PLC）与气动技术结合，使整个系统自动化程度更高，控制方式更灵活，性能更稳定可靠，气动技术越来越广泛地应用于各个领域里。近 30 年来，伴随着微电子技术、通信技术和自动化控制技术的迅猛发展，气动技术也不断创新，以工程实际应用为目标，得到了前所未有的发展。目前气压传动元件的发展速度已超过了液压元件，气压传动已成为一个独立的专门技术领域。

2. 气动技术的应用

气压传动技术目前的应用范围相当广泛，许多机器设备中装有气压传动系统。在工业各领域，如机械、电子、钢铁、运输车辆及制造、橡胶、纺织、化工、食品、包装、印刷、机器人等领域，气压传动技术已成为基本组成部分。在尖端技术领域如核工业和航空航天中，气压传动技术也占据着重要的地位。

3. 气动技术的发展趋势

气动技术是一门多学科性技术，既涉及传动技术，又涉及控制技术。气动技术未来几年的发展方向，主要还是在器件的高精度、小型化、复合化、智能化、集成化和节能化等方面。

为了适应工业自动化领域的需求，经过研究者多年来不断努力，推出了许多新元件，在很多场合替代了过去的机械控制、液压控制及电气控制形式，尤其是在智能化和网络化方面，对中央控制或集散控制的方式选择上产生很大的影响。可以预料，气动技术将得到更大的发展并在工业自动化系统中得到更广泛的应用。

思考与习题

9-1. 简述气压传动的优、缺点。

9-2. 一个典型的气动系统由哪几部分组成？

第 10 章
气 动 元 件

10.1 气源装置和辅助元件

气源装置和辅助元件是气动系统两个不可缺少的重要组成部分。气源装置给系统提供足够清洁干燥且具有一定压力和流量的压缩空气；气动辅助元件是元件间连接和提高系统可靠性、使用寿命以及改善工作环境等所必需的装置。

10.1.1 气源装置

气源装置是气动系统的动力源，目前常用的气源装置有压缩空气站和移动式空气压缩机两种。一般规定，对于临时用气，用气量小于 6 m^3/min，且对压缩空气质量要求不高时，可直接使用空气压缩机供气。图 10.1.1 所示为小型移动式空气压缩机。

图 10.1.1 小型移动式空气压缩机

若用气量大于或等于 6 m^3/min，或对压缩空气质量要求较高时，则应配置压缩空气站。为保证气动系统正常工作，对其所使用的压缩空气，必须经冷却、净化、稳压等一系列处理后才能输入管路中。图 10.1.2 所示为一般压缩空气站的设备组成及布置示意图，下面分别介绍其各部分的功能。

1. 空气压缩机

空气压缩机简称空压机，也叫气泵，用以产生压缩空气，它把原动机输出的机械能转换成气体的压力能输送给气动系统，是气源装置的核心。

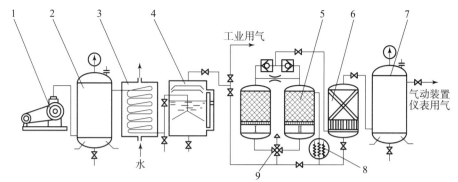

图 10.1.2 压缩空气站设备组成及布置示意图

1—空压机；2, 7—储气罐；3—冷却器；4—油水分离器；5—干燥器；6—过滤器；8—加热器；9—四通阀

1）空压机的分类

空压机的种类很多，按照工作原理可分为容积式和速度式两大类。在气压传动中，一般采用容积式空压机。

按输出压力分为低压空压机（$0.2\ \mathrm{MPa} < p \leqslant 1\ \mathrm{MPa}$）、中压空压机（$1\ \mathrm{MPa} < p \leqslant 10\ \mathrm{MPa}$）、高压空压机（$10\ \mathrm{MPa} < p \leqslant 100\ \mathrm{MPa}$）和超高压空压机（$p > 100\ \mathrm{MPa}$）。

按输出流量分为微型空压机（$q < 1\ \mathrm{m^3/min}$）、小型空压机（$1\ \mathrm{m^3/min} \leqslant q < 10\ \mathrm{m^3/min}$）、中型空压机（$10\ \mathrm{m^3/min} \leqslant q < 100\ \mathrm{m^3/min}$）和大型空压机（$q \geqslant 100\ \mathrm{m^3/min}$）。

按润滑方式分为有油润滑空压机（采用润滑油润滑，结构中有专门的供油系统）和无油润滑空压机（没有专门的润滑系统，某些零件采用自润滑材料制成）。

2）空压机的工作原理

气动系统最常用的是活塞式空压机，它通过曲柄连杆机构使活塞做往复运动而实现吸、压空气，达到提高气体压力的目的。图 10.1.3 所示为一单级单作用活塞式空压机。它主要由气缸 1、活塞 2、活塞杆 3、曲柄连杆机构（4、5、6）、吸气阀 7、排气阀 8 和弹簧 9 等组成。在工程实际中，大多数空压机是由多缸多活塞组合而成的。

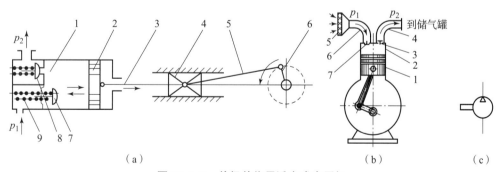

图 10.1.3 单级单作用活塞式空压机

(a) 原理图；(b) 结构图；(c) 图形符号

1—气缸；2—活塞；3—活塞杆；4—十字头与滑道；5—连杆；6—曲柄；7—吸气阀；8—排气阀；9—弹簧

2. 储气罐

从空压机出来的压缩空气，首先进入储气罐。储气罐的作用是消除压力波动，保证输出气流的连续性，储存一定量的压缩空气，调节用气量或作为应急气源。压缩空气在罐内停留一定的时间，沉淀空气中的杂质、水分等异物，温度也得到降低。这样一方面可以减轻后面

冷却器和干燥器的负荷，使冷却器和干燥器的除水效果更佳，使用寿命更长；另一方面，压缩空气直接进入储气罐，阻力小，稳压效果更佳，空压机加、卸载更平稳。平时维护中要注意储气罐的定期排水。

储气罐一般采用圆筒状焊接结构，有立式和卧式两种，一般以立式居多。如图 10.1.4 所示。

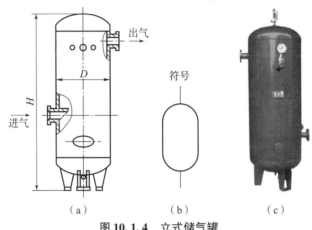

图 10.1.4　立式储气罐

（a）原理图；（b）图形符号；（c）实物图

3. 气源净化装置

在工程中一般选用有油润滑的空压机，当空压机压缩空气时，温度会升高到 140 ~ 170 ℃甚至更高，导致部分润滑油变成气态，再加上吸入空中的水和灰尘，形成了水汽、油气和灰尘等混合杂质。如果含有这些杂质的压缩空气进入气动设备，其中的油气会聚集在气罐中形成易燃易爆物，油在高温汽化后形成的有机酸会腐蚀金属设备，混合杂质沉淀会阻塞管路，增加流动阻力并使系统工作不稳定，水汽在低温下会析出水滴甚至冻结而使管路破裂或使气路不畅，颗粒杂质对气动元件的运动部件产生研磨作用，加速零件的磨损。由此可见，在气动系统中设置除水、除油、除尘和干燥等气源净化装置是十分必要的。

气源净化装置一般包括冷却器、油水分离器、空气干燥器等元件。

1）冷却器

冷却器安装在储气罐输出管路上，用于降低压缩空气的温度，并使压缩空气中的大部分水汽、油气冷凝成水滴、油滴，以便经油水分离器析出。冷却器的结构形式有蛇管式、列管式、散热片式、套管式等。冷却方式有水冷和风冷两种。图 10.1.5 所示为几种常见的冷却器及其图形符号。

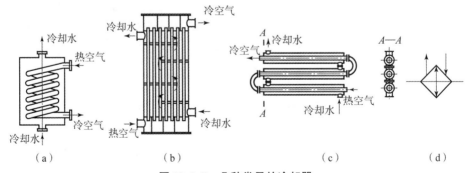

图 10.1.5　几种常见的冷却器

（a）蛇管式冷却器；（b）列管式冷却器；（c）套管式冷却器；（d）图形符号

2）油水分离器

油水分离器安装在冷却器后的管道上，其作用是分离压缩空气中所含的水分、油分等杂质，使压缩空气得到初步净化。油水分离器主要利用回转离心、撞击、水浴等方法使水滴、油滴及其他杂质颗粒从压缩空气中分离出来。油水分离器的结构形式有环形回转式、撞击折回式、离心旋转式、水浴式以及以上形式的组合使用等（图 10.1.6，图 10.1.7）。

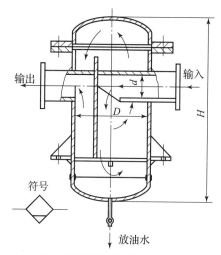

图 10.1.6　撞击折回并环形回转式油水分离器原理图

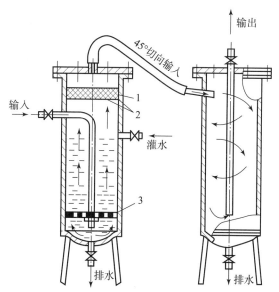

图 10.1.7　水浴并旋转离心串联式油水分离器原理图

1—羊毛毡；2—多孔塑料隔板；3—多孔不锈钢隔板

3）空气干燥器

从空压机输出的压缩空气经过储气罐、冷却器和油水分离器的初步净化处理后已能满足一般气动系统的使用要求，但还不能满足一些精密机械、仪表等装置的要求，需要进一步净化处理。空气干燥器的作用就是进一步去除压缩空气中的水、油和灰尘。目前，在工业上常用的是吸附法和冷冻法。吸附法是利用具有吸附性能的吸附剂（如硅胶、铝胶或分子筛等）吸附压缩空气中的水分而使其达到干燥的目的。冷冻法是将压缩空气温度降至露点温度以下，使多余水分析出，从而达到所需的干燥度。图 10.1.8 所示为吸附式干燥器结构图。

10.1.2 气动辅助元件

在气压传动系统中，除了前面介绍的冷却器、油水分离器、干燥器等气源净化元件之外，其他的气动辅助元件如过滤器、油雾器、消声器、管道及管路辅件等也是气动系统中不可缺少的组成部分。

1. 过滤器

过滤器是在气源净化装置的基础上，进一步对压缩空气中的油、水及灰尘进行过滤，以满足精密气动元件对压缩空气清洁度的要求。过滤器分一次过滤器、二次过滤器和高效过滤器。一次过滤器又称简易过滤器，一般由壳体和滤芯组成。滤芯所采用的材料一般为纸质、毛毡、陶瓷、硅胶、焦炭等，其滤灰效率为 50% ~70%，常置于空压站内干燥器之后。二次过滤器又称为分水滤气器，其滤灰效率为 70% ~90%，在气动系统中应用最为广泛。高效过滤器是滤芯孔径很小的精密分水滤气器，常用于气动传感器和检测装置等。高效过滤器装在二次过滤器之后作为第三级过滤，其滤灰效率可达到 99%。

2. 油雾器

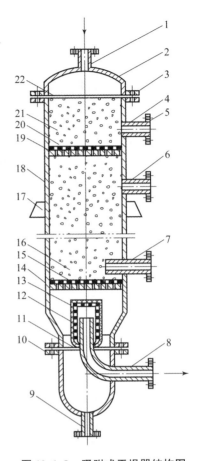

图 10.1.8 吸附式干燥器结构图

1—湿空气进气管；2—顶盖；3、5、10—法兰；
4、6—再生空气排气管；7—再生空气进气管；
8—干燥空气输出管；9—排水管；
11、22—密封垫；12、15、20—铜丝过滤网；
13—毛毡；14—下栅板；16、21—吸附剂层；
17—支撑板；18—筒体；19—上栅板

气动系统中使用的油雾器是一种特殊的注油装置。它以压缩空气为动力，将润滑油喷射成雾状并混合于压缩空气中，随气流进入到需要润滑的部件，在那里气流撞壁，使润滑油附着在部件上以达到润滑的目的。用这种方法注油，具有润滑均匀、稳定、耗油量少等特点。目前，气动控制阀、气缸和气马达主要是靠这种带有油雾的压缩空气来实现润滑的，其优点是方便干净，润滑质量高。

图 10.1.9（a）是油雾器的结构图。当压缩空气从输入口进入后，绝大部分从主气道流出，一小部分通过小孔 A 进入阀座 8 腔中，此时特殊单向阀在压缩空气和弹簧作用下处在中间位置，如图 10.1.10 所示。因此，气体又进入储油杯 4 上腔 C，使油液受压后经吸油管 7 将单向阀 6 顶起。因钢球上方有一个边长小于钢球直径的方孔，所以钢球不能封死上管道，而使油源源不断地进入视油器 5 内，再滴入喷嘴 1 腔内，被主气道中的气流从小孔 B 中引射出来。进入气流中的油滴被高速气流击碎雾化后经输出口输出。视油器上的

节流阀9可调节滴油盘,使滴油量可在每分钟0～200滴内变化。当旋松油塞10后,储油杯上腔C与大气相通,此时特殊单向阀2背压降低,输入气体使特殊单向阀2关闭,从而切断了气体与上腔C的通道,气体不能进入上腔C,单向阀6也由于C腔压力降低处于关闭状态,气体也不会从吸油管进入C腔。因此,可以在不停气源的情况下从油塞口给油雾器加油。

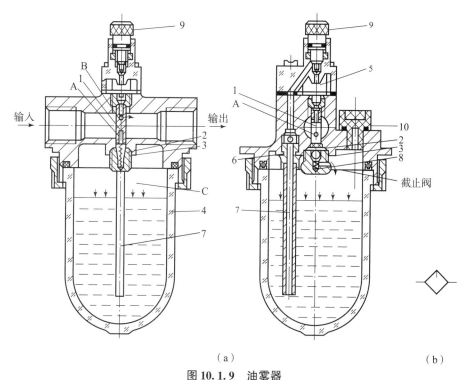

图 10.1.9 油雾器

(a) 结构原理;(b) 图形符号

1—喷嘴;2—特殊单向阀;3—弹簧;4—储油杯;5—视油器;6—单向阀;
7—吸油管;8—阀座;9—节流阀;10—油塞

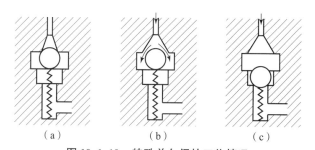

图 10.1.10 特殊单向阀的工作情况

(a) 不工作时;(b) 工作进气时;(c) 加油时

3. 气动三联件

气动系统中分水滤气器、减压阀和油雾器常组合在一起使用,俗称气动三联件,其安装次序如图10.1.11所示。目前新结构的三联件插装在同一支架上,形成无管化连接,结构紧凑,装拆及更换元件方便,应用普遍。

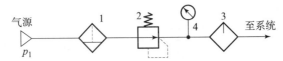

图 10.1.11 气动三联件的结构图及功能符号

1—分水滤气器；2—减压阀；3—油雾器；4—压力表

4. 消声器

气压传动装置的噪声一般都比较大，尤其当压缩气体直接从气缸或阀中排向大气时，较高的压差使气体体积急剧膨胀，产生涡流，引起气体的振动并发出刺耳的噪声，一般可达 80 ~ 100 dB，产生噪声污染。消声器的作用是降低压缩气体高速通过气动元件排到大气时产生的噪声。

图 10.1.12 所示为膨胀干涉吸收型消声器。气流经对称斜孔分成多束进入扩散室 A 后膨胀、减速后与反射套碰撞，然后反射到 B 室，在消声器中心处，气流束互相碰撞、干涉。当两个声波相位相反时，声波的振幅互相减弱，达到消耗声能的目的。最后声波通过消声器内壁的消声材料，残余声能由于与消声材料的细孔壁相摩擦而变成热能，从而达到降低声强的效果。

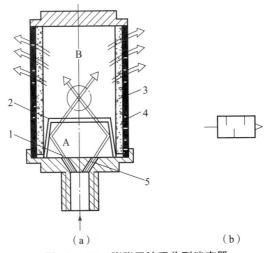

（a）　　　　　　　　　　（b）

图 10.1.12 膨胀干涉吸收型消声器

（a）结构原理；（b）图形符号

1—扩散室；2—反射套；3—吸声材料；4—壳体；5—对称斜孔

10.2 气动执行元件

气动执行元件是将压缩空气的压力能转换为机械能并对外做功的元件。气动执行元件分为气缸和气动马达两大类，气缸用以实现直线或摆动运动，气动马达用于实现连续回转运动。

10.2.1 气缸

气缸的种类很多，普通气缸的工作原理及功能与液压缸类似，在此不再赘述，下面仅介绍几种特殊气缸。

1. 薄膜式气缸

薄膜式气缸是以薄膜取代活塞带动活塞杆运动的气缸。其结构常为盘状，有单作用式与双作用式之分。单作用气缸带有复位弹簧，如图 10.2.1（a）所示。双作用气缸见图 10.2.1（b），依靠膜片在气压作用下的变形来使活塞杆运动。

薄膜式气缸能在很小的行程内产生很大的力，又称推进器。其最大行程约为气缸直径的 1/3，理论推力为空气压力与薄膜有效面积的乘积。这种缸结构简单、紧凑，制造容易、成本低、泄漏少、维修方便。但因膜片变形量有限，行程小，仅适用于气动夹具及行程短的工作场合。

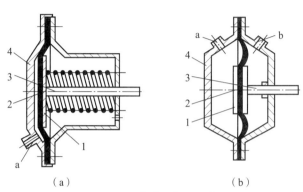

图 10.2.1　薄膜式气缸结构图

（a）单作用；（b）双作用

1—膜盘；2—膜片；3—活塞杆；4—缸体；a, b—进/出气口

2. 气液阻尼缸

因气体有较大的可压缩性，一般气缸在负载较大时，会出现"爬行"或"自走"的现象，运动平稳性较差。若要提高其运动平稳性，可采用气液阻尼缸。气液阻尼缸由气缸和液压缸组合而成，它以压缩空气为动力源，利用油液的可压缩性小和流量容易控制的特点，达到运动平稳和速度可调的目的。

图 10.2.2 为串联式气液阻尼缸的工作原理图。气缸活塞的右行速度可由节流阀 4 来调节，补油箱 5 和单向阀 3 起补油作用。在这里，气缸只提供驱动力，靠液压缸的阻尼调节作用获得平稳的运动。它不需要液压源，经济性好，同时具有气动和液压的优点，因而获得广泛的应用。

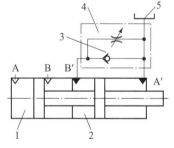

图 10.2.2　气液阻尼缸工作原理图

1—气缸；2—液压缸；3—单向阀；
4—节流阀；5—补油箱

3. 无杆气缸

无杆气缸适用于行程较长的场合。

图 10.2.3（a）为无杆气缸结构图。在气缸筒内沿轴向方向开有一条槽，为防止内部压缩空气泄漏和外界杂物侵入，槽的内外装有防尘密封件 1 和 4，且两密封件相互夹持，如图 10.2.3（b）所示，其动密封性能良好。无杆活塞 5 通过销与缸筒内的传动舌片 3 下部相嵌接，传动舌片又与导架相连。活塞两端分别进、排气时，活塞将在缸筒内往复运动，该运动通过传动舌片带动与负载相连的导架一起移动。此时，传动舌片将防尘密封

件1和4组成的密封带撑开，但它们在缸筒的两端仍然是互相夹持的，因此传动舌片与活塞导架组件在气缸上移动时无空气泄漏。值得一提的是，无杆气缸不仅行程长，且导架还能承受轴向载荷。

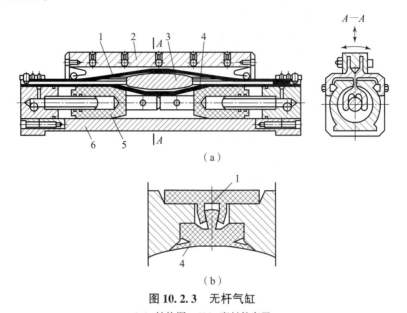

图 10.2.3　无杆气缸

(a) 结构图；(b) 密封件布置

1, 4—防尘密封件；2—导架；3—传动舌片；5—无杆活塞；6—缸筒

4. 冲击气缸

冲击气缸是将压缩空气的压力能瞬间转化为活塞高速动能的一种气缸，活塞速度可达每秒十几米，以适应冲击性工作场合，如锻造、冲孔、下料、铆接和破碎等多种作业。

冲击气缸的结构示意及工作过程如图 10.2.4 所示，它是在普通气缸中间增加一个带有喷嘴 D 和泄气口 E 的中盖 3，中盖与缸体固接在一起，中盖和活塞把气缸分成3 个腔室，即活塞杆腔 A、无杆腔 B 和蓄能腔 C。其工作过程可简单地分为 3 个阶段。

(1) 复位段如图 10.2.4 (a) 所示，活塞杆腔 A 进气时，蓄能腔 C 排气，活塞 2 上移，直至活上的密封垫住中盖 3 上的喷嘴口 D。活塞腔 2 经泄气口 E 与大气相通，使活塞杆腔压力升至气源压力，蓄能腔压力减至大气压力。

(2) 储能段如图 10.2.4 (b) 所示，压缩空气进入蓄能腔 C，其压力只能通过喷嘴口的小面积作用在活塞上，不能克服活塞杆腔的排气压力所产生的向上推力及活塞与缸体间的摩擦力，喷嘴仍处于关闭状态，蓄能腔的压力将逐渐升高。

(3) 冲击段如图 10.2.4 (c) 所示，当蓄能腔的压力与活塞杆腔压力的比值大于活塞杆腔作用面积与喷嘴面积之比时，活塞下移，使喷嘴口开启，聚集在蓄能腔中的压缩空气通过喷嘴口突然作用于活塞的全面积上。此时，活塞一侧的压力可达活塞杆一侧压力的几倍至几十倍，使活塞上作用着很大的向下推力。活塞在此推力作用下迅速加速，在很短的时间内以极高的速度向下冲击，从而获得很大的动能。

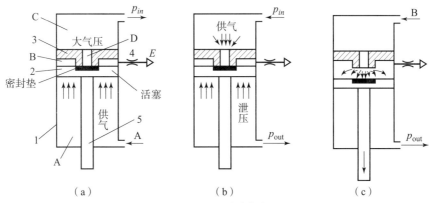

图 10.2.4 冲击气缸

（a）复位段；（b）储能段；（c）冲击段

1—缸筒；2—活塞；3—中盖；4—控制阀；5—活塞杆；

A—活塞杆腔；B—无杆腔；C—蓄能腔；D—喷嘴口；E—泄气口

10.2.2 气动马达

气动马达是将压缩空气的压力能转换成旋转的机械能的装置。按结构不同，气动马达分为叶片式、活塞式、齿轮式等。在气压传动中，使用最广泛的是叶片式和活塞式气动马达。气动马达的工作原理与同类液压马达的工作原理相似，下面以叶片式气动马达为例简单介绍其工作原理及主要性能。

如图 10.2.5 所示为双向旋转叶片式气动马达的工作原理图。当压缩空气从进气口 A 进入气室后立即喷向叶片 1，作用在叶片的外伸部分，产生转矩带动转子 2 做逆时针转动，输出旋转的机械能，废气从排气口 C 排出，残余气体则经 B 排出（二次排气）；若进、排气口互换，则转子反转，输出相反方向的机械能。转子转动的离心力和叶片底部的气压力、弹簧力使得叶片紧密地抵在定子 3 的内壁上，以保证密封，提高容积效率。图 10.2.6 所示是在一定工作压力下得出的叶片式气动马达的特性曲线。由图可知，气动马达具有软特性的特点。当外加转矩 T 等于零时，即为空转，此时速度达到最大值 n_{max}，气动马达输出的功率等于零；当外加转矩等于气动马达的最大转矩 T_{max} 时，马达停止转动，此时功率也等于零；当外加转矩等于最大转矩的 1/2 时，马达的转速也为最大转速的 1/2，此时马达输出功率 P 最大，以 P_{max} 表示。

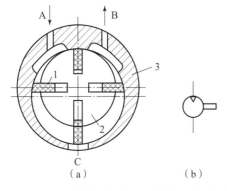

图 10.2.5 双向旋转叶片式气动马达工作原理图

（a）原理图；（b）符号图

1—叶片；2—转子；3—定子

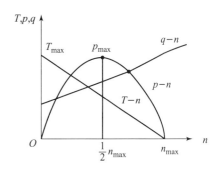

图 10.2.6 叶片式气动马达特性曲线

由于气动马达具有一些比较突出的特点，在某些工业场合，它比电动马达和液压马达更适用。这些特点是：

（1）具有防爆性能。由于气动马达的工作介质空气本身的特性和结构设计上的考虑，能够在工作中不产生火花，因此适合于有爆炸、高温、多尘的场合，并能用于空气极潮湿的环境而无漏电的危险。

（2）马达本身的软特性使之能长期满载工作，温升较小，且有过载保护的功能。

（3）有较高的起动转矩，能带载起动。

（4）换向容易，操作简单，可以实现无级调速。

（5）与电动机相比，单位功率尺寸小，质量轻，适用于安装在狭小的场合及手工工具上。

气动马达虽然具有上述优点，但是也具有输出功率小、耗气量大、效率低、噪声大和易产生振动等缺点。

10.3 气动控制元件

在气压传动系统中，气动控制元件是用来控制和调节压缩空气的压力、流量、流动方向和发送信号的重要元件。利用它们可以组成各种气动控制回路，以保证系统按设计要求正常工作。气动控制元件按功能和用途，可分为方向控制阀、流量控制阀和压力控制阀三大类，其工作原理及作用与液压传动中的控制阀类似。表 10.3.1 列出了三大类气动控制阀的类型及其特点。值得注意的是，气动控制阀的出口一般是直接通大气的，其职能符号与液压控制阀有所区别。

除此之外，还有通过改变气流方向和通断实现各种逻辑功能的气动逻辑元件，主要用于自动控制系统，在此不做介绍。

表 10.3.1　三大类气动控制阀及其特点

类别	名称	图形符号	特点
压力控制阀	减压阀	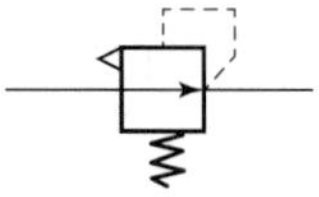	出口与系统相连以调整或控制气压的变化，保持压缩空气减压后稳定在需要值，进口压力应大于出口压力
	溢流阀	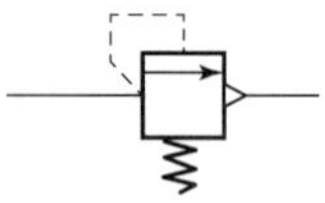	进口与系统相连，为保证气动回路或储气罐的安全，当压力超过某一调定值时，实现自动向外排气，使压力回到某一调定值范围内，起过压保护作用，也称为安全阀，在正常工作状态下阀处于关闭状态
	顺序阀	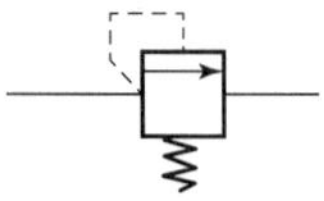	进出口均与系统相连，当进口压力大于调定压力时阀打开通流

类别	名称		图形符号	特点
流量 控制阀	节流阀			通过改变阀的流通面积来实现流量调节
	排气消声 节流阀			装在执行元件主控阀的排气口处，调节排入大气中气体的流量。用于调整执行元件的运动速度并降低排气噪声
方向 控制阀	换向型 控制阀	气压控制 换向阀	 (a) (b)	以气压为动力切换主阀，使气流改变流向。操作安全可靠。适用于易燃、易爆、潮湿和粉尘多的场合。图（a）为通过压力控制；图（b）为通过压差控制
		电磁控制 换向阀	 (a) (b) (c)	用电磁力的作用来实现阀的切换以控制气流的流动方向。分为直动式和先导式两种：(a) 直控式控制；(b) 气压加压控制先导式控制；(c) 气压泄压控制先导式
		机械控制 换向阀	 (a) (b) (c)	依靠凸轮、撞块或其他机械外力推动阀芯使其换向，多用于行程程序控制系统，作为信号阀使用，也称为行程阀。 （a）直动式机控阀。 （b）滚轮式机控阀。 （c）可通过式机控阀
		人力控制 换向阀	 (a) (b) (c)	分为手动和脚踏两种操作方式。 （a）按钮式。 （b）手柄式。 （c）脚踏式
	单向型 控制阀	单向阀		气流只能一个方向流动而不能反向流动
		梭阀		两个单向阀的组合，其作用相当于"或门"
		双向阀		两个单向阀的组合结构形式，其作用相当于"与门"
		快速 排气阀		常装在换向阀与气缸之间，它使气缸不通过换向阀而快速排出气体，从而加快气缸的往复运动速度，缩短工作周期

思考与习题

10-1. 油水分离器的作用是什么？为什么它能将油和水分开？

10-2. 过滤器有哪些类型？作用分别是什么？

10-3. 油雾器的作用是什么？试简述其工作原理。

10-4. 简述常见气缸的类型、功能和用途。

10-5. 试述气液阻尼缸的工作原理和特点。

10-6. 简述冲击气缸是如何工作的。

第 11 章

气动回路及系统

11.1 气动回路

气动系统与液压系统一样，都是由一些具有不同功能的基本回路组成的，而且多数气动基本回路的组成结构、工作原理也与液压基本回路类似。其不同之处在于，气动回路通常不设回气路，执行元件排出的气体通过控制阀直接排到大气中。

在此，仅介绍气动系统有独特特点的基本回路。

11.1.1 一次压力控制回路

一次压力控制又称为气源压力控制，用于控制储气罐的压力，如图 11.1.1 所示，常用外控溢流阀或电触点压力表来控制空气压缩机的起动和停止，使之不超过规定的压力值，以保证用户对压力的需求。

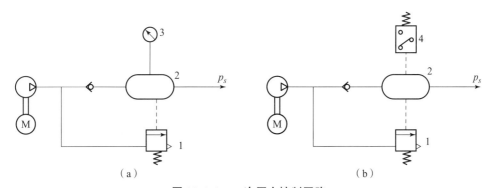

图 11.1.1　一次压力控制回路

（a）电触点压力表控制；（b）压力继电器控制

1—安全阀；2—储气罐；3—电触点压力表；4—压力继电器

图 11.1.1 （a） 所示回路中，当储气罐中的压力上升到最大值时，电触点压力表 3 内的指针碰到上触点，控制中间继电器断电，压缩机停止运转；当压力下降到最小值时，指针碰到下触点，使中间继电器闭合通电，压缩机运转，并向储气罐供气。

图 11.1.1 （b） 所示回路中，用压力继电器（压力开关）4 代替了图 11.1.1 （a） 中的电触点压力表 3，压力继电器同样可调节压力的上限值和下限值，这种方法常用于小容量压缩机的控制。该回路中安全阀 1 的作用是在电触点压力表、压力继电器或电路发生故障而失灵，导致压缩机不能停止运转，储气罐内压力不断上升，当压力达到调定值时，该安全阀会

打开溢流，使压力稳定在调定压力值的范围内。

11.1.2 快速往复动作回路

图 11.1.2 所示为采用快速排气阀的快速往复动作回路。通过控制电磁换向阀快速动作，可以控制气缸的快速往复动作。若要实现气缸单向快速运动，可省去图中一只快速排气阀。

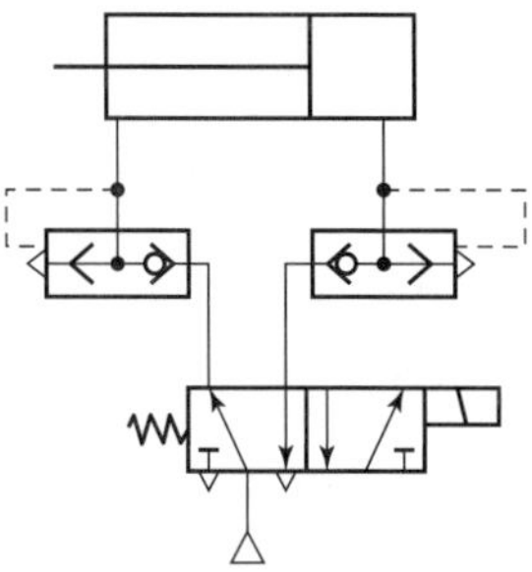

11.1.3 缓冲回路

图 11.1.2 快速往复动作回路

气缸在行程长、速度快、惯性大的工况下，往往需要采用缓冲回路来减小冲击。图 11.1.3（a）所示的回路可实现"快进－慢进缓冲－停止－快退"的工作循环，行程阀可根据需要调整缓冲行程，常用于工作元件惯性较大的场合。图 11.1.3（b）所示的回路是当活塞返回至行程末端时，其左腔压力已降至打不开顺序阀 4 的程度，剩余气体只能经节流阀 2 排出，使活塞得到缓冲，适于行程长、速度快的场合。图中所示回路只是实现单向缓冲，若气缸两侧均安装此回路，则可实现双向缓冲。

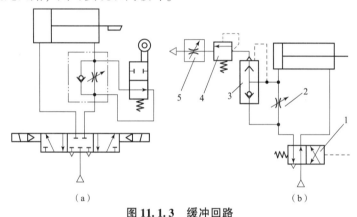

图 11.1.3 缓冲回路
（a）采用行程阀的缓冲回路；（b）采用快速排气阀、顺序阀和节流阀的缓冲回路
1—二位四通换向阀；2—节流阀；3—梭阀；4—顺序阀；5—调速阀

11.1.4 冲击回路

冲击回路是利用气缸的高速运动给工件以冲击的回路。如图 11.1.4 所示，气缸在初始状态时，由于机动换向阀处于上位工作，气缸有杆腔通大气。当二位五通电磁阀 3 通电后，二位三通气控阀 2 换向，储气罐内的压缩空气快速流入活塞腔，活塞杆腔气体经快速排气阀快速排气，活塞以极高的速度向右运动，对工件形成很大的冲击力。使用该回路时，应尽量缩短各元件与气缸之间的距离。

11.1.5 气液转换速度控制回路

图 11.1.5 是用气液转换器将气压变成液压，再利用液压油去驱动液压缸的速度控制回路。通过调节节流阀，可以改变液压缸运行的速度。这里要求气液转换器的油量大于液压缸的容积，同时要注意气液间的密封，避免气液相混。

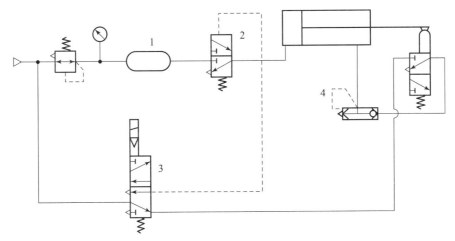

图 11.1.4　冲击回路

1—储气罐；2—二位三通气控阀；3—二位五通电磁阀；4—快速排气阀

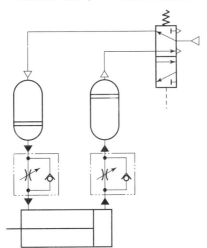

图 11.1.5　气液转换速度控制回路

11.1.6　气液阻尼缸速度控制回路

图 11.1.6（a）中通过节流阀 1 和 2 可以实现执行元件双向无级调速，油杯 3 用以补充漏油。图 11.1.6（b）为液压结构变速回路，可实现"快进 – 慢进 – 快退"工况。当活塞快速右行过 a 孔后，液压缸右腔油液只能由 b 孔经节流阀流回左腔，活塞由快进变为慢进，直至行程终点；换向阀切换后，活塞左行，左腔油液经单向阀从 c 孔流回右腔，实现快退动作。此回路变速位置不能改变。图 11.1.6（c）为行程阀变速回路，只要改变撞块或行程阀的安装位置，即可改变开始变速的位置。这两个变速回路适于较长行程场合。图 11.1.6（d）为液压阻尼缸与气缸并联的形式，液压缸的速度由单向节流阀控制；通过调节螺母 5，可以改变气缸由快进变为慢进的变速位置；三位五通换向阀处于中位时，液压阻尼缸油路被二位二通阀切断，活塞即停在此位置上，即实现中停。此回路较串联形式结构紧凑，气液不易相混，但易出现卡滞现象，需要考虑增加导向装置。

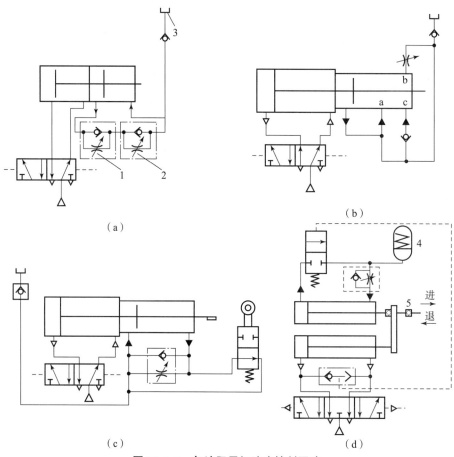

图 11.1.6　气液阻尼缸速度控制回路

1，2—节流阀；3—油杯；4—蓄能器；5—螺母

其他常用气动基本回路还包括同步动作回路、位置控制回路、延时动作回路、计数回路等，在此就不一一介绍了。

此外，气动元件和气动回路还经常与 PLC（可编程控制器）组合成为气动控制系统，在生产自动化设备中有着广泛应用。

11.2　典型气动系统

气压传动技术是实现工业生产自动化和半自动化的方式之一，其应用遍及工业生产的各个部门。本节简要介绍几种气压传动及控制系统在车辆中的应用实例。

11.2.1　汽车气压制动防抱死系统

前面章节介绍了采用液压传动技术的汽车制动防抱死系统（Antilock brake system，ABS）。本节介绍主要用于中、重型载货汽车的气压制动 ABS。气压制动 ABS 主要分为两类，一类用于四轮后驱动气压制动汽车，另一类用于汽车列车。

1. 四轮后驱动汽车气压制动 ABS

四轮后驱动汽车装用的气压制动 ABS 如图 11.2.1 所示，一般采用四传感器、四通道、四轮独立控制。气泵由发动机驱动，把空气压缩成高压气体并储存在储气筒内，储气筒通过管路及制动总阀与前后轮的制动气室相连。每个车轮配有一个轮速传感器和一个制动压力调节器（PCV 阀）。前轮 PCV 阀串联在快放阀与前轮制动气室之间，后轮 PCV 阀串联在继动阀与后轮和后轮制动气室之间。PCV 阀根据 ABS ECU 的指令使压缩空气充入制动气室、排出制动气室或封闭在制动气室，从而实现制动压力的"增压""减压"和"保压"过程。

　　另外，为了解决气压制动系统因迂回充气和排气而导致的制动以及解除制动的滞后时间过长的问题，在制动气路中还增加了继动阀和快放阀。

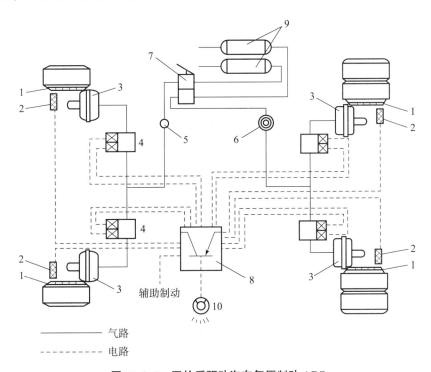

图 11.2.1　四轮后驱动汽车气压制动 ABS

1—齿圈；2—轮速传感器；3—制动气室；4—制动压力调节器（PCV 阀）；5—快放阀；
6—继动阀；7—制动总阀；8—ABS ECU（电脑）；9—储气筒；10—报警灯

2. 汽车列车气压制动 ABS

　　汽车列车是指由牵引车和一辆或一辆以上的挂车组成的车组。图 11.2.2 所示为四轮后驱动牵引车和单轴半挂车气压制动 ABS。牵引车和单轴半挂车上分别安装着两套独立的 ABS 控制系统，牵引车采用四传感器、四通道、四轮独立控制方式。单轴半挂车采用两传感器、两通道、两轮独立控制方式，对制动压力的控制原理与四轮后驱动汽车气压制动 ABS 基本相同。牵引车与挂车的 ABS 之间用专用 ABS 连接器连接，牵引车 ABS 通过连接器向挂车 ABS 供电，同时通过连接器将挂车 ABS 工作的有关故障信息传递到牵引车，并由驾驶室中仪表盘上的指示灯和报警灯显示。

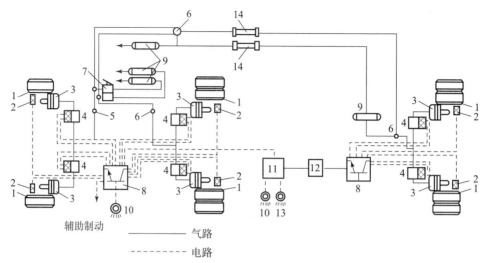

图 11.2.2　四轮后驱动牵引车和单轴半挂车气压制动 ABS

1—齿圈；2—轮速传感器；3—制动气室；4—制动压力调节器（PCV 阀）；5—快放阀；6—继动阀；7—制动总阀；
8—ABS ECU（电脑）；9—储气筒；10—报警灯；11—信号控制；12—端子连接器；13—信号灯；14—空气软管

11.2.2　汽车主动空气动力悬架系统

汽车主动空气动力悬架系统能够根据汽车的负载情况、行驶状态和路面情况等主动地调节包括悬架系统的阻尼力、汽车车身高度和行驶姿态、弹性元件的刚度在内的多项参数。这类悬架系统大多采用空气弹簧或油气弹簧作为弹性元件，通过改变弹簧的空气压力或油液压力的方式来调节弹簧的刚度，使汽车的相关性能始终处于最佳状态。汽车主动空气动力悬架系统主要由传感器、ECU、高度控制器、空气悬架等组成。传感器和 ECU 在此不作介绍，本节主要介绍高度控制器和空气悬架。图 11.2.3 所示为利用空气弹簧调节车身高度的封闭式空气动力悬架系统。当要降低车身高度时，需将空气弹簧中的空气量减少，系统将空气弹簧中空气排向储气筒的低压腔而不排入大气，因此该系统又称封闭式悬架系统。三菱GALANT 轿车采用的就是这样的车身高度调节回路。

该系统由空气压缩机、空气干燥器、储气筒、流量控制电磁阀、前后悬架控制电磁阀、空气弹簧和它们之间的连接管路等组成。下面介绍其工作原理。

1. 气压的建立

发动机起动后，当处于充电状态时（如果发电机没有发电，此时空气压缩机将不工作，以防蓄电池放电），直流电动机将带动空气压缩机工作，空气经过滤后，从进气阀进入气缸，被压缩后的空气由排气阀流向空气干燥器，经干燥后的空气进入储气筒。储气筒上有空气压力调节装置，气压达到规定值时，空气压缩机将进气阀打开，使空气压缩机空转，防止消耗发动机的功率。储气筒的气压一般保持在 750～1 000 kPa。

2. 车身高度的升高

当 ECU 发出提高车身高度的指令时，流量控制电磁阀和前后悬架控制电磁阀的进气阀打开，储气筒的空气进入空气弹簧，使其气压升高，车身高度上升至规定高度时，各电磁阀关闭。

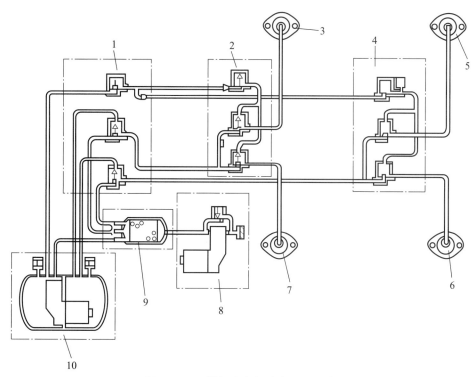

图 11. 2. 3 封闭式空气动力悬架系统

1—流量控制电磁阀；2—前悬架控制用电磁阀；3—右前带减振器的空气弹簧；4—后悬架控制用电磁阀；

5—右后带减振器的空气弹簧；6—左后带减振器的空气弹簧；7—左前带减振器的空气弹簧；

8—空气压缩机；9—空气干燥器；10—储气筒

3. 车身高度的降低

当 ECU 发出降低车身高度的指令时，流量控制电磁阀和前后悬架控制电磁阀的排气阀打开，空气弹簧中的空气经这些阀门流向储气筒的低压腔。当车身降低至预定调定高度时，各电磁阀关闭。

4. 空气的内部循环

由于该系统是一个封闭系统，从空气弹簧排出的空气并不排入大气中，而是排入储气筒的低压腔。因此，当储气筒中需要补充气压时，低压腔中有一定压力的空气又经空气压缩机进气阀后进入气缸，被压缩和干燥后，进入储气筒的高压腔。这样有助于提高充气效率，减少能量消耗，防止过多的水分进入系统污染元器件。该系统的各空气弹簧为并联独立式布置，各空气弹簧可以单独进行充、排气操作，互不干扰空气的流动。各控制电磁阀均由 ECU 进行控制。空气弹簧有 3 种工作状态，即低、正常和高。一般的行驶状态下，车身高度保持正常；车速超过 120 km/h 时，车身高度为低；在 100 km/h 以下时，车身高度为正常；在较差路面上行驶时，车身高度为高；其他的车身高度由汽车的行驶状态来决定。

空气悬架由空气弹簧、减振器、执行器、空气管等组成，具体组成如图 11.2.4 所示。空气弹簧是在一个密封的容器内充入压缩气体，利用气体的可压缩性实现其弹簧作用。当弹簧上的载荷增加时，容器内的定量气体受压缩，气压升高，则弹簧的刚度增大；反之，载荷减小时，弹簧内的气压下降，刚度减小。空气悬架的刚度是由步进电机带动空气控制阀，通过改变主、副气室之间通路的大小，使悬架的刚度可以在低、中、高3种状态下变化，从而改变悬架的刚度。

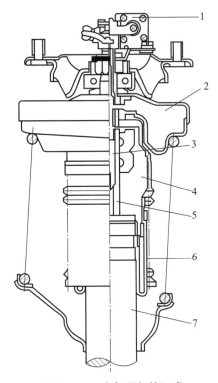

图 11.2.4　空气悬架的组成

1—执行器；2—副气室；3—减振器阻尼调节杆；4—主气室；5—减振器活塞杆；6—滚动膜；7—减振器

悬架刚度的调节原理如图 11.2.5 所示。当空气阀芯的开口转到对准"低"位置时，主、副气室通路的大孔被打开，主气室的气体经过阀芯的中间孔、阀体侧面通道与副气室的气体相通，两气室间的流量加大，相当于参与工作的气体容积增加，悬架的刚度减小。

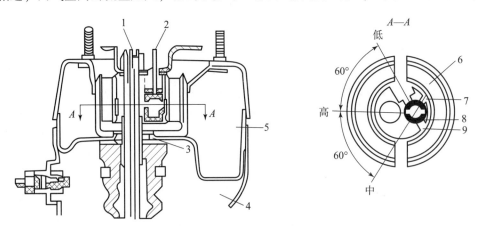

图 11.2.5　悬架刚度的调节原理

1—阻尼调节杆；2—气阀控制杆；3—主、副气室通路；4—主气室；5—副气室；
6—气体阀；7—气体通路小孔；8—阀芯；9—气体通路大孔

当阀芯开口转到对准图示"中"位置时，气体通路的小孔被打开，主、副气室间的流量变小，悬架刚度增大。

当阀体开口转到对准图示"高"位置时，主、副气室间的通路被切断，只有主气室单独承担缓冲任务，悬架刚度进一步增大。

11.2.3　车辆轮胎中央充放气系统

车辆的轮胎中央充放气系统（Central Tire Inflation System，CTIS）是在第二次世界大战时为提高军车通过性能而开发的。早在 1942 年，美国通用汽车公司就在 DUKW－353 水陆两用载货车上首先装备了这套系统，使该车不仅能在松软的泥泞地面上行驶，而且能够通过水陆交界的松软沙滩，在很大程度上提高了汽车的通过性能。

轮胎中央充放气系统通过控制每个轮胎中的气压来改善汽车在不同路面上的行驶性能。例如，降低轮胎气压可增大轮胎与地面的接触面积，从而使车辆能行驶在较为松软的地面上；此外，在某个轮胎受损后还可以维持其内部气压，保证车辆的操纵性。图 11.2.6 展示了悍马汽车的自动充放气系统轮胎结构。

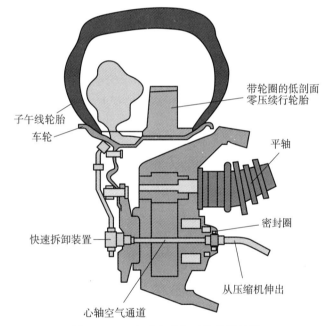

图 11.2.6　自动充放气系统轮胎结构

轮胎中央充放气系统主要由气源、电控气阀组、旋转密封气室、车轮阀、闭锁阀、电子控制单元和控制面板等组成，如图 11.2.7 所示。其工作原理为：

（1）系统不工作时，处于保压状态。此时，气源和主管路之间的气路是截断的，主管路通过电控气阀组中的常开电磁阀接大气。车轮阀则处于关闭状态，将轮胎内的气体与大气和主管路都隔开。

（2）测压时，电控气阀组中的常开电磁阀关闭，充气电磁阀和车轮电磁阀在电子控制装置的控制下开启，使高压气体进入主管路，经旋转密封气室传输至车轮阀，使车轮阀开启，将主管路与轮胎连通，随后充气电磁阀关闭。由于主管路与轮胎已经连通，经过一段时

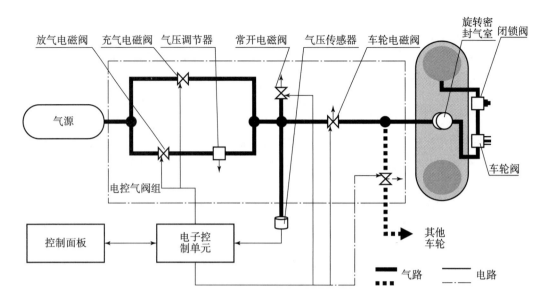

图 11.2.7　轮胎中央充放气系统

间后主管路和轮胎内的气压达到平衡，此时主管路中的气压与轮胎气压相等。电子控制单元即可通过传感器测量轮胎的气压。

（3）充气时，常开电磁阀关闭，充气电磁阀和车轮电磁阀开启，气源气体进入主管路，经旋转密封气室传输到车轮阀。车轮阀在高压信号的控制下将主管路与轮胎连通，实现对轮胎充气。

（4）放气时，常开电磁阀关闭，放气电磁阀开启，气源气体通过调压阀产生低压并进入主管路，经旋转密封气室传输到车轮阀。车轮阀在低压信号的控制下将轮胎与大气连通，实现放气。

思考与习题

11-1. 简述常见气动压力控制回路及其用途。

11-2. 画出采用气液阻尼缸的速度控制回路原理图，并说明该回路的特点。

11-3. 设计一个气动回路，使两个双作用气缸顺序动作。

第三篇
液力传动

第 12 章

液力传动基础知识

本章内容主要包括液力传动的基本原理、特点及其应用，束流设计及其假设和基本方程简介。

通过本章的学习，应掌握以下内容：

(1) 液力传动的基本概念及工作原理；

(2) 液力传动的特点及其应用；

(3) 束流设计方法及其基本假设；

(4) 液力传动流体力学的基本方程与能量损失；

(5) 液力传动工作介质的物理特性。

12.1 液力传动的定义

凡是主要依靠工作液体的动能变化来传递或变换能量的液体元件称为液力元件，如各种液力变矩器、液力耦合器和液力减速器（液力缓速器）等。传动系统中有一个或一个以上环节采用液力元件来传递动力的，称为液力传动或动液传动（Hydrodynamic Transmission）。

在液力元件中，工作腔和循环圆是两个描述其主要特征的重要基本概念。工作腔，是指液力元件叶轮内环与外环两个回转曲面之间的整个空间。过液力元件轴心线作截面，在截面上与液体相接触的界线形成的形状，称为循环圆。循环圆是工作腔的轴截面。

循环圆以旋转轴为中心线形成两个完全对称的部分，通常只画出中心线一侧的图形，如图 12.1.1 所示。图中 B、T 和 D 分别代表泵轮、涡轮和导轮三类叶轮，也称为工作轮。循环圆的最大直径称为液力变矩器的有效直径 D，它是液力变矩器和液力耦合器等液力元件的特征尺寸。循环圆外环的最小直径为 d_0，循环圆宽度为 b。循环圆表示了叶轮的相互位置，概括的是液力元件的主要特征。

循环圆实际上是工作液体在各工作轮内循环流动时流道的轴面形状，工作液体循环流动是一个封闭的轨迹，因而起名为循环圆。循环圆是由外环、内环、工作轮的入口边和出口边组成的。其中，外环是循环流动传动介质的外圈，内环是循环流动传动介质的内圈，入口边和出口边是各工作轮内叶片的入口边和出口边的轴面投影。此外，在循环圆上，还表示出了中间流线，或称设计流线。中间流线在液力变矩器内并不存在，而是为了便于设计而采用的一条假想流线。中间流线可以根据外环与中间流线之间的过流面积和中间流线与内环之间的过流面积相等的原则求出。

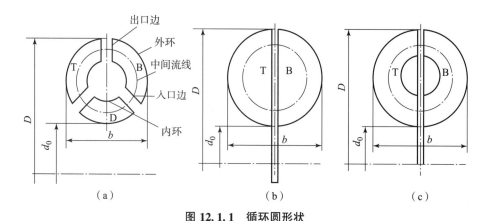

图 12.1.1　循环圆形状

（a）液力变矩器循环圆；（b）无内环液力耦合器循环圆；（c）有内环液力耦合器循环圆

工作液体不断循环流动的空间即为工作腔，它是由工作轮内、外侧两个环形曲面和叶片所组成的空间。工作轮的内、外侧有两个循环曲面，在循环圆内侧的称为内环，在外侧的称为外环。内环所包括的空间里面通常没有叶片，它不属于循环圆部分。

12.2　液力传动的发展与应用

12.2.1　液力传动的起源

液力传动于 20 世纪初最早作为船舶动力装置和螺旋桨之间的传动机构出现，随后被应用于其他工业领域。

液力传动技术的发展主要体现在液力元件设计及制造技术方面。液力元件本质上是通过一个或多个泵，将汽轮机或内燃机等原动机提供的高速旋转机械能传递给液体介质，经由液体介质在封闭工作腔体内高速运行，冲击一个或多个旋转涡轮的叶片对外做功，再将液体能量转换为旋转机械能，其工作原理如图 12.2.1 所示。

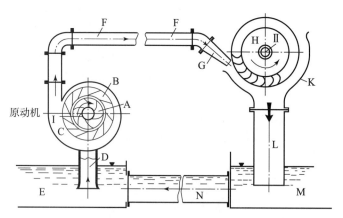

图 12.2.1　带有外置管路的液力元件循环流动工作原理图

Ⅰ—泵轮；Ⅱ—涡轮

德国人赫曼·费丁格尔（Hermann Föttinger）基于这一原理，首先设想将离心泵和涡轮用封闭管路连接起来，见图 12.2.2。原动机带动离心式泵轮，将工作液体介质从集水槽 4 中抽上来，通过连接管路 6 进入涡轮，工作液体介质经由导水机构 8 冲击涡轮叶片 9，使涡轮旋转，涡轮带动作为工作机的螺旋桨 11 旋转，驱动船舶行驶。为进一步提高效率，将泵轮和涡轮尽可能靠近，取消进、出油管和油槽等不必要的机构，将传动简化为机构 12。经过大量的实验和分析，最终液力变矩器的最高效率得以大幅提升到 85% ~ 87%，从而液力传动技术得以实际运用。

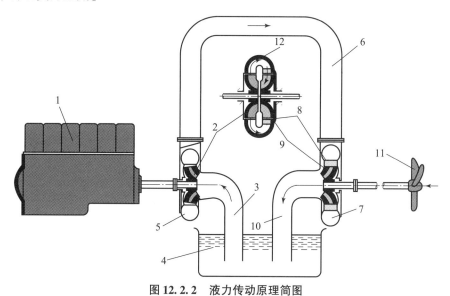

图 12.2.2　液力传动原理简图

1—发动机；2—离心泵的工作轮；3—离心泵的进水管；4—集水槽；5—泵的蜗壳；6—连接管路；7—水轮机的蜗壳；
8—导水机构；9—涡轮叶片；10—水轮机的尾水管；11—螺旋桨；12—简化机构

12.2.2　液力传动的发展与应用

在 1910 年左右，效率更高而造价更低的螺旋齿轮出现，船舶工业中液力传动被这种制造更为精密的齿轮传动所取代。但在船舶工业运用液力传动的过程中，液力传动的性能特点逐渐被深入地了解和认识，如涡轮转速能够随负荷自动变化，以及液力元件的缓冲与减振特性等，这些性能对船舶来说不一定那么必要，然而对陆地行驶的车辆却是极为理想和重要的性能。第二次世界大战以来，随着液力传动尤其是液力变矩器在民用和军用汽车工业的成功应用，引起了世界各国车辆、工程机械、建筑机械、矿山机械、石油钻井机械，以及电力、冶金、建材等各部门的注意，并得以推广应用。另外，液力耦合器目前虽在主传动系统中应用不多，但在发动机冷却风扇辅助传动系统，尤其是以电动机为原动机驱动工作机械时更为多见，其特例液力缓速器（又称液力减速器）在重型车辆的辅助制动系统中也扮演着不可或缺的角色。除传动功能外，液力传动的调速和起动功能也被充分应用于船舶、能源、运输等各个领域。

以美国为例，自 20 世纪 70 年代起，每年液力变矩器在轿车上的装备率都在 90% 以上，产量在 800 万台以上，在市区的公共汽车上，液力变矩器的装备率近于 100%。在重型汽车方面，载货量 30 ~ 80 t 的重型矿用车几乎全部采用了液力传动。在某些尤其是较大吨位的非公路车辆以及推土机和装载机等工程机械上，也都采用了液力传动。尽管电动车辆技术和 DCT 等新型传动技术发展很快，但在 2013 年，全球各类车辆总产量为 8 300 万台，其中 43% 装有液力变矩器，在北美和亚洲，液力传动车辆所占比率会更高一些。在军用履带车辆上，以美、英、法、德等国家为代表的西方国家装备中多采用液力机械综合传动装置，其液力元件已形成系列化产品。

我国在 20 世纪 50 年代，将液力变矩器应用到国产的"红旗"牌高级轿车和大功率卫星型内燃机车上，之后又批量生产并装备在了"东方红" 1 型、2 型和 4 型等几种内燃机车上。1970 年，又设计试制成功 6 000 马力的"北京号"液力传动内燃机车，从而使我国进入世界制造大功率液力传动内燃机车的行列。1975 年，研制出装备"红旗"车的 CA774 三挡的液力自动变速器。在工程机械上的应用则在 20 世纪 60 年代，由天津工程机械研究所和厦门工程机械厂共同研制的 ZL435 装载机上的液力传动开始。改革开放后，国家于 1978 年开始引进液力传动技术，以大连液力机械有限公司为代表的各专业厂商相继从英国、德国、美国和日本引进了液力耦合器和液力变矩器技术及产品系列。在 20 世纪 80 年代，天津工程机械研究所研制开发了"YJ 单级向心涡轮液力变矩器叶栅系统"和"YJSW 双涡轮液力变矩器系列"，这两大系列目前已成为我国国内工程机械企业的国产液力变矩器主要产品。另外，主要针对 TY 等系列推土机用液力变矩器，上海中船 711 研究所也开发了相关的系列型号产品。目前国内相关产品的主要性能指标已基本达到国外同类产品的先进水平。国内在军用车辆方面，北京理工大学自 20 世纪 80 年代起开展了高转速、大功率军用履带车辆系列液力变矩器及其设计理论的研究，研制开发了 Ch 系列液力变矩器，达到了国际同类产品先进水平，满足了军用车辆的使用要求。我国军用履带车辆液力机械综合传动装置，已经普遍采用了大功率液力变矩器。国内从事液力元件生产的企业近 80 家，年产液力变矩器约 5.5 万台、限矩型液力耦合器约 5.5 万台、调速型液力耦合器约 2 700 台，产品行销全国各地并小批量出口，在煤炭、矿山、冶金、电力、石油、石化、化工、建材、建筑、制革、港口、食品、制药、粮油、轻工、纺织、交通、城建、市政等部门广泛应用，并取得了显著的技术经济效益。

目前，液力传动已应用于汽车、机车、军用车辆、工程机械、筑路机械、建筑机械、石油钻机、机床、船舶及煤矿机械、冶金机械、电力机械、化工机械等方面。在某些专门用途的车辆，如重型载重汽车、各种工程机械中，液力传动已被广泛应用。

12.2.3 液力传动的优缺点

液力传动之所以得到广泛应用，是因为它使得原有机器具有了一些新的性能。从系统匹配的角度来看，与发动机的合理匹配扩展了发动机稳定工作的区间，增加了调速、变矩范围。从这个角度，可以将"发动机 + 液力传动元件"视为一个性能更为优异且能更好地满足纷繁复杂的车辆行驶需要的复合型动力装置。之所以能做到这些，是因为液力传动元件具有以下优良的特性：

(1) 作为一种叶轮机械，液力元件具有能容大、功率密度高的特点。根据流体力学相似理论，液力元件所吸收发动机功率为其输入转速的 3 次方和有效直径的 5 次方，与其他传动形式相比具有明显的优势。

(2) 主要构件间通过流体传动，叶轮间无机械磨损，可靠性高，保养简单。与一般采用摩擦或啮合的机械传动不同，液力元件的叶轮间设置有间隙，在工作腔内通过流体循环流动传递能量，没有直接磨损，因此具有较长的寿命，保养简单。

（3）具有自动适应性、无级变速和变矩以及过载保护的能力，提高了车辆驾驶和乘坐的舒适性。采用液力元件的传动系统能够根据载荷，自动无级地调整液力元件的速比工况以适应车辆的行驶需求，使起步平稳、加速均匀、乘员乘坐舒适；另外，采用液力传动的车辆，与机械传动车辆相比，能够减小挡位数目，简化车辆操纵，并且易于实现换挡操纵的自动化；在困难和复杂路面，还可以防止发动机过载和熄火。

（4）使车辆具有良好的稳定的低速性能，可以提高车辆在软路面（如泥泞地、沙地、雪地和其他非硬土壤路面）的通过性。曾用汽车做过对比试验，在软路面上起步和行驶时，采用液力传动较用机械传动的车轮下陷量约小 25%，滑转小，附着储备提高 2～3 倍，提高了汽车的通过性。

（5）能够隔离和衰减整个驱动系统的振动和冲击，大幅降低其动态载荷。试验表明，采用液力变矩器后，扭转振动的幅值可降到 50% 以下。曾在重型载重汽车上做过应用液力传动和机械传动的对比试验，前者比后者的最大负荷降低 18.5%，发动机使用寿命延长 47%，齿轮变速箱寿命延长 400%，差速器寿命延长 93%。

同样，采用液力传动的车辆，与机械传动相比也存在一些缺点：

（1）液力传动系统效率比机械传动系统低，经济性相对较差。常用的液力变矩器峰值效率一般不超过 85%～87%，加装单向联轴器（超越离合器）的综合式液力变矩器在良好路面下，最高效率可以达到 97%～98%。为弥补效率上的劣势，目前多采用将输入端的泵轮和输出端的涡轮结合为一体的闭锁离合器，以实现良好路面较高效率的传动。

（2）结构布置不够灵活。与液压传动和电传动相比，液力传动在车辆等移动或固定设备的传动系统中的位置相对固定，没有液压管路和电缆线束布置便利。

（3）需要增设液力传动所必需的附加设备，如供油、换热、充液率控制、起动加温装置等系统，因而体积和质量要比机械传动略大，结构也更为复杂，造价较高。

（4）由于液力元件的输入和输出构件之间没有刚性联系，因此不能利用发动机的惯量来制动，也不能用牵引的方法来起动发动机。

12.3　束流设计及假设

液力元件的早期研制主要凭借经验，采用多种模型及试验来筛选、改进，最后定型，本质上基于一维束流设计方法。随着计算技术的发展，要求应用现代三维流动计算方法来进行设计，以期能够使研制产品的试验性能与计算性能相一致。本书限于篇幅，主要介绍束流设计方法。

由于束流理论的一些假设与实际流动状况差别很大，一些损失按固定流道方法计算与旋转流道内流动并不相符，再加上参数众多，使得计算既复杂又困难。同时，实际试验性能与计算性能差别很大，一般仅以计算性能作为初算，第一轮试制后再根据试验性能以一般理论为指导，进行修改设计，需要几经修改才能最后定型；或者设计多种工作轮，通过试验来选配。因此，研制的周期较长，工作量大，成本费用高。

因此，人们为完善建立在束流理论基础上的设计方法，使其具有工程实用价值，进行了多方面的研究工作，研究主要集中在以下几个问题的解决：流动偏离的量化、摩擦与冲击损失系数的确定、轴向力的计算、几何参数与性能指标间的规律，以及全面简便设计方法的探索。

以较为复杂的综合式液力变矩器为例，在束流设计体系中首先要确定有效直径和循环圆，而后假设计算工况液流无冲击进入工作轮，以变矩工况效率达到最高的观点进行设计。但在车辆中应用时，工况变化范围较大，其他工况性能无法控制，为在产品试制前就能控制设计工况、零速工况和耦合器工况等典型工况的性能，通常是将计算工况结果作为叶片的初始设计，再通过相对参数法等计算方法进行叶片配置的优化，渐次逼近设计指标，而后通过三维建模和流场分析对特性进行验证，如与设计指标差异较大则重新进行叶栅系统几何参数的调整。

一维束流理论认为，液流通过工作轮流道中的流动是一元流动（即束流），它的几个基本假设为：

（1）工作腔内整个空间流道，可看作在工作腔外环与内环间的无数个无限薄的绕同一旋转轴线旋转而成的流面组成，而工作液体沿无数多个流面的运动状态，可以用液体质点沿某一个旋转曲面的运动来代替。此时假设全部液体的质量均集中于该流面的运动质点上，并把此流面称为平均流面或中间流面，于是就可把空间流动简化为平面流动。

（2）各叶轮的叶片数目无限多，叶片厚度无限薄。因此，任何旋转流面均由无限多条相同的液体质点的运动流线所组成，并且液体质点的运动流线与在此流面内的叶片形状一致。中间流面上也由无限条与叶片形状一致的中间流线所组成。工作腔内的中间流线是指中间流面与轴面的交线。

（3）工作液体质点在任一流面上的运动，对于旋转轴线是完全对称的，因此任何质点在流面上的流动轨迹是相同的。与旋转轴线距离相同的点，其运动参数也完全相同。这样，中间流面的情况就可由中间流线的流动状况来代表。因此，一个复杂的空间三维流动只要把流面上全部质点的质量集中在某个质点上，就可以用中间流面上的中间流线上的流动来代替，见图12.3.1。

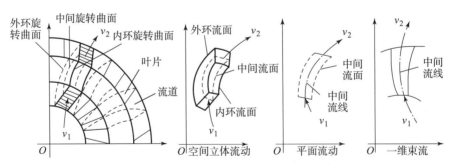

图 12.3.1 工作轮中液体的空间流动及其束流简化

（4）工作液体在液力元件工作腔内无叶片区内流动时，由于没有叶片和忽略了摩擦阻力，因而无液体能和机械能的转换，也无外转矩的作用。因此，任一叶轮入口处的液体流动状况与前一工作轮出口的液体流动状况相同。

（5）各叶轮入口处液体流动状况的变化，不影响叶轮出口处液体的流动情况。

只有通过上述假设，液力元件工作腔中的液体流动才可用中间流线上的流动来表述，以后基于束流理论的分析均以此为基础。

12.4　液力传动流体力学基础

液力传动的流体力学基础知识包括流体的连续性方程、速度三角形、动量矩方程、能量方程等内容，其中的连续性方程可参见 1.6.1 节的相关内容。

12.4.1　速度三角形

液体传动介质在旋转叶轮的流道内的运动，是一种典型的复合运动。这时，往往采用液体质点的假设，来描述这种复合运动中的速度分解与合成。所谓液体质点，是指微观上足够大而宏观上又足够小的液体微团。微观上足够大，是指微观包含足够多的液体分子使得其运动的物理量统计平均值稳定；宏观上足够小，是指液体微团的宏观尺寸远小于所研究问题的特征尺寸，这样微团内各分子的物理量可以视为呈均匀分布的。具备这样的特征后，就可以将液体微团视为一个几何上没有维度的点。

液体质点的复合运动，可以分解成随叶轮一同旋转的牵连运动，以及在流道内沿叶片流动的相对运动。也就是说，复合运动的绝对速度可以分解成牵连速度和相对速度，常常借助于速度三角形这一概念来对速度的分解和合成进行说明。

如图 12.4.1（a）所示，任取一旋转叶轮，假定叶轮流道内充满液体，当叶轮以图示角速度 ω 旋转时，流道内任意液体质点 X 的运动将由两种运动合成：

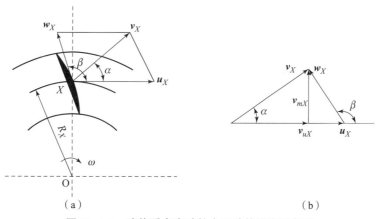

图 12.4.1　液体质点在叶轮中运动的速度三角形

一种是由叶轮带动液体质点一起旋转的旋转运动，也称为牵连运动，其运动速度以 u_X 表示；另一种运动是液体质点沿叶轮中由叶片形成的流道流动时，相对于叶片的相对运动，其运动速度以 w_X 表示。将两种运动速度按矢量合成的原则相加，即可得到液体质点 X 在叶轮中运动情况的速度三角形，如图 12.4.1（b）所示。

$$u_X + w_X = v_X \tag{12.4.1}$$

在旋转叶轮任意质点的速度合成过程中，由绝对速度、牵连速度和相对速度 3 个速度组成的三角形，称为液体质点在旋转叶轮中运动的速度三角形。

在图示速度三角形中，α 角为绝对速度 v_X 与牵连速度 u_X 的正向间夹角；β 角为相对速度 w_X 与牵连速度 u_X 的正向间夹角。

在液力元件中，为了研究叶轮中液体流动的需要，常将液体质点 X 的绝对速度 $\boldsymbol{v}_X$，分别沿轴面（过叶轮轴心线的剖面）和与轴面垂直的圆周运动方向，分解为两个互相垂直的分速度 $\boldsymbol{v}_{mX}$ 和 $\boldsymbol{v}_{uX}$，其中 $\boldsymbol{v}_{mX}$ 称为轴面分速度，$\boldsymbol{v}_{uX}$ 称为圆周分速度。

$$\boldsymbol{v}_X = \boldsymbol{v}_{mX} + \boldsymbol{v}_{uX} \tag{12.4.2}$$

速度三角形中各个速度的大小、方向以及相互间关系如下：

牵连速度 $\boldsymbol{u}_X$ 方向为液体质点圆周切线方向，其数值等于

$$u_X = \omega R_X = (2\pi n/60) R_X \tag{12.4.3}$$

式中，ω——叶轮角速度值；

n——叶轮转速值，r/min；

R_X——自叶轮旋转中心至任意液体质点 X 的半径值。

轴面分速度 $\boldsymbol{v}_{mX}$ 在叶轮轴面内，满足束流理论假设时，$\boldsymbol{v}_{mX}$ 数值等于

$$v_{mX} = Q/F \tag{12.4.4}$$

式中，Q——通过工作轮体积流量；

F——与轴面分速度相垂直的过流截面的面积值。

相对速度 $\boldsymbol{w}_X$ 数值等于

$$w_X = v_{mX}/\sin\beta \tag{12.4.5}$$

圆周分速度 $\boldsymbol{v}_{uX}$ 数值等于

$$v_{uX} = u_X - v_{mX}\cot(\pi-\beta) = u_X + v_{mX}\cot\beta \tag{12.4.6}$$

合成后的绝对速度 $\boldsymbol{v}_X$，其数值等于

$$v_X = \sqrt{v_{mX}^2 + v_{uX}^2} = \sqrt{v_{mX}^2 + (u_X + v_{mX}\cot\beta)^2} \tag{12.4.7}$$

12.4.2 动量矩方程

动量矩，也称为角动量，这里用于描述液体质点到原点的位移和动量相关的物理量，表征液体质点在旋转叶轮中定轴转动的剧烈程度。假设旋转叶轮中任意液体质点质量为 m，则质量 m 与该点绝对速度 $\boldsymbol{v}$ 的积，称为该点的动量 $\boldsymbol{p}$，即动量方向取决于绝对速度方向。

$$\boldsymbol{p} = m\boldsymbol{v} \tag{12.4.8}$$

液体质点到原点位移 $\boldsymbol{R}$ 与动量 $\boldsymbol{p}$ 的矢量乘积，称为液体质点对原点的动量矩 $\boldsymbol{L}$，即

$$\boldsymbol{L} = \boldsymbol{R} \times \boldsymbol{p} = \boldsymbol{R} \times m\boldsymbol{v} \tag{12.4.9}$$

并且当不受非零合外力矩 M 作用时，动量矩是守恒的，即

$$\frac{\mathrm{d}L}{\mathrm{d}t} = M = 0 \tag{12.4.10}$$

在图 12.4.2 中，令叶片出口处的液体质点的动量为 $p_2 = mv_2$，叶片入口处液体质点的动量为 $p_1 = mv_1$，它们的方向分别与绝对速度 v_2 和 v_1 的方向相同。其中下标 2 表示流道出口，下标 1 表示流道入口。

与此对应，在叶片出口处液体质点对旋转轴 O 的动量矩为 $L_2 = R_2 \times mv_2$，入口处液体质点对旋转轴 O 的动量矩为 $L_1 = R_1 \times mv_1$。

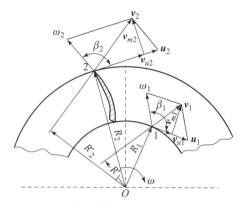

图 12.4.2　工作液体在叶片入口和出口处的动量矩

用标量形式表示，图中 mv_2R_2'、mv_1R_1' 分别等于液体质点在叶片出口和入口处对旋转轴 O 的动量矩 L_2、L_1。由于 $R_2' = R_2\cos\alpha_2$、$R_1' = R_1\cos\alpha_1$，所以有

$$L_2 = mv_2R_2' = mv_2R_2\cos\alpha_2 = mv_{u2}R_2 \tag{12.4.11}$$

$$L_1 = mv_1R_1' = mv_1R_1\cos\alpha_1 = mv_{u1}R_1 \tag{12.4.12}$$

因此，叶轮入、出口液体质点的动量矩在数值上，等于该点的质量 m 与该点的绝对速度的圆周分速度 v_u 和该点半径 R 值的乘积。

根据动量矩守恒定律，一物体动量矩变化数量的大小与作用于该物体所受非零合外力矩的大小和作用时间的长短有关，因此在工程上可以表示为

$$\Delta L = M\Delta t \tag{12.4.13}$$

式中，ΔL——动量矩 L 的变化数量；

Δt——非零合外力矩 M 的作用时间。

根据束流理论的基本假设，液流在工作轮内流动时各质点的运动状况对旋转轴是完全对称的，可把液流的全部质量集中于一点来研究，质点的质量 $m = \rho Q\Delta t$。此质点由入口流至出口，其动量矩由 $mv_{u1}R_1$ 变至 $mv_{u2}R_2$，动量矩的增量数值为 $\Delta L = mv_{u2}R_2 - mv_{u1}R_1$，引起这个增量的原因是工作轮对工作液体作用转矩 M 的结果。由上式得动量矩增量数值上有

$$\Delta L = M\Delta t = mv_{u2}R_2 - mv_{u1}R_1 \tag{12.4.14}$$

代入 $m = \rho Q\Delta t$，有

$$M\Delta t = \rho Q(v_{u2}R_2 - v_{u1}R_1)\Delta t \tag{12.4.15}$$

简化得

$$M = \rho Q(v_{u2}R_2 - v_{u1}R_1) \tag{12.4.16}$$

式（12.4.16）表明液体流经工作轮时工作轮叶片与液流相互作用的力矩关系。这一关系十分重要，是研究液力元件工作原理、开展设计计算的重要理论基础之一。

在研究液力元件中液流和叶轮的相互作用时，有些著作还引用了液流的速度环量这一概念。

速度环量是流体的绝对速度 v 沿一条封闭曲线的路径 l 积分，一般用 Γ 表示。

$$\Gamma = \oint v dl \tag{12.4.17}$$

对旋转叶轮中的流体质点，其速度环量 Γ 值等于液体质点绝对速度的圆周分速度 v_u 与质点所在位置圆周长 $2\pi R$ 的乘积，这一物理量用于衡量液流在叶轮中的旋转程度，与质量无关。

$$\Gamma = 2\pi R v_u = 2\pi R v \cos\alpha \tag{12.4.18}$$

动量矩与速度环量间存在如下关系：

$$\frac{\Gamma}{L} = \frac{2\pi R v_u}{m v_u R} = \frac{2\pi}{m} \tag{12.4.19}$$

即有

$$L = \Gamma \cdot (m/2\pi) \tag{12.4.20}$$

以此代入叶片与液流相互作用力矩关系式中，得

$$M = \rho Q (\Gamma_2 - \Gamma_1)/2\pi \tag{12.4.21}$$

12.4.3　能量方程

液体流经液力元件的不同叶轮时，也实现了不同的能量转换过程。以 3 个元件分别具有 3 类不同功能的三元件液力变矩器为例，当通过泵轮时，将泵轮的机械能转换成泵轮内液体能，如果令下标 B 表示泵轮、下标 T 表示涡轮、下标 D 表示导轮，在 Δt 时间内有

泵轮机械能：　　　　　　　　　$E_B = M_B \omega_B \Delta t$

泵轮内液体能：　　　　　　　　$E_B = \rho g Q H_B \Delta t$

当不考虑损失时，有

$$M_B \omega_B \Delta t = \rho g Q H_B \Delta t \tag{12.4.22}$$

将 $M_B = \rho Q (R_{B2} v_{uB2} - R_{B1} v_{uB1})$ 代入上式，经变换得泵轮内液体能头数值为

$$H_B = \frac{1}{g}(u_{B2} v_{uB2} - u_{B1} v_{uB1}) \tag{12.4.23}$$

同理，可以得到涡轮、导轮内液体的能头数值为

$$H_T = \frac{1}{g}(u_{T2} v_{uT2} - u_{T1} v_{uT1}) \tag{12.4.24}$$

$$H_D = \frac{1}{g}(u_{D2} v_{uD2} - u_{D1} v_{uD1}) \tag{12.4.25}$$

以上 3 个公式是叶轮机械的欧拉方程在液力元件能头计算中的应用，也是能量守恒在液力元件中的体现，并且是研究液力传动叶轮能头以及叶轮间能量交换的基本理论依据之一。

能头 H 的物理意义是每单位质量液体从叶轮所获得的能量。一般情况下，H_B 为正值，即液体从泵轮吸收能量，能头增高；H_T 为负值，即液体能头减小，转换为涡轮输出的机械能；导轮固定时转速为 0，则 $u_{D2} = u_{D1} = 0$，因而 $H_D = 0$，即液体在导轮内无能量交换。

以上对能头的讨论是完全建立在束流理论假定的基础上，因而称其为理论能头，与实际能头是有出入的。

以上欧拉方程也能够由绝对运动和相对运动的伯努利（Bernoulli）方程推导得出。

假设单位质量液体进入叶轮入口前和离开叶轮出口后，具有的总能量 E_1 和 E_2 分别为

$$E_1 = Z_1 + \frac{p_1}{\rho g} + \frac{v_1^2}{2g} \qquad (12.4.26)$$

$$E_2 = Z_2 + \frac{p_2}{\rho g} + \frac{v_2^2}{2g} \qquad (12.4.27)$$

式中，右侧第一项为势能项，第二项为压能项，第三项为动能项。

定义能头 H 为单位质量液体流经叶轮后所获得叶轮施加的能量增加值，定义 $\sum H_s$ 为单位质量液体在叶轮中流动时的总损失。存在关系如下：

$$E_1 + H + \sum H_s = E_2 \qquad (12.4.28)$$

考虑入口和出口液流运动的伯努利方程，则有

$$Z_1 + \frac{p_1}{\rho g} + \frac{v_1^2}{2g} + H = Z_2 + \frac{p_2}{\rho g} + \frac{v_2^2}{2g} + \sum H_s \qquad (12.4.29)$$

根据液体在旋转叶轮中的相对运动的伯努利方程，考虑旋转运动的离心力做功，可得

$$Z_1 + \frac{p_1}{\rho g} + \frac{w_1^2}{2g} - \frac{u_1^2}{2g} = Z_2 + \frac{p_2}{\rho g} + \frac{w_2^2}{2g} - \frac{u_2^2}{2g} + \sum H_s \qquad (12.4.30)$$

两式相减有

$$H = \frac{v_2^2 - v_1^2}{2g} - \frac{w_2^2 - w_1^2}{2g} + \frac{u_2^2 - u_1^2}{2g} \qquad (12.4.31)$$

由入口、出口速度三角形和余弦定理，整理可得理论能头为

$$H = \frac{u_2 v_{u2} - u_1 v_{u1}}{g} \qquad (12.4.32)$$

同样，得到了液体流经旋转叶轮后，液体能量变化与液体流动情况变化间关系的欧拉方程。可见液体通过工作轮后能量的变化，形式上主要与液体的牵连运动速度 u_2、u_1，以及绝对运动速度 v_2、v_1 在圆周运动方向上的投影，即圆周分速度 v_{u2}、v_{u1} 有关。

同样，上述方程是在假设叶轮的流道中有无限多个厚度为无限薄的叶片时得到的理论能头。但实际上，由于叶轮叶片数目有限，且叶片具有一定厚度，所以液体质点的相对运动方向和大小都会发生变化，特别是当液体离开叶轮时，液流方向将与叶片骨线的切线方向发生明显的流动偏离（或称为流动分离）现象。实际能头的计算需要考虑流动偏离等现象对理论能头的影响。

为了研究叶轮的叶片数目有限时对液流离开工作轮时偏离的影响，首先需要确定有关叶片角和液流角的表示方法。

取速度三角形中相对速度与牵连速度的正向间夹角为液流角 β，即实际液流流动时的角度；定义中间流线处叶片截面由入口端指向出口端的骨线切线方向与牵连速度的正向间夹角为叶片角 β_y，也就是进行叶片设计时期待液流流动的角度，当满足束流假设，叶片数目无限多叶片厚度无限薄时 $\beta = \beta_y$，一般情况下 $\beta \neq \beta_y$；定义液流角减去叶片角的差值为液流偏离角，即 $\Delta\beta = \beta - \beta_y$。

通常我们更关心液流离开叶轮时，液流角与叶片角的偏离程度，因此液流偏离角通常加上表征叶轮出口的下标 2（图 12.4.3），即

$$\Delta\beta_2 = \beta_2 - \beta_{y2} \qquad (12.4.33)$$

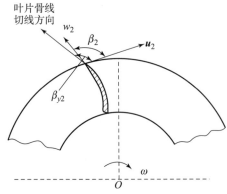

图 12.4.3　工作轮出口处的叶片角和液流角

　　流动偏离现象对液力元件实际性能有很大的影响，它不仅影响循环圆中后一叶轮的流动状态，更会影响所传递的动量矩和能量。流动偏离主要是由于液体质点运动时受到惯性力以及哥氏力的影响所造成的，其液流偏离角的大小和方向，不仅取决于叶轮叶片的弯曲程度，也取决于液流流动方向、叶轮旋转方向以及在流道中形成轴向漩涡运动的强烈程度。

　　有限的叶片数目不可避免地会产生流动偏离现象，但过多的叶片数目会增加叶轮内部的损失和降低传动性能。因此，实际叶栅设计中，就实际能头而言，存在着一个最佳叶片数。在基于束流理论设计计算时，需要充分考虑流动偏离的影响，并引入参数或公式加以修正。

12.5　能量损失与平衡

　　以三元件液力变矩器为例，在稳态工况下工作液体在工作腔循环圆内流动一周，其在泵轮中获取的能量，与在涡轮中对外做功消耗的能量与循环流动时克服所有阻力做功的能量之和应当相等，即存在如下能量平衡关系式：

$$H_B + H_T - \sum H_s = 0 \qquad (12.5.1)$$

式中，$\sum H_s$——液流在循环圆内流动过程中消耗于各个叶轮中所损失能头之和。

$$\sum H_s = H_{sB} + H_{sT} + H_{sD} \qquad (12.5.2)$$

　　由功率 $N = \rho g q H$，建立相应的功率平衡关系式：

$$N_B + N_T - \sum N_s = 0 \qquad (12.5.3)$$

　　由于能量转换必然伴随着损失，因此上述的 H_B 和 H_T 均为理论值，故称理论能头。实际上液体由泵轮所获得的实际能头较 H_B 为小，而液体在涡轮所消耗的实际能头较 H_T 为大。

　　在液力变矩器中稳定工况下，液流循环一周的能头变化情况如图 12.5.1 所示。

　　泵轮建立的能头 H_B 及涡轮消耗的能头 H_T 在前面已有说明，不再赘述，下面将着重讨论液流在循环圆内流动时能头损失 $\sum H_s$。

　　液力传动在进行机械能向液体能再向机械能的两次转换过程中，不可避免地会产生一定的能量损失，这些损失直接影响着液力元件的效率等性能，因此了解损失的组成及各种损失的影响因素，对于掌握液力元件设计和计算方法是十分重要的。

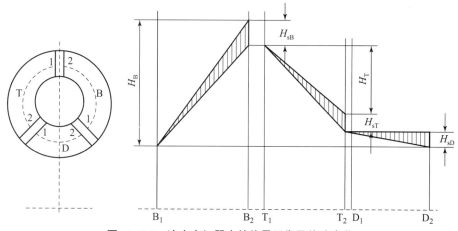

图 12.5.1　液力变矩器中的能量平衡及能头变化

液力传动元件在传递能量时，存在着 3 种形式的损失：机械损失、容积损失和液力损失。

机械损失，一般不超过总能量的 1%~2%，包括：

（1）支撑叶轮旋转的轴承中的摩擦损失；

（2）输入轴和输出轴上密封装置的摩擦损失；

（3）圆盘摩擦损失，即旋转叶轮外表面与流体间的摩擦损失。

容积损失是液流通过叶轮间环形间隙和内环发生的流量泄漏所造成的损失以及通过密封装置向外部泄漏所造成的损失之和。漏损的存在，不仅使泵轮传给液体的能量不能得到有效利用，而且流入泵轮入口的液流会破坏液流的正常循环流线，并产生涡流，因而会降低液力传动的效率。例如，泵轮中的流量为 Q_B，当进入涡轮时由于有一部分液体由泵轮和涡轮间的间隙中流失，因此涡轮中的流量 Q_T 小于泵轮中的流量，两者之差 Q_{LS} $= Q_B - Q_T$ 称为漏损流量（图 12.5.2）。液力元件的容积损失以容积效率 η_{sr} 来评价：

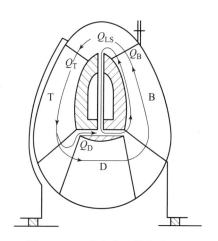

图 12.5.2　液力变矩器中的漏损

$$\eta_{sr} = \frac{Q_T}{Q_B} = \frac{Q_B - Q_{LS}}{Q_B} = 1 - \frac{Q_{LS}}{Q_B} \qquad (12.5.4)$$

液力损失是液力元件能量损失的主要部分，主要由 4 种形式的损失组成：叶形损失、摩擦损失、扩散与收缩损失、回转损失。

（1）叶形损失，也称为叶片形状损失，是指液体流经叶轮叶片时叶片阻力所造成的能量损失。叶形损失主要取决于叶片的形状及其几何参数。叶形损失主要包括两部分，一部分是叶片表面与液流间的摩擦损失，另一部分则是液流进入叶轮时，液流冲击叶片所造成的冲击损失，流动方向与叶片方向一致时冲击损失最小，方向不一致时冲击损失较大。

冲击损失 H_{sc} 的影响因素有冲击角、液流进入叶轮入口前后的速度差等。

（2）摩擦损失是液流沿液力元件工作腔循环流动时，液流与流道壁面间产生的摩擦、以及运动速度不同的各液体层间液体质点的摩擦形成阻力所造成的能量损失。

摩擦损失 H_{sm} 的影响因素有液流速度、液体黏度和流道壁面的粗糙度等。

（3）扩散与收缩损失是在液流流动方向上，经过流截面增大和缩小的流动扩散区段或收缩区段时，由于流动速度的变化导致液流与通道壁分离而形成不稳定的涡流，因而损失的一部分液体能量，这部分能量损失叫作扩散或收缩损失。相应流动区域的收缩角或扩散角可用下式表示（图 12.5.3）：

$$\frac{\alpha}{2} = \arctan\left(\frac{d_2 - d_1}{2l}\right) \tag{12.5.5}$$

扩散或收缩损失 H_{sk} 的影响因素有扩散角与收缩角的大小、出口和入口横截面积比、液体流速、液体黏度和流道壁面的粗糙度等。

（4）回转损失是当液流在弯曲通道中流动时，由于惯性造成了一定的离心力，这个离心力使液流与通道壁脱离而造成漩涡区，从而减小了液流的有效通过截面，同时造成使能量产生损失的收缩与扩张现象，这种能量损失称为回转损失（图 12.5.4）。液力元件内的液流做循环流动，因此回转损失不可避免，但正确选择循环圆形状和流道形状能够有效地减小这种能量损失。

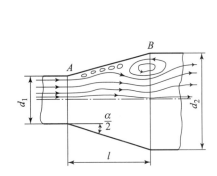

图 12.5.3　液流的扩散损失

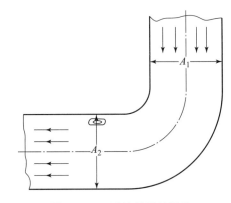

图 12.5.4　液流的回转损失

回转损失 H_{sh} 的影响因素有通道形状（通道的曲率半径、两通道截面积比等）、液体流速、液体黏度和流道壁面粗糙度等。

机械损失、容积损失和液力损失，存在于液力元件的每个叶轮中，而总损失 ΣH_s 为各叶轮内上述各种损失之和。在设计过程中，对性能影响最显著的液力损失往往被近似归结为广义摩擦损失和广义冲击损失两类能头损失。

一方面，这是因为液流的摩擦损失、扩散与收缩损失、回转损失均与液流速度的平方项成正比，并均与流道形状和壁面粗糙度相关。而与摩擦损失相比，扩散与收缩损失和回转损失数值上较小，为简化计算，常用广义的摩擦损失能头 H_{mc} 代表这几种具有共性的能头损失。仅当出口分离对能量平衡影响较大时，才对扩散损失单独加以考虑。

另一方面，广义的冲击损失能头 H_{cj} 则对应着叶形损失，设计计算中所采用的冲击损失系数由实验数据求得，而由实验数据得来的冲击损失系数已经包含了叶片表面的摩擦损失，很难将这两种损失分开加以考虑。

液力损失是液力元件能量损失的主要部分，了解其成因和影响因素，对于在设计过程中减小甚至消除这些损失具有很强的现实意义，下面对这几类能量损失进行研究。

12.5.1　摩擦损失

在相同的流道壁面粗糙度和液体黏度的情况下，液流速度与层流或紊流的流动状态有很大关系。液流速度不高时液体处于层流状态，有一个很薄的液流层黏附在流道壁面上，壁面粗糙度对流动影响很小，其阻力主要来自各层液体间的内摩擦，此时液体的黏性力占优，流动损失主要受液流速度的影响；在液流速度较高时，黏附在流道壁面上的液体层被破坏并使液流形成漩涡，造成了液体的紊流（或称湍流），但紊流状态下的能量损失要比层流状态下大，而且在紊流时的流动阻力不仅与流速有关而且与通道壁的粗糙度有关。为了能以较小尺寸的液力元件传递较大的功率，一般通过提高液流速度的手段来增加循环流量、传递更高功率，因此在液力元件中液流大多处于紊流状态。因此，摩擦损失对液力元件的性能有较大影响。

液流在工作轮内流动时，摩擦损失可参考管道流的摩擦损失的公式给出，即

$$H_{mc} = \lambda_{mc} \frac{l_m}{4R_y} \cdot \frac{W^2}{2g}$$

$$W = \frac{v_m}{\sin\beta} = \frac{Q}{F\sin\beta}$$

$$(12.5.6)$$

式中，λ_{mc}——由实验确定的液力元件流道壁面摩擦阻力系数；

　　　l_m——中间流线上叶片骨线长度；

　　　R_y——流道水力半径；

　　　W——液流在叶轮中的相对速度；

　　　β——液流角；

　　　v_m——轴面速度；

　　　F——垂直于轴面速度的过流截面面积。

由于在流道中从入口端到出口端的液流角不断变化，因此摩擦损失也随之变化，为计算便利通常取入口和出口的平均值：

$$H_{mc} = \frac{1}{2}\lambda_m \frac{l_m}{4R_y} \cdot \frac{Q^2}{2g}\left(\frac{1}{F_1^2 \sin^2\beta_1} + \frac{1}{F_2^2 \sin^2\beta_2}\right) = \frac{\xi_{mc}}{2g}\left(\frac{Q^2}{F_1^2 \sin^2\beta_1} + \frac{Q^2}{F_2^2 \sin^2\beta_2}\right) \quad (12.5.7)$$

式中，摩擦损失系数 $\xi_{mc} = \lambda_{mc}\dfrac{l_m}{8R_y}$，其中 $\lambda_{mc} = 0.01 + 4\sqrt{\dfrac{S}{4R_y}} + \sqrt{\dfrac{3}{Re}}$，此公式为静止管道流动的摩擦损失计算公式，其中 S 为流道壁面粗糙度，一般取 $S = (0.4 \sim 1)$ μm；R_y 为水力半径，$R_y = 2a_n b_n/(a_n + b_n)$，其中 a_n 为叶片间流道沿叶片法向宽度，b_n 为叶片间流道垂直于 v_m 的轴面宽度；雷诺数 Re 由公式 $Re = 4R_y W/\nu$ 确定，ν 为运动黏度。

上式中 $\lambda_{mc} \approx 0.03$，而实际试验表明摩擦系数要大得多，有数据表明 λ_{mc} 的取值范围往往比上述按静止管道的理论计算值大 2 ~ 3 倍（其中包含扩散损失在内）。这是因为液力元件旋转叶轮流道内的漩涡会引起一些附加损失。

必须指出，上述的分析只是给出了有关液力传动各种损失的定性描述，在进行各种损失量化计算时，采用逐项计算然后叠加的方法，很难获得精确的结果。液力传动中各项液力损失的计算，不能完全利用流体力学中所推荐的类似液力损失的计算方法，因为在液力元件中损失的产生并不是孤立的，而是相互影响的。但是在流体力学中，计算这些损失的公式和方

法是在单项独立条件下进行的。因此，在流体力学中计算各种损失所推荐的系数对于液力元件往往是不能直接适用的。

在液力元件中各叶轮彼此紧密相连，当液流在前一叶轮内流动受到阻力而损失能量以后，液流的流动状态就会受到一定的扰动，当进入下一叶轮时，这种扰动就会反映到下一叶轮的损失中，因此各叶轮中的损失也是不能分别加以计算的。此外，循环圆内高速流动的液体由于受到有限叶片数目的影响存在一定的流量脉动，即便外特性的转矩转速保持相对稳定，内部液流也不会绝对稳定下来，这种不稳定也会带来额外的损失，所以用一般的流体力学公式来计算液力元件中的各项液力损失时，必须根据液力元件中的液流情况加以修正，而且这种修正应该以试验数据为依据。

一般情况下，在设计过程中扩散与收缩损失归并到摩擦损失中统一处理，但前面也曾提及，在出口分离对能量平衡影响较大时，比如出口半径与入口半径有大幅增加时，则需要单独对扩散与收缩损失采用下式进行计算：

$$H_{ks} = \frac{\xi_{ks}}{2g}\left(\frac{Q^2}{F_2^2 \sin^2\beta_2}\right) \tag{12.5.8}$$

液力元件中扩散与收缩损失所占总损失的百分比较小。因此，除个别这种损失较为显著的液力元件外，一般在考虑能量平衡时可以忽略扩散与收缩损失。

12.5.2 冲击损失

冲击损失主要取决于液流进入叶片入口端时的液流角和叶片角是否一致。当两者一致时，冲击损失最小；不一致时，不管液流角大于或小于叶片角都导致叶片冲击损失增大。对于给定的液力元件，其各个工作轮中的入口叶片角是一定的，但进入各叶轮时的液流角是随着工况（速比 i）不同而变化的。因此，只有在计算工况（即最高效率工况）下，冲击损失能头 H_{cj} 最小。

在稳态工况下，如以下标 0 表示液流进入叶片入口端前的状态，下标 1 表示液流进入入口端后的状态，入口速度变化为

$$\Delta v = \Delta v_u + \Delta v_m \tag{12.5.9}$$

由于稳态工况下流量基本保持不变，而合理的循环圆设计保证了流道过流截面面积基本恒定，这就意味着进入叶片入口端前后的液流轴面速度 v_m 不变或变化很小，即有 $v_{m0} \approx v_{m1}$，此时入口冲击损失的速度值等于入口前后圆周分速度之差，即

$$\Delta v = v_{u0} - v_{u1} = \Delta v_u \tag{12.5.10}$$

对应 $\Delta\beta_1$ 为冲击角，定位为 $\Delta\beta_1 = \beta_1 - \beta_{y1}$，$\beta_1$ 为入口前液流角，β_{y1} 为入口处冲击角。

定义 ξ_{cj} 为冲击损失系数，定义入口处液流冲击的能量损失为冲击损失，可用下式计算：

$$H_{cj} = \xi_{cj}\frac{\Delta v^2}{2g} \tag{12.5.11}$$

当 $v_{m0} \approx v_{m1}$ 时，即为

$$H_{cj} = \xi_{cj}\frac{\Delta v_u^2}{2g} \tag{12.5.12}$$

以泵轮为例

$$\Delta v_B = v_{uB0} - v_{uB1} \tag{12.5.13}$$

对无叶片区，有

$$v_{uB0} = \frac{R_{D2}}{R_{B1}}v_{uD2} = \frac{R_{D2}}{R_{B1}}v_{mD2}\cot\beta_{D2} \tag{12.5.14}$$

考虑导轮静止不转时有 $u_{D2} = 0$，代入上式，有

$$\Delta v_B = v_{uB0} - v_{uB1} = -R_{B1}\omega_B + \left(\frac{R_{D2}}{R_{B1}}\frac{\cot\beta_{D2}}{F_{D2}} - \frac{\cot\beta_{B1}}{F_{B1}}\right)Q \tag{12.5.15}$$

对应泵轮的冲击损失能头为

$$H_{cjB} = \frac{\xi_{cj}}{2g}\left[-R_{B1}\omega_B + \left(\frac{R_{D2}}{R_{B1}}\frac{\cot\beta_{D2}}{F_{D2}} - \frac{\cot\beta_{B1}}{F_{B1}}\right)Q\right]^2 \tag{12.5.16}$$

冲击损失系数 ξ_{cj} 是经验性的数值系数，并随工况变化。不同形式液力元件不同，叶轮的 ξ_{cj} 值在 $0.5 \sim 2.5$ 变化。在液流冲击叶片的工作面（冲击角 $\Delta\beta_1 > 0$）时，推荐取值范围为 $\xi_{cj} = 1.2 \sim 1.4$；在液流冲击非工作面（冲击角 $\Delta\beta_1 < 0$）时，推荐取值范围为 $\xi_{cj} = 0.6 \sim 0.8$。

12.5.3 能量平衡

在对各种能量损失类型进行较为深入的研究分析后，能量平衡方程不仅考虑液流吸收能量的泵轮能头以及输出能量的涡轮能头，还要考虑摩擦损失和冲击损失等能量消耗项。对稳态工作下的液力元件，能量的总体平衡也正对应着液流的稳定循环流动。

以三元件液力变矩器为例，存在如下液力元件设计计算的能量平衡基本关系式：

$$\sum H = H_B + H_T + H_D - \sum H_{mc} - \sum H_{cj} = 0 \tag{12.5.17}$$

$$H_B = \frac{\omega_B}{g}\left[(R_{B2}^2 - R_{D2}^2 i_D)\omega_B + Q\left(\frac{R_{B2}}{F_{B2}}\cot\beta_{B2} - \frac{R_{D2}}{F_{D2}}\cot\beta_{D2}\right)\right]$$

$$H_T = \frac{i\omega_B}{g}\left[(R_{T2}^2 - R_{B2}^2)\omega_B + Q\left(\frac{R_{T2}}{F_{T2}}\cot\beta_{T2} - \frac{R_{B2}}{F_{B2}}\cot\beta_{B2}\right)\right]$$

$$H_D = \frac{i_D\omega_B}{g}\left[(R_{D2}^2 i_D - R_{T2}^2)\omega_B + Q\left(\frac{R_{D2}}{F_{D2}}\cot\beta_{D2} - \frac{R_{T2}}{F_{T2}}\cot\beta_{T2}\right)\right]$$

$$H_{mcB} = \frac{\xi_{mcB}}{2g}\left(\frac{Q^2}{F_{B1}^2\sin^2\beta_{B1}} + \frac{Q^2}{F_{B2}^2\sin^2\beta_{B2}}\right)$$

$$H_{mcT} = \frac{\xi_{mcT}}{2g}\left(\frac{Q^2}{F_{T1}^2\sin^2\beta_{T1}} + \frac{Q^2}{F_{T2}^2\sin^2\beta_{T2}}\right)$$

$$H_{mcD} = \frac{\xi_{mcD}}{2g}\left(\frac{Q^2}{F_{D1}^2\sin^2\beta_{D1}} + \frac{Q^2}{F_{D2}^2\sin^2\beta_{D2}}\right)$$

$$H_{cjB} = \frac{\xi_{cj}}{2g}\left[-R_{B1}\omega_B + \left(\frac{R_{D2}}{R_{B1}}\frac{\cot\beta_{D2}}{F_{D2}} - \frac{\cot\beta_{B1}}{F_{B1}}\right)Q\right]^2$$

$$H_{cjT} = \frac{\xi_{cj}}{2g}\left[\left(\frac{R_{B2}^2}{R_{T1}}\right)\omega_B - R_{T1}\omega_T + \left(\frac{R_{B2}}{R_{T1}}\frac{\cot\beta_{B2}}{F_{B2}} - \frac{\cot\beta_{T1}}{F_{T1}}\right)Q\right]^2$$

$$H_{cjD} = \frac{\xi_{cj}}{2g}\left[\left(\frac{R_{T2}^2}{R_{D1}}\right)\omega_T + \left(\frac{R_{T2}}{R_{D1}}\frac{\cot\beta_{T2}}{F_{T2}} - \frac{\cot\beta_{D1}}{F_{D1}}\right)Q\right]^2$$

式中，$i = \omega_T/\omega_B = n_T/n_B$——涡轮与泵轮转速比，称为液力元件的转速比，或简称速比；

$i_D = \omega_D/\omega_B = n_D/n_B$——导轮与泵轮转速之比，在变矩器工况下 $i_D = \omega_D = n_D = 0$；

β_n——液流角，n 表示各工作轮；

F_n——垂直于 v_m 的过流截面面积，也称轴面面积。

将以上各能头计算式代入上式，对液力变矩器 $i_D = 0$，整理后得关于循环流量的二次方程：

$$aQ^2 + (bi + c)Q + di^2 + ei + f = 0 \qquad (12.5.18)$$

式中，

$$a = \frac{\xi_{mcB}}{F_{B1}^2} + \frac{\xi_{mcB} + \xi_{ksB}}{F_{B2}^2} + \frac{\xi_{mcT}}{F_{T1}^2} + \frac{\xi_{mcT} + \xi_{ksT}}{F_{T2}^2} + \frac{\xi_{mcD}}{F_{D1}^2} + \frac{\xi_{mcD} + \xi_{ksD}}{F_{D2}^2} +$$

$$(\xi_{mcB} + \xi_{ksB})\frac{\cot\beta_{B1}^2}{F_{B1}^2} + \left(\xi_{mcB} + \xi_{ksB} + \xi_{cjT}\frac{R_{B2}^2}{R_{T1}^2}\right)\frac{\cot\beta_{B2}^2}{F_{B2}^2} +$$

$$(\xi_{mcT} + \xi_{ksT})\frac{\cot\beta_{T1}^2}{F_{T1}^2} + \left(\xi_{mcT} + \xi_{ksT} + \xi_{cjD}\frac{R_{T2}^2}{R_{D1}^2}\right)\frac{\cot\beta_{T2}^2}{F_{T2}^2} +$$

$$(\xi_{mcD} + \xi_{ksD})\frac{\cot\beta_{D1}^2}{F_{D1}^2} + \left(\xi_{mcD} + \xi_{ksD} + \xi_{cjB}\frac{R_{D2}^2}{R_{B1}^2}\right)\frac{\cot\beta_{D2}^2}{F_{D2}^2} -$$

$$2\xi_{cjB}\frac{R_{D2}\cot\beta_{D2}\cot\beta_{B1}}{R_{B1}F_{B1}F_{D2}} - 2\xi_{cjT}\frac{R_{B2}\cot\beta_{B2}\cot\beta_{T1}}{R_{T1}F_{T1}F_{B2}} - 2\xi_{cjD}\frac{R_{T2}\cot\beta_{T2}\cot\beta_{D1}}{R_{D1}F_{D1}F_{T2}}$$

$$b = 2\xi_{cjT}\left(\frac{R_{T1}\cot\beta_{T1}}{F_{T1}} - \frac{R_{B1}\cot\beta_{B2}}{F_{B2}}\right)\omega_B - 2\xi_{cjD}\frac{R_{T2}^2}{R_{D1}^2}\left(\frac{R_{D1}\cot\beta_{D1}}{F_{D1}} - \frac{R_{T2}\cot\beta_{T2}}{F_{T2}}\right)\omega_B -$$

$$2\left(\frac{R_{T2}\cot\beta_{T2}}{F_{T2}} - \frac{R_{B2}\cot\beta_{B2}}{F_{B2}}\right)$$

$$c = 2\xi_{cjB}\left(\frac{R_{B1}\cot\beta_{B1}}{F_{B1}} - \frac{R_{D2}\cot\beta_{D2}}{F_{D2}}\right)\omega_B - 2\xi_{cjT}\frac{R_{B2}^2}{R_{T1}^2}\left(\frac{R_{T1}\cot\beta_{T1}}{F_{T1}} - \frac{R_{B2}\cot\beta_{B2}}{F_{B2}}\right)\omega_B -$$

$$2\left(\frac{R_{B2}\cot\beta_{B2}}{F_{B2}} - \frac{R_{D2}\cot\beta_{D2}}{F_{D2}}\right)$$

$$d = \xi_{cjT}R_{T1}^2\omega_B^2 + \xi_{cjD}\frac{R_{T2}^4}{R_{D1}^2}\omega_B^2$$

$$e = -2\xi_{cjT}R_{B2}^2\omega_B^2 + 2R_{B2}^2\omega_B^2$$

$$f = \xi_{cjB}R_{B1}^2\omega_B^2 + \xi_{cjT}\frac{R_{B2}^4}{R_{T1}^2}\omega_B^2 - 2R_{B2}^2\omega_B^2$$

根据这一方程，在某一确定工况下（即 i 为一定值），已知液力元件各工作轮的几何参数，则可计算出循环流量值，并由各能头公式求得各能头值。

12.6　相似原理

相似原理是液力元件进行基型设计，通过模型或基准型实验来确定实物或系列化产品性能的理论基础。在基型设计过程中，循环圆形状、叶轮布置、叶片形状和数目以及各种计算参数往往基于模型或基准型选取，几何尺寸则依据相似原理加以确定。

如果要保证液力元件的模型或基准型，与几何尺寸缩放后的实物具有相同的性能，必须保证两液力元件满足 3 个相似条件：几何相似、运动相似和动力相似。

几何相似指两液力元件的过流部分（流道和循环圆）几何形状相似，相应各线性尺寸成比例，相应各角度相等。

运动相似指在流道对应位置上，液体质点在相同的速比工况下的速度三角形相似，即相应位置上速度成比例，速度夹角相等。液力元件运动相似的工况也称为等倾角工况。

动力相似指在流道对应位置上，液体质点上作用着同样性质的力，并且每类作用力的方向相同，力的大小成比例。

实际上，要使两个液力元件作用在液流相应点的所有的力（重力、黏性力、惯性力、表面张力、压力等）都成比例是不可能的。但是，在一般情况下，总可以把这些力的作用影响分为主要的和次要的。仅保证主要的力符合动力相似准则，称为部分动力相似。在液力元件中，主要保证惯性力和黏性力相似的部分动力相似，即要求保证雷诺数相等。

在几何相似、运动相似和动力相似三者中，几何相似是基础。没有几何相似，就不可能有运动相似和动力相似。运动相似和动力相似是互为条件相依存的。

根据相似理论，可以推导出相似的液力元件其流量、能头、力矩和功率的有关定律。在推导过程中，需要对一些物理量进行量纲分析和计算，如果令 T 表示时间、L 表示长度、M 表示质量，则各流动参数的量纲可以进行如下表述（表 12.6.1）。

表 12.6.1　基本物理单位量纲

符号	量纲	物理意义
n	T^{-1}	转速
D	L	直径
v	LT^{-1}	速度
ρ	ML^{-3}	密度
H	L^2T^{-2}	能头
p	$ML^{-1}T^{-2}$	压强
Q	L^3T^{-1}	体积流量
μ	$ML^{-1}T^{-1}$	动力黏度
ν	L^2T^{-1}	运动黏度
F	MLT^{-2}	力
M	ML^2T^{-2}	转矩
N	ML^2T^{-3}	功率

设有两个相似的液力元件，其中一个为模型液力元件，以下标 m 表示其有关参数；另一个为实物液力元件，以下标 s 表示其有关参数。根据几何相似和动力相似，各种线性尺寸和速度间存在如下的比例关系：

$$\frac{R_{B1m}}{R_{B1s}} = \frac{R_{B2m}}{R_{B2s}} = \frac{R_{T1m}}{R_{T1s}} = \frac{R_{T2m}}{R_{T2s}} = \frac{R_{D1m}}{R_{D1s}} = \frac{R_{D2m}}{R_{D2s}} = \frac{D_m}{D_s} = \text{const}$$

$$\frac{v_{1m}}{v_{1s}} = \frac{u_{1m}}{u_{1s}} = \frac{w_{1m}}{w_{1s}} = \frac{v_{m1m}}{v_{m1s}} = \frac{v_{u1m}}{v_{u1s}} = \frac{v_{2m}}{v_{2s}} = \frac{u_{2m}}{u_{2s}} = \frac{w_{2m}}{w_{2s}} = \frac{v_{m2m}}{v_{m2s}} = \frac{v_{u2m}}{v_{u2s}} = \text{const}$$

第一相似定律：它表示几何相似的液力元件，在等倾角工况下，其体积流量与转速和几何尺寸的关系。

因为液力元件循环圆中的流量为 $Q = 2\pi R b \psi v_m$，其中 b 为流道宽度，ψ 为流道阻塞系数，则有

$$\frac{Q_m}{Q_s} = \frac{2\pi R_m b_m \psi_m v_{mm}}{2\pi R_s b_s \psi_s v_{ms}}$$

代入

$$\frac{v_{mm}}{v_{ms}} = \frac{D_m}{D_s} \cdot \frac{n_{Bm}}{n_{Bs}}$$

由量纲分析，可得

$$\frac{Q_m}{Q_s} = \left(\frac{D_m}{D_s}\right)^3 \cdot \left(\frac{n_{Bm}}{n_{Bs}}\right) \tag{12.6.1}$$

式（12.6.1）即为第一相似定律的表达式。它说明两个相似的液力元件的体积流量之比与有效直径比值的三次方和泵轮转速比值的一次方成正比，即与体积流量量纲 $L^3 T^{-1}$ 一致。

第二相似定律：它表示几何相似的液力元件，在等倾角工况下，其能头与转速和几何尺寸之间的关系。

由欧拉方程可知

$$H = \frac{u_2 v_{u2} - u_1 v_{u1}}{g}$$

则

$$\frac{H_m}{H_s} = \frac{u_{2m} v_{u2m} - u_{1m} v_{u1m}}{u_{2s} v_{u2s} - u_{1s} v_{u1s}}$$

由量纲分析，可得

$$\frac{H_m}{H_s} = \left(\frac{D_m}{D_s}\right)^2 \left(\frac{n_{Bm}}{n_{Bs}}\right)^2 \tag{12.6.2}$$

式（12.6.2）即为第二相似定律的表达式，它说明了相似的液力元件的能头之比与有效直径比的平方和泵轮转速比的平方成正比，即与能头量纲 $L^2 T^{-2}$ 一致。

第三相似定律：它表示几何相似的液力元件，在等倾角工况下，其功率与密度、转速和几何尺寸之间的关系。

液力元件的功率

$$N \propto \rho g Q H$$

则代入第一和第二相似定律，有

$$\frac{N_m}{N_s} = \left(\frac{D_m}{D_s}\right)^5 \left(\frac{n_{Bm}}{n_{Bs}}\right)^3 \left(\frac{\rho_m g_m}{\rho_s g_s}\right) \tag{12.6.3}$$

式（12.6.3）表明，两几何相似的液力元件，在等倾角工况下，其功率比值，与有效

直径比值的五次方、泵轮转速比值的三次方以及液体密度和重力加速度的一次方成正比，即与功率量纲$ML^2T^{-3} = (ML^{-3})\ L^5T^{-3}$一致。

第四相似定律：它表示几何相似的液力元件，在等倾角工况下，其转矩与密度、转速和几何尺寸之间的关系。

因为$N \propto M \cdot n$，则$M \propto \dfrac{\rho g Q H}{n}$，代入$Q$和$H$的量纲，可得

$$\frac{M_m}{M_s} = \left(\frac{D_m}{D_s}\right)^5 \left(\frac{n_{Bm}}{n_{Bs}}\right)^2 \left(\frac{\rho_m g_m}{\rho_s g_s}\right) \tag{12.6.4}$$

即几何相似的液力元件，在等倾角工况下，其转矩比值与有效直径比值的五次方、泵轮转速比值的平方以及液体密度和重力加速度的一次方成正比，即与转矩量纲$ML^2T^{-2} = (ML^{-3})L^5T^{-2}$一致。

12.7　传动介质

液力元件内部循环流动的传动介质，并非单纯承担如前所述传递动力和能量的功能。以液力自动变速器为例，变矩器、变速机构和液压控制系统具有不同的工作需求，应当采用不同的工作液体，但为防止其相互掺混需要采取严格的密封措施并不现实，因此液力传动装置中采用一种传动介质来兼顾如下其他功能：传动介质还承担着为轴承、齿轮变速机构和摩擦副等提供强制润滑，为传动液压操纵机构提供动力，冷却循环圆内流动的工作液体，清洁运动部件以及密封的作用。

目前液力传动介质大多是石油制品，也有少量水介质的应用；另外，历史上还曾采用过鲸油作为液力元件传动介质。液力传动工作介质的物理特性与液压传动工作介质类似，可参见 1.5.2 节的相关内容。

传动介质主要作为液力元件工作介质时，可采用专用液力传动油，而与其他齿轮传动以及操纵系统共用油源时，则采用自动传动油作为传动介质。

具体而言，从液力元件角度，要求介质具有尽量大的密度保障传动性能，满足密封前提要求下尽量小的黏度以减小摩擦损失，适宜的黏温特性以保证传动平稳性，较大的剪切稳定性保证黏度的稳定，良好的低温性能以保证冷起动平稳，良好的抗/消泡沫性能以保证传动平稳；从齿轮变速机构角度，要求介质具有足够大的黏度以保证齿轮副的流体润滑，良好的摩擦特性以保证离合器平稳工作，良好的低温性能以保证离合器冷起动平稳，良好氧化性能防止油泥生成以防止影响离合器，良好的抗磨性以防止齿轮点蚀；从液压控制系统角度，需要介质具有良好的抗磨性以保持液压泵长期工作，良好的抗/消泡沫性能以保证阀芯工作正常，以及良好的氧化性能以防止油泥生成堵塞控制阀芯。另外，从安全角度还要求具有适宜的闪点和凝点，从长期使用角度还要求具有对密封材料的适应性以及防腐蚀和防锈蚀的性能。

目前，国外种类繁多的可供选择的液力传动油品，一般由石油、汽车和工程机械等行业的企业开发。在 ISO 6743/4 分类标准中，将液力元件传动介质分为两大类，一类是液力耦合器和液力变矩器等液力元件用油（HN 油），另一类是自动传动装置用油（HA 油），而美国材料试验学会（ASTM）和美国石油学会（API）将液力元件传动介质分为 PTF – 1、PTF – 2、PTF – 3 三类。其中，PTF – 1 面向轿车和轻型载货汽车，具有良好的低温起动性

能，对低温黏度和黏温特性要求较高，代表油品有美孚的 ATF200、壳牌（Shell）的 ATF Dex Yon、通用（GM）的 Dexron 系列、福特（Ford）的 Mercon 系列等；PTF－2 面向重载液力传动系统，要求在重负荷下工作时，对极压抗磨性有较高要求，代表油品有美孚的 ATF220、阿里逊的 C 系列等；PTF－3 面向农机和野外作业的工程机械和齿轮箱，能满足更重负荷下工作，并具有更高的极压抗磨性要求，代表油品有 John Deer 的 J 系列、福特的 M2C41A 等。

国内常用的液力传动用油种类较少，目前主要有两种，并根据 100 ℃下运动黏度，将液力传动油分为 6 号和 8 号，分别相当于阿里逊 C 系列和通用的 Dexron 系列，性能规格如表 12.7.1 所示。

表 12.7.1　国产液力传动油和自动传动油的性能（20 ℃）

工作液体　　　性能参数	6 号液力传动油	8 号自动传动油
密度/kg·m^{-3}	872	860
动力黏度/cP	22～26	7.5～9
运动黏度/cSt	4.2	3.6
闪点/℃	180	100
凝点/℃	－25	－50/－25①
抗泡沫性	55/0（120 ℃） 10/0（80 ℃）	50/0（93 ℃） 25/0（24 ℃）
临界负荷/kg	84	80
颜色	淡黄色透明	红色透明

思考与习题

12－1. 何谓液力传动？液力传动有哪些特点？

12－2. 什么是循环圆？试说明液力变矩器和液力耦合器的循环圆组成。

12－3. 液力传动有哪些优缺点？

12－4. 什么是束流理论的基本假设，各有什么物理含义？

12－5. 什么是速度三角形？说明轴面分速度和圆周分速度。

12－6. 简述液体的动量矩方程的物理含义。

12－7. 什么是流体机械的欧拉方程？

12－8. 试用伯努利方程推导能头方程。

12－9. 液力传动的能量损失有哪几种形式？如何减小损失？

12－10. 查阅文献，综述液力传动设计方法的最新进展。

---

①　－50 ℃适用于长城以北地区，－25 ℃适用于长城以南地区。

第 13 章

液力变矩器

本章内容主要包括液力变矩器的结构和原理，各叶轮工作特性，变矩原理与对载荷的自动适应性，以及原始特性、性能评价、液力变矩器与发动机共同工作的输入特性、输出特性、匹配的原则和方法、与发动机的共同工作等内容。

通过本章的学习，应掌握以下内容：
(1) 液力变矩器的组成和工作原理；
(2) 液力变矩器叶轮的工作特性；
(3) 变矩原理和自动适应性；
(4) 外特性、通用特性和原始特性；
(5) 液力变矩器的性能与评价；
(6) 结构和参数对性能的影响；
(7) 分类、性能和结构特点。

13.1 工作特性

13.1.1 基本结构

由于液力变矩器结构较液力耦合器复杂，且三元件液力变矩器中各叶轮功能各不相同，具有一定的代表性，本章以结构较为简单的单级单相向心式三工作轮液力变矩器为例，说明液力传动中的一些重要概念，图 13.1.1 为变矩器结构简图。本章所论述的一些内容同样适用于液力耦合器等其他液力元件，特殊情况将在具体章节予以说明。

液力变矩器的主要构件是 3 个叶轮：泵轮 B、涡轮 T 和导轮 D，各叶轮中均有沿圆周方向均匀分布的具有空间曲面形状的叶片。液力变矩器的工作腔内充满着工作液体，液力变矩器不工作时，工作液体处于静止状态，不传递任何能量。向变矩器工作腔内填充工作液体的是变矩器的供油系统，如图 13.1.2 所示。供油系统的主要功能是使变矩器充满工作液体并使其进、出口保持一定的压力差，防止变矩器内产生气蚀现象，补偿工作腔内工作液体的泄漏，带走变矩器工作时产生的热量。供油系统是变矩器不可缺少的重要组成部分。在车辆液力传动系统中，液力变矩器的供油系统一般与传动装置的操纵、润滑、冷却油路组成统一的供油系统。

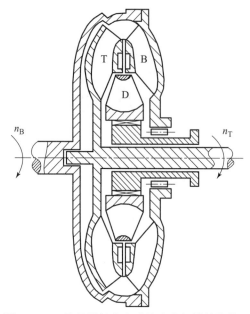

图 13.1.1 单级单相向心式液力变矩器结构简图

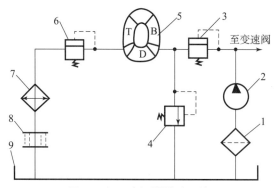

图 13.1.2 变矩器供油系统

1—过滤器；2—齿轮泵；3—定压阀；4—溢流阀；5—变矩器；6—背压阀；7—热交换器；

8—（齿轮、离合器等的）润滑冷却；9—油箱

液力变矩器工作时，由发动机通过罩轮（壳体）带动泵轮 B 以转速 n_B 旋转，并将发动机的转矩施加于泵轮。泵轮旋转时，泵轮内的叶片带动工作液体一起做牵连的圆周运动，并迫使液体沿叶片间通路做相对运动。工作液体经受泵轮叶片的作用，在离开泵轮时获得一定的动能和压能，从而实现了将发动机的机械能变为液体的液体能。

由泵轮流出的高速液流，经过一段无叶片区段进入涡轮 T，高速液流冲击涡轮叶片，使涡轮开始以转速 n_T 旋转，并且使涡轮轴上获得一定的转矩去克服外阻转矩做功。此时，液流在涡轮中的运动仍由两部分组成，即与旋转的涡轮一起运动的牵连运动，以及在涡轮叶片流道内的相对运动。由于液体冲击叶片，一部分液能转变为机械能，所以液体的动能和压能降低。

由涡轮流出的液流进入导轮 D。由于导轮固定不转，即转速 $n_D = 0$，所以不管导轮上有无液流施加的转矩，导轮上的功率始终等于零。因此，液流在导轮内流动时，叶轮对工作液

体不做功，液流与叶轮间没有能量的输入和输出。

当液体流经导轮时，液体只有沿导轮叶片所限制的流道作相对运动，因为没有旋转的牵连运动，所以液流的相对运动就是液流的绝对运动。

液体流经导轮时，相对运动或绝对运动速度可发生两种变化：一是速度大小发生变化，根据管中流动液流的伯努利方程式，这只有当叶片间的通道或导轮的流道过流截面发生变化时才有可能，当导轮叶片进、出口处的过流截面相等时，则速度的绝对值相同；二是速度的方向改变，液流进入叶片以后和离开叶片以前，液流的运动方向完全由叶片的形状和进、出口安装角所决定。由于液流速度大小和方向的改变都将导致液流动量矩的变化，而动量矩的变化导致在导轮上承受液体转矩的作用。导轮的主要作用是改变液体的动量矩。

导轮改变液流的动量矩的同时，虽然液流液能的总量不变，但会实现液能间的相互转化，即将液流的压能变为动能，或将液体的动能变成压能。

液流从导轮流出后，重新流入泵轮，形成循环流动，并重复上述液体的能量变换过程。在液力变矩器中，泵轮、涡轮和导轮的工作过程彼此相互联系，前一叶轮的出口液流状态决定了后一叶轮入口液流状态。

从以上描述中可以看出，在液力变矩器的工作过程中，液流与叶轮叶片的相互作用，包括速度的变化，能量和转矩的变化与传递，是一个相当复杂的过程。

为了详细研究发生在液力变矩器各叶轮中的这些过程，并确定这种过程的数量关系，下面基于一维束流理论，分别研究各叶轮与液流间的相互作用。

13.1.2　泵轮的工作特性

1. 泵轮在液力变矩器中的作用

（1）泵轮旋转时，由于叶片对液流的作用，使液体产生圆周运动（牵连运动）速度 u_B 和沿叶片间通路的相对运动速度 w_B，合成为绝对速度 v_B。

（2）由于液流进入叶片和流出叶片的绝对速度在数量和方向上的变化，使液体的动量矩发生变化。液流动量矩的变化是由于泵轮上的转矩 M_B 通过叶片对液流作用的结果。

（3）由发动机输入液力变矩器的功率，通过泵轮叶片对液流的作用，将机械能变为液体液能，并以能头 H_B 表示。液体能的能头 H_B 由两部分组成，一部分是速度能（动能），它是由液体绝对运动的速度增高来表示的；另一部分是压能，它由牵连运动（圆周运动）的离心压力和相对运动中由于截面的变化所引起的速度变化最终引起压头的变化。

下面通过对泵轮叶片入口和出口处液流速度三角形的分析，来建立上述参数变化的数量关系。

2. 泵轮入口和出口处的速度三角形

液体在泵轮叶片入口处和出口处的速度三角形，实际上是指入口处液流尚未进入叶片前和出口处液流刚离开叶片后的速度三角形，如图 13.1.3 所示。

液体的牵连运动是旋转运动，因此牵连运动速度 u_B 的方向为圆周的切线方向，其大小与旋转速度 n_B 以及叶片入口和出口处的半径 R_{B1} 和 R_{B2} 有关。入口和出口处的牵连速度分别为

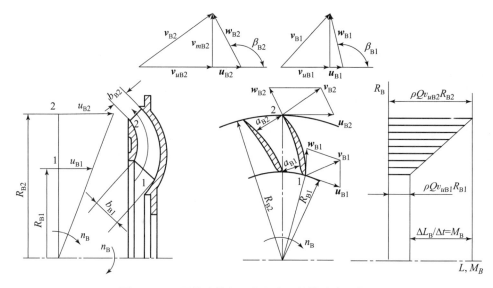

图 13.1.3　泵轮叶片入口处和出口处的速度三角形

$$\begin{cases} u_{B1} = 2\pi R_{B1} n_B/60 = \omega_B R_{B1} \\ u_{B2} = 2\pi R_{B2} n_B/60 = \omega_B R_{B2} \end{cases} \tag{13.1.1}$$

液体在叶片入口和出口处的相对速度方向沿叶片骨线方向，数值为

$$\begin{cases} w_{B1} = \dfrac{Q}{a_{B1} b_{B1} z_B} \\ w_{B2} = \dfrac{Q}{a_{B2} b_{B2} z_B} \end{cases} \tag{13.1.2}$$

式中，a_{B1}，a_{B2}——入口、出口处叶片流道间的最短距离；

　　　b_{B1}，b_{B2}——轴面上流道的宽度；

　　　z_B——泵轮的叶片数。

泵轮叶片入口和出口处的绝对速度为上两速度的矢量和，即

$$\begin{cases} \boldsymbol{v}_{B1} = \boldsymbol{u}_{B1} + \boldsymbol{w}_{B1} \\ \boldsymbol{v}_{B2} = \boldsymbol{u}_{B2} + \boldsymbol{w}_{B2} \end{cases} \tag{13.1.3}$$

其数值可按下式计算

$$\begin{cases} v_{B1} = \sqrt{w_{B1}^2 + v_{B1}^2 + 2w_{B1} u_{B1} \cos\beta_{B1}} \\ v_{B2} = \sqrt{w_{B2}^2 + v_{B2}^2 + 2w_{B2} u_{B2} \cos\beta_{B2}} \end{cases} \tag{13.1.4}$$

绝对速度是一个空间速度，通常把它按轴面和圆周运动的切向分解，因而得到两个互相垂直的分速度 $\boldsymbol{v}_{mB}$ 和 $\boldsymbol{v}_{uB}$，即

$$\begin{cases} \boldsymbol{v}_{B1} = \boldsymbol{v}_{uB1} + \boldsymbol{v}_{mB1} \\ \boldsymbol{v}_{B2} = \boldsymbol{v}_{uB2} + \boldsymbol{v}_{mB2} \end{cases} \tag{13.1.5}$$

其中，轴面分速度 $\boldsymbol{v}_m$ 的方向与轴面上的中间流线相切，其数值等于

$$\begin{cases} v_{mB1} = \dfrac{Q}{2\pi R_{B1} b_{B1} \psi_{B1}} = \dfrac{Q}{F_{B1}} \\[3mm] v_{mB2} = \dfrac{Q}{2\pi R_{B2} b_{B2} \psi_{B2}} = \dfrac{Q}{F_{B2}} \end{cases} \tag{13.1.6}$$

式中，ψ_{B1}，ψ_{B2}——泵轮入口处和出口处截面阻塞系数；

$\quad\quad$ F_{B1}，F_{B2}——泵轮入口处和出口处与轴面速度相垂直的流道截面积。

圆周分速度 v_u 的方向与牵连速度 u 的方向一致，其大小由速度三角形可知：

$$\begin{cases} v_{uB1} = u_{B1} + v_{mB1}\cot\beta_{B1} \\[2mm] v_{uB2} = u_{B2} + v_{mB2}\cot\beta_{B2} \end{cases} \tag{13.1.7}$$

在无叶片区段液流的动量矩不变，则

$$R_{B1} v_{uB1} = R_{D2} v_{uD2} \tag{13.1.8}$$

$$v_{uB1} = \frac{R_{D2}}{R_{B1}} v_{uD2} = \frac{R_{D2}}{R_{B1}} v_{mD2}\cot\beta_{D2} \tag{13.1.9}$$

为减少液流在工作流道内流动的扩散和收缩损失，应尽可能在设计中保证所有液流通过的截面相等，因此轴面分速度 v_{mB2} 和 v_{mB1} 是接近相等的。但是牵连速度 u_B 却随半径 R_B 的增大而增大，即当 $R_{B2} > R_{B1}$，有 $u_{B2} > u_{B1}$，因此泵轮出口处的绝对速度一般大于入口处的绝对速度，即 $v_{B2} > v_{B1}$。这说明液流通过泵轮叶片间流道后，液流的绝对速度增大了。

3. 泵轮叶片与液流相互作用的转矩

液体在泵轮叶片的作用下，动量矩发生了变化，液体由叶片入口至出口，动量矩增大，其原因是泵轮上转矩 M_B 作用的结果。根据泵轮与液体相互作用的转矩关系式，有

$$M_B = \rho Q (v_{uB2} R_{B2} - v_{uB1} R_{B1}) \tag{13.1.10}$$

将 $R_{B1} v_{uB1} = R_{D2} v_{uD2}$ 的关系式代入，得

$$M_B = \rho Q (v_{uB2} R_{B2} - v_{uD2} R_{D2}) \tag{13.1.11}$$

由速度三角形的分析，有

$$v_{uB2} = u_{B2} + v_{mB2}\cot\beta_{B2} = \omega_B R_{B2} + \frac{Q}{F_{B2}}\cot\beta_{B2} \tag{13.1.12}$$

$$v_{uD2} = u_{D2} + v_{mD2}\cot\beta_{D2} = \frac{Q}{F_{D2}}\cot\beta_{D2} \tag{13.1.13}$$

得

$$M_B = \rho Q \left(R_{B2}{}^2 \omega_B + \frac{Q R_{B2}}{F_{B2}}\cot\beta_{B2} - \frac{Q R_{D2}}{F_{D2}}\cot\beta_{D2} \right) \tag{13.1.14}$$

4. 泵轮中能量的转换及获得的能头

泵轮通过叶片对液体的作用，将发动机传来的机械能变为液体的液能，其表现的形式为叶片出口处液流的总能头 H_{B2} 高于入口处的总能头 H_{B1}，两者之差 H_B 即为在泵轮作用下液流增加的能头。

根据欧拉方程，可得

$$H_B = \frac{1}{g}(u_{B2} v_{uB2} - u_{B1} v_{uB1}) \tag{13.1.15}$$

将 $v_{uB1} = v_{uD2} R_{D2}/R_{B1}$ 代入，得

$$H_{\mathrm{B}} = \frac{1}{g}\left(u_{\mathrm{B2}} v_{u\mathrm{B2}} - \frac{R_{\mathrm{D2}}}{R_{\mathrm{B1}}} u_{\mathrm{B1}} v_{u\mathrm{D2}} \right) \tag{13.1.16}$$

5. 泵轮的能头特性

上述有关泵轮中液流速度、转矩和能头的分析，都是假定在泵轮转速 n_{B} 不变，液力变矩器的速比 i 确定，并且涡轮转速 n_{T} 和循环圆中的循环流量 Q 也是确定的情况下得到的。当液力变矩器工况变化时，将引起上述液流速度、转矩和能头的变化。例如，对向心式液力变矩器而言，循环流量 Q 随着速比 i 增大而减小。

通常，把液力变矩器泵轮能头 H_{B} 与转矩 M_{B} 随循环流量 Q 而变化的特性，称为泵轮的能头特性和转矩特性。

对泵轮能头公式，当给定液力变矩器，其截面积 A_{B2} 和 A_{D2} 是已知数，不考虑流动偏离时，叶片出口角度 β_{B2} 和 β_{D2} 也是已知数，当转速 n_{B} 一定时，对应 u_{B2} 和 u_{B1} 也是已知数。

泵轮能头公式展开，有

$$H_{\mathrm{B}} = \frac{1}{g}\left[u_{\mathrm{B2}}^2 + \left(\frac{u_{\mathrm{B2}}}{F_{\mathrm{B2}}}\cot\beta_{\mathrm{B2}} - \frac{R_{\mathrm{D2}}}{R_{\mathrm{B1}}}\frac{u_{\mathrm{B1}}}{F_{\mathrm{D2}}}\cot\beta_{\mathrm{D2}} \right)Q \right] \tag{13.1.17}$$

此时能头公式可改写为

$$H_{\mathrm{B}} = A + BQ \tag{13.1.18}$$

式中，A，B——已知常数。其中 A 为正值；由于一般泵轮叶片后倾，即 $\cot\beta_{\mathrm{B2}} < 0$，而导轮出口角前倾，即 $\cot\beta_{\mathrm{D2}} > 0$，此时 B 为负值，即泵轮能头 H_{B} 随循环流量 Q 的增大而减小。

同理，对泵轮转矩公式，对给定液力变矩器展开有

$$M_{\mathrm{B}} = \rho Q\left[R_{\mathrm{B2}}^2 \omega_{\mathrm{B}} + \left(\frac{R_{\mathrm{B2}}}{F_{\mathrm{B2}}}\cot\beta_{\mathrm{B2}} - \frac{R_{\mathrm{D2}}}{F_{\mathrm{D2}}}\cot\beta_{\mathrm{D2}} \right)Q \right] \tag{13.1.19}$$

此时转矩公式可改写为

$$M_{\mathrm{B}} = AQ + BQ^2 \tag{13.1.20}$$

式中，A、B——已知常数。

式（13.1.20）表明，泵轮转矩 M_{B} 与循环流量 Q 之间的关系为一条经过坐标原点的抛物线。

13.1.3 涡轮的工作特性

1. 涡轮在液力变矩器中的作用

（1）当由泵轮流出的高速液流冲击涡轮叶片时，叶片将液流的液能转变为涡轮轴上的机械能。液流离开涡轮时，其能头降低，绝对速度在方向和数量上均发生变化。

（2）涡轮叶片改变液流的动量矩，使涡轮轴获得来自液流作用的转矩 M_{T}。

2. 涡轮入口和出口处的速度三角形

液流在涡轮流道内的运动与泵轮一样，也是由在叶片间通路的相对运动和与涡轮一起的牵连运动所组成的。

液流在涡轮叶片入口和出口处的速度三角形如图 13.1.4 所示。

牵连运动速度 $\boldsymbol{u}_{\mathrm{T}}$ 的方向是圆周运动的切线方向，其值为

$$\begin{cases} \boldsymbol{u}_{\mathrm{T1}} = 2\pi R_{\mathrm{T1}} n_{\mathrm{T}}/60 = \omega_{\mathrm{T}} R_{\mathrm{T1}} \\ \boldsymbol{u}_{\mathrm{T2}} = 2\pi R_{\mathrm{T2}} n_{\mathrm{T}}/60 = \omega_{\mathrm{T}} R_{\mathrm{T2}} \end{cases} \tag{13.1.21}$$

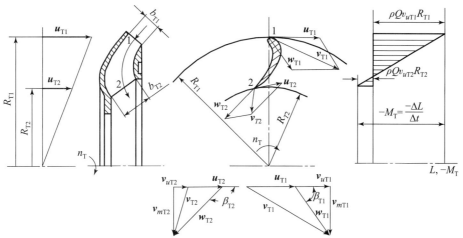

图 13.1.4　涡轮叶片入口处和出口处的速度三角形

式中，n_T，ω_T——涡轮的转速和旋转角速度。

相对运动速度 $\boldsymbol{w}_T$ 的方向与叶片断面的骨线方向一致，大小等于流量 Q 除以与相对运动速度方向垂直的流道截面积，即

$$\begin{cases} \boldsymbol{w}_{T1} = \dfrac{Q}{a_{T1} b_{T1} z_T} \\[3mm] \boldsymbol{w}_{T2} = \dfrac{Q}{a_{T2} b_{T2} z_T} \end{cases} \tag{13.1.22}$$

式中，a_{T1}，a_{T2}——涡轮入口处和出口处叶片流道间的最短距离；

　　　b_{T1}，b_{T2}——涡轮轴面上流道的宽度；

　　　z_T——涡轮的叶片数。

液流在涡轮叶片入口和出口处的绝对速度分别为

$$\begin{cases} \boldsymbol{v}_{T1} = \boldsymbol{w}_{T1} + \boldsymbol{u}_{T1} \\[2mm] \boldsymbol{v}_{T2} = \boldsymbol{w}_{T2} + \boldsymbol{u}_{T2} \end{cases} \tag{13.1.23}$$

涡轮的绝对速度也是空间速度，它可分解为轴面分速度 v_{mT1}、v_{mT2} 及圆周分速度 v_{uT1}、v_{uT2}。其中，轴面分速度 v_{mT1}、v_{mT2} 的方向与涡轮叶片的中间流线相切，大小等于流量 Q 除以与中间流线相垂直的截面积，即

$$\begin{cases} v_{mT1} = \dfrac{Q}{A_{T1}} = \dfrac{Q}{2\pi R_{T1} b_{T1} \varPsi_{T1}} \\[3mm] v_{mT2} = \dfrac{Q}{A_{T2}} = \dfrac{Q}{2\pi R_{T2} b_{T2} \varPsi_{T2}} \end{cases} \tag{13.1.24}$$

绝对速度的圆周分速度 v_{uT1}、v_{uT2} 的方向为圆周运动的切线方向，大小等于

$$\begin{cases} \boldsymbol{v}_{uT1} = u_{T1} + v_{mT1} \cot\beta_{T1} \\[2mm] \boldsymbol{v}_{uT2} = u_{T2} + v_{mT2} \cot\beta_{T2} \end{cases} \tag{13.1.25}$$

无叶片区液流的动量矩不变，故 $\boldsymbol{v}_{uT1}$ 的大小还可通过下式得到：

$$\boldsymbol{v}_{uT1} = \frac{R_{B2}}{R_{T1}} \boldsymbol{v}_{uB2} = \frac{R_{B2}}{R_{T1}} (\boldsymbol{u}_{B2} + \boldsymbol{v}_{mB2} \cot\beta_{B2}) \tag{13.1.26}$$

由于液流通过涡轮叶片时，牵连运动的圆周运动速度由大变小，因此液流的绝对速度也

逐渐变小。

唯一的特殊情况是当涡轮制动时，由于 $n_T = 0$，液流的运动仅是沿工作轮流道的相对运动。如果叶片通路的断面面积不变，液流运动速度的大小就不会发生变化，但液流运动速度的方向改变了。

3. 涡轮叶片与液流相互作用的转矩

液流在冲击涡轮叶片时，由于液流速度在大小和方向上不断发生变化，因此动量矩也发生变化。

涡轮与液体相互作用的转矩关系式为

$$M_T = \rho Q(v_{uT2}R_{T2} - v_{uT1}R_{T1})\tag{13.1.27}$$

对于所研究的液力变矩器，$v_{uT1}R_{T1} = v_{uB2}R_{B2}$，因此上式可改写成

$$M_T = \rho Q(v_{uT2}R_{T2} - v_{uB2}R_{B2})\tag{13.1.28}$$

由速度三角形的分析，有

$$\begin{cases} v_{uT2} = u_{T2} + v_{mT2}\cot\beta_{T2} = \omega_T R_{T2} + \dfrac{Q}{F_{T2}}\cot\beta_{T2} \\ v_{uB2} = u_{B2} + v_{mB2}\cot\beta_{B2} = \omega_B R_{B2} + \dfrac{Q}{F_{B2}}\cot\beta_{B2} \end{cases}\tag{13.1.29}$$

代入上式，得

$$M_T = \rho Q\left(R_{T2}{}^2\omega_T - R_{B2}{}^2\omega_B + \frac{QR_{T2}}{F_{T2}}\cot\beta_{T2} - \frac{QR_{B2}}{F_{B2}}\cot\beta_{B2}\right)\tag{13.1.30}$$

液流流经涡轮的动量矩减小，M_T 为负值，表示液体输出转矩。

4. 涡轮中能量的转换及涡轮消耗的能头

液力变矩器工作时，涡轮由液流获得能量，并以机械能的形式传至能量消耗部分。

将 $v_{uT1} = v_{uB2} \cdot R_{B2}/R_{T1}$ 代入欧拉方程 $H_T = (u_{T2}v_{uT2} - u_{T1}v_{uT1})/g$，得

$$H_T = \frac{1}{g}\left(u_{T2}v_{uT2} - \frac{R_{B2}}{R_{T1}}u_{T1}v_{uB2}\right)\tag{13.1.31}$$

H_T 常为负值，表示液体的能量降低。

5. 涡轮的能头特性

上述有关涡轮中液流速度、转矩和能头的分析，也是假定在泵轮转速 n_B 不变，液力变矩器的速比 i 确定，因而涡轮转速 n_T 和循环圆中的循环流量 Q 也是确定的情况下得到的。当液力变矩器工况变化时，将引起上述液流速度、转矩和能头的变化。

把液力变矩器泵轮能头 H_T 与转矩 M_T 随循环流量 Q 和涡轮转速 n_T 而变化的特性，称为涡轮的能头特性和转矩特性。

当给定液力变矩器，涡轮能头公式展开，有

$$H_T = \frac{1}{g}\left\{\left[\left(\frac{\pi}{30}R_{T2}\right)^2 - \left(\frac{\pi}{30}R_{B2}\right)^2\frac{n_B}{n_T}\right]n_T^2 + \left[\left(\frac{\pi}{30}R_{T2}\right)\frac{\cot\beta_{T2}}{F_{T2}} - \left(\frac{\pi}{30}R_{B2}\right)\frac{\cot\beta_{B2}}{F_{B2}}\right]n_T Q\right\}$$

$$\tag{13.1.32}$$

此时能头公式可改写为

$$H_T = A + BQ\tag{13.1.33}$$

在 n_T 一定时，式中 A、B 为已知常数。

同理，对涡轮转矩公式，对给定液力变矩器展开，有

$$M_T = \rho Q \left[R_{T2}^2 \left(\frac{\pi}{30} n_T \right) - R_{B2}^2 \left(\frac{\pi}{30} n_B \right) + \left(\frac{R_{T2}}{F_{T2}} \cot\beta_{T2} - \frac{R_{B2}}{F_{B2}} \cot\beta_{B2} \right) Q \right] \quad (13.1.34)$$

此时转矩公式可改写为

$$-M_T = AQ + BQ^2 \quad (13.1.35)$$

在 n_T 一定时，式中 A、B 为已知常数。公式表明，涡轮转矩 M_T 与循环流量 Q 之间的关系为一条经过坐标原点的抛物线。

涡轮的能头特性和转矩特性都包含有涡轮转速 n_T，随着涡轮转速 n_T 的变化，循环流量 Q 随之变化，进而能头和转矩也发生变化。

13.1.4　导轮的工作特性

1. 导轮的作用

（1）由于导轮固定不动（$n_D = 0$），因此在导轮中没有液能与机械能的转换。

（2）由于导轮固定不动，因此液体在导轮流道内的运动没有旋转的牵连运动存在，而只有液体沿导轮叶片所形成通道的相对运动，也就是液流的绝对运动。

（3）由于液流通过叶片时入口处、出口处速度的大小和方向发生变化，因而引起液流动量矩的变化。动量矩的变化使液流对导轮产生一个作用转矩，而导轮则对液流产生一个反作用转矩。

（4）液流在导轮内流动，如果不考虑各种损失，则其总能头保持不变，但液体所具有的动能和压能相互转化。

2. 导轮入口处和出口处的速度三角形

由于在导轮中只存在液流相对于叶片的单一运动，因此，导轮中液流速度分析比较简单。导轮中叶片入口处和出口处的速度三角形如 13.1.5 所示。

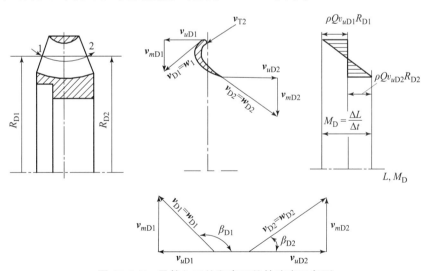

图 13.1.5　导轮入口处和出口处的速度三角形

导轮叶片入口处和出口处绝对速度的轴面分速度 v_{mD} 和圆周分速度 v_{uD} 大小分别为

$$\begin{cases} v_{mD1} = \dfrac{Q}{F_{D1}} = \dfrac{Q}{2\pi R_{D1} b_{D1} \psi_{D1}} \\[3mm] v_{mD2} = \dfrac{Q}{F_{D2}} = \dfrac{Q}{2\pi R_{D2} b_{D2} \psi_{D2}} \end{cases} \qquad (13.1.36)$$

$$\begin{cases} v_{uD1} = v_{mD1} \cot\beta_{D1} \\[2mm] v_{uD2} = v_{mD2} \cot\beta_{D2} \end{cases} \qquad (13.1.37)$$

3. 导轮叶片与液流相互作用的转矩

导轮与液体相互作用的转矩关系式为

$$M_D = \rho Q(v_{uD2} R_{D2} - v_{uD1} R_{D1}) \qquad (13.1.38)$$

对于所研究的液力变矩器，$v_{uD1} R_{D1} = v_{uT2} R_{T2}$，因此上式可改写成

$$M_D = \rho Q(v_{uD2} R_{D2} - v_{uT2} R_{T2}) \qquad (13.1.39)$$

一般导轮的动量矩由入口至出口逐渐增大，M_D 为正值，表示液流得到导轮施加的转矩。结合速度三角形的分析，有

$$\begin{cases} v_{uD2} = u_{D2} + v_{mD2}\cot\beta_{D2} = \dfrac{Q}{F_{D2}}\cot\beta_{D2} \\[4mm] v_{uT2} = u_{T2} + v_{mT2}\cot\beta_{T2} = \omega_T R_{T2} + \dfrac{Q}{F_{T2}}\cot\beta_{T2} \end{cases} \qquad (13.1.40)$$

代入式（13.1.39），得

$$M_D = \rho Q\left[Q\left(\dfrac{R_{D2}}{F_{D2}}\cot\beta_{D2} - \dfrac{R_{T2}}{F_{T2}}\cot\beta_{T2}\right) - R_{T2}^2 \omega_T \right] \qquad (13.1.41)$$

从式（13.1.41）可以看出，欲使 M_D 获得最大值，首先应使 $\cot\beta_{D2}$ 为最大，$\cot\beta_{T2}$ 为最小，即 $\beta_{D2} = 0°$，$\beta_{T2} = 180°$。在无冲击进入工况，β_{D1} 接近于 $180°$。但这种变矩器的导轮叶片难以制造。

除此以外，由式（13.1.41）还可以看出，结构参数和输入转速 n_B 一定的情况下，M_D 的大小主要取决于循环流量 Q 和涡轮转速 n_T 值。一般在向心式涡轮的变矩器中，当泵轮转速 n_B 不变时，循环流量 Q 随涡轮转速 n_T 的增大而减小，由式（13.1.41）可知，M_D 也随 n_T 的增大而减小。

13.1.5 无叶片区的流动特性

在叶轮的流道中，叶片不一定占据着流道的全长，存在着无叶片区段；此外，在两工作轮之间的空腔，也是无叶片区段。如图 13.1.6 所示，泵轮出口至涡轮入口由罩轮所形成的流道就是无叶片区段。

液流在无叶片区段流动时，其特点是没有叶片与液体的相互作用，因此无能量的输入或输出（不考虑摩擦和漏损的损失），液流的动量矩不变。

当液流由前一工作轮（如为泵轮）的叶片出口流出时，其绝对速度为 v_{B2}，其轴面分速度和圆周分速度大小分别为

$$\begin{cases} v_{mB2} = \dfrac{Q}{2\pi R_{B2} b_{B2} \psi_{B2}} \\[4mm] v_{uB2} = u_{B2} + v_{mB2}\cot\beta_{B2} \end{cases} \qquad (13.1.42)$$

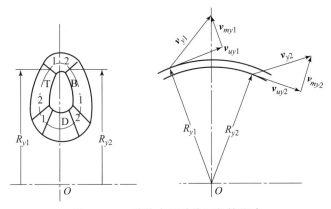

图 13.1.6　液体在无叶片区段的流动

当液流离开泵轮叶片后，进入无叶片区段时，绝对速度的圆周分速度没有变化。唯一可能的变化是无叶片区段由于没有叶片，因而 $\psi_{B2}=1$。设以下标 y 代表无叶片区段时液流的运动参数，则无叶片区入口处绝对运动的轴面分速度和圆周分速度大小分别为

$$\begin{cases} v_{my1} = \dfrac{Q}{2\pi R_{y1} b_{y1}} \\ v_{uy1} = v_{uB2} = u_{B2} + v_{mB2}\cot\beta_{B2} \end{cases} \tag{13.1.43}$$

由于在无叶片区段没有外转矩的作用，因此在无叶片区段入口处的动量矩等于出口处的动量矩。根据

$$M_y = \rho Q(v_{uy2}R_{y2} - v_{uy1}R_{y1}) \tag{13.1.44}$$

当 $M_y=0$ 时，$v_{uy2}R_{y2} = v_{uy1}R_{y1}$，即

$$\frac{v_{uy2}}{v_{uy1}} = \frac{R_{y1}}{R_{y2}} \tag{13.1.45}$$

因此，在无叶片区段出口处，其轴面分速度和圆周分速度大小分别为

$$\begin{cases} v_{my2} = \dfrac{Q}{2\pi R_{y2} b_{y2}} \\ v_{uy2} = \dfrac{R_{y1}}{R_{y2}}v_{uy1} = \dfrac{R_{y1}}{R_{y2}}(u_{B2} + v_{mB2}\cot\beta_{B2}) \end{cases} \tag{13.1.46}$$

液体由无叶片区段出口到进入下一工作轮的入口处，如在涡轮入口处有 $R_{y2}=R_{T1}$，即

$$v_{uT1} = v_{uy2} = \frac{R_{y1}}{R_{y2}}v_{uy1} = \frac{R_{B2}}{R_{T1}}v_{uB2} \tag{13.1.47}$$

同样，任何一个叶轮在处于空转状态时，由于无外转矩的作用，液流的动量矩无变化，即入口和出口处的动量矩相等，情况与叶轮的无叶片区段相似。

13.1.6　能头特性

当泵轮转速 n_B 不变，已知液力变矩器的各工作轮几何参数时，随着工况 n_T 或 i 的变化，循环流量 Q、泵轮能头 H_B、涡轮能头 H_T 以及摩擦损失能头 $\sum H_{mc}$（此处含扩散损失能头 $\sum H_{ks}$）和冲击损失能头 $\sum H_{cj}$ 也随之变化。

根据计算结果，可以绘出它们随工况变化的流量与能头特性，如图 13.1.7 所示。在某

一工况下，各能头存在平衡关系：

$$H_{\mathrm{B}} + H_{\mathrm{T}} - \sum H_{mc} - \sum H_{cj} = 0$$

因此，实际上能头表示了不同工况下，液力变矩器内部液体能头的平衡情况。

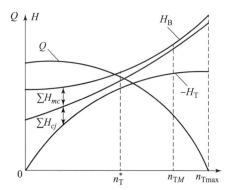

图 13.1.7　液力变矩器流量与能头特性

　　液力变矩器的流量与能头特性是计算特性、设计液力变矩器时，用来确定各种不同能头损失对液力变矩器性能的影响，从而找出改进的途径。

　　对于向心式涡轮液力变矩器，循环流量 Q 不是常数，而是随 n_{T} 或 i 增大而减小的，当 $i \approx 1$ 时，即 $n_{\mathrm{T}} \approx n_{\mathrm{B}}$ 时，$Q \approx 0$。

　　泵轮能头 H_{B} 与 n_{T} 无直接关系，而是随循环流量 Q 减小而增大的，由于 Q 随 n_{T} 增大而减小，故 H_{B} 随 n_{T} 增大而增大。

　　涡轮能头 H_{T} 则是 i 和 Q 的函数。当 $i=0$ 时，$H_{\mathrm{T}}=0$；随 i 增大，Q 减小，H_{T} 增大。

　　摩擦损失能头 $\sum H_{mc}$ 与循环流量 Q 的平方成正比。当 i 减小时，Q 增大，$\sum H_{mc}$ 也增大；当 i 增大时，Q 减小，$\sum H_{mc}$ 也减小，直至减到零。

　　冲击损失能头 $\sum H_{cj}$ 与冲击角有关，冲击角与工况有关。一般在最高效率工况 i^{*} 时，冲击角最小，冲击损失最小；偏离此工况越远时，冲击损失越大。

　　循环流量 Q 的曲线形状、数值大小，对能头曲线形状影响很大。设计时，通过控制最佳的几何结构参数减小损失能头，以获得较好的性能。

13.2　变矩原理与自动适应性

13.2.1　变矩原理

　　在详细分析了简单液力变矩器的工作过程，各叶轮的作用及液流的速度、转矩、能头的变化过程后，可以较方便地研究液力变矩器的变矩原理及自动适应性的问题。

　　取液力变矩器循环圆中的整个液体为自由体，研究其转矩平衡，如图 13.2.1 所示。这里所分析的转矩平衡，是在变矩器的稳定工作情况下进行的（即不考虑加、减速工况下的惯性转矩）。

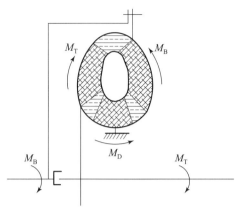

图 13.2.1　液力变矩器中液体的受转矩情况

此时作用于液体的外转矩有：来自泵轮的主动转矩 M_B、涡轮的阻转矩 M_T 和导轮的反作用转矩 M_D，三者均通过叶片作用于液体。在无叶片区段，液体没有外转矩的作用。

当整个循环圆中的液体处于稳定运动状态时（无加、减速运动），根据力学原理，则作用于液体的外转矩之和等于零，即

$$\sum M = M_B + M_D + M_T = 0 \tag{13.2.1}$$

对液流来说，使其动量矩增大的转矩为正，反之为负。在正常工作情况下，M_B 为正，M_T 为负；M_D 在大部分工况下为正，有时为负。

将上式移项得

$$-M_T = M_B + M_D \tag{13.2.2}$$

由式（13.2.2）可以看出，要使涡轮上取得的转矩 M_T 大于泵轮的转矩 M_B，必须要求导轮有一个对液流正向作用（与泵轮转矩 M_B 方向相同）的反作用转矩。没有导轮，则液力变矩器就不可能变矩。

液力耦合器没有导轮，则转矩平衡式变为

$$M_B = -M_T \tag{13.2.3}$$

因此，液力耦合器无变矩能力。

在液力变矩器中，当导轮随液流一起空转（或导轮自由转动）时，则导轮的反作用转矩 $M_D = 0$，此时液力变矩器的工作相当于一个液力耦合器。因此，如果液力变矩器在结构上能够控制导轮固定和松开，这样一个变矩器就兼有变矩器和耦合器两种性能，一般称这种液力变矩器为综合式（或两相或多相）液力变矩器。

上面根据力学的一般原理，说明液力变矩器能够变矩的原因，也可以根据动量矩的变化和平衡说明液力变矩器的变矩原理（图 13.2.2）。

前面已经由动量矩定理推导得到

$$M_B = \rho Q (v_{uB2} R_{B2} - v_{uD2} R_{D2})$$
$$M_T = \rho Q (v_{uT2} R_{T2} - v_{uB2} R_{B2})$$
$$M_D = \rho Q (v_{uD2} R_{D2} - v_{uT2} R_{T2})$$

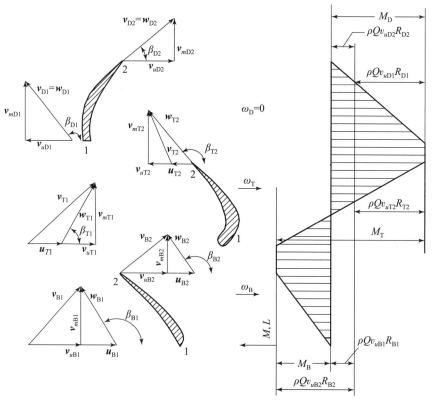

图 13. 2. 2　液力变矩器变矩原理

将上三式左右两边相加得

$$M_B + M_T + M_D = \rho Q \left[(v_{uB2}R_{B2} - v_{uD2}R_{D2}) + (v_{uT2}R_{T2} - v_{uB2}R_{B2}) + (v_{uD2}R_{D2} - v_{uT2}R_{T2}) \right] = 0$$

即液体由泵轮叶片入口开始，沿循环圆旋转一周，重新回到泵轮叶片入口时，总的动量矩的变化等于零，因而引起动量矩变化的外转矩之和也一定为零。根据动量矩的变化，也同样可以说明液力变矩器的变矩原理。

13. 2. 2　自动适应性

液力变矩器的自动适应性，是指液力变矩器随着外部阻力的变化，在一定范围内自动地改变涡轮轴上的输出转矩 $-M_T$ 和转速 n_T，并处于稳定工作状态的能力。

由于涡轮是液力变矩器与外界负荷连接的一个构件，因此涡轮轴的输出转矩 $-M_T$ 随其转速 n_T 而变化的性能，也就代表了液力变矩器的输出特性。对于具有良好自动适应性的液力变矩器，一般都要求涡轮的转矩 $-M_T$ 能够随着转速 n_T 的下降而增大，即涡轮输出特性 $-M_T = f(n_T)$ 应该是一条随 n 增大，而 $-M_T$ 单值下降的曲线，如图 13. 2. 3 所示。

现在研究涡轮的输出特性 $-M_T = f(n_T)$ 是否具

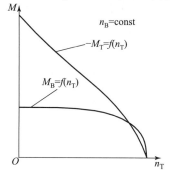

图 13. 2. 3　液力变矩器的转矩 –
转速特性曲线

有这种随 n_T 增大而 $-M_T$ 下降的特性。

　　首先从速度三角形的图形上来分析涡轮的工作情况,进而了解不同涡轮转速 n_T 下的转矩 $-M_T$ 的变化情况

　　图 13.2.4 绘出了 3 种不同涡轮转速 $n''_T > n'_T > n_T^0 = 0$ 下的涡轮叶片入口处、出口处的速度三角形。这些图形是在假定泵轮转速 n_B 不变,流量 Q 不变(实际上 Q 很难保持不变,但此假定不影响定性分析)的条件下作出的。

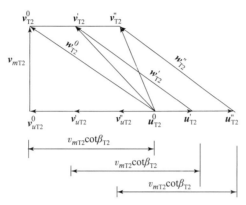

图 13.2.4　不同涡轮转速 n_T 时涡轮入出口处的速度三角形

　　由前述可知涡轮转矩

$$M_T = \rho Q (v_{uT2} R_{T2} - v_{uT1} R_{T1}) = \rho Q (v_{uT2} R_{T2} - v_{uB2} R_{B2})$$

涡轮输出转矩

$$-M_T = \rho Q (v_{uT1} R_{T1} - v_{uT2} R_{T2}) = \rho Q (v_{uB2} R_{B2} - v_{uT2} R_{T2})$$

　　当 n_T 变化时,泵轮出口即涡轮入口处的速度三角形不变,因而涡轮入口处的动量矩也不变,即 $\rho Q v_{uT1} R_{T1} = \text{const}$。

　　在涡轮出口处,由于 $Q = \text{const}$,则 $v_{mT2} = \text{const}$,$w_{T2} = \text{const}$。但随 n_T 变化,u_{T2} 也发生变化,引起 $\boldsymbol{v}_{T2}$ 的方向和数值发生变化,从而引起 v_{uT2} 的变化。

　　由 $v_{uT2} = u_{T2} + v_{mT2} \cot\beta_{T2}$ 和 $u_{T2} = R_{T2}\omega_T = R_{T2} n_T (\pi/30)$ 可得

$$v_{uT2}^0 < v'_{uT2} < v''_{uT2}$$

则有

$$-v_{uT2}^0 > -v'_{uT2} > -v''_{uT2}$$

　　动量矩则有如下关系

$$\rho Q(-v_{uT2}^0 R_{T2}) > \rho Q(-v'_{uT2} R_{T2}) > \rho Q(-v''_{uT2} R_{T2})$$

　　由于在 $-M_T$ 的公式中 $\rho Q v_{uT1} R_{T1}$ 是常数,所以

$$-M_T^0 > -M'_T > -M''_T$$

　　因此,根据对速度三角形的分析,可以明显看出随着 n_T 的增大,$-M_T$ 单值下降,即液力变矩器具有自动适应性。

　　自动适应性是液力变矩器最重要的性能之一,液力变矩器的这种不需控制而能自动地随外界负荷变化改变转矩和转速的性能,对于各种运输车辆和工程机械是十分重要的。

13.3　原始特性及性能评价

13.3.1　外特性和通用特性

液力变矩器的性能一般是由泵轮和涡轮轴上的转矩和转速间的关系来确定的。

通常用在泵轮转速 n_B 不变、工作油一定和工作油温一定条件下所得到的泵轮转矩 M_B、涡轮转矩 $-M_T$ 以及液力变矩器的效率 η 与涡轮转速 n_T 的关系曲线，即 $M_B=f(n_T)$、$-M_T=f(n_T)$ 及 $\eta=f(n_T)$ 来表示液力变矩器的性能，这3条曲线关系所表示的液力变矩器性能称为液力变矩器的外特性。这是因为，由泵轮和涡轮的工作特性可知，泵轮和涡轮的转矩包含两个未知数，即涡轮转速 n_T 和循环流量 Q，而 Q 在给定液力变矩器时也是涡轮转速 n_T 的函数。

对于已有的液力变矩器，外特性曲线可以通过试验来决定。对于设计中的液力变矩器，则可以通过计算方法获得。

需要说明的是，在液力变矩器实际工作时，泵轮的实际输入转矩 M'_B 要比泵轮叶片和液流相互的作用转矩 M_B 大，即 $M'_B>M_B$。因为泵轮工作时还需要克服泵轮轴上轴承和密封中的摩擦阻转矩 M_{Bjx}，以及泵轮外表面与不在循环圆内工作液体相互摩擦引起的圆盘摩擦损失 M_{Byp}。因此泵轮实际的转矩应为

$$M'_B = M_B + M_{Bjx} + M_{Byp} \tag{13.3.1}$$

同样，涡轮的实际输出转矩 $-M'_T$ 和涡轮叶片与液流相互作用的转矩 $-M_T$ 也不相等。其中负号的含义是指牵引工况下，泵轮转速与涡轮转速同向时，定义泵轮转矩方向为正，则涡轮转矩方向为负。

$$-M'_T = -M_T + M_{Tjx} - M_{Typ} \tag{13.3.2}$$

但轴承和密封的摩擦阻转矩与圆盘摩擦损失相对于泵轮和涡轮的转矩 M_B 和 $-M_T$ 来说很小，在简化计算时可以忽略不计，即取 $M'_B \approx M_B$，$-M'_T \approx -M_T$。

在已知泵轮和涡轮转矩的情况下，可求得液力变矩器的效率：

$$\eta = \frac{-M_T n_T}{M_B n_B} \tag{13.3.3}$$

在泵轮转速 n_B 一定的情况下，任意给定一个 n_T 值，可以求得对应的 M_B 和 $-M_T$，此时代入上式即可求得任意工况下的效率，可见液力变矩器的效率 η 也是涡轮转速 n_T 的函数：$\eta=f(n_T)$。

根据泵轮和涡轮的转矩公式以及循环流量 Q 随 n_T 变化公式，对已有和已设计出的液力变矩器，在 n_B 一定，工作油一定和油温一定的情况下，可以获得一组 $M_B=f(n_T)$、$-M_T=f(n_T)$、$\eta=f(n_T)$ 曲线，这就是在某一 n_B 时液力变矩器的外特性曲线。图13.3.1 所示为某向心式涡轮三元件液力变矩器的外特性曲线。

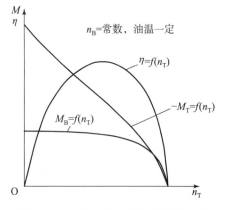

图 13.3.1　液力变矩器的外特性曲线

由图 13.3.1 可见，涡轮转矩 $-M_T$ 随 n_T 增加而减小，当 $-M_T$ 等于零时，n_T 达到它的最大值，即涡轮空转的最大转速 n_{Tmax}。

液力变矩器的效率曲线，在 $n_T=0$ 时，由于输出功率 $N_T=M_T\omega_T=0$，所以 $\eta=0$。随着 n_T 的增大，效率逐渐上升，在达到最大值 η_{max} 后，效率又随着 n_T 的增大而逐渐下降。在 n_{Tmax} 时，由于 $M_T=0$，此时输出功率 $N_T=M_T\omega_T=0$，所以效率 η 又等于零。

液力变矩器的泵轮转矩 M_B 的变化趋势，主要取决于液力变矩器中循环流量 Q 随 n_T 而变化的特性。Q 随 n_T 变化的特性，主要取决于液力变矩器的结构形式和结构参数。因此，液力变矩器的 M_B 变化趋势将随液力变矩器的不同而有较大差别，不像 $-M_T$ 和 η 那样对任何形式的液力变矩器都具有共同的趋势。因此，M_B 随 n_T 变化的特点将表征着液力变矩器各自的特点。

在液力变矩器的使用过程中，泵轮转速 n_B 可能是变化的，为了获得在不同泵轮转速 n_B 时液力变矩器的外特性，需要绘制液力变矩器的通用特性曲线，如图 13.3.2 所示。

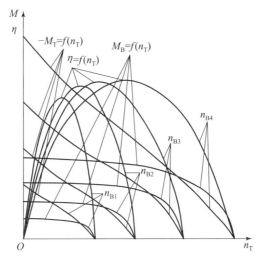

图 13.3.2　液力变矩器的通用特性曲线

液力变矩器的通用特性是指在不同泵轮转速 n_B 下所获得的无数组液力变矩器外特性曲线的综合图。通用特性曲线图表明了在不同泵轮转速和不同涡轮转速下时，泵轮传递的转矩及其效率以及涡轮传递的转矩及其效率，并可由该图查出转矩和效率的数值。

由于试验、计算及作图，均不可能绘得无限多条泵轮转速 n_B 下的外特性曲线，只能绘得有限条曲线，因而对介于两个已知泵轮转速间的 n_B 对应的 M_B、$-M_T$ 和 η，则不能从图中直接精确找出，而只能近似给出。另外，M_B 和 $-M_T$ 的值除与 n_B 和 n_T 有关外，还与液力变矩器的几何尺寸（用有效直径 D 代表）有关。对于几何相似的液力变矩器，在相同的 n_B 和 n_T 时，其 M_B 和 $-M_T$ 不同。对不同几何尺寸的液力变矩器，要绘出多个通用特性曲线图，对试验、制图和使用，均有诸多不便。

13.3.2　原始特性

必须指出，液力变矩器的外特性和通用特性都是对一定形式和尺寸的液力变矩器而言的。因此，即便对同一类型的液力变矩器，当尺寸和泵轮转速变化后，其外特性曲线和通用特性曲线都完全不同。因此，为了表示液力变矩器的性能，目前广泛应用原始特性曲线。

液力变矩器的原始特性曲线能够确切表示一系列不同转速、不同尺寸而几何相似的液力变矩器的基本性能，而且根据原始特性曲线，可以通过计算获得在此系列中任一液力变矩器的外特性或通用特性。

根据液力变矩器的相似原理，对于几何相似（有关尺寸成比例）、运动相似（液力变矩器的工况 $i = n_T/n_B$ 相同）、动力相似（液流的雷诺数相等）的一系列变矩器存在如下关系：

$$\begin{cases} \dfrac{Q_s}{n_{Bs}D_s^3} = \dfrac{Q_m}{n_{Bm}D_m^3} = \lambda_Q \\[3mm] \dfrac{H_s}{n_{Bs}^2 D_s^2} = \dfrac{H_m}{n_{Bm}^2 D_m^2} = \lambda_H \\[3mm] \dfrac{M_s}{\rho_s g n_{Bs}^2 D_s^5} = \dfrac{M_m}{\rho_m g n_{Bm}^2 D_m^5} = \lambda_M \\[3mm] \dfrac{N_s}{\rho_s g n_{Bs}^3 D_s^5} = \dfrac{N_m}{\rho_m g n_{Bm}^3 D_m^5} = \lambda_N \end{cases} \qquad (13.3.4)$$

式中，λ_Q——流量系数；

  λ_H——能头系数；

  λ_M——转矩系数；

  λ_N——功率系数。

式（13.3.4）表明，对几何相似的液力变矩器，只要在相同的液力变矩器转速比 i 和相同的雷诺数 Re 下，上述各参数的比值 λ_Q、λ_H、λ_M、λ_N 是不变的常量。

对于几何相似的液力变矩器，当速比 i 不同或雷诺数 Re 不同时，上述各无因次系数将是不同的。因此，上述各系数是转速比 i 和 Re 的函数，即

$$\lambda_Q = f(i, Re), \qquad \lambda_H = f(i, Re)$$

$$\lambda_M = f(i, Re), \qquad \lambda_N = f(i, Re)$$

根据黏性液体在圆管中流动的分析，当雷诺数 Re 达到某一值后，圆管中的损失将成为不变的常数，液体进入这种雷诺数的区域后，比较两种液流状态时，不一定要严格遵循雷诺数 Re 相等的原则，就可以保证两液流动力学相似。大于雷诺数 Re 某值后的这一区域，称为"自动模型区"。

对于液力变矩器来说也存在"自动模型区"。多种液力变矩器试验表明，当雷诺数 $Re = (n_B D^2)/\nu$ 数值超过 $(5 \sim 8) \times 10^5$ 后，Re 对 λ_Q、λ_H、λ_M、λ_N 各系数的影响就很小，并可以认为已经进入"自动模型区"。此时雷诺数 Re 对上述参数的影响就不予考虑，各系数仅是速比 i 的系数。

$$\lambda_Q = f(i), \qquad \lambda_H = f(i)$$

$$\lambda_M = f(i), \qquad \lambda_N = f(i)$$

上述函数关系从不同的方面说明了一系列几何相似液力变矩器的基本性能。其中，最广泛应用的是液力变矩器转矩系数 λ_M 的特性。

根据相似原理，对于几何相似的液力变矩器的泵轮和涡轮，分别可得转矩系数为

$$\lambda_{MB} = \frac{M_B}{\rho g n_B{}^2 D^5} = f(i) \tag{13.3.5}$$

$$\lambda_{MT} = \frac{M_T}{\rho g n_B{}^2 D^5} = f(i) \tag{13.3.6}$$

式中，λ_{MB}——泵轮的转矩系数；

$\quad\quad \lambda_{MT}$——涡轮的转矩系数。

由于这些符号经常用到，以后简写为 λ_B 和 λ_T。

由于同一类型而且几何相似的液力变矩器，在尺寸不同的情况下有相同的 $\lambda_B = f(i)$ 和 $\lambda_T = f(i)$ 曲线。这些曲线能够本质地反映某系列液力变矩器的性能，因此被称作液力变矩器的原始特性。

根据液力变矩器的原始特性，可以派生出两个表示液力变矩器性能的重要无因次特性，即变矩比 $K = f(i)$ 和效率 $\eta = f(i)$。

液力变矩器的变矩比 K 等于涡轮输出转矩 $-M_T$ 与泵轮输入转矩 M_B 之比，即

$$K = -\frac{M_T}{M_B} = -\frac{\lambda_T \rho g n_B^2 D^5}{\lambda_B \rho g n_B^2 D^5} = -\frac{\lambda_T}{\lambda_B} \tag{13.3.7}$$

在某一 i 时，可得到相应的 λ_B 和 λ_T，因而可求得一个 K 值。在不同的 i 时，可求得不同的 K 值，因此变矩比 K 是 i 的函数。

$K = f(i)$ 是表示几何相似液力变矩器的一个重要无因次曲线。把 $K = f(i)$ 曲线关系称为液力变矩器的变矩特性。

液力变矩器效率 η 等于涡轮输出效率 N_T 与泵轮输入效率 N_B 之比，即

$$\eta = \frac{N_T}{N_B} = \frac{-M_T n_T}{M_B n_B} = Ki \tag{13.3.8}$$

液力变矩器的效率也是 i 的函数。$\eta = f(i)$ 也是表示几何相似液力变矩器性能的一个重要无因次曲线。把 $\eta = f(i)$ 的关系曲线称为液力变矩器的效率特性或经济特性曲线。

目前，表示某种几何相似的液力变矩器（或系列化产品的液力变矩器）基本性能的最常用方法，是给出该种液力变矩器的原始特性（图 13.3.3）：

$$\lambda_B = f(i); K = f(i); \eta = f(i) \tag{13.3.9}$$

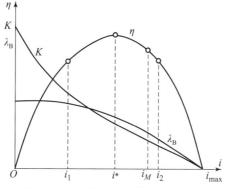

图 13.3.3　液力变矩器的原始特性

有了原始特性曲线，可以很方便地获得液力变矩器的外特性。

当泵轮转速 n_B 和工作油的品种选定时，M_B、$-M_T$ 和 η 可由如下公式计算：

$$M_B = \lambda_B \rho g n_B^2 D^5$$

$$-M_T = K M_B$$

$$\eta = Ki$$

$$n_T = n_B i$$

在原始特性曲线上任意给定一个 i，就可以求得一个对应的 n_T，并同时相应地求得此 n_T 时的 M_T、M_B 和 η。因此，有效直径为 D 的液力变矩器的外特性就可以完全确定。

将原始特性看作一系列几何相似的液力变矩器所共同具有的特性时，严格地说只保证了几何相似和运动相似两个条件，非"自动模型区"内，雷诺数相等的动力相似条件一般得不到满足。因此在实际应用原始特性时，应注意泵轮转速 n_B 和工作液体黏度。

在实际应用原始特性时，应该注意实验得到的原始特性时的输入转速 n_B、有效直径 D 和工作液体黏度 ν，因为这些因素都是影响雷诺数 Re 的。

必须指出，一系列几何相似的液力变矩器，要具有相同的原始特性，只有满足几何相似、运动相似和动力相似 3 个条件。如果满足了几何相似和运动相似条件，而动力相似不能满足，如同一液力变矩器在相同工况下而转速 n_B 及工作油的品种和工作温度导致对应黏度不同时，将影响雷诺数 Re，所获得的试验特性也有所差别，有时差别很大。几何相似的条件，对于尺寸相差较大的液力变矩器来说，由于工艺条件的限制，很难得到保证，因而也会引起性能的差别。

因此严格地说，对一系列几何相似的液力变矩器，当泵轮转速 n_B 不同、工作油不同以及有效直径 D 不同时，原始特性并不相同。为使原始特性能够适用于一定范围内不同的泵轮转速 n_B 和有效直径 D 的液力变矩器，可以通过实验获取的修正公式计算，如 n_B 和 D 对变矩比 K 和效率 η 的影响。同样以下标 m 代表模型液力元件，下标 s 代表实物液力元件。

$$\eta_s = 1 - (1 - \eta_m)\left(\frac{n_m}{n_s}\right)^{0.25}\left(\frac{D_m}{D_s}\right)^{0.5} \tag{13.3.10}$$

$$K_s = \frac{1}{i}\left[1 - (1 - \eta_m)\left(\frac{n_m}{n_s}\right)^{0.25}\left(\frac{D_m}{D_s}\right)^{0.5}\right] \tag{13.3.11}$$

必须指出，这类修正公式都有一定的修正性，仅适用于某种形式和一定范围内不同的泵轮转速 n_B 及有效直径 D 数值的液力变矩器。

图 13.3.4 表示了液力变矩器在不同泵轮转速 n_B 时得到的试验特性。在一定转速范围内，n_B 增大时，效率 η 和变矩比 K 都有所提高。

图 13.3.5 所示为某液力变矩器在应用不同工作液体及不同泵轮输入转矩条件下，试验得到的原始特性。由图可以看出，在相同的泵轮转矩 M_B 下，用黏性较低的 AY 油，一般有较高的效率。当用同一种工作油时，若 M_B 值越小，则效率越低，变矩比也低，而泵轮转矩系数 λ_B 随 M_B 增大也略有下降，一般不超过 3% ~ 5%。

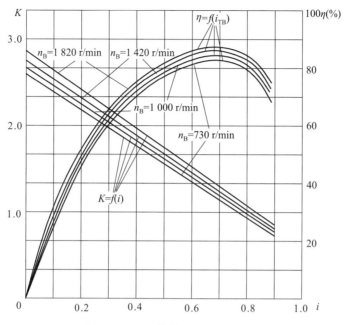

图 13.3.4　泵轮转速对性能的影响

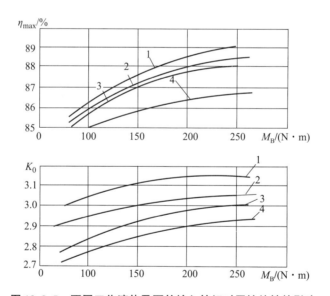

图 13.3.5　不同工作液体及泵轮输入转矩对原始特性的影响

1—$M_B = 250$ N·m；2—$M_B = 150$ N·m；3—$M_B = 80$ N·m（以上均用同一种油，$t = 90$ ℃）

图 13.3.6 表示了不同有效直径 D 对原始特性的影响。一般来说，有效直径 D 增大，其性能有所提高。如图上表示的某液力变矩器，其有效直径由 340 mm 增大至 470 mm 时，最高效率 η_{max} 由 90% 增加至 92%，起动变矩比由 3.10 增加至 3.48。

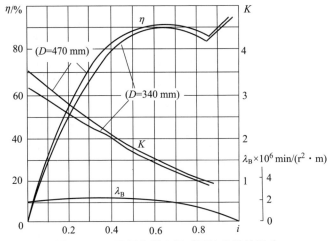

图 13.3.6　不同有效直径对原始特性的影响

国际上表示液力变矩器性能的方法是基本一致的，但也有所不同。例如美国 SAE 标准规定，液力变矩器的性能可用以下两组曲线表示，即

$$\begin{cases} T = f(i) \\ \eta = f(i) \end{cases}$$

$$\begin{cases} n_B = f(i) \\ k = f(i) \end{cases}$$

式中，T——变矩比，且 $T = -M_T / M_B$；

k——容量特性系数，有

$$k = \frac{n_B}{\sqrt{M_B}} \tag{13.3.12}$$

即有

$$k = \frac{n_B}{\sqrt{\lambda_B \rho g n_B^2 D^5}} = \frac{1}{\sqrt{\rho g D^5}} \cdot \frac{1}{\sqrt{\lambda_B}} = c \cdot \frac{1}{\sqrt{\lambda_B}} \tag{13.3.13}$$

可见，容量特性系数 k 与泵轮转矩系数 λ_B 开方后的倒数成正比，且 k 与 λ_B 一一对应。

13.3.3　全外特性

以上所讨论的特性，都是指在液力变矩器常用工况（也称牵引工况）下获得的特性。在牵引工况下工作的特点是，涡轮的输入转矩 $-M_T$ 始终是正值，在 $0 \sim -M_{Tmax}$ 范围内变化；速比 i 对应在 $n_{Tmax}/n_B \sim 0$ 范围内变化，$-M_{Tmax}$ 为 $i = 0$ 时的最大起动转矩，n_{Tmax} 为 $-M_T = 0$ 时涡轮的最大空转转速；在牵引工况下能量由泵轮轴传至涡轮轴。

但在实际使用中，牵引工况并非液力变矩器的唯一工况。例如，在运输车辆或工程机械中，可能出现涡轮的旋转方向与牵引工况相反的反转工况，如爬坡倒滑的情况下，此时作用于驱动轮的阻转矩大于泵轮传递来的转矩，迫使涡轮反转，这时速比 i 为负值；也可能出现涡轮转矩 $-M_T$ 改变方向，变为 $-M_T$ 为负值的反传工况，如下坡行驶或拖车起动发动机的情况，此时涡轮转速大于泵轮转速，转矩由驱动轮传至涡轮，泵轮变为被动部分，发动机可能产生车辆行驶的阻转矩。因此，原有的液力变矩器外特性和原始特性已不能说明全部问题，必须加以延伸。包括液力变矩器的全部可能工况，即牵引工况、反转工况和反传工况的外特性和原始特性曲线，称为液力变矩器的全外特性曲线。

图 13.3.7 所示为液力变矩器的全外特性曲线，要用到 3 个象限（即 Ⅰ、Ⅱ、Ⅳ 象限）来表示。图中表示了 3 种不同形式的液力变矩器的全外特性曲线，曲线形状主要与叶轮的布置、叶片的形状以及液力变矩器的形式有关。

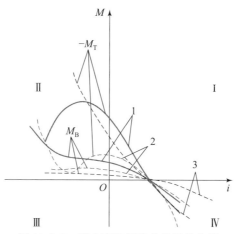

图 13.3.7　液力变矩器的全外特性曲线

1—可透穿综合式液力变矩器；2—简单的不可透穿液力变矩器；3—不可透穿综合式液力变矩器

在牵引工况，M_B、$-M_T$ 和 i 均为正值，所以外特性曲线在第 Ⅰ 象限内表示。

在反转工况，由于 $i = -n_T/n_B < 0$，但 M_B、$-M_T$ 仍为正值，因此反转工况的外特性曲线置于第 Ⅱ 象限内。反转工况，液力变矩器起制动作用，能量转化为热能，这种工况有时也称为制动工况。

在反传工况，$-M_T < 0$，$i > 0$，故特性曲线在第 Ⅳ 象限。在常用的汽车型液力变矩器特性中，$-M_T$ 是在 $i = 1$ 前后改变符号，当 $i > 1$，即 $n_T > n_B$ 时，$-M_T < 0$，因此常把反传工况称为超越工况；而在其他行业如有些机车用变矩器，当 $i > 1.3$ 时才出现反传工况。在反传工况，涡轮向变矩器输入能量，当 $M_B > 0$ 时，泵轮也输入能量，此时变矩器起到制动作用，能量转化为热能；当 $M_B < 0$ 时，泵轮输出能量，能量由涡轮传至泵轮。

在反转工况（$i < 0$、$M_B > 0$、$-M_T > 0$）和反传工况的制动工况（$i > 1$、$M_B > 0$、$-M_T < 0$）下，传至泵轮和涡轮的机械能都将消耗在液力变矩器的工作液体中，并且转变为热能。在这些情况下，变矩器工作油的温升极快，不允许长期工作。

对于功率反传工况（美国 SAE 称为滑行工况）的特性进行了如下规定：

$$n_T = f(1/i)$$

$$\eta = f(1/i)$$

$$k = f(1/i)$$

$$T = f(1/i)$$

13.3.4　动态特性

前面各节所介绍液力变矩器的各种性能，都是在假定液力变矩器处于稳定工况下获得的，通常称为稳态特性或静态特性。

当液力变矩器在非稳定工况（如加速、减速、制动、振动、冲击等工况）下工作时，液力变矩器的性能与静态特性有显著不同。液力变矩器在非稳定工况下所获得的性能，通常称为液力变矩器的动态特性。

在非稳定工况下，如不考虑机械损失的变化，液力变矩器泵轮和涡轮上的实际动态转矩 $M_B^{D'}$ 和 $-M_T^{D'}$ 与动态液力转矩 M_B^D 和 $-M_T^D$ 间有如下关系：

$$M_B^{D'} = M_B^D + J_B' \dot{\omega}_B \tag{13.3.14}$$

$$M_T^{D'} = M_T^D - J_T' \dot{\omega}_T \tag{13.3.15}$$

式中，J_B'，J_T'——泵轮及泵轮轴、涡轮和涡轮轴上固连在一起的旋转部件转动惯量和。

液力变矩器的动态特性是指泵轮和涡轮轴上的实际动态转矩 $M_B^{D'}$ 和 $-M_T^{D'}$、泵轮和涡轮的转速 ω_B 和 ω_T，以及速比 i 与时间 t 的关系曲线。根据上述特性曲线，可获得液力变矩器的动态原始特性，其中上标 D 表示动态工况的有关参数。

$$\lambda_B^D = \frac{M_B^{D'}}{\rho \omega_B^2 R^5} \tag{13.3.16}$$

$$K^D = \frac{-M_T^{D'}}{M_B^{D'}} \tag{13.3.17}$$

$$\eta^D = i K^D \tag{13.3.18}$$

注意此处 λ_B^D 形式与 λ_B 不同，数值上差一常数倍；M_B^D 和 $-M_T^D$ 是非稳定工况下泵轮和涡轮的液力转矩，表示为

$$M_B^D = \rho Q \left(R_{B2}^2 \omega_B + \frac{Q R_{B2}}{F_{B2}} \cot\beta_{B2} - \frac{Q R_{D2}}{F_{D2}} \cot\beta_{D2} \right) + \rho F_B Q + \rho J_B \dot{\omega}_B \tag{13.3.19}$$

$$M_T^D = \rho Q \left(R_{B2}^2 \omega_B - R_{T2}^2 \omega_T + \frac{Q R_{B2}}{F_{B2}} \cot\beta_{B2} - \frac{Q R_{T2}}{F_{T2}} \cot\beta_{T2} \right) - \rho F_T Q - \rho J_T \dot{\omega}_T \tag{13.3.20}$$

式中，F_B，F_T——泵轮和涡轮流道几何参数的形状因数；

J_B，J_T——泵轮和涡轮内液体的转动惯量。

当假设液流角和叶片角一致时，可通过下式计算：

$$F_B = \int l_B R_B \cot\beta_{By} dl \tag{13.3.21}$$

$$F_T = \int l_T R_T \cot\beta_{Ty} dl \tag{13.3.22}$$

$$J_B = \int l_B F_B R_B^2 dl \tag{13.3.23}$$

$$J_T = \int l_T F_T R_T^2 dl \tag{13.3.24}$$

式中，l_B，l_T——循环圆轴面内泵轮和涡轮中间流线的长度，对径向直叶片 $F_B = F_T = 0$。

若近似假定在稳定和非稳定工况下，液力变矩器的循环流量 Q 是一致的，且 $Q = f(i)$，则可得

$$\frac{dQ}{dt} = \frac{dQ}{di} \cdot \frac{di}{dt}$$

代入动态液力转矩公式，并整理，有

$$\lambda_B^D = \lambda_B + \frac{1}{\rho \omega_B^2 D^5} \left(J_B \dot{\omega}_B + \rho F_B \frac{dQ}{di} \dot{i} \right)$$

在由于外界负荷急剧变化而引起的强烈的非稳定工况下，不论透穿或不透穿，液力变矩器泵轮转速 ω_B 的变化都是微小的，因此可近似认为，液力变矩器在稳定工况下工作时 $\dot{\omega}_B = 0$，而 $\dot{i} = \dfrac{\dot{\omega}_T}{\omega_B}$。此时稳态和非稳态下原始特性具有如下关系

$$\lambda_B^D = \lambda_B + \frac{\left(\rho F_B \dfrac{dQ}{di}\dfrac{\dot{\omega}_T}{\omega_B}\right)}{\rho \omega_B^2 D^5} = \lambda_B + \frac{\dot{\omega}_T F_B}{\omega_B^3 D^5}\left(\frac{dQ}{di}\right) \tag{13.3.25}$$

$$-\lambda_T^D = -\lambda_T + \frac{\left(\rho F_T \dfrac{dQ}{di}\dfrac{\dot{\omega}_T}{\omega_B} + J_T \dot{\omega}_T\right)}{\rho \omega_B^2 D^5} = -\lambda_T + \frac{\dot{\omega}_T F_B}{\omega_B^3 D^5}\left(\frac{dQ}{di}\right) + \frac{J_T \dot{\omega}_T}{\rho \omega_B^2 D^5} \tag{13.3.26}$$

13.3.5　性能及其评价指标

液力变矩器具有无级变矩性能、无级变速性能、容能性能、自动适应性、负荷性能、透穿性能、经济性、减振、隔振性能等多种性能，比较重要和有代表性的是无级变矩性能、经济性和透穿性能，通常也称为液力变矩器的 3 项基本性能，在原始特性中分别以 $K = f(i)$、$\eta = f(i)$、$\lambda_B = f(i)$ 3 条性能曲线来表示。下面介绍液压变矩器的常见性能指标。

1. 无级变矩性能

无级变矩性能是指液力变矩器在一定范围内，按一定规律无级地改变由泵轮轴传至涡轮轴的转矩值的能力。变矩性能主要用无因次的变矩比特性曲线 $K = f(i)$ 来表示。

评价液力变矩器变矩性能好坏的指标是以下两种：

（1）$i = 0$ 时的变矩比值 K_0，通常称为起动变矩比（或失速变矩比）；

（2）变矩比 $K = 1$ 时的转速比 i 值，以 i_M 表示，通常称作耦合器工况点的转速比，它表示液力变矩器增矩的工况范围。

一般认为 K_0 值和 i_M 值大者，液力变矩器的变矩性能好。但实际上不可能两个参数同时都高，一般 K_0 值高的液力变矩器，i_M 值小。因此，在比较两个液力变矩器的变矩性能时，应该在 K_0 值大致相同的情况下来比较 i_M 值；或者在 i_M 近似相等的情况下来比较 K_0 值。

变矩性能是使装有液力变矩器的车辆获得自动适应性的基础。

2. 经济性能

经济性能是指液力变矩器在传递能量过程中的效率。它可以用无因次效率特性 $\eta = f(i)$ 来表示。

一般评价液力变矩器经济性能有两个指标：最高效率值 η_{max} 和高效率区范围的宽度。后者一般用液力变矩器效率不低于某一数值（对工程机械取 $\eta = 75\%$，对汽车取 $\eta = 80\%$）时所对应的转速比 i 的比值 $d_\eta = i_2/i_1$ 来表示。i_1、i_2 分别为 η 不小于某一值的最低和最高转速比。通常认为，高效率范围 d_η 越宽，最高效率 η_{max} 越高，则液力变矩器的经济性能越好。但实际上，对各种液力变矩器来说，这两个要求往往是矛盾的。

在评价经济性能时，必须兼顾 η_{max} 和 d_η 两个方面。单纯地认为 η_{max} 高，液力变矩器的经济性能就好是片面的。因为对于运输车辆来说，因其外部阻力是变化的，使得液力变矩器不可能在固定工况工作，而是处于一定的工况范围之内，因此高效区的宽度，对整个液力变矩

3. 负荷特性

液力变矩器的负荷特性是指它以一定的规律对发动机施加负荷的性能。

由于发动机与液力变矩器的泵轮相连，并驱动泵轮旋转，因此液力变矩器施加于发动机的负荷性能完全可由泵轮的转矩变化特性决定。

$$M_B = \lambda_B \rho g D^5 n_B^2$$

对给定有效直径 D 的液力变矩器，当工作液体及其工作温度确定后，ρ 为已知的数值，在某个给定转速比 i 时，$\lambda_B = f(i)$ 也为常数，于是 M_B 可写为

$$M_B = c n_B^2 \tag{13.3.27}$$

式中，$c = \rho g D^5 \lambda_B(i)$，是一个随 i 不同而变化的系数。

在某个转速比 i 时，泵轮转矩 M_B 随泵轮转速 n_B 变化的曲线是一条通过原点的抛物线（图 13.3.8），通常称为液力变矩器泵轮的负荷抛物线。当 λ_B 随 i 的变化规律不同时，即液力变矩器的透穿性不同时，将得到一条或一组负荷抛物线。这一组负荷抛物线表示了不同工况下施加于发动机的负荷，或发动机提供给泵轮的转矩曲线，有时也称为液力变矩器的输入特性曲线。

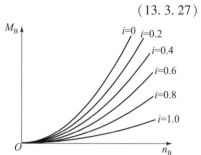

图 13.3.8　液力变矩器泵轮的负荷抛物线

负荷抛物线清楚地表明了随着泵轮 n_B 的不同，所能施加于发动机的负荷。

4. 透穿性能

液力变矩器的透穿性能是指液力变矩器涡轮轴上的转矩和转速变化时，泵轮轴上的转矩和转速相应变化的能力。

当涡轮轴上转矩变化时，泵轮负荷抛物线不变，泵轮的转矩和转速均不变，称这种变矩器具有不透穿的性能。当发动机与这种变矩器共同工作时，不管外界负荷如何变化，当油门一定时发动机将始终在同一工况下工作。

当涡轮轴上的转矩变化时，泵轮负荷抛物线也变化，引起泵轮的转矩和转速变化，称这种变矩器具有透穿性。发动机与这种变矩器共同工作时，油门不变，而外界负荷变化时，发动机工况也发生变化。

透穿的液力变矩器根据透穿的情况不同，可分为正透穿、负透穿（或反透穿）和混合透穿液力变矩器。

液力变矩器是否透穿，什么性质的透穿，可以由 $\lambda_B = f(i)$ 的曲线形状来判断，如图 13.3.9 所示。

当 $\lambda_B = f(i)$ 曲线随 i 增大而 λ_B 单值下降（见图 13.3.9 中的曲线 1），负荷抛物线由 $i=0$ 到 $i=1$，按顺时针呈扇形散布，见图 13.3.10（a）。当涡轮负荷增大，i 减小时，泵轮上的负荷也增大，液力变矩器具有正透穿性。

当 $\lambda_B = f(i)$ 曲线随 i 增大，而 λ_B 单值增大（见图 13.3.9 中的曲线 2）时，负荷抛物线由 $i=0$ 到 $i=1$，按反时针呈扇形散布，见图 3.3.10（b））。当涡轮负荷增大，i 减小时，泵轮上的负荷减小，液力变矩器具有负（反）透穿性。

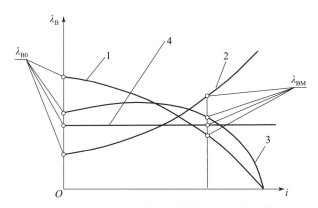

图 13.3.9　具有各种透穿性能的液力变矩器

1—正透穿；2—负透穿；3—混合透穿；4—不透穿

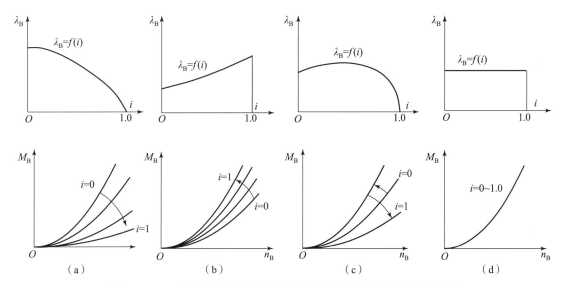

图 13.3.10　具有不同透穿性能的液力变矩器的负荷抛物线分布情况

（a）不穿透；（b）正穿透；（c）混合穿透；（d）负穿透

当 $\lambda_B = f(i)$ 曲线随 i 增大，λ_B 先增大后减小（见图 3.3.9 中的曲线 3）时，负荷抛物线由 $i = 0$ 到 $i = 1$，先逆时针后顺时针展开，见图 13.3.10（c）。这种液力变矩器具有混合透穿性。

当 $\lambda_B = f(i)$ 曲线随 i 增大是一条平直线（见图 13.3.9 中的曲线 4）时，负荷抛物线在不同工况时均为一条线。在实际上，可能是一分布很窄的一组抛物线，见图 13.3.10（d）。这种变矩器为不透穿的。

车辆上所应用的液力变矩器具有正透穿、不透穿或混合透穿的特性。由于具有负透穿特性的液力变矩器会使车辆的经济性和动力性变坏，因此在车辆上不采用。

可透穿液力变矩器的透穿程度以透穿性系数来评价。常用的透穿性系数的计算公式如下：

$$T = \frac{\lambda_{B0}}{\lambda_{BM}} \tag{13.3.28}$$

式中，λ_{B0}——起动工况（$i=0$）泵轮转矩系数；

λ_{BM}——耦合器工况（$i=i_M$，$K=1$）泵轮转矩系数。

当 $T>1$ 时，液力变矩器具有正透穿特性；当 $T=1$ 时，液力变矩器具有不透穿特性；当 $T<1$ 时，液力变矩器具有负透穿特性。

当 $T=1$ 时，液力变矩器是完全不可透穿的。但实际上这种液力变矩器是不存在的。一般 $T=0.9\sim1.2$ 就可认为是不透穿的液力变矩器。当 $T>1.6$ 时，液力变矩器可认为是具有正透穿性的。

在液力变矩器的设计时，为了方便，有时透穿系数应用如下公式代替：

$$T'=\frac{\lambda_{B0}}{\lambda_B^*}\qquad(13.3.29)$$

式中，λ_B^*——最高效率工况时泵轮转矩系数。

5. 容能性能

液力变矩器的容能性能是指在不同工况下，液力变矩器由泵轮轴所能吸收功率的能力。对于两个尺寸 D 相同的液力变矩器，容能量大的液力变矩器传递的功率大。液力变矩器的容能性能可以用功率系数 $\lambda_{NB}=f(i)$ 来评价。

由于功率系数

$$\lambda_{NB}=\frac{N_B}{\rho g D^5 n_B^3}$$

而 $N_B=\dfrac{M_B n_B}{9\,549}$，所以

$$\lambda_{NB}=\frac{M_B n_B}{9\,549\rho g D^5 n_B^3}=\frac{\lambda_B}{9\,549}\qquad(13.3.30)$$

功率系数 λ_{NB} 与转矩系数 λ_B 具有一定的比例关系。因此，液力变矩器的容能量也可以用转矩系数 $\lambda_B=f(i)$ 的数值来评价。转矩系数 λ_B 越大，则液力变矩器的容能量也越大，在相同的尺寸、工作液体和泵轮转速下，能够传递更大的功率。

6. 评价体系及参数

在以上各种性能中，比较重要和有代表性的是液力变矩器的无级变矩性能、经济性和透穿性能这 3 项基本性能，在全面评价液力变矩器的性能时，应用几种典型工况下，有关上述性能指标作为依据。

几种典型工况是起动工况、最高效率工况、高效区工况和耦合器的工况。

（1）起动工况：$i=0$；$\eta=0$。在此工况下能够作为评价的参数是起动变矩比 K_0 和转矩系数 λ_{B0}。

（2）最高效率工况：$\eta=\eta_{max}$。η_{max} 可作为评价指标的参数。此外，还包括转速比 i^* 以及此工况下的泵轮转矩系数 λ_B^*。

（3）高效区工况：限定在此区域内工作的效率值 η 高于 75% 或 80%，对应效率值可以得到两个最大和最小的变矩比 K 值以及两个对应的速比 i_1 和 i_2 值。取作评价指标的参数是高效区的最大变矩比 K_1，即速比 i_1 所对应变矩比，以及高效区最大和最小转速比 i_2 和 i_1 的比值 $d_\eta=i_2/i_1$。

（4）耦合器工况：$K=1$，$\eta=Ki=i$。一般取此时的转速比 $i=i_M$ 作为评价参数。另外，

转矩系数值 λ_{BM} 也是一个评价参数。

因此，全面评价一个液力变矩器的参数共有 10 个，即 K_0、K_1、η_{max}、i^*、d_η、i_M、λ_{B0}、λ_B^*、λ_{BM} 和 T。这些参数虽然都可作为独立评价液力变矩器一种性能的指标，但有些参数是彼此相互有关的。例如，$\lambda_{B0} = T\lambda_{BM}$，$\eta = Ki$，等等。

在评价一个液力变矩器是否能够满足使用要求时，必须就上述指标做全面衡量。虽然上述参数的大小，在设计时可以通过对液力变矩器各结构参数的选择来加以变动，但各性能参数之间存在相互制约的关系，往往当起动变矩比 K_0 增大时，最高效率 η_{max} 降低及对应速比 i^* 减小，高效区变窄，i_M 变小，同时 λ_{B0} 降低，T 减小。

13.4　液力变矩器的分类及特性

13.4.1　液力变矩器的分类

为便于分析，前面采用了结构形式较为简单的单级单相向心式三元件液力变矩器进行介绍，而实际上目前液力变矩器结构形式是多种多样的。这一方面反映了液力变矩器在结构方面的进步和发展，另一方面也反映了不同车辆对液力变矩器有着不同的性能要求，致使液力变矩器在性能和结构上有所不同。

根据现有统计资料，根据液力变矩器的结构和性能特点，可按以下几种方式进行分类：

（1）根据牵引工况下工作轮在循环圆中排列的顺序，分为 B－T－D（泵轮－涡轮－导轮）型和 B－D－T（泵轮－导轮－涡轮）型液力变矩器。在 B－T－D 型液力变矩器中，涡轮的旋转方向一般为正向，即与泵轮同向旋转，称为正转液力变矩器；在 B－D－T 型液力变矩器中，涡轮的旋转方向一般与泵轮旋转方向相反，称为反转液力变矩器。

（2）根据液力变矩器中涡轮的形式不同，可分为轴流式、离心式和向心式涡轮液力变矩器。

（3）根据液力变矩器中的泵轮和涡轮能否闭锁成一体工作，可分为闭锁式和非闭锁式液力变矩器。

（4）根据液力变矩器中刚性连接在一起的涡轮的数目，分为单级、二级、三级和多级的。其中"级"表示刚性连接的涡轮数目。

（5）根据液力变矩器中各叶轮的组合和工作状态的不同，液力变矩器可能实现的本质不同的液力传动形态数目，可分为单相、双相及多相的。其中"相"表示借助于某些机构作用，使一些元件在一定工况下改变作用，从而改变液力元件的工作状态的数目。

（6）根据液力变矩器的特性是否可控，分为可调节和不可调节式液力变矩器。

另外，还可根据单级液力变矩器中导轮和泵轮的数目，分为单导轮和双导轮、单泵轮和双泵轮式液力变矩器。

13.4.2　B－T－D 型和 B－D－T 型液力变矩器

B－T－D 型正转液力变矩器和 B－D－T 型反转液力变矩器如图 13.4.1 所示。

B－T－D 型液力变矩器中，从液流在循环圆中的流动方向看，导轮 D 在泵轮 B 之前，泵轮出口的液流直接冲击涡轮 T，由于泵轮出口液流绝对速度圆周分量 v_{uB2} 与泵轮圆周速度方向相同，因此液流冲击涡轮使涡轮与泵轮同向旋转，故称为正转液力变矩器。B－D－T

型液力变矩器中，从液流在循环圆中的流动方向看，导轮 D 在泵轮 B 之后，涡轮 T 在泵轮 B 之前，由泵轮流出的液流首先冲击导轮 D，然后冲击涡轮 T，由于液流经过导轮 D 后，导轮改变了液流的方向，因而液流冲击涡轮 T 时，使其旋转方向与泵轮的旋转方向相反，故称为反转液力变矩器。

在起动工况时，由图 13.4.1 所示液流动量矩的变化来看，在 B－T－D 型液力变矩器中 $|M_T| = |M_B| + |M_D|$，而在 B－D－T 型液力变矩器中 $|M_T| = |M_D| - |M_B|$，因而 B－T－D 型液力变矩器可能获得的起动变矩比要比 B－D－T 型大。

此外，在 B－T－D 型液力变矩器中，泵轮入口液流情况完全取决于放置在其前面的导轮的出口液流的情况，而导轮是固定不动的，因此泵轮的转矩 M_B 只与泵轮的转速 n_B 和流量 Q 有关，当泵轮转速 n_B 一定时，M_B 只与流量 Q 随工况的变化有关。由于涡轮的形式不同，B－T－D 型液力变矩器具有不同的流量变化特性，因而 B－T－D 型液力变矩器可具有多种透穿性能。

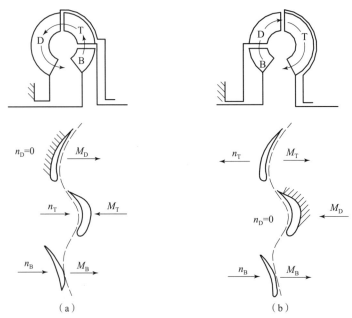

图 13.4.1 B－T－D 和 B－D－T 型液力变矩器

(a) B－T－D 正转变矩器；(b) B－D－T 反转变矩器

对于 B－D－T 型液力变矩器，泵轮入口液流的情况完全取决于放置在它前面的涡轮出口情况，而涡轮的转速 n_T 在整个工况中是变化的。因而泵轮的转矩 M_B 在不同工况下，不仅受循环流量 Q 的变化影响，而且还受涡轮转速 n_T 变化的直接影响，这也可由 B－D－T 型液力变矩器的泵轮转矩计算公式看出，即

$$M_B = \rho Q (v_{uB2} R_{B2} - v_{uB1} R_{B1})$$
$$= \rho Q (v_{uB2} R_{B2} - v_{uT2} R_{T2})$$
$$= \rho Q \left[R_{B2}^2 \omega_B - R_{T2}^2 \omega_T + \left(\frac{R_{B2}}{F_{B2}} \cot\beta_{B2} - \frac{R_{T2}}{F_{T2}} \cot\beta_{T2} \right) Q \right]$$

式中，ω_T 为负值，当 n_B 为常数，假定 $Q \approx$ 常数，随着 n_T 绝对值减小，M_B 也减小。

因此，B－D－T 型液力变矩器常具有较大的负透穿性。此外，B－D－T 型液力变矩器，在泵轮入口和涡轮入口处随着涡轮转速的变化，液流方向变化剧烈，因此冲击损失增大，所以这种液力变矩器的效率较 B – T – D 型液力变矩器为低。

目前，在各种车辆上应用较广泛的是各种类型的正转的 B – T – D 型液力变矩器，而 B – D – T 型反转液力变矩器应用不广，仅在个别液力机械传动中为了解决双流传动中的功率反传现象才采用了 B – D – T 型液力变矩器。

图 13.4.2 所示为一种 B – T – D 型正转液力变矩器的结构简图及原始特性曲线。

图 13.4.3 所示为一种 B – D – T 型反转液力变矩器的结构简图及原始特性曲线。它用于国产 Z4H4 轮胎装载机的液力机械传动系统中。

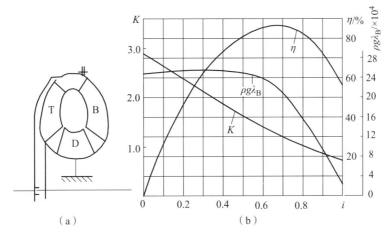

（a）　　　　　　　　　　　　　　　（b）

图 13.4.2　B – T – D 型正转液力变矩器

（a）结构简图；（b）原始特性曲线

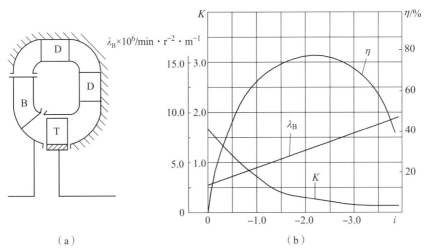

（a）　　　　　　　　　　　　　　　（b）

图 13.4.3　B – D – T 型反转液力变矩器

（a）结构简图；（b）原始特性曲线

13.4.3　向心、轴流与离心涡轮式的液力变矩器

在液力变矩器中，涡轮的形式不同对液力变矩器的性能有重大影响。具有不同形式涡轮的液力变矩器往往具有不同的原始特性。因此，可以用涡轮的形式作为区分不同液力变矩器

的标志。

不同形式的涡轮可以用液力变矩器涡轮中间流线出口和入口半径的比值 f_T 来表示，即

$$f_T = \frac{R_{T2}}{R_{T1}} \tag{13.4.1}$$

一般向心式涡轮 $f_T = 0.55 \sim 0.65$，轴流式涡轮 $f_T = 0.90 \sim 1.10$，离心式涡轮 $f_T = 1.20 \sim 1.50$，如图 13.4.4（a）所示。

具有不同形式涡轮的液力变矩器具有不同的流量特性和原始特性：$K = f(i)$，$\eta = f(i)$ 和 $\lambda_B = f(i)$，如图 13.4.4（b）、图 13.4.4（c）所示。由图 13.4.4 可以看到：

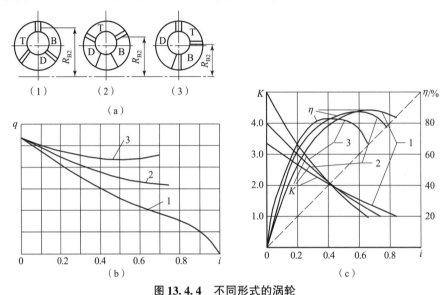

图 13.4.4　不同形式的涡轮

（a）简图；（b）流量特性图；（c）原始特性图

1—向心式涡轮；2—轴流式涡轮；3—离心式涡轮

（1）向心式涡轮的液力变矩器的最高效率值 η_{max} 较其他形式的液力变矩器高，对应的转速比也高。这是因为在向心式涡轮中，当 i 大于一定数值后，循环流量 Q 要比轴流式涡轮和离心式涡轮液力变矩器中的流量小很多，因而在流道中液流的相对速度较低，各种液力损失相对减小。此外，轴流式涡轮和离心式涡轮的圆盘损失也比向心式涡轮大。向心式涡轮液力变矩器的最高效率甚至可达 $86\% \sim 91\%$。

（2）向心式涡轮液力变矩器的循环流量 Q 随速比 i 增大而单调下降，而且可变化到 0，因此其透穿性可在较大的范围内选择，即可使液力变矩器具有较大的正透穿性（$T = 2 \sim 3$），也可使其具有较小的正透穿性（$T = 1 \sim 1.15$），而轴流式和离心式液力变矩器，循环流量 Q 的变化范围窄，这类变矩器只能获得较小的正透穿性或基本不透穿（$T = 1 \sim 1.3$），甚至对离心式液力变矩器可能是负透穿的。

（3）向心式涡轮液力变矩器较其他形式涡轮的液力变矩器容能量要大。这是由于向心式涡轮液力变矩器的泵轮叶片出口半径 R_{B2} 位于循环圆的最大可能半径处，而在轴流式涡轮和离心式涡轮中，泵轮的出口半径 R_{B2} 比循环圆最大半径要小得多，而从泵轮的转矩公式 $M_B = \rho Q (v_{uB2} R_{B2} - v_{uD2} R_{D2})$ 可以看出，当其他条件完全相同时，R_{B2} 值越大，则 M_B 值也越大，因而泵轮的转矩系数值 λ_B 也越大。

（4）向心式涡轮液力变矩器，在涡轮空载，即 $M_T = 0$（$i \approx 1.0$）的情况下工作时，由于 $Q \approx 0$，泵轮轴上的转矩 M_B 也接近于 0，对于发动机来说功率消耗小。但轴流式和离心式液力变矩器，在涡轮空载时，由于循环圆中的流量 $Q \neq 0$，因此泵轮的转矩系数 λ_B 也不等于零，有时甚至可能是很大的数值。这样，发动机仍需要消耗较大的功率，并使工作液体发热。

（5）向心式涡轮液力变矩器起动变矩比 K_0 较低，但在高效率工作区域（$i = 0.4 \sim 0.8$）内的 K 值却较高，而车辆行驶和工作时，大部分是在液力变矩器的最高工作区域内。因此，向心式涡轮液力变矩器并不能降低车辆实际的动力性能和加速性能。

由于向心式涡轮液力变矩器具有上述一系列的优点，因而在各种运输车辆和工程机械上多采用这种形式的液力变矩器。

图 13.4.5 和图 13.4.6 分别给出了轴流式和离心式涡轮液力变矩器的结构简图和原始特性曲线。

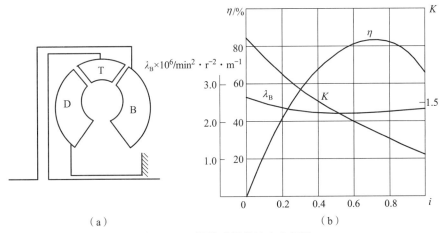

图 13.4.5　轴流式涡轮液力变矩器

（a）结构简图；（b）原始特性曲线

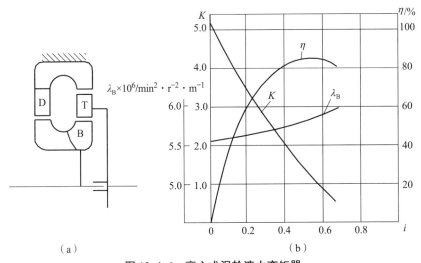

图 13.4.6　离心式涡轮液力变矩器

（a）结构简图；（b）原始特性曲线

13.4.4 单级和多级液力变矩器

液力变矩器的级数是指刚性连接在一起的涡轮数目。常用的有单级、二级和三级液力变矩器。

图13.4.7（a）、图13.4.7（b）、图13.4.7（c）均为常用的二级液力变矩器的结构简图，它们由一个泵轮 B、两列涡轮叶栅（T_I、T_{II}）的涡轮 T 和一列或两列导轮叶栅（D_I、D_{II}）所组成的导轮 D 构成。

图13.4.7（d）、图13.4.7（e）、图13.4.7（f）均为常用的三级液力变矩器，它们由一个泵轮 B、三列叶栅（T_I、T_{II}、T_{III}）的涡轮 T 和二列或三列叶栅（D_I、D_{II}、D_{III}）的导轮 D 构成。

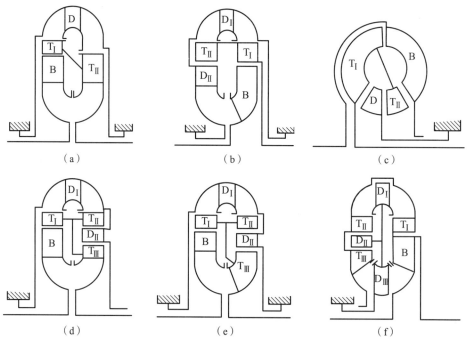

图13.4.7 二级和三级液力变矩器的结构简图

在简单的单级液力变矩器中，最高效率值 η_{max} 较高，但起动变矩比 K_0 较低，而且高效率工作范围 d_η 相对来说较小。如要提高 K_0，则 η_{max} 急剧下降。

多级液力变矩器可获得比单级液力变矩器较高的变矩比 K_0，同时可扩大高效区的工作范围，但 η_{max} 值略低。

多级液力变矩器起动转矩比 K_0 较高，是因为液流不断作用在多列涡轮叶栅上。由于每一级叶栅仅将液流全部动能和压能的一部分转变为机械能，这样就可以使涡轮和导轮各列叶栅采用短而直的（或弯曲不大的）叶片，这种叶片对液流入口时冲击角的变化不敏感，因而可以减小在工况不断变化下的入口冲击损失，所以这种液力变矩器可以在较宽的转速比范围内得到较高的效率。由于多级液力变矩器叶栅列数较多，因此在无冲击工况下的液力损失将比单级大，因而最高效率值可能降低。

此外，因为 i_M 值很低，多级液力变矩器不适于做成多相式液力变矩器。为了改善高转速比工况的性能，只能将泵轮和涡轮进行闭锁，其闭锁方式和单级类似。

图 13.4.8 为一种二级液力变矩器和三级液力变矩器的结构简图及其原始特性曲线。由多级液力变矩器结构简图和特性曲线的分析可看出，多级液力变矩器的结构比单级显著复杂，而且价格昂贵；在性能上，特别是在中、小转速比 i 范围内，可以提高效率 η 和变矩比 K，但提高的数值不是很大。因此，近年来多级液力变矩器在车辆上的使用范围减小，而逐渐被单级单相或单级多相液力变矩器所取代。

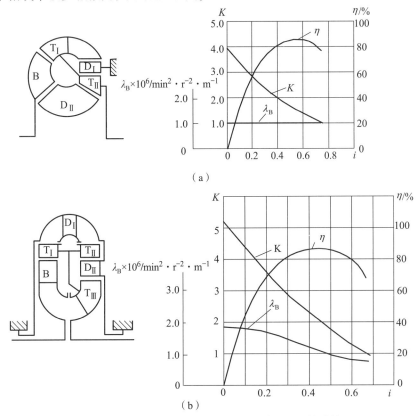

图 13.4.8　多级液力变矩器的结构简图和原始特性
（a）二级液力变矩器；（b）三级液力变矩器

目前，多级液力变矩器的起动变矩比 K_0 最高可达 $5\sim7$，最高效率 η_{max} 可达 $80\%\sim85\%$。

13.4.5　单相和多相液力变矩器

液力变矩器的相是指液力变矩器可能的工作状态，这种工作状态是以一种独立的液力变矩器或耦合器的形式表现出来的。

液力变矩器可以根据各个叶轮共同工作时的组合不同，以及使某个叶轮工作情况不同，如使导轮空转、不转或反转，从而获得具有单相、两相、三相或多相的性能。为了达到相的转换和组成，一般是借助于单向联轴器或其他机械方法，如片式离合器、制动器以及行星排。

在运输车辆和工程机械上，最常见的多相液力变矩器是单级两相（如综合式液力变矩器）、单级三相、单级四相等几种形式。

1. 单级两相液力变矩器

在三工作轮的液力变矩器中，如果把导轮 D 置于单向联轴器上，当单向联轴器将导轮楔紧固定不转时，即为普通的液力变矩器；当单向联轴器松脱而允许导轮自由旋转时，即成为液力耦合器。

在单级两相液力变矩器中，从液力变矩器工作状态到液力耦合器工作状态的转换是在液流作用下自动进行的。

图 13.4.9 所示为一种单级两相液力变矩器的结构简图、原始特性曲线及导轮受力作用的示意图。导轮 D 通过单向联轴器固定在壳体上。

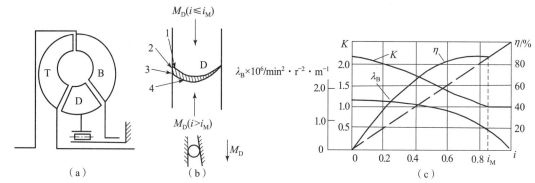

图 13.4.9　单级两相液力变矩器的结构简图及原始特性曲线

(a) 结构简图；(b) 导轮受力示意图；(c) 原始特性曲线

当液力变矩器的转速比在 $0 \sim i_M$ 范围内时，涡轮流出的液流冲向导轮的工作面，液流方向在图中以 1、2 表示。此时，液流对导轮的作用转矩 M_D，使导轮在单向联轴器上被楔紧。这时，整个系统作为液力变矩器工作。

当涡轮轴上的负荷减小，液力变矩器转速比增大到大于 i_M 时，从涡轮流出的液流（图 13.4.9（b）中的 3 和 4）冲向导轮的背面，此时液流对导轮的作用转矩 M_D 反向，使单向联轴器松脱，因而导轮自由旋转。此时，导轮的旋转方向与泵轮一致。由于液体在循环流动的过程中没有固定的导轮叶片作用，因而液力变矩器将失去变矩能力，而转变成为液力耦合器。

当液力变矩器转入耦合器工况工作后，如果不考虑单向联轴器以及密封装置和轴承等的机械损失以及泵轮壳体与空气摩擦的风阻，则变矩比为 1，此时耦合器的效率 $\eta = i$，效率的曲线为一直线。一般在较低转速比时（$i = 0 \sim i_M$），液力变矩器的效率高于液力耦合器，但当转速比大于 i_M 后，液力耦合器的效率高于液力变矩器。单级两相液力变矩器的工作在任何转速比时，都处于最有利的高效率情况下，因而大大扩展了液力变矩器高效率区的工作范围。

必须指出，单级两相液力变矩器在转入液力耦合器工况工作时与一般液力耦合器的工作状况并不完全相同，这是因为存在一个随液流空转的导轮，因此要增加一部分能量损失。于是，单级两相液力变矩器在液力耦合器工况的效率曲线比一般耦合器的效率曲线要低一些。在一般液力耦合器中 $\eta_{max} = 97\% \sim 98\%$，而单级两相液力变矩器中 $\eta_{max} = 95\% \sim 97\%$。

2. 单级三相液力变矩器

某些起动变矩比 K_0 大的单级两相液力变矩器，在由变矩器工况过渡到耦合器工况时效率 η 值有些明显的下降，为了避免这一缺陷，可把单级两相液力变矩器的导轮分割成两个（D_I 和 D_{II}，见图 13.4.10），两个导轮分别安装在各自的单向联轴器上。

这种液力变矩器由于具有两个导轮，所以也称为单级双导轮多相液力变矩器，目前应用较广。

图 13.4.10 为一种典型的单级三相液力变矩器的结构简图、两个导轮在不同工况下受液流作用的示意图及其原始特性曲线。

在 $i = 0 \sim i'$ 区段，从涡轮流出的液流沿两个导轮 D_I 和 D_{II} 的工作面流动，如图中 1、2 所示的液流方向，液流作用在两导轮上的转矩 M_{DI} 和 M_{DII} 使两个单向联轴器都被楔紧，导轮 D_I 和 D_{II} 固定不转，此时液力变矩器如同一个简单的三叶轮液力变矩器。其原始特性见图 13.4.10（c）中 $0 < i \leqslant i'$ 区段的曲线。

当速比 i 增大至 $i' < i \leqslant i_M$ 时，液流作用于导轮 D_I 和 D_{II} 的方向如图 13.4.10（b）中 3、4 所示。由于 3、4 液流对导轮 D_I 的作用转矩 M_{DI} 改变方向，而对 D_{II} 的作用转矩 M_{DII} 方向保持不变，导轮 D_I 因单向联轴器松脱开始自由旋转。此时液力变矩器以泵轮 B、涡轮 T 和导轮 D_{II} 所组成的三叶轮液力变矩器进行工作，其原始特性见图 13.4.10（c）中 $i' < i \leqslant i_M$ 区段的曲线。

当速比 i 继续增高，达到 $i_M < i \leqslant 1$ 时，涡轮出口的液流方向变为 5，它对导轮 D_I 和 D_{II} 的作用转矩 M_{DI} 和 M_{DII} 均改变方向，导轮 D_I 和 D_{II} 的单向联轴器均松脱，导轮 D_I 和 D_{II} 自由旋转。此时，液力变矩器以耦合器工况工作，其原始特性见图 13.4.10 中的 $i > i_M$ 区段曲线。

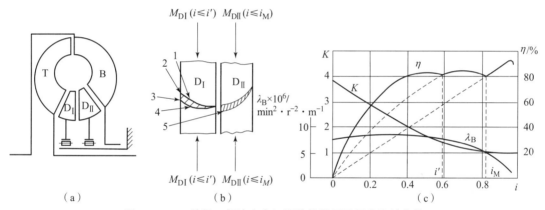

图 13.4.10　单级三相液力变矩器结构简图及原始特性曲线

（a）结构简图；（b）导轮受力示意图；（c）原始特性曲线

双导轮单级三相液力变矩器的原始特性，是两个液力变矩器和一个液力耦合器共同形成的。速比在 $i = 0 \sim i'$ 区段时，两个导轮固定不动，两个叶片组成一个弯曲程度较大的叶片，这样就保证了在较低的速比范围内，有较高的变矩比 K。当速比在 $i' < i \leqslant i_M$ 范围时，第一导轮 D_I 不参与工作，由于第二导轮 D_{II} 的叶片弯曲程度较小，此时导轮的入口冲击减小，因此在此范围内可得到较高的效率和较高的变矩器 $K = f(i)$ 曲线。在速比 $i_M < i \leqslant 1$ 区段中，由于两个导轮均不参与工作，液力变矩器的工作类似液力耦合器，此时变矩比为 1，而效率 $\eta = i$ 按直线规律变化。

由于第一导轮 D_I 叶片的入口角大于第二导轮 D_{II} 叶片的入口角，所以在液力变矩器正常工作情况下，不可能存在导轮 D_I 固定不转和导轮 D_{II} 自由旋转的相位，除非采用附加的特殊机构。

在双导轮单级三相液力变矩器中，第一导轮 D_I 和第二导轮 D_{II} 是严格地按不同的速比区域下顺次开始松脱旋转或接合固定的，这是由设计时赋予导轮 D_I 和 D_{II} 的不同叶片入口角度所决定的。

13.4.6　闭锁式和非闭锁式液力变矩器

根据液力变矩器中是否存在着将泵轮 B 和涡轮 T 闭锁成一体旋转的机构和工况，将液力变矩器分为闭锁式和非闭锁式两种。由于单级三叶轮液力变矩器的效率特性曲线 $\eta=f(i)$ 具有抛物线的形状，最高效率 $\eta_{\max}$ 点仅存在于一个特殊工况 i^* 时，因此不能认为是理想的。如果说在低速比情况下，由于变矩比 K 增大，因而改善了车辆的牵引性能，对效率 η 变低是可以容忍的话，那么高速比情况下，效率 η 变低则是特别不希望的。

采用转入耦合器工况或将泵轮和涡轮闭锁的方法，都可以提高在高速比下的效率值。其中，闭锁式液力变矩器是在一定工况下，采用闭锁机构，将泵轮和涡轮闭锁成一体。

现有的闭锁式液力变矩器主要有两种闭锁方案，如图 13.4.11 所示。

第一种方案如图 13.4.11（a）所示。此方案中，泵轮 B 与发动机轴相连，涡轮 T 与输出轴相连，导轮 D 则通过单向联轴器支撑在固定的壳体上。在低转速比时，单向联轴器楔紧，导轮固定不动，为液力变矩器工况。进入耦合器工况后，单向联轴器 M 使导轮与壳体分开，导轮则自由旋转，液力变矩器的泵轮和涡轮用片式摩擦离合器闭锁。由于存在一定的机械损失，其效率接近于 1，但小于 1。其中，闭锁控制点的设定应考虑变矩器的速比工况，应在 $i \geqslant i_{\mathrm{M}}$ 工况选择合适的闭锁点，否则泵轮 B 和涡轮 T 一体旋转时，内部静止的导轮会造成效率的下降。

第二种方案如图 13.4.11（b）所示。闭锁离合器 C_2 接合，C_1 分开时为液力传动，发动机的功率经离合器 C_2 传至泵轮，涡轮通过单向联轴器 M 与输出轴相连；当闭锁离合器 C_1 接合、C_2 分离时方案转为直接的机械传动，此时发动机的功率直接传至输出轴，液力变矩器的各个叶轮均停止不转，其中泵轮由于摩擦离合器 C_2 分离而脱开，涡轮由于单向联轴器 M 而脱开，因而大大减小了机械损失，效率较接近 1。

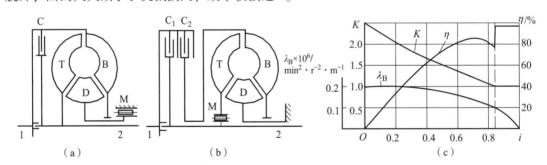

图 13.4.11　闭锁式液力变矩器的结构简图和原始特性曲线

必须指出，液力变矩器闭锁后转入机械传动，在提高效率的同时也失去了液力传动的各种优良性能。因此，运输车辆一般仅在良好路面高挡行驶时闭锁变矩器。有时为实现车辆拖车起动发动机以及下长坡利用发动机制动的工况，也可以采用可操纵的闭锁离合器方案。

13.4.7　可调节的液力变矩器

上述所有的液力变矩器都具有自调节性能，也就是在泵轮转速一定时，液力变矩器输出轴上转矩和转速随着外界负荷的变化能沿着外特性而自动变化的性能。

当需要强制调节输出轴上转矩和转速的数值时，需要改变泵轮轴的转速。在具有较大的转速变化范围的发动机时，可以采用改变泵轮转速 n_B 的方法对液力变矩器进行强制调节。这种调节方法既简便，又在许多情况下可以获得理想的效果。

但是在实际使用情况下，对急剧和大幅度改变负荷的车辆，采用改变泵轮轴转速的方法对液力变矩器进行强制调节不能保证输出轴上有足够大的转矩变化范围。对于这些车辆，可以采用机械变速箱加一般液力变矩器的方法，或者采用叶片可旋转的或者双泵轮的可调节式液力变矩器等来解决性能调节问题。

可调节液力变矩器能够根据负荷的不同，强制改变液力变矩器的外特性。

实验表明，液力变矩器的特性不允许用改变循环圆中工作油的充注量的方法来进行调节（这种方法在耦合器的调节中是常用的）。因为这种调节方法将破坏液流的形状，并且缺乏必要的补偿压力，因而使循环圆中工作液体产生气蚀现象，并导致效率的急剧降低和叶片的加速损坏。

图 13.4.12 是一种双泵轮可调能容的液力变矩器。在辅助泵轮 B_{II} 和主泵轮 B_I 之间有一个液压操纵的片式离合器 L。离合器 L 分离时，辅助泵轮 B_{II} 自由旋转，此时液力变矩器能容最小；离合器 L 完全接合时，辅助泵轮 B_{II} 和主泵轮 B_I 一起工作，能容最大；离合器 L 部分接合时，能容介于二者之间。这样，通过控制离合器的接合状态，就可得到可变的能容。

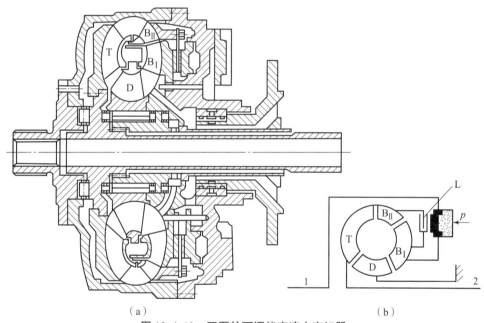

（a）　　　　　　　　　　　　　　（b）

图 13.4.12　双泵轮可调能容液力变矩器

（a）结构简图；（b）原理简图

通常叶片可调节的液力变矩器有两种方案。第一种方案为具有可旋转的泵轮叶片（图 13.4.13）；第二种方案为具有可旋转的导轮叶片（图 13.4.14）。在这两种方案中，叶片的每一个位置都相应具有一条自己的原始特性曲线。

图 13.4.13 为一个具有可旋转泵轮叶片的三级液力变矩器结构图及其在不同泵轮叶片旋转角时的原始特性曲线。

第一种方案有专门的调节机构来旋转泵轮叶片。对于每一个确定的泵轮叶片安装角的位置，可以得到一组外特性曲线。在不同泵轮叶片位置时，得到不同的特性曲线，如图 13.4.13 所示。

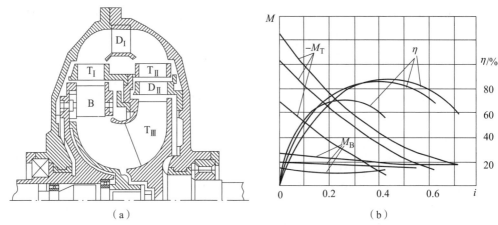

图13.4.13 泵轮叶片可旋转的可调式液力变矩器

(a) 结构图; (b) 原始特性曲线

第二种方案是另一种在泵轮转速不变情况下解决液力变矩器调节的结构措施，即应用可旋转的导轮叶片。此时，与有固定叶片的导轮不同，可以采用最合理的导轮叶片角度以保证获得最高的效率和变矩比。

对于具有圆柱状叶片的可调节式液力变矩器，转动导轮叶片可以采用与转动泵轮叶片同样的结构。导轮叶片可旋转的液力变矩器的结构图及原始特性曲线如图13.4.14所示。

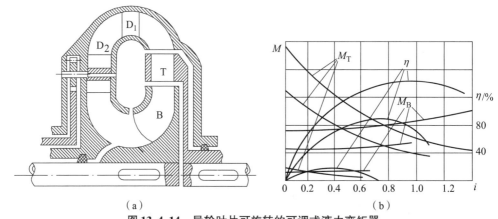

图13.4.14 导轮叶片可旋转的可调式液力变矩器

(a) 结构图; (b) 原始特性曲线

叶片可调节的液力变矩器结构复杂，价格较贵，因此其在车辆和工程机械上很少应用。目前，在运输车辆和工程机械上应用最广泛的还是单级两相或三相以及闭锁式液力变矩器。

13.4.8 液力变矩器的选型

液力变矩器的选型一般根据两个方面进行：一是根据给定或选定的发动机性能选择。根据发动机的类型、调速方式、功率、转速、适应系数等，选择液力变矩器的转速、承载能力、起动变矩比和透穿程度等。二是根据使用条件和要求选择液力变矩器的形式。例如，结构布置中传动轴希望由变矩器穿过时，就要求导轮直径大；对运输车辆则希望空载损失小、使用负荷变化大，要求变矩器正透性大；使用工况变化小时，则要求最高效率高；使用工况在一定范围内变化的，要求高效区宽或高效区有非透穿性等；其他还有超速要求、反转制动要求等。

液力变矩器可供选择的形式是多种多样的，应根据其特点进行选择。下面就一些形式的液力变矩器特点进行简要概述，作为选型参考。

1. 三元件向心涡轮式液力变矩器

这种变矩器在工程机械上应用最广泛。因为它结构简单、制造方便、价格便宜、工作可靠，其最高效率高、高效范围宽、空载损失小；在透穿性方面有较大的余地，具有正透穿性，透穿性系数可以在较大范围内变化，与内燃机匹配时，可利用一定程度的透穿性来协调和兼顾理想匹配中的要求。它的不足之处在于高速比时效率急速下降，在第二象限反转工况制动性能不稳定。

2. 简单离心涡轮或轴流式液力变矩器

这种变矩器具有一定的非透穿性，可与内燃机共同工作在一条负荷抛物线上，为此内燃机本身的适应性系数对共同工作输出特性没有影响，即采用任何形式的内燃机都一样。由于具有非透穿性，可以保证内燃机与液力变矩器共同工作时有最大的功率输出。当工作机超负荷停车时，由于泵轮转矩不变，传动系承受的静载荷和动载荷均较小，内燃机所承受的动载荷亦可减小，内燃机持续稳定工作可减少磨损和提高工作寿命。在反转工况，有良好的制动性能。其缺点是高速比时或空载时消耗的功率大，为此必须采取结构措施。另外，共同工作输出特性的高效转速范围和最大输出转矩，比正透穿性液力变矩器小。

3. 综合式液力变矩器和闭锁式液力变矩器

经常处于高速工况的液力传动，变矩器经常在高转速比下工作时，应采用综合式液力变矩器和闭锁式液力变矩器，可以提高高转速比时的效率，以利于提高生产率和经济性。但闭锁后将变为机械传动，不再具有液力变矩器的各种优点，且综合式液力变矩器与闭锁式液力变矩器结构都比较复杂，成本高。对于综合式变矩器，在耦合器最高效率工况（转速比达到 96%~97%）以后，效率仍会急剧下降。

4. 液力机械变矩器

液力机械变矩器具有液力传动和机械传动两者的优点，在低速时用液力传动，高速时用机械传动或直接传动，既可实现作业时的高效率，又可保持低速作业时液力传动的优点。其缺点是结构复杂，还要有附加的操纵系统，因此生产成本高。

同时，外分流式机械液力变矩器还是实现系列化生产的一种手段，既可避免生产多种规格和形式的液力变矩器，又能满足不同用户应用多种内燃机功率和转速时的匹配要求。

5. 带调速机构及可变能容的液力变矩器

它们能使内燃机的功率更好地被利用，使共同工作匹配得更好，还可以把内燃机的功率和其他消耗功率在机构中任意分配比例。这种变矩器可以实现转速和转矩的控制，可以防止轮胎打滑和早期磨损等。

液力变矩器的选型，就是由现有成熟的液力变矩器形式中，选出满足动力机（如内燃机）要求和性能上满足使用要求，结构工艺性好，成本低的形式。

13.5　液力变矩器与发动机共同工作

13.5.1　与发动机共同工作的输入特性

液力传动车辆的性能，不仅与所应用发动机、液力变矩器、变速箱和行动装置等的性能有关，而且与它们之间的配合是否恰当有关。特别是车辆的牵引性能和燃油经济性，在很大程度上取决于发动机与液力变矩器的共同工作性能是否良好，一台性能良好的发动机，与一台性能良好的液力变矩器共同工作，未必能够得到较为理想的匹配。因此，共同工作与匹配，是两个并不相同的概念。

研究发动机与液力变矩器的共同工作，就是研究它们共同工作的输入特性、共同工作的范围、稳定性以及共同工作的输出特性；研究发动机与液力变矩器匹配，重点则是匹配原则及获得最佳共同工作性能的方法。

发动机与液力变矩器共同工作的输入特性，是指液力变矩器不同速比 i 时，液力变矩器与发动机共同工作的转矩和转速的变化特性。它是研究发动机与液力变矩器匹配的基础，也是研究发动机与液力变矩器共同工作输出特性的基础。

1. 与发动机共同工作的输入特性计算方法

下面以普通单级液力变矩器与全程调速柴油发动机直接相连时共同工作的输入特性为例，简述获得共同工作输入特性的过程和方法。

（1）获取共同工作输入特性，首先需要有液力变矩器的原始特性、发动机净外特性以及变矩器传动介质的密度 ρ 和有效直径 D。

（2）在液力变矩器的原始特性曲线图上（图 13.5.1）给定若干液力变矩器的工况（即速比 i）。对于普通的单级液力变矩器，可选择起动工况 i_0；高效区的转速比（$\eta = 75\% \sim 80\%$）i_1 和 i_2；最高效率工况 i^* 和最大转速比工况（空载工况）$i_{\max}$ 等。对两相液力变矩器应增加液力变矩器转入耦合器工作时的转速比 i_M。

（3）根据给定的速比 i，由液力变矩器原始特性曲线的转矩系数 $\lambda_B = f(i)$ 曲线分别定出对应的转矩系数值 λ_{B0}、λ_{B1}、$\lambda_B{}^*$、λ_{B2}、λ_{BM} 和 $\lambda_{B\max}$ 等。为了作图精确，可以根据需要增加转速比 i 的数目，并确定相应的 λ_B 的数值。

（4）根据所确定的不同转速比 i 时的转矩系数值及液力变矩器的有效直径 D，应用液力变矩器泵轮的转矩计算公式 $M_B = \rho g \lambda_B n_B^2 D^5$，计算并绘制液力变矩器泵轮的负荷抛物线。

（5）将发动机的净转矩外特性与液力变矩器的负荷抛物线，以相同的坐标比例绘制在一起，即得发动机与液力变矩器共同工作的输入特性。图 13.5.2 为发动机与正透穿性液力变矩器共同工作的输入特性曲线。

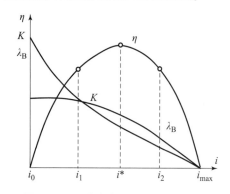

图 13.5.1　液力变矩器原始特性曲线

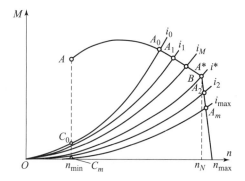

图 13.5.2　发动机和正透穿性液力变矩器
共同工作输入特性曲线

2. 与发动机共同工作的输入特性匹配分析

负荷抛物线与发动机转矩净外特性的一系列交点就是最大油门开度时，发动机与液力变矩器共同工作的稳定点。其对应的转速和转矩为共同工作时发动机与泵轮轴的转速和传递的转矩。

由变矩器最小泵轮转矩系数和最大泵轮转矩系数所确定的两条负荷抛物线，它们所截取的发动机转矩净外特性的曲线部分，即为处于发动机外特性下工作，两者共同工作的范围；这两条负荷抛物线与发动机转矩净外特性的交点所确定的曲线范围，为在发动机部分供油时，发动机与液力变矩器共同工作的范围，见图 13.5.3 阴影部分。

共同工作的全部范围，为发动机转矩净外特性与两条负荷抛物线所确定的扇形面积，这个扇形面积的大小及所处位置，影响并决定着共同工作的基本性能。

影响共同工作范围宽度的主要因素是液力变矩器的透穿性，具有不透穿、正透穿、负透穿、混合透穿性的液力变矩器与发动机共同工作的特性曲线形状分别见图 13.5.3（a）~图 13.5.3（d）。

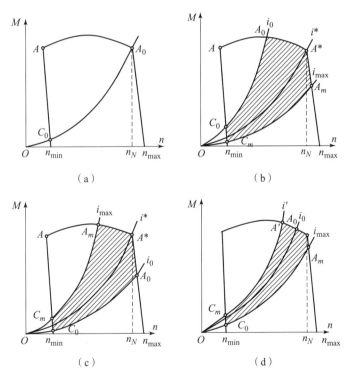

图 13.5.3 不同透穿性的液力变矩器与发动机共同工作的输入特性曲线
（a）不透穿；（b）正透穿；（c）负透穿；（d）混合透穿

3. 理想匹配的基本原则

由液力变矩器与发动机共同工作的输入特性来评价两者匹配是否合理时，单从共同工作范围的面积大小来看是不够的，还必须了解共同工作范围在发动机全部工作范围中的位置，也就是在发动机净外特性和部分特性的全部区域。

理想匹配，就是希望共同工作所利用的发动机工作区段，能够良好地满足车辆和工程机械的工作需求，同时还能兼顾到以下几个原则：

（1）在液力变矩器的整个工作范围内，应能充分利用发动机的最大有效功率，因为功率利用率高，就能保证运输车辆和工程机械有较高的平均速度和较高的作业生产率。为此，就要求最高效率点工况对应的负荷抛物线最好通过发动机的最大功率点；希望高效区所对应的共同工作点在发动机最大功率点附近，充分利用发动机的最大净功率。

（2）为使运输车辆和工程机械在起步工况、爬最大坡度工况或最大载荷的作用工况下能够获得最大的输出转矩，希望液力变矩器在低转速比时的负荷抛物线（特别是 $i=0$ 时的负荷抛物线）能通过发动机的最大转矩点。

（3）为使运输车辆和工程机械具有良好的燃料经济性，希望共同工作的整个范围能够在发动机的比燃料消耗量最低值 g_{emin} 的工况附近。这样就可以使车辆的燃料消耗量较小。

13.5.2　与发动机共同工作的输出特性

发动机与液力变矩器共同工作的输出特性，是指发动机与液力变矩器共同工作时，输出转矩 $-M_T$、输出功率 $-P_T$、每小时燃料消耗量 G_T、比燃料消耗量 g_{eT} 和泵轮转速 n_B 等与涡轮转速 n_T 之间的关系。

当发动机与液力变矩器组合后，其输出特性与发动机特性就完全不同了，如同形成一种新的动力装置。

它与原发动机外特性的区别在于：当 $n_T=0$ 时，具有一定的转矩 $-M_T$ 值。也就是说，传动装置中具有变矩器的车辆，可以得到任意低的速度，直至为零。同时，新的转矩特性工作范围也加宽了。但是工作范围的加宽，是由泵轮与涡轮间存在转速差而换取的，也就是以功率的损失来换取的。因此，采用变矩器来改善输出特性的同时，必然使整个传动效率降低。发动机和液力变矩器共同工作的输出特性是进行液力传动车辆牵引计算的基础。

当发动机带着变矩器共同工作时，变矩器还可以很好地防止发动机的扭振传给传动装置，以及防止传动装置的振动传到发动机上。这样，可使发动机与传动装置的各部件寿命提高很多。

1. 与发动机共同工作的输出特性计算方法

（1）获取共同工作输出特性，首先需要有液力变矩器的原始特性，以及发动机与液力变矩器共同工作的输入特性。

（2）根据共同工作的输入特性，确定在不同转速比 i 时，液力变矩器负荷抛物线与发动机转矩外特性相交点的转矩 M_B 和转速 n_B，由发动机的外特性上，确定对应的每小时燃料消耗量 G_T 或比燃料消耗量 g_{eT}。一般选择 i_0、i_1、i^*、i_2、i_M 和 i_{max} 等有代表性的工况，但为了绘图准确，也可以多选一些工况。

（3）根据选定的转速比 i 值，在液力变矩器原始特性曲线上，确定对应的变矩比 K 值和效率 η 值。

（4）根据选定的转速比 i 及此转速比时负荷抛物线与发动机外特性交点的转速 n_B 值，计算涡轮转速 n_T：

$$n_T = in_B$$

根据有关公式，分别计算在上述涡轮转速下的有关参数，如 M_T、P_T、G_T 和 g_{eT} 等。

330

$$-M_T = KM_B$$

$$P_T = \eta P_B = \eta \frac{T_B n_B}{9\,549}$$

G_T 根据对应的转速在发动机外特性上确定。比燃料消耗量 g_{eT} 为

$$g_{eT} = \frac{G_T}{P_T}$$

（5）将上述计算所得数据列表，并以涡轮转速为横坐标，其他参数为纵坐标，进行绘图，即得发动机与液力变矩器共同工作的输出特性，见图 13.5.4。

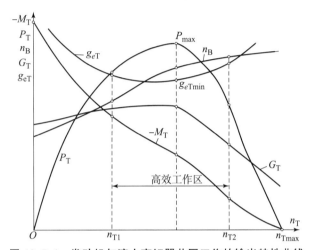

图 13.5.4　发动机与液力变矩器共同工作的输出特性曲线

2. 与发动机共同工作的输出特性匹配分析

液力变矩器与发动机共同工作的输出特性，是进行运输车辆和工程机械牵引计算的基础。理想共同工作输出特性希望在高效区工作范围或整个工作范围内，应保证获得最高的平均输出功率、较低的平均油耗量；高效区的工作范围应较宽；起动工况输出转矩越大越好。

当发动机功率一定时，共同工作输出特性的好坏，取决于发动机调速器的形式、液力变矩器的尺寸和原始特性以及共同工作的输入特性。

发动机串联变矩器后的优点：扩大了发动机工作的范围；共同工作后的适应性系数远比发动机适应性系数高；大大提高了发动机可以稳定工作的转速范围。其缺点：效率低、比燃料消耗量上升。

13.5.3　液力变矩器与发动机的匹配

1. 调整有效直径 D 改善发动机与变矩器匹配的方法

在液力变矩器形式一定的情况下，通过调整有效直径 D 来改变共同工作的输入特性。由图 13.5.5 可以看出，当有效直径增大时，即 $D > D'$，整个工作范围向左方移动；当有效直径减小时，整个工作范围向右方移动。因此，可以根据使用要求，选择液力变矩器的不同有效直径，来达到较好的匹配性能。

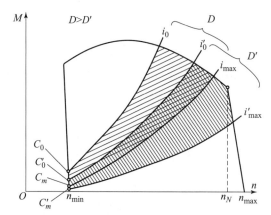

图 13.5.5　不同有效直径的变矩器和发动机的共同工作输入特性曲线

2. 在发动机和变矩器间安装中间传动改善匹配的方法

由 $M_{ej}\eta_{eB}i_{eB} = \lambda_B \rho g \left(\dfrac{n_e}{i_{eB}}\right)^2 D^5$，可得

$$i_{eB} = \sqrt[3]{\frac{\lambda_B \rho g n_e^2 D^5}{M_{ej}\eta_{eB}}}$$

为缩小车辆尺寸和减轻车辆质量，希望以较小尺寸的液力变矩器来传递发动机最大净功率。因此，往往可以在发动机和液力变矩器之间采用增速传动，提高液力变矩器的泵轮转速。但是泵轮转速提高后，必须从强度上考虑泵轮的最大切线速度是否超过材料容许的极限。此外，还必须考虑泵轮转速提高后，为了防止气蚀应相应提高补偿压力，同时油压增大后要考虑到各种密封的可靠性。泵轮转速也不能过高，否则由于工作液体流速过大，易产生涡漩，损失增大，将使液力变矩器性能恶化。

发动机经过中间传动后，输出的转矩和转速将发生变化，转矩 $M = M_e i_{eB}$，转速 $n = n_e / i_{eB}$。当 $i_{eB} > 1$ 时，输出的转矩增大，转速降低，即转矩外特性曲线向左上方移动；当 $i_{eB} < 1$ 时，输出的转矩降低，转速增大，即转矩外特性曲线向右下方移动（图 13.5.6）。因此，通过调整中间传动的传动比 i_{eB}，可达到较好的匹配性能。

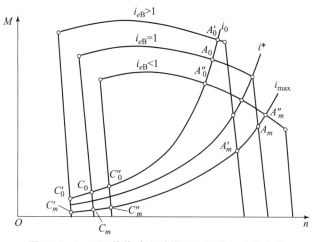

图 13.5.6　不同前传动比时共同工作输入特性曲线

3. 不同透穿性的液力变矩器与发动机的匹配

图 13.5.7 表示具有不同透穿性的液力变矩器与发动机的匹配。其中，图 13.5.7（a）为不透穿的液力变矩器，图 13.5.7（b）为正透穿的液力变矩器，图 13.5.7（c）为负透穿的液力变矩器。

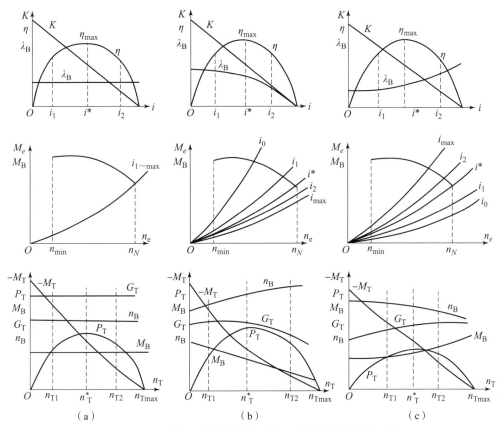

图 13.5.7　具有不同透穿性的液力变矩器与发动机的匹配

（a）不透穿；（b）正透穿；（c）负透穿

由于透穿性不同，共同工作的输出特性也不相同，最明显的特点是输出特性的高效率工作范围不同。对于不透穿的液力变矩器，$d_T = n_{T2}/n_{T1} = i_2/i_1$；对于正透穿的液力变矩器，$d_T = n_{T2}/n_{T1} > i_2/i_1$；对于负透穿的液力变矩器，$d_T = n_{T2}/n_{T1} < i_2/i_1$。

由上述可以看出，不透穿的液力变矩器的平均输出功率较大，高效范围中等，发动机的工况则大致是不变的。正透穿的液力变矩器的高效工作区最大，平均输出功率中等。负透穿的液力变矩器的高效工作区范围窄，平均输出功率低，因而在运输车辆和工程机械上不宜应用。

4. 液力变矩器有效直径的确定

以变矩器最高效率时的传动比来传递发动机最大净功率，此时液力变矩器的有效直径为

$$D = \sqrt[5]{\frac{M_{ej}}{\lambda_B \rho g n_B^2}} \qquad (13.5.1)$$

式中，M_{ej}——最大净功率所对应的转矩。

若发动机和变矩器之间有传动箱，则由 $M_{ej}\eta_{eB}i_{eB} = \lambda_B\rho g \left(\dfrac{n_e}{i_{eB}}\right)^2 D^5$，可得

$$D = \sqrt[5]{\frac{M_{ej}\eta_{eB}i_{eB}^3}{\lambda_B\rho g n_e^2}} \quad \text{或} \quad D = \sqrt[5]{\frac{M_{ej}\eta_{eB}i_{eB}}{\lambda_B\rho g n_B^2}} \tag{13.5.2}$$

如果发动机和变矩器之间采用减速传动，$i_{eB}>1$，则液力变矩器的有效直径 D 要比直接相连时大；反之，若采用增速传动，$i_{eB}<1$，则液力变矩器的尺寸可以减小。

根据相似原则，若只有泵轮转速 n_B 改变，有

$$\begin{cases} M_{Bs} = \rho g\lambda_B n_{Bs}^2 D^5 \\ M_{Bm} = \rho g\lambda_B n_{Bm}^2 D^5 \end{cases}$$

可得

$$M_{BS} = M_{Bm}\left(\frac{n_{Bs}}{n_{Bm}}\right)^2 \tag{13.5.3}$$

若只有有效直径 D 改变，有

$$\begin{cases} M_{Bs} = \rho g\lambda_B n_B^2 D_s^5 \\ M_{Bm} = \rho g\lambda_B n_B^2 D_m^5 \end{cases}$$

可得

$$M_{Bs} = M_{Bm}\left(\frac{D_s}{D_m}\right)^5 \tag{13.5.4}$$

考虑实际与动力机匹配时需要兼顾其他工况的使用，所选择直径和对应的选径工况（i_X），与上式得到的有效直径及其对应的计算工况（i^*）略有偏离，但偏离不应导致选径工况对应的效率值过低，否则就是违背了前面提到的3个基本的理想匹配的原则。

耦合器的选径工况 i_X 就是最高效率工况，即耦合器额定转速比工况 i_e，对限矩型液力耦合器 $i_e = 95\% \sim 98.5\%$，对普通型和调速型液力耦合器 $i_e = 97\% \sim 98.5\%$。

综合式液力变矩器，当 $i < i_M$ 时作为变矩器工作，当 $i \geq i_M$ 时作为耦合器工作。在变矩器工况工作时效率有一个极值（$i = i^*$ 时），在耦合器工况达到最大值（$i = 95\% \sim 97\%$ 时）。选径工况如定在耦合器段，则泵轮转矩系数 λ_B 数值较小，由式（13.5.1）可知有效直径会很大，而且与发动机共同工作时，应用范围较小。若选径工况定在变矩器计算工况，则泵轮转矩系数 λ_B 数值较大，有效直径较小。

综合式液力变矩器的选径工况一般采取折中方法，即在使用中既有变矩器工况也要有耦合器工况。对工程机械则以变矩器工况为主，要求使用过程变矩比大，所以选径工况应偏向变矩器工况的 i^*；对于行驶车辆，变矩器工况用于加速，正常行驶时希望高速、高效率，因此选径工况应偏向耦合器工况，重型汽车 $i_X = 85\% \sim 90\%$。选径是否合适，最终评价是看其输出特性在动力性和经济性上是否满足要求。

思考与习题

13-1. 说明变矩器的变矩原理。

13-2. 试分别推导泵轮转矩 M_B 和涡轮转矩 M_T 的表达式。

13-3. 说明透穿性系数的意义。按透穿性系数变矩器可分为哪几类？如何区分？

13-4. 什么叫液力变矩器的外特性？如何获得液力变矩器的外特性？

13-5. 什么叫液力变矩器的原始特性？如何获得液力变矩器的外特性？

13-6. 为什么可调液力变矩器不能用改变充液量来达到？现用的可调液力变矩器有哪几种？

13-7. 说明液力变矩器的负荷特性。可透穿和不可透穿的液力变矩器负荷特性有什么不同？

13-8. 如何获得发动机和液力变矩器共同工作输入特性和输出特性？和发动机单独工作相比，发动机和液力变矩器共同工作有什么优点？

13-9. 发动机和液力变矩器共同工作时，应如何实现两者最理想的匹配？

13-10. 已知发动机净转矩特性（题 13-10 表 1）和液力变矩器原始特性（题 13-10 表 2），发动机至液力变矩器泵轮为齿轮传动，传动比为 0.67，效率为 0.95。液力变矩器有效圆直径 $D = 0.4$ m，工作液体密度为 $\rho = 860$ kg/m³。试求发动机和变矩器共同工作输入特性和输出特性。

题 13-10 表 1　发动机净转矩特性

$n_e/(\text{r} \cdot \text{min}^{-1})$	$M_e/\text{N} \cdot \text{m}$
800	2 513.3
900	2 657.9
10 00	2 780
1 100	2 879.6
1 200	2 956.8
1 300	3 011.4
1 400	3 043.6
1 500	3 053.3
1 600	3 040.5
1 700	3 005.2
1 800	2 947.4
1 900	2 867.2
2 000	2 764.4
2 100	2 639.2
2 200	2 491.5
2 500	0

题 13-10 表 2　液力变矩器原始特性

i	K	$\lambda_B \times 10^6/\text{min}^2 \cdot \text{r}^{-2} \cdot \text{m}^{-1}$	η
0	2.54	3.05	0.00
0.387	1.77	2.77	0.69
0.435	1.69	2.71	0.73

i	K	$\lambda_B \times 10^6/\text{min}^2 \cdot \text{r}^{-2} \cdot \text{m}^{-1}$	η
0.510	1.55	2.62	0.79
0.595	1.38	2.52	0.82
0.641	1.30	2.45	0.83
0.700	1.20	2.34	0.84
0.757	1.09	2.22	0.83
0.784	1.04	2.13	0.81
0.805	1.00	2.04	0.81
0.853	1.00	1.62	0.85
0.901	1.01	1.12	0.91
0.946	1.03	0.62	0.97

第 14 章

液力耦合器和液力减速器

本章内容主要包括液力耦合器工作原理、结构特点、特性及与异步电机的匹配，液力减速器的介绍。

通过本章的学习，应掌握以下内容：

(1) 液力耦合器的基本结构和工作原理；

(2) 液力耦合器的特性；

(3) 液力耦合器与异步电机的匹配；

(4) 液力减速器的基本原理。

14.1 液力耦合器的工作原理和结构特点

液力耦合器可对系统隔离振动，用于改善起动冲击。目前耦合器在车辆主传动系统中应用得很少，大多用在辅助传动中，如驱动发动机冷却系统风扇。耦合器在筑路、运输、起重和矿山等机械方面应用也很广，特别是以电动机为原动机来驱动工作机械时，耦合器更不可少。

14.1.1 基本结构

液力耦合器由泵轮 B 和涡轮 T 组成，同时有一旋转外壳防止液体在工作中外泄。耦合器的泵轮、涡轮上分布有若干叶片。现在耦合器的结构中，泵轮和涡轮常常是对称的，但是非对称工作轮的耦合器，目前也已经得到广泛使用。有内环的耦合器，工作轮由外环、内环、叶片组成。无内环的耦合器，其液流循环与有内环的相同，现代工程中较多采用，如图 14.1.1 所示。

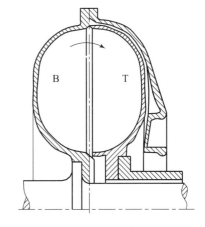

图 14.1.1 无内环液力耦合器循环圆示意图

14.1.2 工作原理

耦合器是利用液体来传递能量的液力元件。它能保证主动轴和被动轴之间的柔性传动，并且当工作液体与工作轮相互作用时，将主动轴上的转矩大小不变地传递给被动轴。

与泵轮刚性连接的主动轴是由发动机轴带动旋转的，其转速为 n_B。由泵轮流出的液体进入涡轮，并冲击它的叶片，液流被迫沿涡轮叶片间的流道流动，液流的速度减小；同时，液体的能量转变成耦合器被动轴（与涡轮刚性相连）上的机械能。被动轴以转速 n_T 旋转。当液体对涡轮做功，能量降低以后，又重新回到泵轮，吸收能量。如此继续不断循环，就实现了泵轮与涡轮之间的能量传递。

在一般情况下，耦合器的涡轮转速 n_T 总是小于泵轮转速 n_B，因此工作液体在泵、涡轮叶片间通道内的流动总是沿着图 14.1.2 中的箭头方向进行的。

当涡轮的转速 n_T 大于泵轮的转速 n_B 时，工作液体将会发生与箭头相反方向的流动，涡轮将起到相当于泵轮的作用，而泵轮由涡轮带动旋转。例如，耦合器作为车辆传动中的一个元件，当车辆在重力作用下快速下坡时，涡轮转速就有可能超过泵轮转速，并带动泵轮旋转，此时泵轮与发动机一起起到阻止车辆高速下坡的作用。

下面来分析耦合器速度的关系。

假定工作轮的叶片都是径向的直叶片，片数 $z = \infty$，泵轮和涡轮进出口角均为 $90°$，$\beta_{B1} = \beta_{B2} = \beta_{T1} = \beta_{T2} = 90°$，则有：$w = v_m$，$u = v_u$。因此画出泵轮和涡轮进出口的速度三角形，如图 14.1.2 和图 14.1.3 所示。

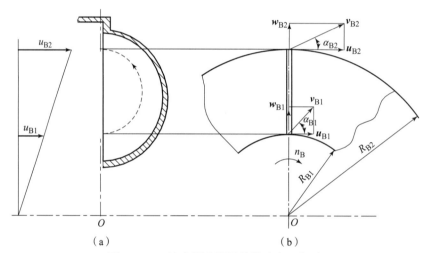

图 14.1.2　液力耦合器泵轮的速度三角形

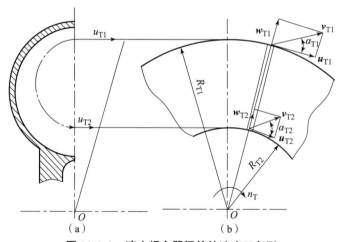

图 14.1.3　液力耦合器涡轮的速度三角形

因为工作液体在工作轮间无叶片区流动时的动量矩不变，即有

$$v_{uB2}R_{B2} = v_{uT1}R_{T1}, v_{uT2}R_{T2} = v_{uB1}R_{B1}$$

泵轮和涡轮转矩分别为

$$M_B = \rho q(v_{uB2}R_{B2} - v_{uB1}R_{B1}) = \rho q(u_{B2}R_{B2} - u_{B1}R_{B1}) \tag{14.1.1}$$

$$M_T = \rho q(v_{uT2}R_{T2} - v_{uT1}R_{T1}) = \rho q(u_{T2}R_{T2} - u_{T1}R_{T1}) \tag{14.1.2}$$

即得

$$M_B + M_T = 0$$

此式说明，一切耦合器中，泵轮叶片所给予液体的转矩恒等于液体作用于涡轮叶片上的转矩，即耦合器不能改变所传递转矩的大小。

将 $u_{B2} = \omega_B R_{B2} = \dfrac{\pi}{30}n_T R_{B2}$，$u_{T2} = \dfrac{\pi}{30}n_T R_{T2}$ 代入式（14.1.1）和式（14.1.2），可得

$$M_B = \frac{\pi\rho q}{30}(R_{B2}^2 n_B - R_{T2}^2 n_T) \tag{14.1.3}$$

由上式可见，当 n_B，ρ 为常数时，泵轮转矩 M_B（或涡轮输出转矩 $-M_T$）随 n_T 变化的规律与耦合器循环圆中流量 q 随 n_T 的变化规律相似。

和液力变矩器一样，液力耦合器在平衡工况下存在能量平衡关系：

$$H_B + H_T - \sum H_s = 0 \tag{14.1.4}$$

式中，H_B——泵轮使流经泵轮后单位重量的液体所增加的能头，一般为正值；

H_T——涡轮使流经涡轮后单位重量的液体所增加的能头，一般为负值；

$\sum H_s$——液体在流动过程中消耗于液力耦合器的泵轮和涡轮中的能头，$\sum H_s = H_{sB} + H_{sT}$，$H_{sB}$ 和 H_{sT} 分别为消耗于泵轮和涡轮中的能头。

14.2　液力耦合器的外特性、通用特性和原始特性

14.2.1　液力耦合器的外特性

耦合器的效率是它的输出功率与输入功率之比，即

$$\eta = \frac{P_T}{P_B} = \frac{-M_T n_T}{M_B n_B} = Ki$$

式中，$K = \dfrac{-M_T}{M_B}$——耦合器的变矩比，$K = 1$。

则耦合器的效率为

$$\eta = i \tag{14.2.1}$$

耦合器的效率 η 是评价其经济性能的指标。当泵轮转速 n_B 为常数时，耦合器的效率 $\eta = f(i)$ 是直线变化的，因此不再进行讨论。

耦合器的泵轮输入功率 P_B 是评价其能容量大小的指标。除了用转速比 i 表示耦合器工况外，也常用相对滑转率 s 来表示工况。相对滑转率（简称滑转率）是指泵轮与涡轮的转速差与泵轮转速的比值（百分数），即

$$s = \frac{n_B - n_T}{n_B} \times 100\% = (1 - i) \times 100\% \tag{14.2.2}$$

显然，$i = 0$ 时，$s = 100\%$；$s = 0$ 时，$i = 1$。

下面讨论耦合器外特性中的转矩 $M_B = f(n_T)$ 及 $-M_T = f(n_T)$ 的变化情况。

对径向直叶片的耦合器来说，忽略耦合器中圆盘摩擦阻力、轴承阻力、油封阻力和外壳的风阻所产生的转矩，由式（14.1.3）可得出泵轮轴上转矩为

$$M_B = \frac{\pi \rho q}{30}(R_{B2}^2 n_B - R_{T2}^2 n_T)$$

液力耦合器的外特性是指当泵轮转速和工作液体不变时，泵轮轴上的转矩、涡轮轴的输出转矩及耦合器效率与涡轮转速之间的关系。即

$$M_B = f(n_T), \ -M_T = f(n_T), \eta = f(n_T)。$$

耦合器的外特性一般由试验求得。泵轮转速为一定值。几何尺寸不同，外特性曲线不同。

因为功率 P_B 和 $M_B n_B$ 成正比，n_B 为常数时，若改变外特性转矩坐标的比例，$M_B = f(n_T)$ 曲线也代表了耦合器泵轮的功率 $P_B = f(n_T)$ 的曲线。

图 14.2.1 中 $\eta = f(i)$ 的虚线，是未考虑各种能量损失时所获得的理论变化关系，即 $\eta = i$，为 45° 的斜线，直至 $i = 1$ 处。实际耦合器的效率随转速比 i 变化的关系曲线如图 14.2.1 上实线所示。这是因为当耦合器在高转速比（$0.95 < i < 1$）工作时，液体的循环流动明显减弱，摩擦损失转矩所占的比重显著增加，所以效率显著地低于转速比，在 $i = 0.985$ 左右，η 即达到最大值，随之急剧下降，到 $i \approx 1$ 时，效率等于零。

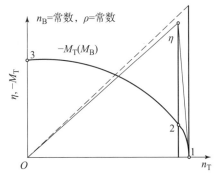

图 14.2.1　液力耦合器的外特性曲线

耦合器的计算工况（或称设计工况），一般是在 $i^* \approx 0.95 \sim 0.98$ 内，并且与耦合器的结构有关。

耦合器不仅在牵引工况和制动（反传）工况下能够工作，并且在反传工况下也能工作。这里主要讨论液力耦合器在牵引工况和反传工况下的特性。

1. 牵引工况

功率由泵轮输入，涡轮输出，且两工作轮旋转方向相同的工况，为耦合器的牵引工况（常用工况），其外特性见图 14.2.1，在图上给出了特征点 1，2 和 3。

特征点 1 是空负荷工况，也就是外负荷等于零时的工况（如汽车停车，发动机带动耦合器空转状况）。该点处的 $M_B = -M_T \approx 0$；$n_B \approx n_T$；$i \approx 1$，$s = 0$；$P_B = P_T \approx 0$，$\eta \approx 0$。

特征点 2 是计算工况，即耦合器设计时传递设计功率时所选的工况，一般该工况的效率 η^* 对应于耦合器的最大效率值 η_{max}。根据传递的功率大小，制造的方法不同，$\eta^* = \eta_{max}$ 变化在 $0.95 \sim 0.98$ 内。一般汽车用耦合器 $\eta^* = 0.97$；挖土机用耦合器 $\eta^* = 0.95 \sim 0.96$。如果要求计算工况的能容量较大，则 i^* 较低，而 η^* 也偏离最大效率值而降低。

在计算工况 i^* 下，耦合器传递的转矩较小，随着 i 的减小，传递转矩的能力迅速增大。因而提出了耦合器过载能力的问题，常用过载系数 K_g 来作为评价指标。

$$K_g = \frac{M_{max}}{M^*} \quad\quad (14.2.3)$$

式中　M_{max}——$i = 0$ 时，耦合器泵轮转矩；

M^*——$i = i^*$ 时，耦合器泵轮转矩。

在计算工况点 2 处的参数关系为

$$n_T^* = i^* n_B \approx 0.97 n_B, s^* \approx 3\%, P_B = P^*, P_T = \eta^* P^*$$

特征点 3 是起动工况，相当于发动机带着耦合器带载起动时，耦合器涡轮不转时的工况。该点的参数为 $M_B = -M_T = M_{max}$；$n_T = 0$；$i = 0$；$s = 100\%$；$P_T = 0$；$\eta = 0$。

由于起动工况时耦合器所传递的功率全部转变成热量，容易引起传动装置的过热。因此，一般耦合器在牵引工况工作时，特征点 1 到特征点 2 之间是传动装置的正常工作范围，而特征点 2 到特征点 3 之间是超载工况范围。

2. 反传工况

反传工况就是涡轮的转速大于泵轮转速，涡轮带动泵轮旋转的工况，即 $n_T > n_B$，因此也称为超速工况。例如，当车辆下长坡，汽车在平坦公路上由高挡换低挡的换挡过程中，耦合器都处于反传工况下工作。

图 14.2.2（a）为耦合器在反传工况下工作的简图，此时工作液体由涡轮流向泵轮（图 14.2.2（a）中用虚线箭头表示），涡轮变成泵轮工作，而泵轮变成涡轮工作，能量的传递方向改变了，耦合器在反传工况下同样可有效地传递功率。在反传工况下耦合器中工作液体的能量平衡方程仍为 $H_B + H_T - \sum H_s = 0$，但式中 H_B 为负值，而 H_T 为正值。

图 14.2.2（b）表示耦合器在反传工况下工作的外特性曲线。该特性曲线的斜率 $k = \dfrac{dM}{dn_T}$ 比耦合器在牵引工况下工作的外特性增大了，这是因为涡轮变成泵轮工作，而涡轮的转速较高的缘故。

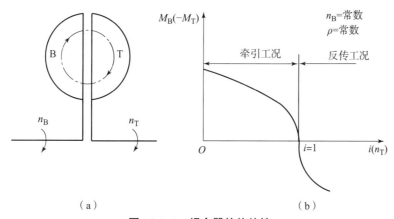

（a）　　　　　　　　　　　　　　　　（b）

图 14.2.2　耦合器的外特性

（a）工作简图；（b）反传工况的外特性曲线

14.2.2　液力耦合器的原始特性

和液力变矩器类似，耦合器传递的转矩

$$M_B = \rho g \lambda_B n_B^2 D^5 \tag{14.2.4}$$

式中，ρ——工作液体的密度，kg/m^3；

　　　n_B——泵轮的转速，r/min；

　　　D——循环圆的有效直径，m；

λ_B——泵轮转矩系数，$\min^2/(r^2 \cdot m)$。

由上式可得耦合器泵轮转矩系数

$$\lambda_B = \frac{M_B}{\rho g n_B^2 D^5} \qquad (14.2.5)$$

由式（14.2.1）得，耦合器的效率为

$$\eta = i$$

液力耦合器原始特性曲线如图14.2.3所示。

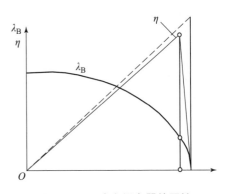

图 14.2.3 液力耦合器的原始
特性曲线

14.2.3 液力耦合器的通用特性

耦合器的通用特性可根据某种类型耦合器的原始特性用式（14.2.4）求得。

当 D 和 ρ 一定时，给定某一泵轮转速 n_B，然后再给出不同的 n_T 值，计算出相应的转速比 i，在原始特性曲线上分别找出各转速比 i 下的 λ_B 值，再利用式（14.2.4）可算出对应的各 M_B 值，这样，就可给出所给定 n_B 的一条 $-M_T = f(n_T)$ 曲线，用类似的方法就可绘出不同 n_B 下的 $-M_T = f(n_T)$ 曲线（图14.2.4）。

由 $M = \rho g \lambda_B n_B^2 D^5$ 可知，当 D、ρ 和 i 一定时，则

$$-M_T = c n_T^2$$

式中，c——常数。

因此，图14.2.4上的每条等效率曲线是过坐标原点的抛物线。

将不同 n_B 时的 $M_T - n_T$ 特性曲线绘在同一坐标图上，即得到耦合器的通用特性曲线。

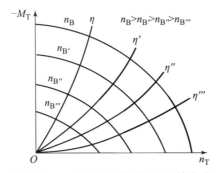

图 14.2.4 液力耦合器的通用特性曲线

利用通用特性除了可以确定出耦合器外特性各参数（$-M_T$，n，n_T，η）外，还可以用作图法直接绘出耦合器与原动机共同工作的输出特性曲线。

14.2.4 液力耦合器在部分充液时的工作及特性

无内环的液力耦合器多数情况是在工作腔不充满液体的条件下工作的。在相同的结构流道条件下，在不同的工况下液体实际通流空间的几何位置和形状是发生变化的。

无内环耦合器部分充液时的液体流动情况，可做如下简化说明：

（1）当滑转率 $s = 0$ 时，工作腔和辅室中液体没有相对运动（$n_B = n_T$），液体受离心力的作用，呈环状分布在工作轮中远离轴线的外侧，空气则集中在循环圆的小半径位置。液体

与空气分界的自由表面是一个以旋转轴线为中心线的圆柱面，如图 14.2.5（a）所示。

（2）当滑转率 s 不大时，循环流动开始产生。涡轮中液体向心流动，但很快又在涡轮牵连运动离心力作用下折向泵轮并有一定的离心趋势，此时流动呈"小循环"转态；随着滑转率 s 进一步增加，涡轮中向心流动增强，此时液体流动还有一个清晰的自由表面，如图 14.2.5（b）和图 14.2.5（c）所示。

在上述过程中，由于流量的增加，泵轮转矩 M_B 也增加，但此过程中泵轮中间流线进口处半径几乎未变。图 14.2.6 中在 $i=1$ 到 $i=i_a$ 区段就是对应上述两种情况。

（3）当滑转率 s 到达临界点 s_a 时，液流开始破坏原来的循环状态，在涡轮中向心液流到达循环圆最内侧，然后进入泵轮。涡轮中做向心流动的液体已具有足够的动能使它紧贴外环运动而到达涡轮最小半径出口处，但进入泵轮后液流的动能还不足以使它紧贴泵轮外环运动，而是做散乱的离心流动，这时已经没有清晰的自由表面。这是一个不稳定区，如图 14.2.5（d）所示。

（4）当滑转率 s 到达 s_b 点时，液流能够紧贴工作腔外环壁面，完成由"小循环"到"大循环"流动状态的改变。这时，液流又有一个清晰的自由表面，但空气环位于循环圆中间，如图 14.2.5（e）所示。以后 s 继续增加，液流将保持大循环运动，在涡轮与旋转壳体间辅助室中的液体处于相对静止状态。

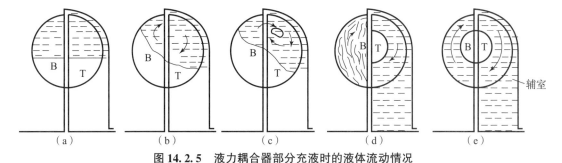

图 14.2.5　液力耦合器部分充液时的液体流动情况

（a）$s=0$；（b）$s=0.05$；（c）$s<0.545$（0.48）；（d）$s=0.545\sim0.57$（0.48~0.543）；（e）$s\geq0.57$（0.543）

图 14.2.6 中 s_a 与 s_b 两点相当于图 14.2.5（d）中的 $s=0.545$ 和 $s=0.57$，由于从"小循环"到"大循环"流动状态改变时，泵轮的入口半径减小了，而一定转速比 i 下 q 不变，根据式（14.1.1）则泵轮转矩 M_B 增大了，因而反映在图上转矩 M_B 有一个跳跃。

当耦合器的 s 由大变小时，液流流动的变化过程正好与上述过程相反，但是"大循环"到"小循环"流动状态改变开始和完成的临界点不是图 14.2.6 上的 b 点和 a 点，而是 b' 点和 a' 点，对应的滑差率 s 相当于图 14.2.5（d）括号内的 0.543 和 0.48。a'、b' 与 a、b 并不重合，这是因为液体具有黏性，使它的运动状态具有惯性。定义耦合器相对充液量 ε 为耦合器中工作液体体积与最大可能充注液体的体积（包括工作腔、辅室等）之比。对于一定的耦合器相对充液量 ε，上述临界点是一定的，不同的 ε 值有不同的临界点位置。如果系统在临界点区间内工作，就会出现周期性的振荡，这是由于工作腔内流体流动状态从"小循环"突变为"大循环"或是"大循环"突变为"小循环"造成的。这是一个不稳定区间，应该在设计时注意避开这一不稳定区间（图 14.2.7 中画剖面线的区间）。

相对充液量不同时，耦合器的特性曲线如图 14.2.7 所示。随着相对充液量的降低，泵轮转矩和泵轮转矩系数减小。

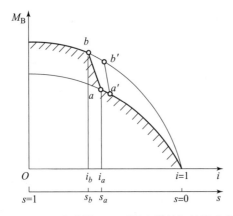

图 14.2.6　充液量 50% 时耦合器转矩特性曲线

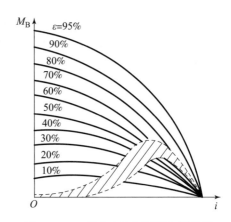

图 14.2.7　部分充液量下耦合器特性
曲线和不稳定区间

为了尽量避免出现不稳定区，可以采用一些结构上的措施，其中一种简单而有效的方法是在循环圆内侧安装阻流挡板，见图 14.2.8。当耦合器在小滑转率情况下工作时，液流做小循环，挡板不妨碍液体的流动。当滑转率增加，液流由小循环过渡到大循环，挡板就起阻碍作用，只要挡板尺寸选择得合适，就可以避免不稳定工况的产生。同时，挡板在大滑转率和起动工况时增加了液体的流动阻力，从而大大降低了这些工况下的转矩系数，这是十分有利的。各种不同形状循环圆的最佳挡板尺寸各不相同，需要通过试验加以确定，一般 d/D 在 $0.3 \sim 0.56$。

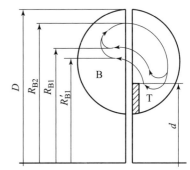

图 14.2.8　具有阻流挡板的
无内环耦合器的循环圆

如果 a 点和 b 点对应的泵轮进口半径 R_{B1} 与 R'_{B1} 差别不大（图 14.2.8），则图 14.2.6 中 a 点和 b 点的泵轮转矩值也差别不大，这种耦合器的特性曲线实际没有不稳定区间。

耦合器工作腔以外的储油空间称为辅室，见图 14.2.5（e）。辅室内没有叶片，不能传递功率。耦合器在部分充液时，辅室和工作腔中的液体体积之比，在不同工况下是不同的，i 越小，流入辅室内的液体越多，因此耦合器的实际相对充液量 ε 也有所变化。当辅室体积变化不大时，这种变化可以忽略。另外，利用这种变化，采用一定的措施，也可以达到改变耦合器性能的目的。

14.3　液力耦合器与异步电动机的匹配

原动机与耦合器综合起来构成新的动力装置，其特性的好坏是由它们的共同参数所确定的。目前耦合器多采用电动机作为原动机。本节主要讨论耦合器和异步电动机的共同工作问题。

三相异步电动机的特点之一是起动转矩 M_{d0} 低于最大转矩 $M_{d\max}$，另一特点是起动电流大。通常起动电流 I_0 是额定电流 I_e 的 $6 \sim 7$ 倍。图 14.3.1（a）中，n_{de} 为电动机额定转速，M_{de} 为电动机额定转矩，n_{de} 为电动机额定转速，n_{dL} 为电动机临界转速。

绘制耦合器与异步电动机共同工作的输入和输出特性时，必须已知：

（1）异步电动机的外特性 $M_d = f(n_d)$，$I_d = f(n_d)$；

（2）所选定的耦合器的原始特性曲线及有效直径 D 值和所采用工作液体的密度 ρ。

绘制耦合器与异步电动机共同工作时的输入与输出特性曲线的方法，和绘制液力变矩器与发动机共同工作的输入与输出特性曲线方法一样，故不再重复。

图 14.3.1（a）和图 14.3.1（b）分别为耦合器与异步电动机共同工作的输入和输出特性曲线。

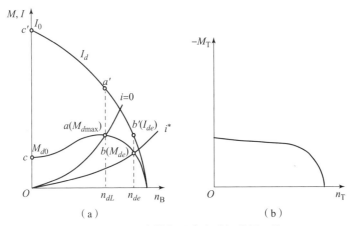

图 14.3.1　耦合器与异步电动机共同工作

（a）输入特性曲线；（b）输出特性曲线

由图 14.3.1 可见，如果电动机与机械传动负载连接，用异步电动机直接起动时，起动转矩较小，当转速 n_d 增加时，转矩 M_d 开始上升，然后下降到零。只允许异步电动机在短时间内超载工作，在转速低时更是如此，否则将由于电动机电流过大而损坏绝缘。

如果异步电动机所带机械负载很大，则在起动时必须要较大的转矩。这时，就不能将传动装置直接与电动机相连，否则不仅会引起电流过大而烧坏绝缘，而且在特性曲线的 ac 区段不能稳定工作。在异步电动机与机械负载之间装上耦合器后，则情况会得到根本改善。

为了获得较大起动转矩，使 $i = 0$ 对应的负荷抛物线通过异步电动机的 $M_{d\max}$ 点；为获得较高效率，使 i^* 对应的负荷抛物线通过异步电动机的额定转矩 M_{de} 点，即电动机额定转速下，耦合器工作在最高效率点。

采用耦合器后，异步电动机在整个工况范围内均能稳定工作，并且起动转矩增大，起动时间缩短，保护了电动机。当工作机负载转矩超过电动机的最大转矩时，电动机不会停止运转，这时涡轮与工作机虽然已停止运转，但电动机仍然可以在电动机最大转矩对应的转速下旋转，此时电动机的电流大大小于电动机的起动电流，电动机不致烧坏。

14.4　液力耦合器的分类

由于耦合器使用的条件不同，对它性能的要求也不相同，因此在结构上差别较大。目前广泛使用的耦合器有以下几种分类方法：

（1）按有无内环分为有内环耦合器和无内环耦合器。

（2）按充液量可分为定充液量耦合器和变充液量耦合器。定充液量耦合器是指耦合器总的充液量不变，但在耦合器工作时，其工作腔中的充液量是随工况不同而自动变化的。变充液量耦合器又称为调速型耦合器，它是根据负载的变化规律，人为地调节工作腔中的充液量，外观上反映为负载转速的变化，因此称为调速型耦合器。后面将述及。

（3）按泵轮叶片安放角，分为径向直叶片、前倾叶片或后倾叶片耦合器。前倾和后倾是指叶片倾斜方向相对其旋转方向而言的，倾斜方向与旋转方向相同为前倾，反之为后倾。常用的有内环和无内环的耦合器，其叶片都是径向直叶片，进出口边都是径向放射的，每个叶片都位于同一轴面内，若用一个回转曲面切割工作轮，则其展开图上叶片截线和外环截线是垂直的（图 14.4.1（a））。

对于倾斜叶片耦合器，其叶片的进、出口边也是径向放射形的，只是每个叶片所在平面通过叶片进、出口边的轴面有一个夹角，称为倾斜角。同样，用一个回转曲面切割工作轮，在展开图上叶片截线之间有一个夹角（图 14.4.1（b）和图 14.4.1（c））。

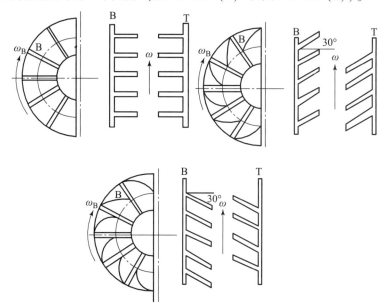

图 14.4.1　按叶片倾角分类的耦合器工作轮简图

（a）具有径向直叶片；（b）具有前倾叶片（前倾30°）；（c）具有后倾叶片（后倾30°）

具有前倾叶片的耦合器，能容量能大大增加，一方面是由于叶片前倾后，使得耦合器泵轮转矩公式中（$v_{uB2}R_{B2} - v_{uT2}R_{T2}$）的值比具有径向直叶片耦合器的值大，另一方面前倾叶片耦合器的流量 q 值也增大。

由于叶片倾斜会造成耦合器反转时困难，所以通常不被采用。当要获得大的能容量而尺寸 D 的增加又受到限制时，才采用前倾叶片耦合器（如车辆的液力减速器）。后倾叶片的耦合器在反转传动装置和起重机械传动装置中有时被采用。

根据实现的功能，主要分为牵引型、安全型、调速型和制动型耦合器。

14.4.1　牵引型耦合器

常见牵引型耦合器的结构简图见图 14.4.2。其结构特点是两个工作轮对称，涡轮外侧有辅助油室，涡轮出口处设置有挡板。

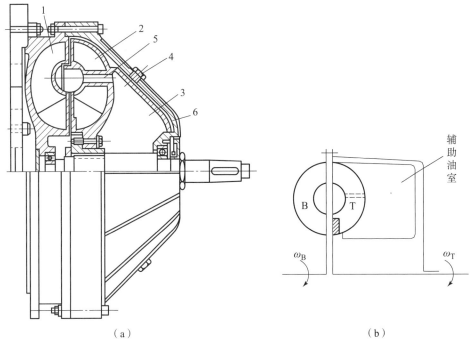

图 14.4.2　涡轮带辅室的牵引型液力耦合器

（a）结构图；（b）原理图

1—泵轮；2—涡轮；3—辅助油室；4—加油堵；5—涡轮通油孔；6—腔道

图 14.4.2 所示的常见牵引型耦合器的辅助油室是由涡轮与壳体之间的空间所组成，结构较为简单，应用普遍，但由于辅室内液体的平均转速不是 n_T，而是 $(n_B + n_T)$ /2，因此静压倾注的效果较差。该耦合器所具有的原始特性较符合运输车辆的要求，因此通常称为牵引型，曾用在美国履带车辆 M5A1、苏联轻型汽车 3ИМ–12 和自卸载重汽车 MA12–525 等车辆上。现在车辆主传动中采用耦合器的已相当少。

牵引耦合器在计算工况下（i^*）进行计算时，由于此时液流碰不到挡板，因此和具有充注量不变的耦合器计算相同。牵引耦合器的效率较高，通常 $\eta^* = 0.96 \sim 0.98$。

14.4.2　限矩型耦合器

限矩型耦合器又称安全型耦合器，主要用来与三相交流异步电动机配合使用。由于电动机的最大转矩通常为额定转矩的 2 倍左右，为了有效地保护电动机和工作机械，要求耦合器的过载系数为 2.0 ~ 2.5。

限矩型液力耦合器的典型结构图见图 14.4.3（a）。其特点是：两工作轮不对称；在泵轮循环圆内侧有一辅助室，也叫前辅室；背后有一后辅室。辅室均与泵轮一同旋转，涡轮循环圆的内径比泵轮小，一直延伸到前辅室部分。在两个辅室之间以及后辅室与工作腔之间都有小孔相通。这样的结构形式可使耦合器在滑转率突然增加时，液体迅速地向辅室倾注，即所谓动压倾注，因此反应灵敏，过载保护更为有效。但与静压倾注的耦合器相比，结构较复杂，效率也较低，一般 $\eta^* = 0.95 \sim 0.97$，$K_{Gz} = 1.8 \sim 2.0$（$i = 0$ 及 $i^* = 0.97$ 时转矩之比）。由于耦合器是动压倾注，故也称为动态自动倾注耦合器。

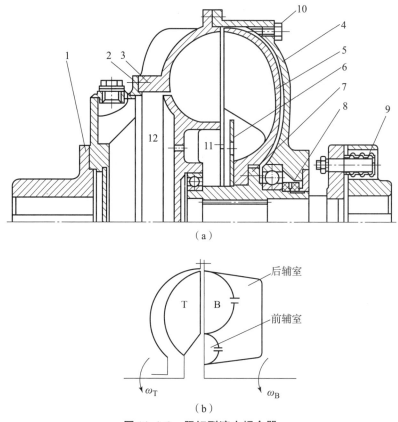

图 14.4.3　限矩型液力耦合器

（a）结构图；（b）原理图

1—输入联轴器；2—后辅室壳体；3—涡轮；4—壳体；5—泵轮；6—挡板；7—输出轴；
8—密封；9—联轴器；10—过热保护装置；11—前辅室；12—后辅室

14.4.3　调速型耦合器

　　上述两类耦合器都是非调节式的，在原动机工况不变时，耦合器的工况只取决于负载的大小。若负载不变，则耦合器只能在固定工况下工作。调速型耦合器的工况除了取决于负载外，还与调节装置的调节位置有关，即使负载一定，还可根据需要通过操纵调节装置来改变耦合器的工况点，从而达到调节工作机械的目的。调节过程可手动，也可自动控制。因此，调速型耦合器更为适用于和三相异步电动机配合工作，以满足生产实际中对工作机械进行无级调速的需要。

　　耦合器的调节，可用改变流道中阻力的办法实现，也可采用改变循环圆中充液量的办法来实现。采用改变循环圆中充液量的办法来实现耦合器的调节，目前得到广泛推广。图14.4.4 所示为英国 Fluidrive 公司生产的一种进口调节式调速型耦合器，这种调速型耦合器流道内充油量是利用操纵勺管来调节进入流道的工作油量，工作油离开流道时经由几个孔径不变的喷油孔流出来改变的。这种耦合器结构较为简单。

　　图 14.4.5 为出口调节式调速型耦合器结构示意图。这种调速型耦合器在运转中流道的进油量始终保持不变，用移动流道排油的导管来确定流道中的充油量，实现输出转速的调节。这种耦合器可传递较大功率和适用较宽的转速范围，但尺寸、质量较大，辅助设备多。

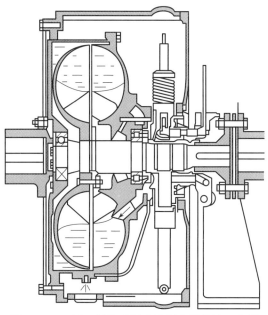

图 14.4.4　进口调节式调速型耦合器结构示意图

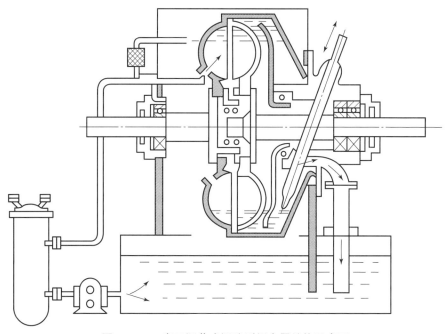

图 14.4.5　出口调节式调速型耦合器结构示意图

14.5　液力减速器

液力耦合器在 $i=0$（$s=100\%$）时，输入的功率全部被耦合器吸收，变为工作液体的热能，在这一过程中无机械摩擦和磨损。这时耦合器被用作吸能器，如试验设备中的水力测功机、水力制动器等。近几十年来液力耦合器被利用到车辆传动装置中作为液力减速器，作为车辆的辅助制动装置，在下坡制动（矿用自卸卡车用）和高速车辆减速时应用（城市公共汽车和坦克），以减轻机械制动器的磨损，提高车辆寿命，保证安全行驶，提高平均行驶速度。

液力减速器（也称为液力缓速器）通常由一个动轮（相当于耦合器的泵轮）和一个定轮（相当于耦合器的涡轮）组成。动轮和定轮均为工作轮，工作时两工作轮形成的工作腔内充满工作液体，动轮旋转导致工作液体在工作腔内循环，并产生能量交换，动轮的能量由于液体摩擦和冲击损失转变为液体的热能。在动轮上产生的制动转矩和制动功率与耦合器一样可以表示为

$$M_b = \rho g \lambda_{Mb} n^2 D^5 \tag{14.5.1}$$
$$P_b = \rho g \lambda_{Pb} n^3 D^5 \tag{14.5.2}$$

式中，M_b——液力减速器的制动转矩；

P_b——液力减速器的制动功率；

λ_{Mb}——液力减速器的制动转矩系数；

λ_{Pb}——液力减速器的制动功率系数；

n——液力减速器动轮转速；

D——液力减速器循环圆有效直径。

因液力减速器为一种制动工况，系数 λ_{Mb} 和 λ_{Pb} 理论上为常数，则制动转矩和制动功率随转速 n 和直径 D 而变化。当直径一定时，转速越高，则制动能力越大；转速低时，制动效能差。

根据液力减速器的转速和制动功率以及尺寸要求，可以进行液力减速器设计。常用的方法是根据选定的基型和要求的性能确定有效直径，其他尺寸按比例放大或缩小确定。

根据液力减速器的性能特点讨论如下：

（1）液力减速器在高转速时制动效能大，因此应尽可能在较高转速时使用液力减速器。随着转速降低，制动效能降低，当转速接近于零时，制动效能接近于零。因此，液力减速器不能代替停车制动器，因而不能制动停车。

（2）希望 λ_{Mb} 和 λ_{Pb} 越大越好，表示液力减速器的制动效能高，这与耦合器的要求相反，因此结构相当简单。如希望具有更大的制动效能，可以采用倾斜叶片，但是要注意，动轮反转时制动效能差得多。

（3）液力减速器是一个消耗能量的装置，因此只有制动时它才工作，当不需减速、制动时，它不工作。为此，在液力减速器中通常采用充、放油的办法来实现，制动转矩的生成与否，这样又带来了一些问题和要求：

①当需要制动时，应很快使工作腔内充满油，以发挥最大制动效能。因此把开始充油到发出最大制动转矩（在动轮一定转速下）这段时间称为起效时间。由于希望起效时间尽量短，所以希望液力减速器工作腔体积尽量小，而供油泵的流量和工作腔入口流道面积应尽量大。

②当不需要制动时，应使工作腔内的油迅速排空。为此，希望出口流道面积尽量大。

③液力减速器不工作时动轮仍在旋转，搅动空气产生功率损失。若动轮转速很高，制动器制动功率很大时，则在结构上应考虑采用减小泵气损失的机构。

④液力减速器吸收的功率全部变为工作液体的热能，需要强烈冷却，特别是当下坡持续制动时，发热量很大，一般应利用专门的冷却系统来散热。

⑤工作时有轴向力，在结构上应予考虑。

图 14.5.1（a）是德国 ZF 公司生产的 ZF6HP–150 液力机械变速箱所采用的液力减速器的循环圆简图。该减速器有效直径为 443 mm，工作轮是铝合金铸件，动轮叶片 33 片，定轮叶片 33 片（按 36 片分布，所缺 3 片位置被进油道占据），均是直叶片，减速器吸收的制动功率为 367.5 W，其试验特性曲线如图 14.5.1（b）所示。

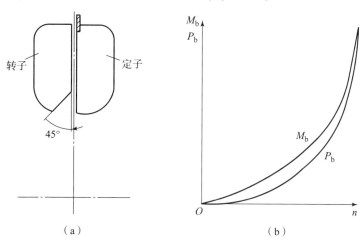

图 14.5.1 ZF6HP–150 液力机械变速箱所采用的液力减速器

（a）循环圆简图；（b）试验特性曲线

图 14.5.2 为 DFH 液力减速器结构图。它是我国液力传动内燃机车上最常用的一种减速器形式。动轮和定轮均为前倾斜 30°的斜叶片；动轮有叶片 24 片，长短各 12 片，呈间隔均布；定子有叶片 20 片，均为长叶片。该液力减速器为双腔型。

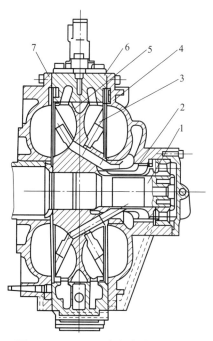

图 14.5.2 DFH 液力减速器结构图

1—制动轴；2—进油体；3—闸板机构；4—外定轮；5—动轮；6—中间体；7—内定轮

思考与习题

14-1. 说明液力耦合器工作原理。

14-2. 画出液力耦合器牵引工况的外特性曲线，并说明它有哪些特点。

14-3. 液力耦合器的反传工况是在什么情况下得到的？画出它的外特性曲线。

14-4. 液力耦合器相对滑差 s 和转速比 i 的定义是什么？相互之间的关系如何？

14-5. 液力耦合器部分充液时，工作腔中的液体流动情况如何变化？为什么会出现不稳定区？

14-6. 液力减速器的制动特性有何特点？在车辆上与机械主制动器的应用有何不同？

第 15 章

液力元件试验

本章内容主要液力变矩器为代表的液力元件试验。

通过本章的学习，应掌握液力变矩器试验方法。

15.1 试验目的

由于液力元件内部流动状态极其复杂，有关的三维流动设计理论和方法尚在完善之中，实际制造出来的液力元件的性能往往与设计性能有出入。因此，必须以液力元件的试验特性作为依据来验证设计、改进设计、鉴定实际产品的性能。另外，必须用试验方法来发展液力元件的三维流动设计理论与方法。

15.2 液力元件试验设备与仪器

液力元件试验台通常由以下 6 个主要部分组成：动力装置、测功装置、连接装置、数据传感装置、数据采集和处理装置、供油及散热装置。试验台的布置如图 15.2.1 所示。

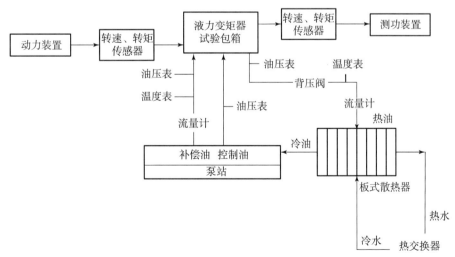

图 15.2.1 液力元件试验台布置示意图

1. 动力装置

液力元件试验台的动力装置是驱动元件运转的，应满足被试件对输入最高转速和最大转矩的要求，即动力装置的功率应大于或等于液力元件要求输入的额定功率，且有一定的功率储备。动力装置要能够方便地进行转速和转矩的调节。试验台常用的几种动力装置为直流电机、配备变频器的交流电机、汽油机及柴油机等。另外，配备有大功率液压泵站的液压马达也可以作为试验台的动力装置。

2. 测功装置

测功装置的主要目的是吸收传动装置的功率，模拟负载。测功装置应能满足试验元件所需的加载范围，并能精细、平稳地调节载荷。试验台中常用的测功装置有以下几种：

（1）电力测功机。这种测功机吸收功率时作为发电机使用。电力测功机将吸收的功率转变为电能，消耗在外加电阻上或经变流机组将电力输回电网。可以使负荷在较大范围内变化，得到稳定的工作转速。电力测功机吸收的功率可用于发电，输出转矩较精确，工作稳定，但存在机械惯量大和磁滞的缺点，且不能实现低速输出大转矩。

（2）水力测功机。这种测功机利用水对转子的阻力吸收功率，通过调节进、出口水量或调节闸板开度改变负荷大小，吸收的机械功转变为热能由水带走。水力测功机的制动功率与转速三次方成正比。水力测功机制动转矩小，动态响应速度低，且无法实现功率回收。

（3）电涡流测功机。电涡流测功机一般是由转子和定子两部分组成的。转子具有大的巨型齿，用高导磁率钢制成。定子上有绕组，当直流电通过绕组时建立磁场，使定子磁化；当转子旋转时，由于磁通量改变，使定子中产生涡流，此涡流的作用力阻止转子旋转，因而调节制动负荷。电涡流测功机吸收功率是通过电涡流变为热能的，因此需要散热。散热的方法有水冷和风冷两种。水冷涡流测功机的散热比风冷的好，因而能测量较大的持续功率。另外，水冷涡流测功机不需带风扇，因此运转噪声小。

（4）液压泵。一般用定量液压泵加载，在液压泵出口用溢流阀或节流阀调节负载大小。

（5）液黏测功机。通过液体的油膜剪切作用来传递动力。主动件旋转，被动件固定，通过控制油压改变测功机内部主动摩擦片和被动摩擦片间的油膜厚度来调节加载转矩。具有惯量小、实时响应快、加载平稳等优点，并可实现低速或零速大转矩加载。

3. 数据传感装置

液力元件试验中需要测量输入端和输出端的转矩，可以在液力元件输入端或输出端串接专用的测转矩装置，如相位式转矩传感器、应变式转矩传感器等。

转速测量装置的种类很多，常用的传感器有光电式和磁电式两种。另外，还有手持离心转速计、数字式转速仪等。

液力元件试验中的压力和温度是试验时的工作条件，必须记录下来。一般测量液力元件供油系统进/出口压力、温度、流量等，并用仪表指示或数字显示。

4. 数据采集和处理装置

采用远距控制、集中显示、自动换算、自动记录，直接得到泵轮转速、涡轮转速、泵轮转矩、涡轮转矩、变矩比、效率和转速比等的数字显示及数据文件。

5. 连接装置

试验时动力装置、转矩测量装置、液力元件、测功装置之间的连接常用车辆中使用的万向联轴节、膜片联轴器等，这种连接装置在使用上比较方便，可以减少对中要求，也可以采用其他形式的弹性连接和刚性连接装置。

6. 供油及散热装置

液力元件的供油系统用来对工作液体强制冷却、补偿漏损、防止气蚀等。试验台供油系统的油箱应尽可能大一些，以满足液力元件试验用油和杂质沉淀的要求。

齿轮泵的压力流量选择应按照液力元件的要求，并留有一些余量，多余的油由溢流阀溢流。溢流阀的压力在试验台条件下应该是可调节的，试验中调节溢流阀，使液力元件入口压力满足要求。

试验时可以用液力元件自带的定压阀，也可以用试验台上的可调定压阀。试验中调节定压阀使液力变矩器出口油压达到液力元件要求的数值。

在一般试验台上多用油水热交换器（散热器）。热交换器应尽量选大一些，而且冷却水的进出口量应能调节，以根据需要控制散热量。

试验前应对测量转矩、转速、压力、温度、流量等的仪器进行标定。

15.3　液力变矩器性能试验及方法

15.3.1　试验准备

（1）试验前，认真检查各连接件是否正确安装、紧固情况如何。

（2）检查各传感器信号线、补偿油路、流量计油路连接的正确性。

（3）检查油、水供给系统连接是否正确。

（4）检查泵站系统，打开补偿油泵和控制油泵检测各连接处是否漏油，标定压力表压力，调整控制油压力，补偿油入口压力，补偿油出口压力。

（5）测试仪器调零，转速转矩传感器调零。

（6）检查动力装置旋转方向是否与泵轮规定旋转方向一致。

（7）检查各部分的连接，然后供油系统按照液力元件要求的入口油压和出口油压供油。进行空载运转，检验液力元件和各部分的装配、连接质量，检查各仪表工作情况等。

15.3.2　试验内容

泵轮转速可按等间隔选取，如 $n_B = 1\,200$ r/min、$1\,400$ r/min、$1\,600$ r/min、$1\,800$ r/min 直到实际使用的最高转速，测试液力变矩器的外特性和原始特性。液力变矩器工况选一系列转速比，如 $i = 0$、0.1、0.2、0.3、0.4、0.5、0.6、0.65、0.7、0.75、0.8、0.9、0.95。

当 n_B 在低转速时原始特性变化很大，当达到 $n_B = 1\,700$ r/min 以后因雷诺数进入自模区所以变化不大。

15.3.3　试验方法

主要试验方法如下：

（1）在试验准备工作完成后，起动电动机。

（2）调节电动机转速，将泵轮转速稳定在某一 n_B 值。

（3）用测功机加载，通过改变加载转矩，使液力变矩器转速比 i 至预定值。

（4）稳定后同时采集泵轮转速 n_B、涡轮转速 n_T、泵轮转矩 M_B、涡轮输出转矩 $-M_T$、供油系统的流量 q、入口压力 p_1、出口压力 p_2、入口温度 t_1、出口温度 t_2。

（5）用测功机加载，按照转速比 i 从大到小依次测量变矩器其他速比工况。

下面介绍具体试验方法。首先调节电动机，保持泵轮转速稳定。试验过程中通过测功机对涡轮加载，加载量由预定的变矩器转速比 i 来控制，直至加载到最大负荷（零工况）。每次加载稳定后，同时测得液力变矩器的泵轮、涡轮的转速和转矩，油温、流量以及进、出口处的油压等。

在试验过程中当调节稳定后进行数据记录与采集。试验中调节与测量的工况点，是根据预定的输出转速间隔或转速比间隔确定的。常取转速比间隔为等间隔分布（也可取输出轴转速等间距分布），间距一般不超过 0.1，在最高效率处及耦合器工况附近可以适当缩小间距。转速比的最小值应能做到 0.2 以下。在每一个稳定转速比下，同时记录泵轮转矩 M_B、涡轮输出转矩 $-M_T$、泵轮转速 n_B、涡轮转速 n_T 与转速比 i 以及供油系统的入口压力 p_1、入口温度 t_1、出口压力 p_2 和出口温度 t_2。试验由空载开始逐渐加载，直至涡轮转速为零的制动工况。

当需要了解不同输入转速对原始特性的影响及需要做出符合实际的泵轮负荷特性和通用特性曲线时，还应按需要多选几种输入转速进行试验。

大功率液力元件的特性试验，往往因为试验设备的功率限制，不能进行完全功率的特性试验，只能在低转速下进行试验，试验所得特性与全功率的特性有些差别。可用经验的办法对部分功率的试验特性进行修正。

15.4 试验数据处理

试验所得的一些原始数据，还不能明显地反映出变矩器的性能，必须对原始数据进行处理，通过计算得到和性能直接有关的参数。

15.4.1 处理数据时应用的有关常数

（1）工作液体类型、密度及其随温度变化的曲线关系；
（2）液力元件有效直径 D。

15.4.2 数据记录和处理

（1）记录数据：
① 泵轮转矩 M_B（N·m）；
② 泵轮转速 n_B（r/min）；
③ 涡轮输出转矩 $-M_T$（N·m）；
④ 涡轮转速 n_T（r/min）；
⑤ 入口油压 p_1（MPa）；
⑥ 出口油压 p_2（MPa）；

⑦ 入口油温 t_1（℃）；

⑧ 出口油温 t_2（℃）；

⑨ 流量 q（L／min）。

将试验数据按转速比大小顺序列于数据表中。将直接测量得到的和经计算得到的参数列成表格。

（2）利用记录的试验数据绘制原始特性、泵轮负荷特性、通用特性曲线时，需要求得的参数和相应计算公式如下：

转速比　　　　　　　　　　　　$i = \dfrac{n_\mathrm{T}}{n_\mathrm{B}}$

变矩比　　　　　　　　　　　　$K = \dfrac{-M_\mathrm{T}}{M_\mathrm{B}}$

液力变矩器效率　　　　　　　　$\eta = \dfrac{-M_\mathrm{T}n_\mathrm{T}}{M_\mathrm{B}n_\mathrm{B}}$

泵轮转矩系数 λ_B　　　　　　　　$\lambda_\mathrm{B} = \dfrac{M_\mathrm{B}}{\rho g n_\mathrm{B}^2 D^5}$

涡轮轴输出功率　　　　　　　　$P_\mathrm{T} = \dfrac{-M_\mathrm{T}n_\mathrm{T}}{9\,549}$

根据所得参数，按照需要可绘出液力变矩器的特性曲线图。

15.4.3　原始特性曲线

计算原始特性参数，绘制原始特性曲线，横坐标为变矩器的转速比，纵坐标为变矩比、效率、泵轮转矩系数，曲线用标记区分。

（1）泵轮转矩系数随转速比变化的关系曲线 $\lambda_\mathrm{B} = f(i)$；

（2）变矩比随转速比变化的关系曲线 $K = f(i)$；

（3）效率随转速比变化的关系曲线 $\eta = f(i)$。

15.4.4　外特性和通用特性曲线

绘制液力变矩器外特性曲线，横坐标为涡轮转速 n_T，纵坐标为泵轮转矩 M_B、涡轮输出转矩 $-M_\mathrm{T}$ 和液力变矩器效率 η。在泵轮转速 n_B 常数时，涡轮输出转矩 $-M_\mathrm{T}$ 随涡轮转速 n_T 变化的曲线 $-M_\mathrm{T} = f(n_\mathrm{T})$。对应上述每条曲线可绘出泵轮转速 n_B 随涡轮转速 n_T 变化的曲线 $n_\mathrm{B} = f(n_\mathrm{T})$，或者是泵轮转矩 M_B 随涡轮转速 n_T 变化的曲线 $M_\mathrm{B} = f(n_\mathrm{T})$。

对不同泵轮转速 n_B 下得到的试验数据涡轮输出转矩 $-M_\mathrm{T}$、涡轮转速 n_T、泵轮转矩 M_B 进行处理可得到液力变矩器通用特性曲线。

如果条件允许，可进行多次重复试验，则处理数据时应对几次重复试验的原始数据取平均值。处理数据时，应精确计算起动工况点、最高效率工况点和耦合器工况点的特征参数。

思考与习题

15 – 1. 说明液力元件试验台组成。

15 – 2. 介绍典型动力装置和测功装置及其原理。

15 – 3. 参加试验，依据试验大纲完成试验报告。

第 16 章

车辆液力传动装置

本章主要介绍几种典型的车辆液力传动装置。

通过本章的学习，应掌握如下内容：

（1）液力机械传动装置的组成；

（2）液力机械传动装置的工作原理。

由于原动机与液力元件的共同工作输出特性难以满足多数设备的使用要求，所以常采用由液力元件与齿轮传动机构组成的液力传动装置来满足设备的要求。

液力传动装置分为液力变矩器传动装置和液力耦合器传动装置两类。液力变矩器传动装置由液力变矩器和齿轮传动机构组成，也叫液力机械传动装置，多用于汽车和工程机械；液力耦合器传动装置由液力耦合器和齿轮传动机构组成，主要用于工业设备调速。本章主要介绍液力变矩器传动装置。

根据齿轮传动机构的形式不同，液力变矩器传动装置又可分为定轴式液力机械传动装置和行星式液力机械传动装置。下面分别介绍其组成及特点。

16.1　定轴式液力机械传动装置

定轴式液力机械传动装置由液力变矩器和多挡定轴齿轮变速机构组成。定轴齿轮变速机构的换挡由液压系统操纵湿式离合器的接合或分离来实现。这种传动装置的优点是结构简单、制造方便、加工与装配精度易于保证、造价低；其缺点是结构尺寸及质量大，传动效率较低。

图 16.1.1 所示为某工程机械用 WG180 型液力机械传动装置的传动简图，它由三元件液力变矩器和六挡定轴齿轮传动机构组成，该传动装置除输入轴和输出轴转动以外，其他所有中间轴和倒挡轴都固定不转，在这些固定轴上的齿轮都是独立的旋转构件，增加了独立旋转构件的数量，扩大了挡位、传动比和传动路径选择的可能性。如表 16.1.1 所示，通过组合不同的换挡操纵元件，可以根据需要实现不同的挡位（6 前 3 倒或 4 前 3 倒）。

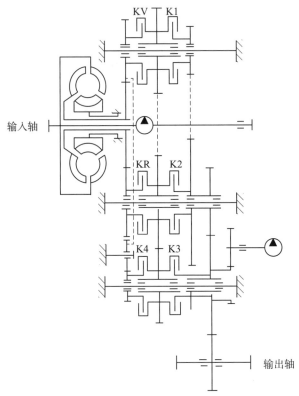

图 16.1.1 WG180 液力机械传动装置传动简图

表 16.1.1 WG180 液力机械传动装置各挡位结合元件

可实现的挡位		接合元件	
6 前 3 倒	4 前 3 倒		
1 挡	1 挡	KV	K1
2 挡	—	K4	K1
3 挡	2 挡	KV	K2
4 挡	—	K4	K2
5 挡	3 挡	KV	K2
6 挡	4 挡	K4	K3
倒 1 挡	倒 1 挡	KR	K1
倒 2 挡	倒 2 挡	KR	K2
倒 3 挡	倒 3 挡	KR	K3

图 16.1.2 为 WG180 液力机械传动装置的液压操纵系统图。

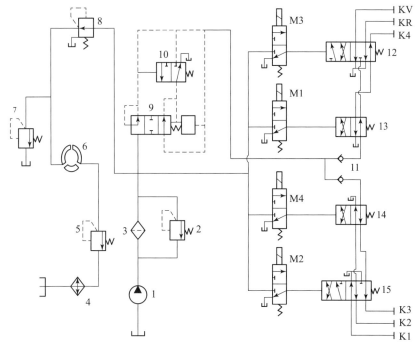

图 16.1.2　WG180 液力机械传动装置液压操纵系统图

1—齿轮泵；2—安全阀；3—滤油器；4—冷却器；5—背压阀；6—变矩器；7—溢流阀；8—减压阀；
9—压力缓冲阀；10—返回阀；11—单向阀；12～15—换挡阀；M1～M4—先导电磁阀

16.2　行星式液力机械传动装置

　　行星式液力机械传动装置结构紧凑，传动效率高，在汽车及工程机械上获得了广泛应用。其基本形式是液力变矩器与动力换挡的行星变速机构串联。其基本工作过程是液力变矩器利用液体的流动，把来自发动机的转矩增大后传递给齿轮机构；同时，液压控制系统根据驾驶需要（节气门开度、车速等）来操纵行星齿轮机构，使其获得相应的传动比和旋转方向，自动执行升挡、降挡。这种传动装置具有操作简单、减轻驾驶员负担、提高舒适性、延长传动系零部件的使用寿命等优点。

　　图 16.2.1 所示为 ZF 公司生产的 5HP500 型液力机械自动变速器传动简图，其由带闭锁离合器的单级综合式液力变矩器、液力减速器、动力换挡行星变速器及动力输出机构组成。该自动变速器有 6 个前进挡和 1 个倒挡，各挡接合的操纵元件及传动比如表16.2.1 所示。

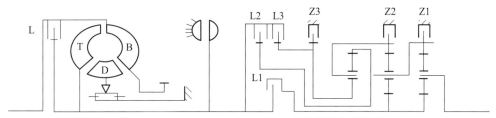

图 16.2.1　5HP500 型液力机械自动变速器传动简图

表 16.2.1　5HP500 型液力机械自动变速器各挡接合元件及传动比

排挡	L1	L2	L3	Z3	Z2	Z1	传动比
Ⅰ	+					+	3.43
Ⅱ	+				+		2.01
Ⅲ	+			+			1.42
Ⅳ	+	+					1.00
Ⅴ		+		+			0.83
Ⅵ		+			+		0.59
R			+			+	4.84

　　5HP500 型液力机械自动变速器的液压控制系统简图如图 16.2.2 所示，前泵 1 通过主压力阀 2（调定压力为 1.02 ~ 1.836 MPa）向系统供油，主油路上安装有压力继电器 12，当油压小于 0.78 MPa 时，继电器接通报警。主压力阀 2 流出的油经安全阀 3（调定压力为 0.87 MPa）供给变矩器，变矩器的回油通过背压阀 5（调定压力为 0.408 MPa）经转换阀 10 进入散热器进行冷却，从散热器流出的油进入各润滑点，多余的油经压力阀 6 回油底壳，温度传感器 7 用于检测、控制油温。后泵 13 在拖车起动时向主油路供压力油，在正常行驶时向变矩器后的润滑油路供油。

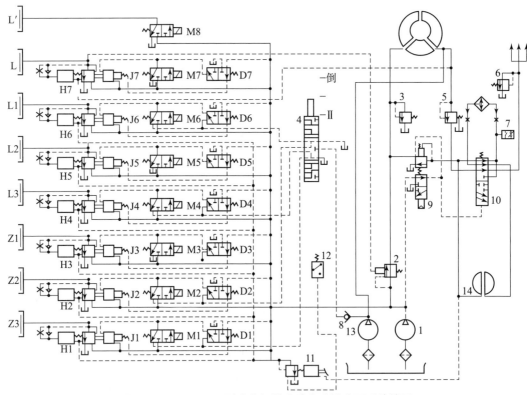

图 16.2.2　5HP500 型液力机械自动变速器液压系统简图

1—前泵；2—主压力阀；3—安全阀；4—保险挡变速阀；5—变矩器背压阀；6—润滑油压力阀；7—温度传感器；
8—单向阀；9—制动阀；10—转换阀；11—油门调节阀；12—压力继电器；13—后泵；14—液力缓速器；
M1 ~ M8—电磁阀；D1 ~ D7—断路阀；J1 ~ J7—继动阀；H1 ~ H7—换挡缓冲阀；
L1 ~ L3，Z1 ~ Z3—换挡操纵元件；L—闭锁离合器；L'—动力输出离合器当使用液力减速器时，压缩空气推动制动阀 9，使转换阀 10 接通液力减速器和散热器的循环油路，此时主压力油经制动阀 9 上端的限压阀向循环油路补油。限压阀用弹簧调整，使液力减速器背压为一定值，保证其在 1 000 r/ min 到最高转速范围内制动转矩不变。液力减速器接通时，前泵 1 流量除补偿其循环中的泄漏外，多余流量经变矩器、转换阀直接进润滑系统。

变速箱的换挡操纵阀包括油门调节阀 11、电磁阀 M1 ~ M8、断路阀 D1 ~ D7、继动阀 J1 ~ J7、换挡缓冲阀 H1 ~ H7、保险挡变速阀 4。油门调节阀 11 与柴油机供油拉杆相连，输出一个随发动机油门变化的油压，经阀 11 节流后的油液控制各个换挡缓冲阀，使换挡过程中离合器油压增长快慢随发动机油门大小变化，以获得各种行驶条件下的换挡平稳性。

当电子换挡控制器发出接合指令时，相应的电磁阀动作，接通主压力油到继动阀的控制油路，推动继动阀阀芯向右运动，使主油路的液压油进入相应的离合器或制动器油缸，使之接合。当电子控制器发出分离指令时，相应电磁阀断电回位，断路阀左端控制油压卸压，继动阀右端与主油压接通，推动继动阀阀芯向左运动，相应离合器或制动器油缸回油卸压。

变矩器闭锁离合器 L 的接合与分离取决于发动机转速和油门开度，在 Ⅰ 挡或 Ⅱ 挡车辆起步时，为充分利用变矩器的变矩性能，使闭锁离合器处于分离状态；在良好路面行驶时，可使其提前闭锁。

电子自动换挡控制器根据发动机负荷、车速和驾驶员选定的车速范围决定最佳换挡点，给相应挡位的电磁阀发出指令，使相应的离合器或制动器接合，从而实现自动换挡。

液力机械传动在军用履带车辆上应用也较为广泛。图 16.2.3 所示为德国伦克（RENK）公司生产的 HSWL – 194 型液力机械传动装置的传动简图。它是由液力变矩器，正、倒机构，行星变速机构，液压差速转向机构、转向助力耦合器等组成的综合传动机构。前进、倒退均有 4 个挡。

液力变矩器为具有闭锁离合器的二级向心涡轮式液力变矩器，闭锁离合器由液压控制操纵。

正、倒机构由两对锥齿轮组成，每个被动锥齿轮连接一个行星排和一个制动器。锥齿轮对为减速传动，行星排为增速，以减小变速部分设计扭矩。接合制动器 S 为前进档；接合制动器 D 为倒挡。

变速机构由 3 个行星排和 1 个离合器组成，实现 4 个挡，可以进行动力换挡。

转向机构为双流液压差速转向机构。发动机驱动液压转向装置。液压转向装置由变量轴向柱塞泵和定量轴向柱塞马达组成。液压转向装置通过差速器使两侧汇流行星排的太阳轮转速相等，方向相反，从而使两侧履带速度不等，使车辆实现转向。

液力耦合器作为转向的助力装置。

直线行驶时，液压转向装置的液压马达不转，液力耦合器内油液排空，涡轮不转，转向的左、右零轴不转，使两侧汇流行星排的太阳轮锁住不转，两侧汇流行星排成为行星减速器，此时为单流传动。

转向时，通过方向盘控制液压泵的排量和高压油方向，从而改变液压马达的旋转方向并无级地改变液压马达的转速大小。通过左、右零轴，差速机构使两侧汇流行星排的太阳轮转速大小相等，方向相反，因而是两侧汇流行星架输出转速不等，使车辆转向。

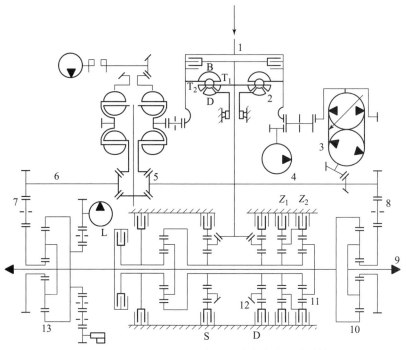

图 16.2.3　HSWL－194 型液力机械传动装置传动简图

1—输入轴；2—液力变矩器；3—液压转向机；4—左零轴；5—锥齿轮组；6—右零轴；7—右圆柱齿轮组；

8—左圆柱齿轮组；9—输出轴；10—左汇流行星排；11—变速行星机构；12—正、倒机构；13—右汇流行星排；

B—泵轮；T_1、T_2——级、二级涡轮；D—导轮；$Z_1 \sim Z_3$——、二、三挡制动器；L—四挡离合器；

S—前进挡制动器；D—倒挡制动器

HSWL－194 传动装置在转向分路中采用液力耦合器作转向加力器。当转向半径较小，液压转向装置负荷较大时，液力耦合器充油，发动机一部分功率经液力耦合器、锥齿轮差速器传到左、右零轴上，与液压马达的动力汇流在一起，提高转向性能。

当液压马达正转（旋转方向与液压泵相同）时，即在车辆向前行驶，向左转向时，由液压控制自动地向液力耦合器 O2 内充油；当液压马达反转（旋转方向与液压泵相反）时，即车辆向前行驶，向右转向时，自动地向液力耦合器 O1 内充油。直线行驶和大半径转向时，两个液力耦合器内油液排空，不工作。

液力减速器主要用于重型车辆辅助制动系统，其工作原理与液力耦合器类似，但其涡轮（定轮）通常与传动装置箱体或车体固连。在"豹"Ⅱ坦克的制动系统就使用了液力减速器，如图 16.2.4 所示。在车辆制动过程中，向液力耦合器中充油，液力耦合器向两侧汇流排施加反向作用的制动阻力矩，使输出轴减速。制功效果与发动机的转速和变速箱挡位有关，当发动机以最高转速工作时，液力耦合器产生的制动转矩最大。在Ⅰ挡时，制动扭矩最大，制动效果好。这与车辆在速度较高（高速挡）时制动转矩要求较大的规律不相符，因此只能作为辅助制动。

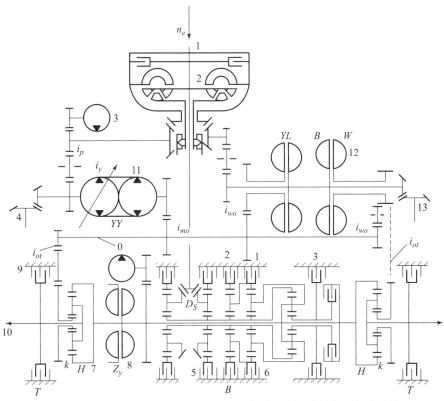

图 16.2.4　"豹" Ⅱ 坦克 HSWL – 354 型液力机械传动装置传动简图

1—输入盘；2—液力变矩器；3—前泵；4—后泵；5—正、倒挡机构；6—行星变速机构；7—汇流行星排；
8—液力减速器；9—盘式制动器；10—输出轴；11—液压转向机构；12—液力转向助力装置；13—风扇

思考与习题

16 – 1. 查阅文献，综述液力传动装置在车辆及其他领域的应用。

参 考 文 献

［1］ 项昌乐，荆崇波，刘辉. 液压与液力传动［M］. 北京：高等教育出版社，2008.

［2］ 姜继海，宋锦春，高常识. 液压与气压传动［M］. 第 2 版. 北京：高等教育出版社，2009.

［3］ 陈清奎，刘延俊，等. 液压与气压传动［M］. 3D 版. 北京：机械工业出版社，2017.

［4］ 宋锦春. 液压与气压传动［M］. 第 3 版. 北京：科学出版社，2014.

［5］ 张利平. 液压泵及液压马达原理与使用维护［M］. 北京：化学工业出版社，2014.

［6］ 刘士通，苏欣平. 工程机械液压与液力传动［M］. 北京：中国电力出版社，2010.

［7］ 初长祥，马文星. 工程机械液压与液力传动系统［M］. 北京：化学工业出版社，2015.

［8］ 杨华勇，赵静一. 汽车电液技术［M］. 北京：机械工业出版社，2013.

［9］ 李壮云. 液压元件与系统［M］. 第 3 版. 北京：机械工业出版社，2011.

［10］ 何存兴，张铁华. 液压传动与气压传动［M］. 武汉：华中理工大学出版社，1998.

［11］ 姚怀新. 行走机械液压传动与控制［M］. 北京：人民交通出版社，1998.

［12］ 齐晓杰. 汽车液压与气压传动［M］. 第 3 版. 北京：机械工业出版社，2019.

［13］ 易孟林，曹树平，刘银水. 电液控制技术［M］. 武汉：华中科技大学出版社，2010.

［14］ 朱经昌. 液力变矩器的设计与计算［M］. 北京：国防工业出版社，1991.

［15］ 朱经昌，魏宸官，郑慕侨. 车辆液力传动［M］. 北京：国防工业出版社，1982.

［16］ 孙传文，冯永存. 车辆液力传动［M］. 北京：北京工业学院出版社，1986.

［17］ 项昌乐，荆崇波，刘辉. 液压与液力传动［M］. 北京：高等教育出版社，2008.

［18］ 陆肇达. 液力传动原理及液力传动工程［M］. 哈尔滨：哈尔滨工业大学出版社，1994.

［19］ 马文星. 液力传动理论与设计［M］. 北京：化学工业出版社，2004.

［20］ 李有义. 液力传动［M］. 哈尔滨：哈尔滨工业大学出版社，2004.

［21］ 魏巍，闫清东. 液力元件设计［M］. 北京：北京理工大学出版社，2015.